Umweltinformationssysteme – Wie verändert die Digitalisierung unsere Gesellschaft?

Ulrike Freitag · Frank Fuchs-Kittowski ·
Andreas Abecker · Friedhelm Hosenfeld
(Hrsg.)

Umweltinformationssysteme – Wie verändert die Digitalisierung unsere Gesellschaft?

Tagungsband des 27. Workshops des Arbeitskreises „Umweltinformationssysteme" der Fachgruppe „Informatik im Umweltschutz" der Gesellschaft für Informatik (GI) 2020

Springer Vieweg

Hrsg.
Ulrike Freitag
Arbeitskreis Umweltinformationssysteme,
Condat AG
Berlin, Deutschland

Frank Fuchs-Kittowski
HTW Berlin
Berlin, Deutschland

Andreas Abecker
Disy Informationssysteme GmbH
Karlsruhe, Deutschland

Friedhelm Hosenfeld
DigSyLand
Husby, Deutschland

ISBN 978-3-658-30888-9 ISBN 978-3-658-30889-6 (eBook)
https://doi.org/10.1007/978-3-658-30889-6

Die Deutsche Nationalbibliothek verzeichnet diese Publikation in der Deutschen Nationalbibliografie; detaillierte bibliografische Daten sind im Internet über http://dnb.d-nb.de abrufbar.

Planung/Lektorat: Daniel Froehlich
Springer Vieweg ist ein Imprint der eingetragenen Gesellschaft Springer Fachmedien Wiesbaden GmbH und ist ein Teil von Springer Nature.
Die Anschrift der Gesellschaft ist: Abraham-Lincoln-Str. 46, 65189 Wiesbaden, Germany

Vorwort

Dieses Buch präsentiert die wichtigsten Forschungsergebnisse der 27. Ausgabe der seit langem etablierten, interdisziplinären Konferenzreihe über Umweltinformationssysteme (UIS 2020) des Arbeitskreises Umweltinformationssysteme der Gesellschaft für Informatik e. V. (GI).

Die Konferenz fand am 10. und 11. März 2020 am Umweltbundeamt (UBA) in Dessau-Roßlau statt und stand unter dem Motto „Aufbruch in die Digitalisierung in der Umweltinformatik?“. Sie wurde vom Arbeitskreis Umweltinformationssysteme der Gesellschaft für Informatik in Zusammenarbeit mit dem Fachgebiet Informationssysteme Chemikaliensicherheit des Umweltbundesamtes (UBA) organisiert. Die Organisation lag in den Händen von Ulrike Freitag (Condat AG), Dr. Andreas Abecker (Disy Informationssysteme GmbH), Friedhelm Hosenfeld (DigSyLand) und Prof. Dr. Frank Fuchs-Kittowski (HTW Berlin) seitens des Arbeitskreises Umweltinformationssysteme sowie Prof. Dr. Gerlinde Knetsch (UBA) als Repräsentantin des Gastgebers UBA.

Ziel der Konferenzreihe „Umweltinformationssysteme (UIS)“ ist es, den neuesten Stand der Forschung und Entwicklung auf dem Gebiet der Umweltinformatik (UI) und umweltbezogener IT-Anwendungsbereiche vorzustellen und zu diskutieren. Dies umfasst sowohl Konzepte und Anwendungen von Umweltinformationssystemen als auch Technologien, die moderne Umweltinformationssysteme unterstützen und ermöglichen. Der offene Erfahrungsaustausch zwischen Fachleuten aus öffentlicher Verwaltung, Wirtschaft und Wissenschaft auf dem Gebiet der Umweltinformatik steht dabei traditionsgemäß im Fokus der jährlich stattfindenden Konferenz.

Die Tagung richtet sich zum einen an UIS-Anwender (z. B. aus Behörden und Fachexperten aus dem Umweltbereich, wie Geoökologen, Hydrologen, Biologen, Geographen, Mediziner etc.), zum anderen an UIS-Entwickler (z. B. aus Unternehmen) und zudem an UIS-Wissenschaftler (z. B. aus Hochschulen und Forschungseinrichtungen). Der Workshop soll UIS-Entwicklern ermöglichen, Lösungen vorzustellen und deren Nutzbarkeit mit Fachanwendern kritisch zu diskutieren. Er soll helfen, Erfahrungen und Anforderungen von UIS-Anwendern frühzeitig an Entwickler zu kommunizieren, um neue Bedürfnisse zu identifizieren. Zudem sollen neuartige Ideen und Lösungsansätze aus der Forschung, Perspektiven und Chancen für neuartige UIS eröffnen.

Die zum „Aufruf zum Einreichen von Beiträgen" eingereichten Beitragsvorschläge für die UIS2020 wurden einem intensiven Review durch das Programmkomitee unterzogen. Zu jedem Beitragsvorschlag wurden mehrere Gutachten erstellt. Als Ergebnis dieses Reviews wurden 20 Beiträge zum Vortrag auf der Tagung angenommen. Danach erfolgte ein weiteres Review der überarbeiteten Langfassungen durch das Programmkomitee mit mehreren Gutachten pro Beitrag, in dessen Ergebnis 17 Beiträge zur Veröffentlichung in diesem Konferenzband angenommen wurden.

Die in diesem Tagungsband enthaltenen Beiträge bilden eine breite Vielfalt an Themen und aktuellen wissenschaftlichen Diskussionen zum Einsatz moderner Informations- und Kommunikations-Technologien (IKT) im Umweltbereich ab. Die Beiträge wurden in fünf Blöcken strukturiert:

- Entwicklung von Lösungen zur Digitalisierung in der Umweltverwaltung
- Innovative Umweltdatenerhebung und Umweltdateninfrastrukturen
- Digitalisierung für Artenschutz sowie in Land- und Forstwirtschaft
- Softwarelösungen für Notfallmanagement und Katastrophenschutz
- Augmented Reality für und in Umweltanwendungen

Im ersten Block **„Entwicklung von Lösungen zur Digitalisierung in der Umweltverwaltung"** bildet die Umsetzung einer E-Government-Anwendung für die Naturschutzverwaltung von Rheinland-Pfalz auf Grundlage der Ableitung des Workflows und der UML-basierten Modellierung des Anwendungsschemas mit dem konkreten Anwendungsfall der Eingriffsregelung mit einem Kompensationsverzeichnis den Schwerpunkt des ersten Beitrags. Der nachfolgende Text stellt die Umsetzung des Geotopkatasters als Neu-Entwicklung zur Ablösung einer Alt-Anwendung für den Geologischen Dienst in Schleswig-Holstein auf Basis einer Standard-Auswertungs- und GIS-Plattform dar. Einem innovativen Ansatz zur Datenmodellierung für das Umweltdatenmanagement widmet sich der dritte Artikel, der anhand von UML-Modellen die Vorteile gegenüber der INSPIRE-Datenstruktur demonstriert und auf die erfolgreiche Anwendung beim Aufbau der zentralen Datenföderierungsschicht im Landesamt für Natur-, Umwelt- und Verbraucherschutz Nordrhein-Westfalen in den Bereichen Wasser und Luftqualität verweist.

Der zweite Block **„Innovative Umweltdatenerhebung und Umweltdateninfrastrukturen"** wird von einer Darstellung der Informationsinfrastruktur zur Bereitstellung der Beobachtungsdaten der Langzeit-Ökosystemforschung in Österreich nach internationalen Standards und europäischen Richtlinien eröffnet, wobei geeignete Werkzeuge den gesamten Datenfluss von der dezentralen Erhebung bis zur Veröffentlichung unterstützen. Darauf folgt ein Beitrag, der bildbasierte Messverfahren auf kostengünstiger Micro-Controller-Hardware vorstellt und vergleicht, die den Wasserstand an festen Standorten automatisiert, genau und robust messen können, sodass auch in kleinen Einzugsgebieten die notwendigen Daten zur Beobachtung aktueller Wasserstände erfasst werden können. Der dann folgende Beitrag erläutert den Aufbau eines Wassermanagementsoftwaresystems, das neben einem GIS-Portal ein Risikobewertungstool sowie ein Modul zum Echtzeit-Wasserqualitätsmonitoring enthält, um regionale Entscheidungsträger in Südafrika bei der nachhaltigen Bewirtschaftung von Wasserressourcen mit neuartigen GIS-basierten Methoden zu unterstützen. Der letzte Beitrag in diesem Block zur „Digitalen Entwicklungsplattform für städtische Umweltlösungen (DEUS)“ stellt am Beispiel der Luftqualität eine groß angelegte Forschungs- und Entwicklungsinitiative für engmaschige Messnetze aus niedrigpreisiger Umweltsensorik für die Smart City vor.

Zu Beginn des dritten Blocks **„Digitalisierung für Artenschutz sowie in Land- und Forstwirtschaft“** befassen sich gleich zwei Beiträge mit dem umweltfreundlicheren Einsatz von Pflanzenschutzmitteln in der Landwirtschaft. Im ersten Beitrag wird beschrieben, wie sich ein Webservice umsetzen lässt, der für bewirtschaftete Teile eines Feldes (Ackerschlag) bestimmt, wie weit sie von Strukturen wie Gewässern, Hecken, Wohnsiedlungen u. Ä. entfernt sind, die für die Risikoabschätzung der Umweltwirkungen von Pflanzenschutzmittelanwendungen relevant sind. Ein solcher Dienst kann für die intelligente und auflagenkonforme Planung des Einsatzes von Pflanzenschutzmitteln (PSM) genutzt werden. Im zweiten Beitrag wird ein Web-basiertes Analyse- und Beratungswerkzeug vorgestellt (H2Ot-Spot Manager NRW), welches dabei hilft, PSM-Anwendungen aus Sicht des Gewässerschutzes risikomindernd zu gestalten. Es folgt die Vorstellung eines Verfahrens der Offline-Bildanalyse auf Basis einer regelbasierten Klassifikation, umgesetzt in einer Android-App zur Bestimmung der Kronentransparenz von Bäumen im Umweltmonitoring der Waldzustandserhebung. Der den Block beendenden Artikel zu einem Biodiversity Warehouse beschreibt Technik und Architektur einer Plattform zur Eingabe, Veröffentlichung und Auswertung von Biodiversitätsdaten durch ein Framework webbasierter Anwendungen.

Der vierte Block **„Softwarelösungen für Notfallmanagement und Katastrophenschutz“** zeigt, dass auch Katastrophenschutz und Notfallmanagement eng mit Umweltschutzfragen verknüpft sein können, wenn beispielsweise im Falle eines Brandes in einem Industriebetrieb kontaminiertes Löschwasser in großen Mengen in die Gewässer gelangt. An diesem Beispiel wird im ersten Beitrag dieses Themenblocks diskutiert, wie eine Microservice-basierte Referenzarchitektur für die event-basierte, dezentrale Ad-hoc-Vernetzung aussehen kann, über die sich verschiedenste Akteure mit unterschiedlichen Digitalisierungsgraden und Schnittstellen vernetzen können. Ebenfalls eine Referenzarchitektur für Microservices beschreibt der Beitrag über den Einsatz von 5G-Technologien und deren Vorteile für Warnsysteme im Katastrophenschutz, insbesondere bei hohen Netzbelastungen. Den Bereich der Chemikaliensicherheit greift der Beitrag zum erweiterten und softwaretechnisch modernisierten Chemikalieninformationssystem „ChemInfo“ des Umweltbundesamtes auf, welches umweltrelevante Eigenschaften von fast 290.000 chemischen Stoffen mit Bezug auf über 240 relevante

Gesetze und Verordnungen für Akteure aus Umwelt- und Katastrophenschutz über verschiedene Schnittstellen anwendungsorientiert zugänglich macht.

Thema des fünften Blocks ist **„Augmented Reality für und in Umweltanwendungen“.** Im ersten Beitrag dieses Blocks werden, um ein Bewusstsein für die bisher kaum erschlossenen Anwendungspotenziale für die neue Technologie der geodatenbasierten mobilen Augmented Reality (GeomAR) in der Umweltinformatik zu schaffen und die Fantasie zum Konzipieren neuer denkbarer Anwendungen anzuregen, der Begriff erläutert, existierende und hypothetische Anwendungen dargestellt und diskutiert sowie ein Ordnungsrahmen für GeomAR-Anwendungen vorgeschlagen. Darauf aufbauend werden im folgenden Beitrag allgemeine Anforderungen an eine generische Plattform für die Umsetzung von GeomAR und ein Grobkonzept einer solchen Plattform entworfen. Im letzten Beitrag dieses Blocks und dieses Tagungsbandes werden Potenziale der Realisierung von Augmented Reality (AR) auf unbemannten Fluggeräten (UAVs) ausgelotet, indem zum einen potenzielle AR-UAV-Anwendungsbereiche identifiziert sowie zum anderen unterschiedliche Software-Architekturen, mit denen AR-UAV-Anwendungen software-technisch umgesetzt werden können, entworfen und bewertet werden.

Ergänzend zum vorliegenden Tagungsband stehen die Präsentationen (fast) aller Vorträge der Tagung zum Download auf der Homepage des Arbeitskreises http://www.ak-uis.de/ zur Verfügung. Dort finden sich unter anderem auch Links auf die Tagungsbände der Konferenzen vorangegangener Jahre.

Die Herausgeber danken allen Beitragenden zur Konferenz und zu diesem Konferenzband. Ein besonderer Dank geht auch an die Mitglieder des Programm- und Organisationskomitees. Insbesondere danken wir den Organisatoren aus dem UBA für ihre Unterstützung bei der Bereitstellung lokaler Logistik. Nicht zuletzt ein herzliches Dankeschön an unsere Sponsoren, die die Konferenz unterstützt haben.

Mai 2020

Ulrike Freitag
Frank Fuchs-Kittowski
Andreas Abecker
Friedhelm Hosenfeld
(die Herausgebenden)

Organisation

Tagungsleitung
Ulrike Freitag, Condat AG, Berlin
Prof. Dr. Frank Fuchs-Kittowski, HTW Berlin
Dr. Andreas Abecker, Disy GmbH, Karlsruhe
Friedhelm Hosenfeld, DigSyLand, Husby

Mitglieder des Programmkomitees
Dr. Andreas Abecker, Disy GmbH, Karlsruhe
Dr. Matthias Bluhm, con terra GmbH, Münster
Ulrike Freitag, Condat AG, Berlin
Prof. Dr. Frank Fuchs-Kittowski, HTW Berlin
Friedhelm Hosenfeld, DigSyLand, Husby
Prof. Dr. Gerlinde Knetsch, Umweltbundesamt, Dessau-Roßlau
Prof. Dr. Heidrun Ortleb, Jade Hochschule, Wilhelmshaven Oldenburg Elsfleth
Anja Reineke, LfU Bayern, Hof
Prof. Dr. Dietmar Wikarski, TH Brandenburg

Lokale Tagungsorganisation
Prof. Dr. Gerlinde Knetsch, Umweltbundesamt, Dessau-Roßlau

Inhaltsverzeichnis

Herausgeber- und Autorenverzeichnis

Über die Herausgeber

Ulrike Freitag ist Dipl.-Ing. für Informationsverarbeitung (TU Dresden) und seit 2000 Sprecherin des Arbeitskreises „Umweltinformationssysteme" der Gesellschaft für Informatik (GI) sowie Mitglied der Fachausschussleitung der Fachgruppe „Informatik im Umweltschutz". In der Firma Condat AG betreut sie das Thema Umweltinformatik.

Prof. Dr.-Ing. Frank Fuchs-Kittowski studierte Informatik (TU Berlin) und ist Professor für Umweltinformatik an der Hochschule für Technik und Wirtschaft (HTW) Berlin sowie Bereichsleiter für Umweltinformationssysteme am Fraunhofer FOKUS. Den Schwerpunkt seiner Lehr- und Forschungstätigkeit bilden mobile Anwendungen sowie Wissens- und Kooperationssysteme im Umweltbereich und Katastrophenschutz.

Dr. Andreas Abecker ist diplomierter (TU Kaiserslautern) und promovierter (Karlsruher Institut für Technologie) Informatiker, arbeitete in der angewandten Forschung am DFKI Kaiserslautern und am FZI Forschungszentrum Informatik Karlsruhe und leitet seit 2010 das Innovationsmanagement bei der Disy Informationssysteme GmbH.

Friedhelm Hosenfeld studierte Informatik (Christian-Albrechts-Universität zu Kiel) und ist bei DigSyLand (Institut für Digitale Systemanalyse und Landschaftsdiagnose - Partnerschaft Hosenfeld & Rinker, Naturwissenschaftler) als Mitinhaber und Geschäftsführer schwerpunktmäßig im Bereich Umweltinformatik tätig.

Autorenverzeichnis

Andreas Abecker Disy Informationssysteme GmbH, Karlsruhe, Deutschland.
andreas.abecker@disy.net

Günter Becker RISA, Sicherheitsanalysen GmbH, Berlin, Deutschland.
guenter.becker@risa.de

Lars Braubach Hochschule Bremen Fakultät 4, Bremen, Deutschland.
Lars.Braubach@hs-bremen.de

Heiko Brunken Hochschule Bremen Fakultät 5, Bremen, Deutschland.
Heiko.Brunken@hs-bremen.de

Julian Bruns Ludwig-Erhard-Allee 6, Disy Informationssysteme GmbH, Karlsruhe, Deutschland.
julian.bruns@disy.net

Simon Burkard Umwelt-Informatik, Hochschule für Technik und Wirtschaft (HTW) Berlin, Berlin, Deutschland.
s.burkard@htw-berlin.de

Andrea Claus-Krupp Landwirtschaftskammer Nordrhein-Westfalen, Köln-Auweiler, Deutschland.
Andrea.Claus@LWK.NRW.DE

Daniel Daehmlow Julius-Kühn-Institut, Kleinmachnow, Deutschland.
daniel.daehmlow@julius-kuehn.de

Thomas Dirnböck Umweltbundesamt GmbH, Vienna, Austria.
thomas.dirnboeck@umweltbundesamt.at

Anto Raja Dominic Julius-Kühn-Institut, Kleinmachnow, Deutschland.
anto.raja@julius-kuehn.de

Frank Fuchs-Kittowski Umwelt-Informatik, Hochschule für Technik und Wirtschaft (HTW) Berlin, Berlin, Deutschland.
frank.fuchs-kittowski@htw-berlin.de

Sarah Geiger Umweltbundesamt GmbH, Vienna, Austria.
sarah.geiger@umweltbundesamt.at

Burkhard Golla Julius Kühn-Institut, Institut für Strategien und Folgenabschätzung, Kleinmachnow, Deutschland.
burkhard.golla@julius-kuehn.de

Lucia Hahne Disy Informationssysteme GmbH, Karlsruhe, Deutschland.
lucia.hahne@disy.net

Erik Hass Disy Informationssysteme GmbH, Karlsruhe, Deutschland.
hass@disy.net

Fabienne Heise Disy Informationssysteme GmbH, Karlsruhe, Deutschland.
heise@disy.net, fabienne.heise@disy.net

Michael Holzhüter Hochschule für Technik und Wirtschaft Berlin, Berlin, Deutschland.
michael.holzhueter@htw-berlin.de

Friedhelm Hosenfeld Institut für Digitale Systemanalyse & Landschaftsdiagnose (DigSyLand), Husby, Deutschland.
hosenfeld@digsyland.de

Ulrich Hussel RISA Sicherheitsanalysen GmbH, Berlin, Deutschland.
ulrich.hussel@risa.de

Christian Jolk Ruhr-Universität Bochum, Zentrum für Umweltressourcenmanagement, Bochum, Deutschland.
christian.jolk@rub.de

Gerlinde Knetsch Umweltbundesamt, Dessau-Roßlau, Deutschland.
gerlinde.knetsch@uba.de

Kay Krienke Landesamt für Landwirtschaft, Umwelt und ländliche Räume Schleswig-Holstein, Flintbek, Deutschland.
kay.krienke@llur.landsh.de

Eridy Lukau Fraunhofer-Institut für Offene Kommunikationssysteme, Berlin, Deutschland.
eridy.lukau@fokus.fraunhofer.de

Marco Mehrhoff Hochschule Bremen Fakultät 4, Bremen, Deutschland.
marcomehrhoff@gmail.com

Ulrich Meissen Fraunhofer-Institut für Offene Kommunikationssysteme, Berlin, Deutschland; Hochschule für Technik und Wirtschaft Berlin, Berlin, Deutschland.
ulrich.meissen@fokus.fraunhofer.de, ulrich.meissen@htw-berlin.de

Roman Miller Disy Informationssysteme GmbH, Karlsruhe, Deutschland.
roman.miller@disy.net

Christine Müller Inforst UG (haftungsbeschränkt), Leipzig, Deutschland.
mueller@inforst.de

Thomas Nette SGD Nord, Koblenz, Deutschland.
thomas.nette@sgdnord.rlp.de

Marc Nodorft DEUS SMART AIR Grid, c/o Füllner & Partner GmbH, Stahnsdorf, Deutschland.
m.nodorft@deus-smart-air.org

Johannes Peterseil Umweltbundesamt GmbH, Vienna, Austria.
johannes.peterseil@umweltbundesamt.at

Gisela Pröll Umweltbundesamt GmbH, Vienna, Austria.
gisela.proell@umweltbundesamt.at

Maria Ressel HTW Berlin, Umweltinformatik, Berlin, Deutschland.
s0548486@htw-berlin.de

Heino Rudolf hrd.consulting, Dresden, Deutschland.
heino.rudolf@hrd-consulting.eu

Kai Runte Disy Informationssysteme GmbH, Karlsruhe, Deutschland.
runte@disy.net, kai.runte@disy.net

Jennifer Schell MUEEF Rheinland-Pfalz, Mainz, Deutschland.
jennifer.schell@mueef.rlp.de

Caroline Schulze Umwelt-Informatik, HTW Berlin, Berlin, Deutschland.
s0550794@htw-berlin.de

Christoph Sinn Julius Kühn-Institut, Institut für Strategien und Folgenabschätzung, Kleinmachnow, Deutschland.
Christoph.Sinn@julius-kuehn.de

Jörn Strassemeyer Julius-Kühn-Institut, Kleinmachnow, Deutschland.
joern.strassemeyer@julius-kuehn.de

Johannes Tiffert Institut für Digitale Systemanalyse & Landschaftsdiagnose (DigSyLand), Husby, Deutschland.
tiffert@digsyland.de

Heide-Rose Vatterrott Hochschule Bremen Fakultät 4, Bremen, Deutschland.
Heide-Rose.Vatterrott@hs-bremen.de

Manja Wachsmuth Umweltbundesamt, Dessau-Roßlau, Deutschland.
manja.wachsmuth@uba.de

Rolf Walter processware GmbH, Köln, Deutschland.
walter@processware.de

Justin Wiggett Ruhr-Universität Bochum, Umwelttechnik + Ökologie im Bauwesen, Bochum, Deutschland.
justin.wiggett@rub.de

Jan Willer Landesamt für Landwirtschaft, Umwelt und ländliche Räume Schleswig-Holstein, Flintbek, Deutschland.
jan.willer@llur.landsh.de

Christoph Wohner Umweltbundesamt GmbH, Vienna, Austria.
christoph.wohner@umweltbundesamt.at

Marcus Zunke Institut für Digitale Systemanalyse & Landschaftsdiagnose (DigSyLand), Husby, Deutschland.
zunke@digsyland.de

Entwicklung von Lösungen zur Digitalisierung in der Umweltverwaltung

Das Kompensationsverzeichnis Rheinland-Pfalz als standardisierte E-Government Anwendung

Zusammenspiel zwischen Naturschutzbehörden, Zulassungsstellen und Planungsbüros

Thomas Nette, Jennifer Schell und Rolf Walter

1 Einleitung

In einem Beitrag zu dieser Tagungsreihe vor drei Jahren [7] wurde die Entwicklungsgeschichte der GIS-basierten Datenverarbeitung aus praktischer Sicht vereinfacht in vier Phasen dargestellt (siehe Tab. 1).

Als Prognose für darauffolgende GIS-Phasen wurde eine zunehmende Automatisierung von Verwaltungsprozessen bis hin zur vollständigen Übernahme von Aufgaben durch den Computer in dafür geeigneten Verwaltungsprozessen in Aussicht gestellt. Hauptgrund für diese Prognose sind abnehmende Personalkapazitäten in der Verwaltung bei zeitgleich wachsenden Aufgaben.

In diesem Beitrag beleuchten wir an einem konkreten Anwendungsszenario eine wesentliche Voraussetzung für diese zukünftig zu erwartende Automatisierung von Verwaltungsprozessen: die Vereinheitlichung und Dokumentation von Datenmodellen. Ohne verständliche und nachvollziehbare Vereinbarungen – unter Berücksichtigung aktueller technischer Standards – ist eine geordnete, auch maschinenunterstützte Interaktion nicht

T. Nette (✉)
SGD Nord, Koblenz, Deutschland
E-Mail: thomas.nette@sgdnord.rlp.de

J. Schell
MUEEF Rheinland-Pfalz, Mainz, Deutschland
E-Mail: jennifer.schell@mueef.rlp.de

R. Walter
processware GmbH, Köln, Deutschland
E-Mail: walter@processware.de

U. Freitag et al. (Hrsg.), *Umweltinformationssysteme – Wie verändert die Digitalisierung unsere Gesellschaft?*, https://doi.org/10.1007/978-3-658-30889-6_1

Tab. 1 GIS-Phasen in der Rheinland-Pfälzischen Naturschutzverwaltung

Phase	Charakterisierung
I nur Datenbanken	Ermöglicht interne Datenrecherche
II Workstation/ArcInfo	Spezialisten-GIS für interne Planungsunterstützung
III Desktop-GIS u Web-Mapping	Erleichterung Datenhandling: Externe erheben und nutzen Daten (Shape)
IV Datenmodellstandards INSPIRE u. Web-Services	Einstieg in E-Government: umfassender Datenaustausch

denkbar. Auch die Erfordernisse der Datenbeibringung im Zusammenspiel unterschiedlicher Verwaltungen und privater Stellen profitieren von dieser Voraussetzung.

Am Beispiel der Systemeinführung des Kompensationsverzeichnisses in Rheinland-Pfalz demonstrieren wir die Vorteile der rheinland-pfälzischen Methodik für die Erstellung von Naturschutzanwendungen:

- Definition eines Anwendungsschemas (dokumentiert den fachlichen Hintergrund),
- Ableitung eines Workflows (unterstützt E-Government Prozesse und erwartbare Automatisierung),
- Generierung einer API (Schnittstelle) (ermöglicht Interaktion mit Fremdsystemen),

Abschn. 2 stellt zunächst den Verwaltungshintergrund dar und diskutiert den zugrunde liegenden Workflow bezugnehmend auf vorliegende Verordnungen.

Abschn. 3 zeigt exemplarisch Vorteile auf, die den Aufwand einer formalen Herleitung eines standardisierten Datenmodells als Anwendungsschema rechtfertigen.

In Abschn. 4 wird der Aspekt einer Schnittstellenbereitstellung nochmals hervorgehoben als ein wesentlicher Vorteil der vorgestellten Methodik. Ein Ausblick beschließt den Beitrag in Abschn. 5.

2 Landeskompensationsverordnung impliziert Workflow

Seit dem Jahr 2009 fordert § 17 Abs. 6 BNatSchG von allen Länderverwaltungen ein, Ausgleichs- und Ersatzmaßnahmen und die dafür in Anspruch genommenen Flächen in einem Kompensationsverzeichnis zu erfassen. Die Zulassungsbehörde übermittelt hierzu die erforderlichen Angaben an die Stelle, die das Kompensationsverzeichnis führt.

§ 10 Abs. 1 des Landesnaturschutzgesetzes Rheinland-Pfalz (2015) legt fest, dass die zuständige, d. h. die verfahrensbeteiligte Naturschutzbehörde das Kompensationsverzeichnis führt. Die Zulassungsbehörden und Träger der Bauleitplanung haben im Sinne des Bundesgesetzes alle erforderlichen Angaben digital zur Verfügung zu stellen. Zeitpunkt der Bereitstellung ist die Erteilung der Zulassung.

Seit Juni 2018 gelten zudem die konkretisierenden Vorgaben der Landeskompensationsverordnung und der Landeskompensationsverzeichnisverordnung [8]. Unter Rückgriff auf die bereits vorhandene Anwendung wurden Inhalte, Prozesse und Verantwortlichkeiten festgelegt, bezogen auf ein Anwendungsschema und eine bereitzustellende Schnittstelle.

2.1 Beibringung erforderlicher Angaben

Die notwendige Beibringung erforderlicher Angaben für das Kompensationsverzeichnis durch Zulassungsbehörden bzw. auch durch Eingriffsverursacher war einer der Beweggründe für die Konzeption eines die Anwendung unterstützenden Workflows und Tenor in der begleitenden amtlichen Verordnung, die eine flächendeckende verpflichtende Umsetzung sicherstellt. Beteiligt werden demnach folgende drei Akteursgruppen:

- Eingriffsverursacher als Datenbereitsteller (BE)
- Zulassungsbehörden (ZB) und
- Eintragungsstellen (ETS).

Abb. 1 veranschaulicht informell den Workflow der möglichen Beibringung von Informationen. Dargestellt werden hier die drei Akteursgruppen, unterscheidbare Verfahrensstände (z. B. privat), Verfahrensstandübergänge (Pfeile) sowie die Sichtbarkeit des Vorgangs für die jeweiligen Akteursgruppen (Ellipsen).

Datenbereitsteller erzeugen Datensätze (Verfahrensstand *privat*) und stellen diese der Zulassungsbehörde bereit. Daten im Verfahrensstand *bereitgestellt* sind für alle Beteiligten einsehbar. Den Vorgang in den Verfahrensstand *genehmigt* überführt die für das Verfahren zuständige Zulassungsbehörde durch den Eintrag des Genehmigungsdatums. Ebenso kann hier bereits das Datum der Bestandskraft eingetragen werden, mit dessen Erreichen der Vorgang durch das System in den Verfahrensstand *bestandskräftig* überführt wird. Erst abschließend prüft die Naturschutzbehörde als Eintragungsstelle die

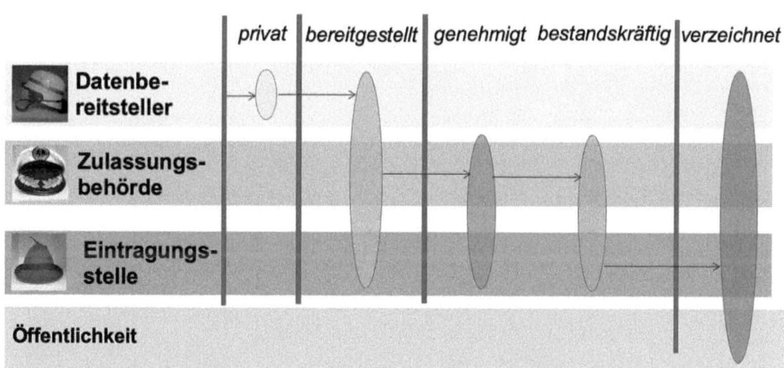

Abb. 1 Bereitstellung der Daten für das Kompensationsverzeichnis

Konsistenz und Vollständigkeit des Datensatzes in Übereinstimmung mit den Angaben des Genehmigungsbescheides (Verfahrensstand: *verzeichnet*). Damit ist der Vorgang abgeschlossen.

Das Kompensationsverzeichnis wird der Öffentlichkeit – unter Beachtung der Bestimmungen zum Datenschutz – als Teil des Landschaftsinformationssystems der Naturschutzverwaltung und der Geodateninfrastruktur des Landes sowohl zur Einsicht als auch zum Download sowie über Geodatendienste (WMS/WFS) bereitgestellt.

2.2 Workflow zur Anwendung

Dieser informelle Workflow wurde unmittelbar aus den Formulierungen der Verordnung abgeleitet. Formell dargestellt liegt der Anwendung das in **Abb.** 2 dargestellte Verfahrensstandüberführungsdiagramm zugrunde:

Die in Abschn. 2.2. benannten Verfahrensstände sind hier als Rechtecke dargestellt, wobei die Pfeile Verfahrensstandüberführungen spezifizieren und die Anschriften definieren, welche Akteursgruppe diese herbeiführen kann. Hierbei sind, im Unterschied zu Abb. 1, auch eventuelle Löschungen, Rückführungen im Fehlerfall sowie der Nachtrag von „Altdaten (AltD)" hinzugefügt. Auf einen besonderen Aspekt der Verordnung, des Diagramms und der Anwendung sei noch hingewiesen: kommt die Zulassungsbehörde Ihren Verpflichtungen nicht zeitnah nach, so verpflichtet die Verordnung die Eintragungsstellen nach Beginn ihrer Beteiligung am Verfahren einen Vorgang im System zu initiieren, entweder für bereits bekannte Datenbereitsteller oder ansonsten für die zuständige Zulassungsbehörde. Das frühzeitige Anlegen des Objektes Eingriffsverfahren ermöglicht es der Behörde und anderen Stellen u. a. darauf zu achten, dass eine Mitteilung der zuständigen Behörde über das abgeschlossene Verfahren noch aussteht. Dieser Passus erklärt die zusätzlichen Pfeile zur Initiierung von Vorgängen, die mit ETS beschrieben sind.

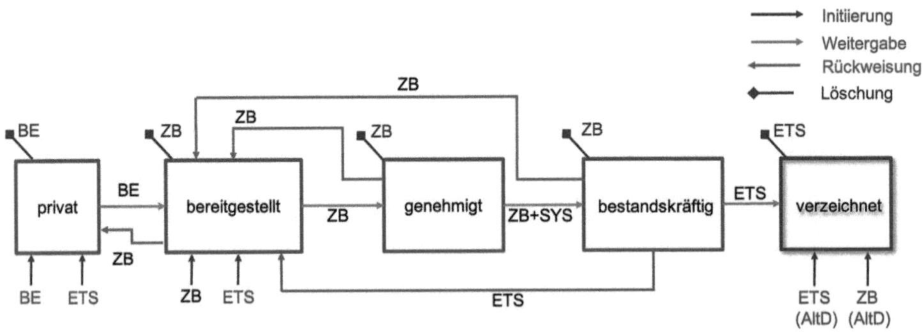

Abb. 2 Verfahrensstandüberführungsdiagramm der Anwendung

3 Anwendungsschema für die Eingriffsregelung

Nicht nur ein Workflow, sondern auch die Datenstrukturen und ihre fachlichen Inhalte müssen sowohl im Prozess des Anwendungsdesigns als auch im laufenden Betrieb breit kommuniziert und von der Vielzahl der Beteiligten verstanden werden, um valide Informationen erzeugen und austauschen zu können. Eine begleitende streng formale Modellierung unterstützt die maschinelle Austauschbarkeit und auch die Anwendung von Berechnungsvorschriften, bspw. zur Automatisierung von Bewertungen [3].

[5] unterscheiden grundlegend die Modellierung von Daten auf Geodatenebene von der in Rheinland-Pfalz bevorzugten Modellierung von Daten auf konzeptueller Ebene, wobei letztere in deren Beitrag klar favorisiert wird. Insbesondere auch, weil gesetzliche Anforderungen wie die EU-Richtlinie INSPIRE die Modellierung auf konzeptueller Ebene vorsehen.

Neben den INSPIRE Data Specifications können das AFIS-ALKIS-ATKIS-Modell der Vermessungs- und Katasterverwaltung [1] und für raumbezogene Planwerke XPLAN/XBAU [12] als weitere Vorbilder für die rheinland-pfälzische Methodik benannt werden. Bundeseinheitliche Vorgaben oder Standards in Bezug auf die digitale Führung und technische Umsetzung des Kompensationsverzeichnisses gibt es nicht. Auf Bundesebene beschränken sich die Vorgaben zur Führung des Kompensationsverzeichnisses auf den bereits genannten § 17 Abs. 6 BNatSchG. Weitergehende Regelungen sind auch nicht Bestandteil der Bundeskompensationsverordnung, die bundesweit für Vorhaben gilt, die durch Bundesbehörden zugelassen werden. Es ist daher davon auszugehen, dass die unterschiedlichen Länderregelungen auch für diese Fälle weiterhin anzuwenden sind. Dargestellt wird im Folgenden der fachliche Standard für Rheinland-Pfalz.

Es wurden, wie schon für INSPIRE und das AAA-Modell, als Werkzeuge ebenfalls sowohl „Enterprise Architect“ zur Modellierung als auch „ShapeChange“ [4] zur Ableitung von menschen- und maschinenlesbaren Dokumentationen eingesetzt. Beide Werkzeuge sind umfassend erprobt, Shape-Change ist frei verfügbar.

Für Freunde formaler UML-Modelle ist das Anwendungsschema in Abb. 3 übersichtlich in einem Diagramm zusammengefasst. Auf der Web-Seite des Landschaftsinformationssystems [9] bietet sich die Gelegenheit, im dort bereitgestellten Objektartenkatalog alle fachlichen Details der Eingriffsmodellierung nachzuvollziehen.

Diese menschenlesbare Darstellung des Fachmodells wurde mit ShapeChange automatisiert aus dem zugrunde liegenden Anwendungsschema (*.eap) generiert. Kurze fachliche Erläuterungen, die bspw. in einer Kartieranleitung oder einem Handbuch zu finden sind, wurden im Anwendungsschema als Kommentare ergänzt und sind so im Objektartenkatalog darstellbar.

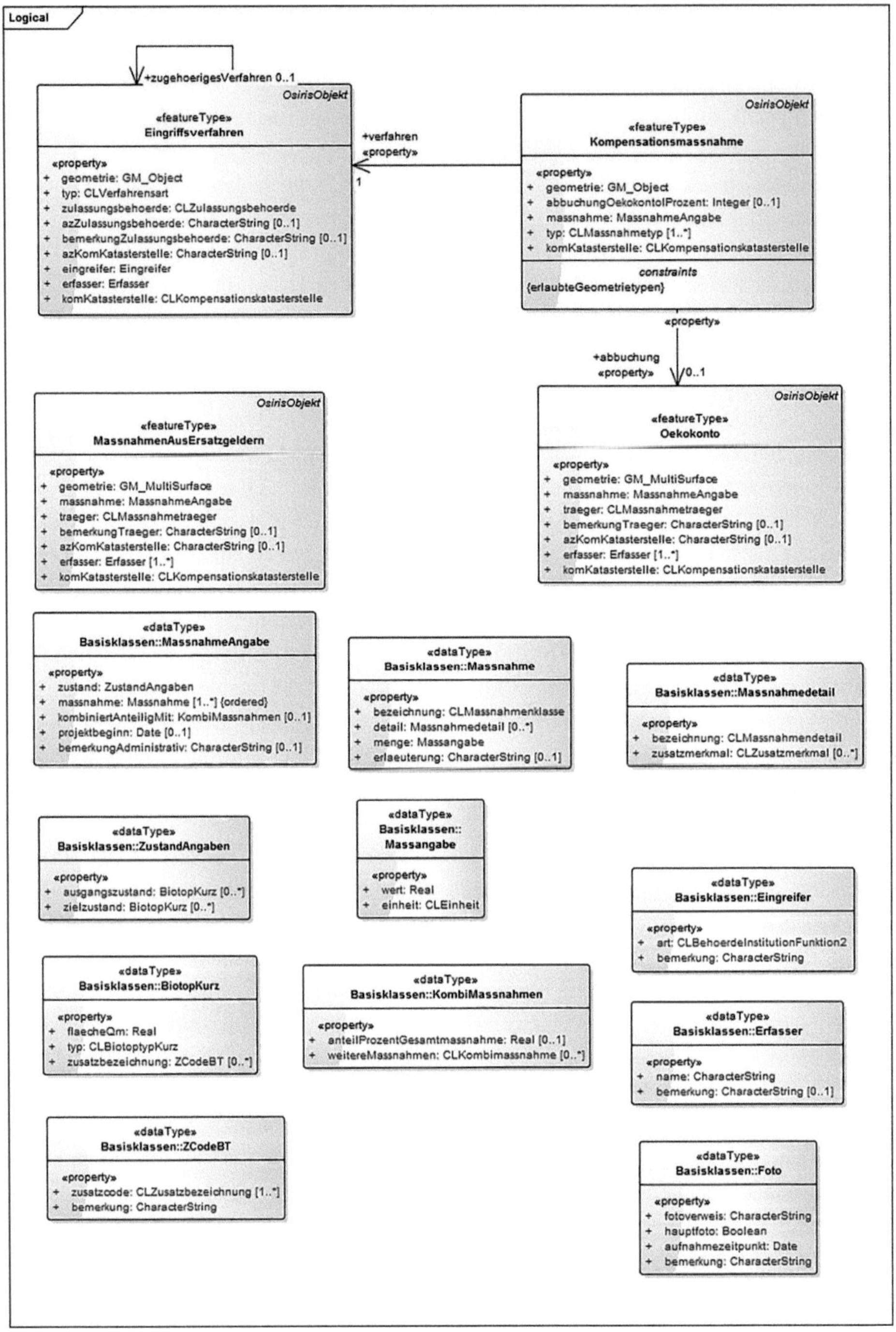

Abb. 3 UML-Diagramm des Anwendungsschemas zur Eingriffsregelung

4 Schnittstellengenerierung

Ein letzter bedeutender Aspekt für den Betrieb von E-Government Anwendungen im Allgemeinen und für die Eingriffsregelung im Besonderen ist hier die Interaktion mit großen „Eingriffsverursachern" und „Datenzulieferern", u. a. die Deutsche Bahn für Eingriffe im Schienenwesen, der Landesbetrieb für Mobilität in Rheinland-Pfalz für den Straßenbau oder weitere Datenlieferanten verschiedener Zulassungsbehörden.

Für die automatisierte Generierung einer REST-API zusammen mit einer Schnittstellendokumentation ist ein weiteres, frei verfügbares Werkzeug im rheinland-pfälzischen Werkzeug- und Methodenkatalog hinzugekommen.

Ausgangspunkt für die Entwicklung des Werkzeugs *ldproxy* (durch interactive instruments GmbH) waren Empfehlungen der Konsortien W3C und OGC, die eine Modernisierung bei der Bereitstellung von Geodaten für einen breiten Nutzerkreis empfehlen und dafür „Praktiken für die webfreundliche Veröffentlichung von Geodaten" definiert haben [2].

Diese Empfehlungen bilden die Basis für eine Weiterentwicklung des OGC Web Feature Services in der Version 3.0, die von ldproxy technisch umgesetzt werden. ldproxy fungiert dabei als Proxy-Dienst, der aus WFS 2.0-Diensten Daten und Inhalte entwickler- und nutzerfreundlich aufbereitet. Zusätzlich werden die Daten über eine REST API bereitgestellt, die gemäß der OpenAPI-Spezifikation (auch als „Swagger" bekannt) definiert ist (ebd.[2]).

Eine spezielle Anpassungsversion von ldproxy für Rheinland-Pfalz ersetzt nun den WFS 2.0-Dienst durch ein generelles Anwendungsschema. Im Ergebnis wird die REST API daraus generiert und die Schnittstelle dokumentiert.

Neben der formalen Dokumentation nutzt Rheinland-Pfalz ldproxy, um Informationen des Kompensationsverzeichnisses als Berichte im Web zu veröffentlichen – dazu nötig im Sinne einer webfreundlichen Veröffentlichung ist nur ein Browser. Abb. 4 zeigt ein Beispiel für einen Bericht im Browser. Berichte des Naturschutzes insgesamt sowie die Dokumentation der REST-Schnittstelle sind unter [10] zugänglich.

5 Zusammenfassung und Ausblick

Modellgetriebene Softwareentwicklung ist die methodische Grundlage für das Vorgehen in Rheinland-Pfalz: Softwaresystemkomponenten werden weitestgehend aus einem Anwendungsschema generiert. Am Beispiel der Eingriffsregelung haben wir dokumentiert, wie

- eine Workflow-Definition (abgeleitet aus einer Verordnung),
- ein Anwendungsschema (zur Kommunikation mit der Fachseite) sowie
- ein Schnittstellenangebot (zur Kommunikation mit Fremdsystemen)

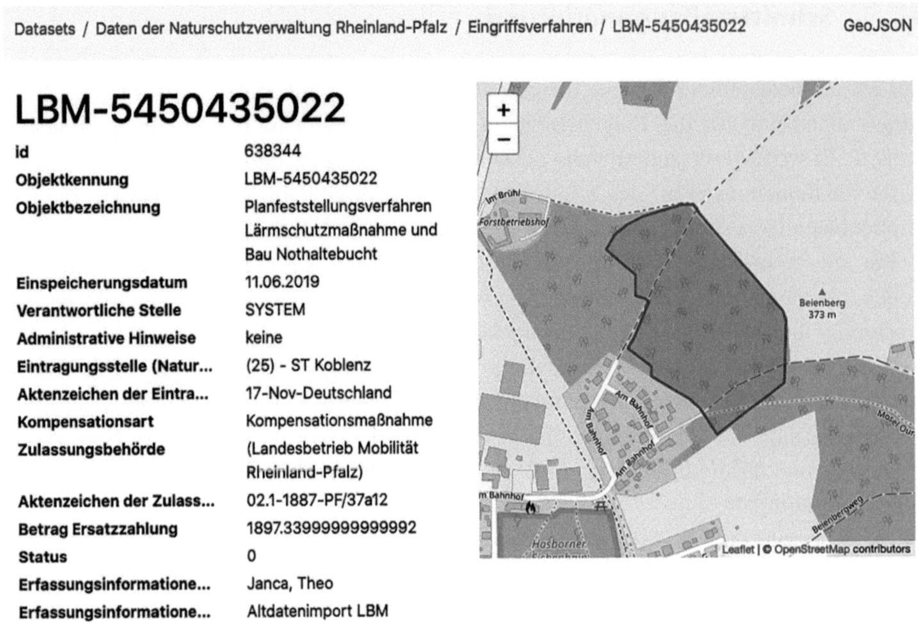
Datasets / Daten der Naturschutzverwaltung Rheinland-Pfalz / Eingriffsverfahren / LBM-5450435022 GeoJSON

LBM-5450435022

id	638344
Objektkennung	LBM-5450435022
Objektbezeichnung	Planfeststellungsverfahren Lärmschutzmaßnahme und Bau Nothaltebucht
Einspeicherungsdatum	11.06.2019
Verantwortliche Stelle	SYSTEM
Administrative Hinweise	keine
Eintragungsstelle (Natur...	(25) - ST Koblenz
Aktenzeichen der Eintra...	17-Nov-Deutschland
Kompensationsart	Kompensationsmaßnahme
Zulassungsbehörde	(Landesbetrieb Mobilität Rheinland-Pfalz)
Aktenzeichen der Zulass...	02.1-1887-PF/37a12
Betrag Ersatzzahlung	1897.3399999999992
Status	0
Erfassungsinformatione...	Janca, Theo
Erfassungsinformatione...	Altdatenimport LBM

Abb. 4 Präsentation von Geo- und Sachdaten als Bericht im Web-Browser

den Weg von der gesetzlichen Regelung bin hin zum Angebot einer die Umsetzung unterstützenden Anwendung die Anwendungskonzeption begleitet hat.

Die Nutzung frei verfügbarer Werkzeuge und Datenbankmanagementsysteme ermöglicht Rheinland-Pfalz ein Vorgehen, in kleinen Schritten, ohne hohe Kosten und transparent für alle Beteiligten Fachinformationssysteme zur Verfügung zu stellen.

Die gesetzlichen Vorgaben zur Einrichtung und Pflege eines Kompensationsverzeichnisses sind mit weiteren Aufgaben verbunden:

- die Weitergabe und Übernahme von Informationen aus dem Kompensationsverzeichnis in das amtliche Liegenschaftskataster (ALKIS),
- die landesinterne Nutzung der Informationen in Fachinformationssystemen, bspw. zur Vermeidung von Doppelbelegungen von Flächen und somit auch von Doppelförderungen im Rahmen von Landesförderungen und EU-Beihilfen.

All diese weiterführenden Aufgaben können nur erbracht werden, wenn das Verzeichnis aktuell, vollständig und korrekt ist. Dieser Zustand war und ist weder in Rheinland-Pfalz noch in verschiedenen anderen Bundesländern erreicht [11].

Um diesen Zustand nachhaltig herbeizuführen wurde in Rheinland-Pfalz

- eine E-Government Anwendung in Betrieb genommen,
- ein Berichtswesen aus der Anwendung abgeleitet und in der Verordnung hinterlegt, welches jährlich die Aktivitäten im Verzeichnis dokumentiert,
- eine Schnittstelle für große Datenlieferanten angeboten und
- ein Workflow definiert, der im Einklang mit der Verordnung den Betrieb unterstützt und die Aufgabe der Datenbereitstellung auf die Eingriffsverursacher überträgt.

Noch sind wir von einer zukünftig zu erwartenden, weitgehend vollständigen Automatisierung von Verwaltungsprozessen weiter entfernt, als es derzeit die Verheißungen der künstlichen Intelligenz oder die bereits erzielten Fortschritte in der Wirtschaft erahnen lassen. Mit diesem Beitrag konnten wir an einer Fallstudie demonstrieren, dass eine wesentliche Grundlage für eine Automatisierung, die Vereinheitlichung und Dokumentation von Datenmodellen, bereits schon heute große Vorteile bietet.

Literatur

1. Arbeitsgemeinschaft der Vermessungsverwaltungen der Länder der Bundesrepublik Deutschland. http://www.adv-online.de/GeoInfoDok/. Zugegriffen: 26. Apr. 2020.
2. Böhmen, J. Vortrag auf der FOSSGIS-Konferenz 2018 in Bonn. https://frab.fossgis-konferenz.de/system/event_attachments/attachments/000/000/280/original/2018-03-21_Vortrag_ldproxy_FOSSGIS.PDF, Zugegriffen: 26. Apr. 2020.
3. Deutscher Bundestag (2018). Wissenschaftliche Dienste, Ausarbeitung Biotopwertverfahren in Deutschland. WD 7 – 3000 – 236/18. https://www.bundestag.de/resource/blob/592122/19c2c0f04a6ba7fe65293d4b41dc80b2/WD-7-236-18-pdf-data.pdf. Zugegriffen: 26. Apr. 2020.
4. Interactive Instruments: ShapeChange, eine Open-Source Software von interactive instruments. https://www.interactive-instruments.de/de/shapechange/. Zugegriffen: 26. Apr. 2020.
5. Kutzner, T., & Eisenhut, C. (2010). Vergleichende Untersuchungen zur Modellierung und Modelltransformation in der Region Bodensee im Kontext von INSPIRE. TU München. https://mediatum.ub.tum.de/doc/1223763/166974.pdf. Zugegriffen: 26. Apr. 2020.
6. Landesverordnung über die Kompensation von Eingriffen in Natur und Landschaft (Landeskompensationsverordnung – LKompVO) vom 12. Juni 2018, https://mueef.rlp.de/fileadmin/mulewf/Themen/Naturschutz/Eingriff_und_Kompensation/Landeskomensationsverordnung.pdf. Zugegriffen: 19. Apr. 2020.
7. Lemke, F., & Walter, R. (2017). Inspire rockt die GEO-Welt - Vom Anwendungsschema zur Web-Anwendung. In: Tagungsband des 24. Workshops „Umweltinformationssysteme 2017 – Vernetzte Umweltdaten“(UIS 2017) des Arbeitskreises „Umweltinformationssysteme“ der Fachgruppe „Informatik im Umweltschutz“ der Gesellschaft für Informatik (GI), CEUR Workshop Proceedings Vol-1919, S. 138–153. https://ceur-ws.org/Vol-1919/paper10.pdf.
8. Landeskompensationsverzeichnisverordnung (LKompVzVO) vom 12. Juni 2018. https://mueef.rlp.de/fileadmin/mulewf/Themen/Naturschutz/Eingriff_und_Kompensation/Landeskompensationsverzeichnisverordnung.pdf. Zugegriffen: 19. Apr. 2020.

9. Objektartenkatalog der Naturschutzverwaltung Rheinland-Pfalz, Profil: KomOn. https://naturschutz.rlp.de/sites/non_drupal/odok_ksp/. Zugegriffen: 26. Apr. 2020.
10. OSIRIS-Neo-Api für Daten der Naturschutzverwaltung Rheinland-Pfalz. https://berichte.processware.de/oneo. Zugegriffen: 5. Mai 2020.
11. Rechnungshof Sachsen: Umsetzung der Eingriffsregelung im Freistaat Sachsen. https://www.rechnungshof.sachsen.de/JB2017-I-25.pdf. Zugegriffen: 30. März 2020.
12. XLeitstelle. Zentrale Geschäfts- und Koordinierungsstelle für die kontinuierliche Pflege und Weiterentwicklung der Standards XPlanung und XBau. https://www.xleitstelle.de/leitstelle. Zugegriffen: 26. Apr. 2020.

Neuentwicklung einer Intranet-Web-Anwendung für das Geotopkataster Schleswig-Holstein

Friedhelm Hosenfeld, Johannes Tiffert, Marcus Zunke, Kay Krienke und Jan Willer

1 Einführung

1.1 Geotope

Geotope sind erdgeschichtliche Bildungen der unbelebten Natur, die Erkenntnisse über die Entwicklung der Erde oder des Lebens vermitteln. Sie umfassen Aufschlüsse von Gesteinen, Böden, Mineralien und Fossilien sowie einzelne Naturschöpfungen und natürliche Landschaftsteile. Schutzwürdig sind die Geotope, die sich durch ihre besondere erdgeschichtliche Bedeutung, Seltenheit, Eigenart oder Schönheit auszeichnen [4,11]. In Schleswig–Holstein gibt es vor allem Geotope, die die glaziale Landschaftsgeschichte kennzeichnen. Bekannt sind die Endmoränen bei Duvenstedt, der Findling

F. Hosenfeld (✉) · J. Tiffert · M. Zunke
Institut für Digitale Systemanalyse & Landschaftsdiagnose (DigSyLand), Husby, Deutschland
E-Mail: hosenfeld@digsyland.de

J. Tiffert
E-Mail: tiffert@digsyland.de

M. Zunke
E-Mail: zunke@digsyland.de

K. Krienke · J. Willer
Landesamt für Landwirtschaft, Umwelt und ländliche Räume Schleswig-Holstein, Flintbek, Deutschland
E-Mail: kay.krienke@llur.landsh.de

J. Willer
E-Mail: jan.willer@llur.landsh.de

U. Freitag et al. (Hrsg.), *Umweltinformationssysteme – Wie verändert die Digitalisierung unsere Gesellschaft?*, https://doi.org/10.1007/978-3-658-30889-6_2

Teufelsstein bei Groß Königsförde und das Os bei Süderbrarup. Weiterhin erreichen Aufschlüsse des tieferen Untergrundes, die durch die Entstehung von Salzstöcken nahe an die Erdoberfläche verlagert wurden, übergeordnete Bedeutung. Beispiele hierfür sind Helgoland, die Liether Kalkgrube bei Elmshorn und der Kalkberg bei Bad Segeberg.

1.2 Motivation und Grundlagen

Der Geologische Dienst im Landesamt für Landwirtschaft, Umwelt und ländliche Räume (LLUR) nimmt in Schleswig–Holstein die fachbehördlichen Aufgaben des Geotopschutzes wahr. Dazu führt das LLUR ein Geotopkataster, in dem die bekannten landesweiten Geotope und Geotop-Potentialgebiete erfasst, beschrieben und ihre Schutzwürdigkeit dokumentiert werden. Das Geotopkataster ist auch die Basis für eine landesweit einheitliche Bewertung der Geotope und für die Erfüllung verschiedener gesetzlicher Vorgaben zu Berichts- und Informationspflichten.

2 Anforderungen und Konzeption

2.1 Anforderungen an die Neuentwicklung der Anwendung

Als 2017 die Neuentwicklung geplant wurde, stand im LLUR eine Geotopkataster-Anwendung auf Basis von Microsoft Access 2000 zur Verfügung, die nicht mehr dem Stand der Technik und den Anforderungen des Landesamtes entsprach.

Zusätzlich lagen weitere geotopbezogene Daten über unterschiedliche Datenquellen (Oracle-Datenbank, Shape-Datei, Word-Dokumente, Bild-Dateien) verteilt vor, die keinen einheitlichen Zugriff auf Informationen zu einem Geotop sicherstellten.

Seitens des LLUR wurde eine fachliche Konzeption der gewünschten Funktionalitäten und Auswertungen, des Aufbaus der Anwendung und der Schlüssellisten als Grundlage der Neuentwicklung mit folgenden Anforderungen vorgelegt:

- Einheitliche Web-Anwendung zur Nutzung im Intranet
- Einheitliche Datenhaltung einschließlich Geometrien in der zentralen Oracle-Datenbank
- Verwaltung und Verlinkung zusätzlicher Dokumente aus der Fachanwendung
- Zukünftige Verfügbarmachung im Internet soll möglich sein

Insbesondere sollte eine enge Verzahnung von Sach- und Geodaten realisiert werden mit einer automatischen Zuordnung von Verwaltungseinheiten (Gemeinde, Kreis, Kartenblattschnitte) auf der Basis der Lageinformationen, um Auswertungen nach diesen Einheiten zu erleichtern. Hinsichtlich der Zugriffsrechte wurden eine Nutzergruppe mit einem reinen Lesezugriff und eine Nutzergruppe mit schreibendem Zugriff zur Datenpflege vorgesehen.

Neben individuellen Such- und Recherchemöglichkeiten sollte die Anwendung auch einen leichten Zugang zu vorgegebenen Standard-Auswertungen sowie die räumliche Suche auf der Karte bieten.

Zusammenfassende Steckbriefe mit allen wesentlichen Angaben zu jedem Geotop sollten als PDF-Datei aus dem Geotopkataster erzeugt werden können (s. Abb. 7).

2.2 Konzeption der Geotopkataster-Anwendung

Die technische Konzeption der Geotopkataster-Anwendung sollte folgende Eigenschaften berücksichtigen:

- Bereitstellung einer datenbankbasierten Web-Anwendung im Intranet
- Anbieten von GIS-Funktionalität sowohl zur Darstellung als auch zur Datenbearbeitung
- Integration sowohl standardisierter als auch konfigurierbarer komplexer Auswertungsmöglichkeiten
- Fachanwendungsfunktionalitäten zur Datenpflege

Als Basis sollte die Auswertungs- und GIS-Plattform Disy Cadenza [3] eingesetzt werden, deren Variante CadenzaWeb neben zahlreichen Auswertungsfunktionalitäten auch die Erfassung und Pflege von Geometrien zulässt (s. Abb. 6).

Disy Cadenza wird im Landwirtschafts- und Umweltressort Schleswig-Holsteins in verschiedenen Fachzusammenhängen bereits seit Jahren erfolgreich zur Auswertung und auch zur Geo-Erfassung von Umweltdaten eingesetzt, sodass sowohl auf den technischen Grundlagen als auch auf das erforderliche Know-how aufgebaut werden konnte.

Die Architektur der konzipierten Lösung wird im nachfolgenden Kapitel erläutert.

3 Architektur

Die Architektur zur Umsetzung der technischen Konzeption entspricht den IT-Vorgaben des Landes und hatte sich im LLUR bereits für weitere Fachanwendungen bewährt: So wurden für die Abteilung Geologie und Boden eine Beratungsdatenbank [9], Anwendungen zur Verwaltung von Bodendauerbeobachtungsflächen und Leitprofilen sowie für die Naturschutz-Abteilung eine Naturschutz-Maßnahmendatenbank zur Planung und Verwaltung von Naturschutz-Maßnahmen [7] mit derselben Technologie entwickelt.

3.1 Datenbankbasierte Web-Anwendung im Intranet

Aufbauend auf den Anforderungen der Fachabteilung sowie auf der vorhandenen IT-Umgebung wurde eine datenbankbasierte Web-Anwendung mit Erfassungsfunktionalitäten geplant, die im Intranet des Landesamtes bereitgestellt wird. Über das Intranet wird der Zugriff auch für andere Behörden des Ressorts ermöglicht.

3.2 Auswertungs- und GIS-Plattform Disy Cadenza

Cadenza bietet eine Variante, die als Java-basierte Desktop-Anwendung *Cadenza Desktop* verfügbar ist und Fachzuständige unterstützt, kombinierte Auswertungen von Sach- und Geodaten mit dem Bedienungskomfort und der Funktionsvielfalt einer typischen Desktop-Anwendung durchzuführen.

Für den Aufbau von Web-Anwendungen kommt die zweite Variante *Cadenza Web* zum Einsatz. CadenzaWeb enthält ebenfalls umfangreiche Auswertungs- und Präsentationsfunktionen. Hinsichtlich der Flexibilität und Funktionsvielfalt ist Cadenza

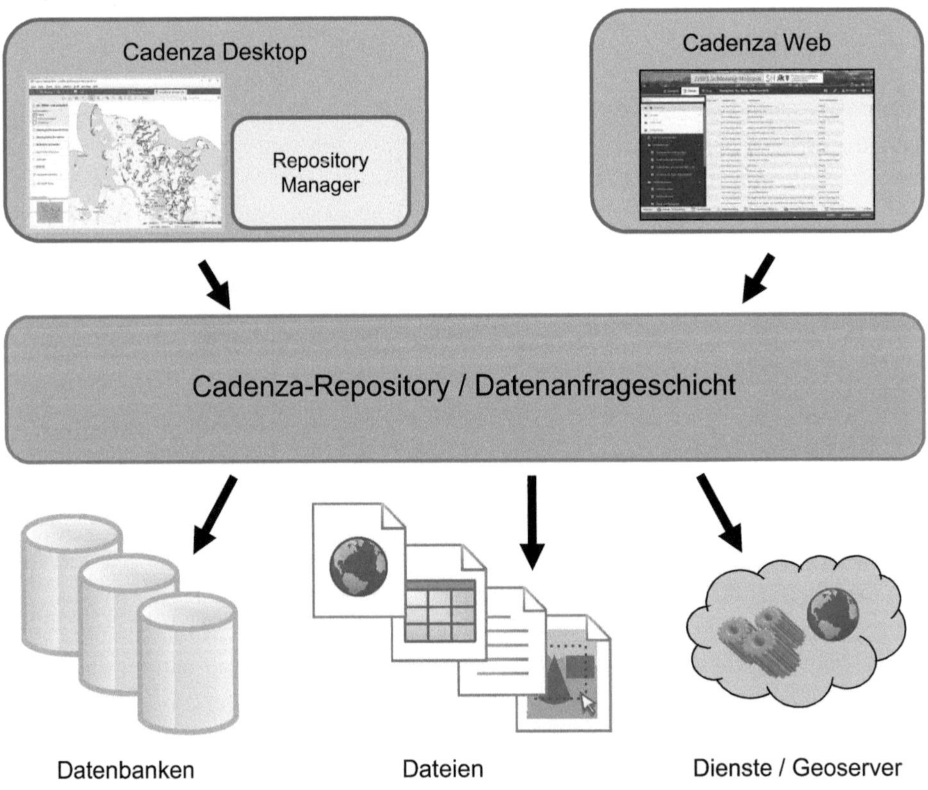

Abb. 1 Schematische Darstellung der Cadenza-Komponenten und Datenquellen

Web zwar im Vergleich zur Desktop-Version eingeschränkt, bietet andererseits weitergehende Integrations- und Anpassungsmöglichkeiten. Daher kann die Benutzerführung adäquat an die fachlichen Anforderungen angepasst und mit anderen web-basierten Elementen integriert werden.

Beide Cadenza-Varianten greifen auf die gleichen Datenquellen und Verwaltungsstrukturen, das Cadenza-Repository, zu (s. Abb. 1). Mithilfe des Repository wird eine Zwischenschicht als integrierende Sicht auf die zugrunde liegenden Datenquellen aufgebaut, die sowohl datenbankbasiert sein können als auch Dienste und Geodaten-Dateien umfassen können. Der *Repository Manager* als Verwaltungswerkzeug dient zur einheitlichen Administration der Cadenza-Plattform.

Zudem bieten beide Cadenza-Varianten über einen Fachanwendungsrahmen die Integration von Fachanwendungen in die Cadenza-Plattform, z. B. zur Ergänzung von Datenerfassungsfunktionen [5,6]. Cadenza Web verfügt zusätzlich über einen Permalink-Mechanismus, der mittels Permalink-URL die Einbettung vieler Auswertungselemente (Karten, Diagramme, Tabellen, Reports) in beliebige Web-Anwendungen und Web-Portale ermöglicht (vgl. Abschn. 4.3).

3.3 Fachanwendung zur Erfassung und Pflege von Daten

Für die Erfassung der Sachdaten des Geotopkatasters wurde eine Fachanwendung konzipiert, die mit der Skriptsprache PHP [10] realisiert werden sollte und sich nahtlos

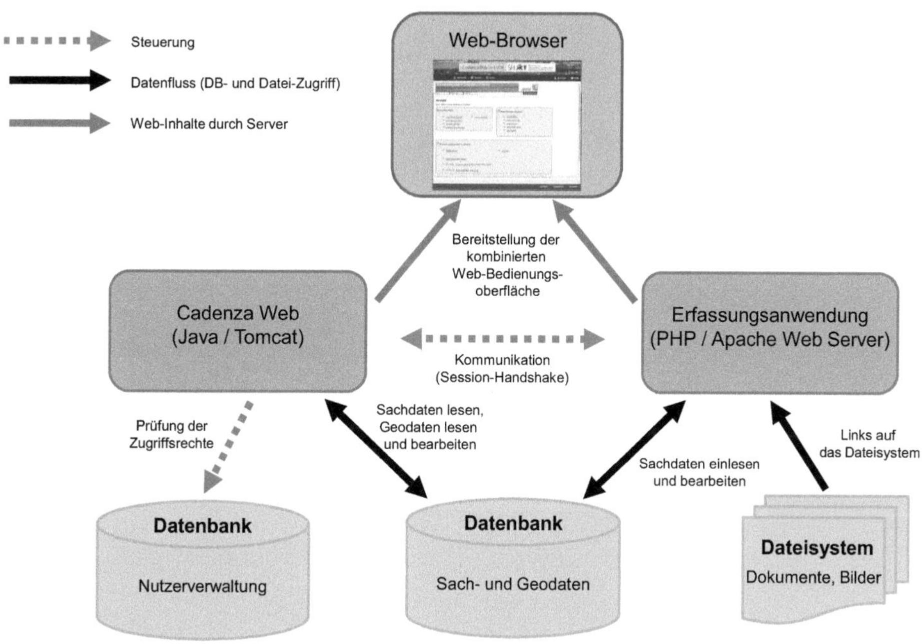

Abb. 2 Vereinfachte Skizze der Integration der PHP-Fachanwendung in Cadenza Web

über die Fachanwendungsschnittstelle in die Cadenza Web-Umgebung integrieren lässt (s. Abb. 2).

Der Fachanwendungsrahmen für Cadenza Web bietet über eine URL-Schnittstelle sowohl die Ansteuerung der Cadenza-Geodatenbearbeitung als auch den Zugriff auf ein gemeinsames Session-Handling und auf die Cadenza-Benutzerverwaltung mit Zugriffsrechten. Daher wird für die Umsetzung von Zugriffsrechten und Rollen die behördenweit einheitliche zentrale Cadenza-Benutzerverwaltung genutzt (s. Abb. 2).

4 Umsetzung als datenbankbasierte Web-Anwendung

4.1 Modellierung und Migration der Sachdaten

Alle Angaben zu Geotopen werden in drei Bereiche gegliedert, die als *Erfassungsbelege, Bewertungsbelege* sowie *Schutz- und Pflegebelege* bezeichnet werden. Sowohl das Datenmodell als auch die Geotopkataster-Anwendung spiegeln diese Struktur wider.

Ziele der Datenmodellierung waren einerseits eine möglichst verlustfreie Übernahme der Altdaten und andererseits die Schaffung einer Datenstruktur, die durch standardisierte Schlüssellisten Fehleingaben minimiert und harmonisierte Auswertungen ermöglicht. In enger Abstimmung mit den Fachzuständigen des LLUR wurden etwa 40 Schlüssellisten umgesetzt, wobei die vorhandenen Altdaten weitgehend in den neuen Standard überführt werden sollten. Eine automatisierte Übernahme war jedoch nicht für alle Werte möglich, weil zahlreiche Eingabevarianten der bisher stark freitext-basierten Datenhaltung einer fachlichen Interpretation im Einzelfall bedurften.

Um eine sukzessive Überführung dieser Daten durch die Fachzuständigen in die standardisierte Form mithilfe der Fachanwendung zu unterstützen, wurde ein Teil der Altdaten in Freitextform zusätzlich zu den Schlüsselwertfeldern in das neue Datenmodell übernommen. In der Eingabemaske sind sie als Nur-Lese-Felder umgesetzt (s. Abb. 3).

Bild-Dateien und andere Dokumente, die im Dateisystem verwaltet werden, können in den Eingabemasken verlinkt werden. Dazu werden nur Links auf die Dokumente und nicht die Dokumente selbst in der Datenbank abgebildet.

Die entsprechenden Dokumente werden für behördliche Zwecke bereits in entsprechenden Strukturen im Behördendateisystem vorgehalten und müssen so nicht gesondert abgelegt und verwaltet werden.

4.2 Modellierung und Migration der Geotop-Raumbezüge

In der Konzeption wurden folgende technische Anforderungen für Geodaten berücksichtigt:

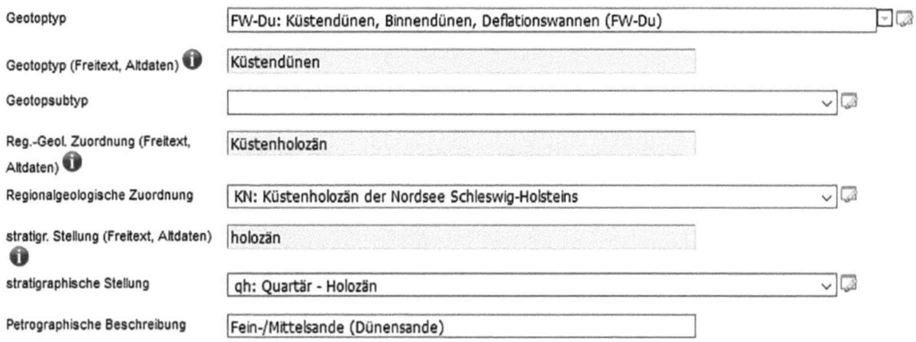

Abb. 3 Schreibgeschützte Anzeigefelder der Altdaten erleichtern die Zuordnung korrekter Schlüsselwerte

- Für jedes Geotop können mehrere Geometrien verwaltet werden. Geometrien können Punkte, Linien und Flächen sein. Eine spezielle Punkt-Geometrie soll als zentraler Punkt des jeweiligen Geotops automatisch ermittelt und verwaltet werden können.
- Abgeleitet aus den Geometrien sollen Standard-Raumbezüge als Sachdaten hinterlegt werden. Dies betrifft Gemeinden, Kreise/kreisfreie Städte und Blattschnitte topographischer Karten, die automatisch anhand der Lage zugeordnet werden.

Neben den Sachdaten der Vorgänger-Datenbank wurden mit der Datenmigration auch die im Shape-Format gehaltenen Geometrien mithilfe von Cadenza in die Oracle-Datenbank übernommen. Das Datenmodell wurde so erweitert, dass die bis dahin nur als Polygon vorliegenden Geometrien durch Linien und Punkte ergänzt werden.

Geometrien werden im Datenmodell als n:m-Verknüpfung zu den Geotopen abgebildet, wobei zusätzlich nach den Geometrietypen Polygon, Linie und Punkt unterschieden wird. Zu jedem Geotop lassen sich jedoch alle zugehörigen Geometrien abrufen und gemeinsam auf der Karte anzeigen. Cadenza ermöglicht die Darstellung aller Geometrietypen in einem gemeinsamen Kartenlayer.

4.3 Startseite der Fachanwendung und Eingabemasken zur Datenpflege

Die Realisierung der Fachanwendung zur Datenerfassung basiert auf einem von DigSyLand entwickelten PHP-Framework, bei dem ein Großteil der Eingabefunktionalität, wie z. B. der Aufbau der Startseite und der Eingabemasken, per Konfiguration gesteuert werden kann. Dies erleichtert Anpassungen der Bedienungsoberfläche, die so größtenteils ohne Programmieraufwand umgesetzt werden können. Einige Sonderfunktionalitäten mussten jedoch zur Erfüllung der fachlichen Anforderungen speziell für das Geotopkataster entwickelt werden. Dazu zählen beispielsweise die automatische Mittelpunktbestimmung von Geotopflächen mit Übernahme der Koordinaten in entsprechende Eingabefelder und die Kartenvorschau innerhalb der Eingabemaske (s. Abb. 5).

Auf der Startseite der Fachanwendung werden – gemäß Zugriffsrechten – alle zur Verfügung stehenden Funktionen zur Auswahl präsentiert (Abb. 4). Für die Eingabe und Datenkontrolle können die Eingabemasken für die entsprechenden Belege angesteuert werden.

Die Neuanlage eines Geotops findet immer mit der Erzeugung eines neuen Erfassungsbelegs statt, wobei durch die Fachanwendung automatisch die Datensätze der beiden anderen Belege erzeugt und mit dem Erfassungsbeleg verknüpft werden.

In der Eingabemaske des Erfassungsbelegs wurde auf Wunsch des LLUR eine bei Bedarf einblendbare Vorschaukarte mit allen Geometrien des Geotops integriert. Diese Vorschaukarte wird mit der Cadenza-Funktion „Permalink" dynamisch generiert (s. Abb. 5). Der Übersichtlichkeit halber werden hier die meisten Standard-Kartenbedienungselemente ausgeblendet; Zoomen und Einblenden der Legende sind jedoch auch in der Vorschau möglich.

Auch andere Funktionalitäten von Cadenza Web wie die Erzeugung von Reports und Auswertungsabfragen wurden mit der Permalink-Technik direkt in die Fachanwendung integriert (s. Abb. 4, 5 und 7).

4.4 Geometrieerfassung in Cadenza Web

Aus den Eingabemasken der Fachanwendung heraus wird das Geometrieerfassungs-Modul von Cadenza Web aufgerufen (Abb. 5). Dort können die verschiedenen Geoobjekte der verschiedenen Geometrietypen angelegt und bearbeitet werden (Abb. 6); zusätzliche Kartenthemen können ein- und ausgeblendet werden.

Nach Abschluss der Bearbeitung wird die Geometrie in der Datenbank abgelegt, und die Eingabemaske wird zur weiteren Bearbeitung der Sachdaten wieder angezeigt. Mit der Speicherung der Geometrie wird diese automatisch mit anderen Raumeinheiten verschnitten, sodass die betroffenen Gemeinden, Kreise bzw. kreisfreien Städte und TK25-Blattschnitte ebenfalls als Sachdaten in der Datenbank abgelegt und in der Eingabemaske angezeigt werden. Diese Angaben werden unter anderem in den PDF-Steckbriefen (s. Abb. 7) ausgegeben und für Auswertungsanfragen genutzt.

Zudem werden die Flächen aller Geometrien des Geotops berechnet und aufsummiert, falls das Geotop mehrere Geometrien umfasst. Für Linien und Punktgeometrien werden rechnerische Flächengrößen ermittelt, die ebenfalls in Auswertungen berücksichtigt werden.

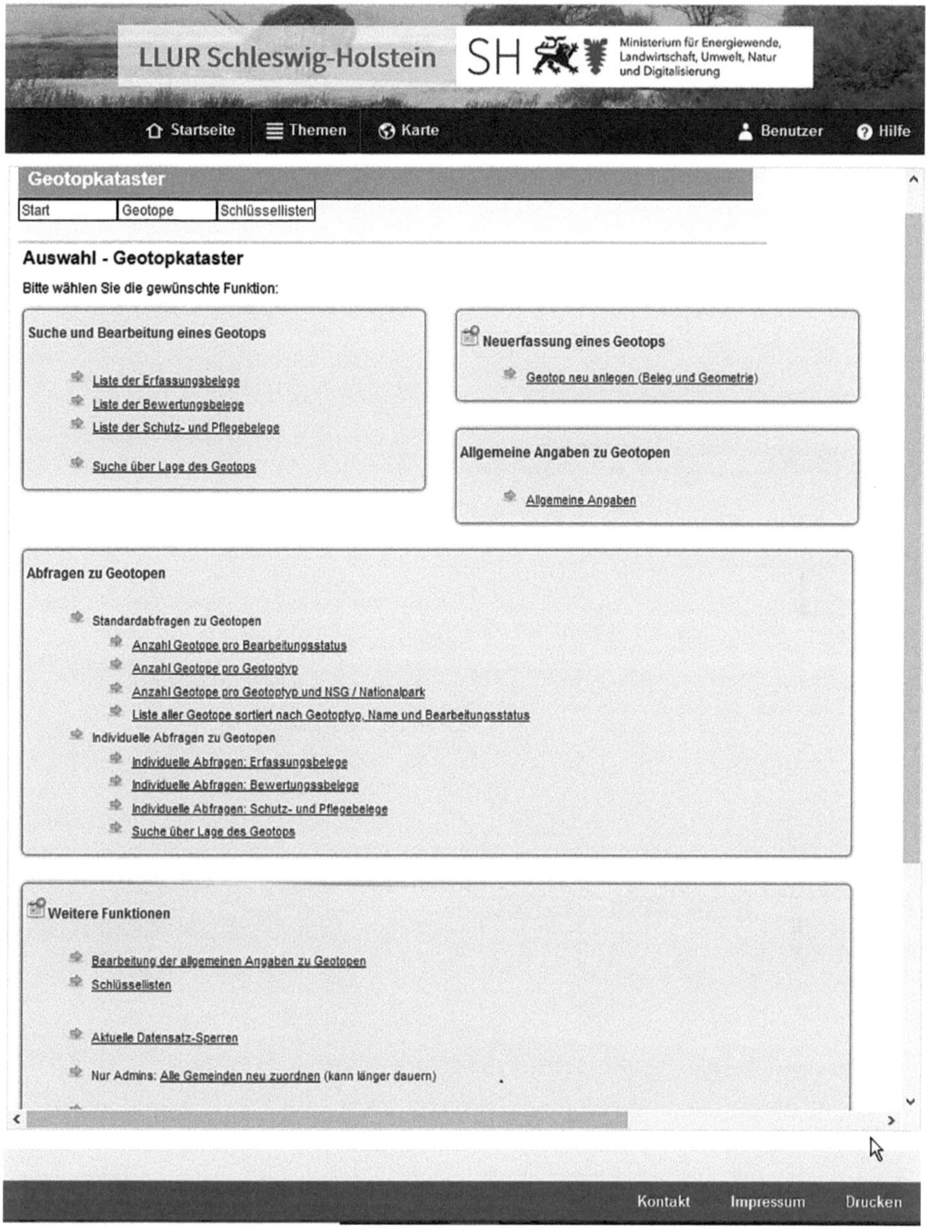

Abb. 4 Startseite der Erfassungsfachanwendung des Geotopkatasters

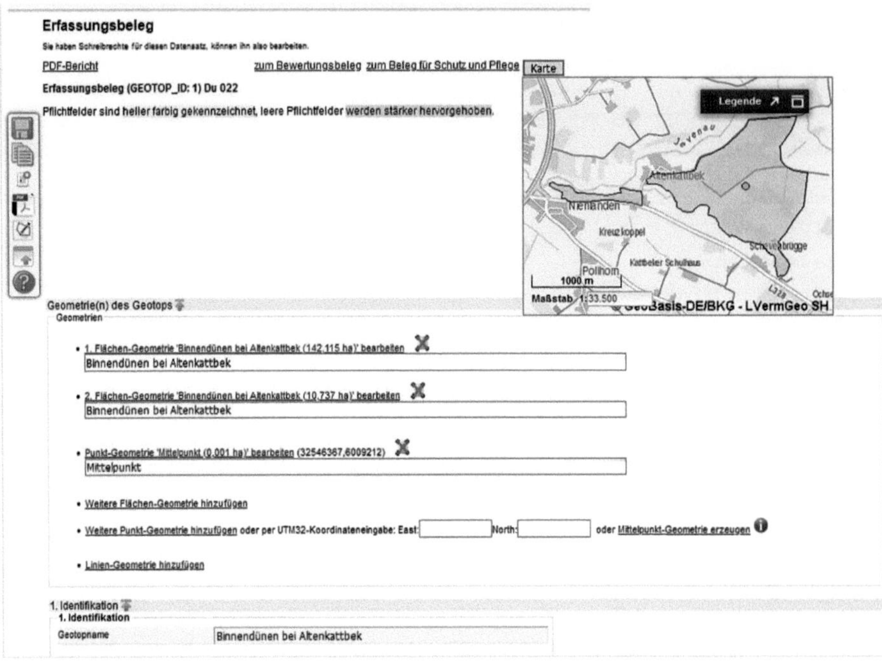

Abb. 5 Einblendbare, dynamische Vorschaukarte in Erfassungsmaske

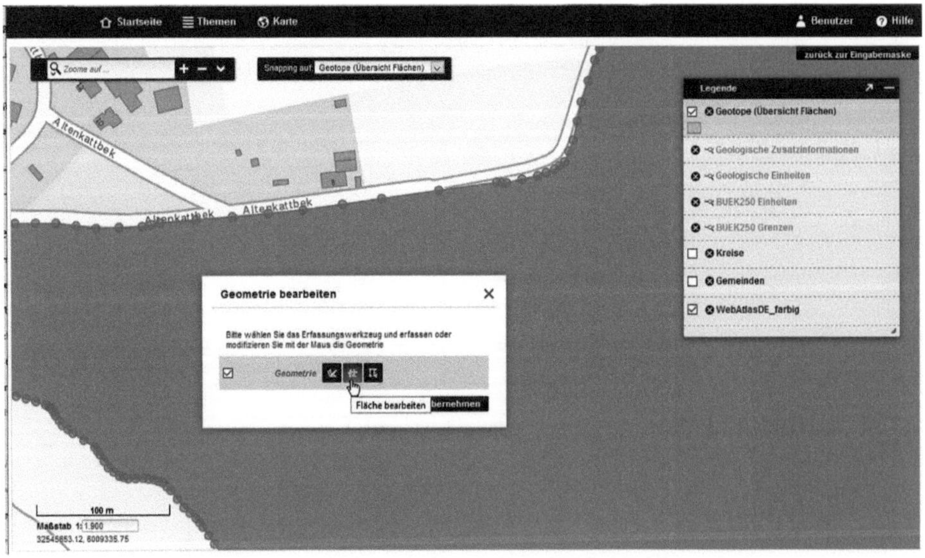

Abb. 6 Geometrieerfassung in Cadenza Web

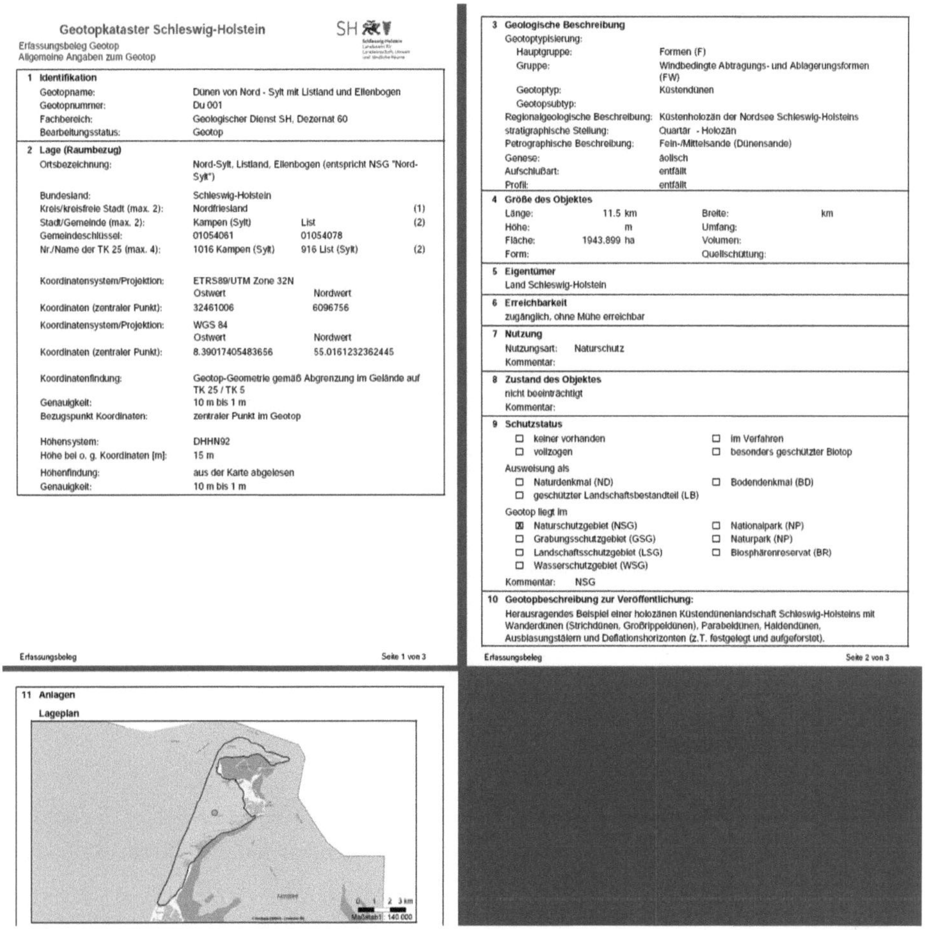

Geotopkataster Schleswig-Holstein

Erfassungsbeleg Geotop
Allgemeine Angaben zum Geotop

1 Identifikation

Geotopname:	Dünen von Nord - Sylt mit Listland und Ellenbogen
Geotopnummer:	Du 001
Fachbereich:	Geologischer Dienst SH, Dezernat 60
Bearbeitungsstatus:	Geotop

2 Lage (Raumbezug)

Ortsbezeichnung:	Nord-Sylt, Listland, Ellenbogen (entspricht NSG "Nord-Sylt")		
Bundesland:	Schleswig-Holstein		
Kreis/kreisfreie Stadt (max. 2):	Nordfriesland		(1)
Stadt/Gemeinde (max. 2):	Kampen (Sylt)	List	(2)
Gemeindeschlüssel:	01054061	01054078	
Nr./Name der TK 25 (max. 4):	1016 Kampen (Sylt)	916 List (Sylt)	(2)
Koordinatensystem/Projektion:	ETRS89/UTM Zone 32N		
	Ostwert	Nordwert	
Koordinaten (zentraler Punkt):	32461006	6096756	
Koordinatensystem/Projektion:	WGS 84		
	Ostwert	Nordwert	
Koordinaten (zentraler Punkt):	8.39017405483656	55.0161232362445	
Koordinatenfindung:	Geotop-Geometrie gemäß Abgrenzung im Gelände auf TK 25 / TK 5		
Genauigkeit:	10 m bis 1 m		
Bezugspunkt Koordinaten:	zentraler Punkt im Geotop		
Höhensystem:	DHHN92		
Höhe bei o. g. Koordinaten [m]:	15 m		
Höhenfindung:	aus der Karte abgelesen		
Genauigkeit:	10 m bis 1 m		

Erfassungsbeleg Seite 1 von 3

3 Geologische Beschreibung

Geotoptypisierung:	
Hauptgruppe:	Formen (F)
Gruppe:	Windbedingte Abtragungs- und Ablagerungsformen (FW)
Geotoptyp:	Küstendünen
Geotopsubtyp:	
Regionalgeologische Beschreibung:	Küstenholozän der Nordsee Schleswig-Holsteins
stratigraphische Stellung:	Quartär - Holozän
Petrographische Beschreibung:	Fein-/Mittelsande (Dünensande)
Genese:	äolisch
Aufschlußart:	entfällt
Profil:	entfällt

4 Größe des Objektes

Länge:	11.5 km	Breite:	km
Höhe:	m	Umfang:	
Fläche:	1943.899 ha	Volumen:	
Form:		Quellschüttung:	

5 Eigentümer
Land Schleswig-Holstein

6 Erreichbarkeit
zugänglich, ohne Mühe erreichbar

7 Nutzung
Nutzungsart: Naturschutz
Kommentar:

8 Zustand des Objektes
nicht beeinträchtigt
Kommentar:

9 Schutzstatus
- ☐ keiner vorhanden
- ☐ vollzogen
- ☐ im Verfahren
- ☐ besonders geschützter Biotop

Ausweisung als
- ☐ Naturdenkmal (ND)
- ☐ geschützter Landschaftsbestandteil (LB)
- ☐ Bodendenkmal (BD)

Geotop liegt im
- ☒ Naturschutzgebiet (NSG)
- ☐ Grabungsschutzgebiet (GSG)
- ☐ Landschaftsschutzgebiet (LSG)
- ☐ Wasserschutzgebiet (WSG)
- ☐ Nationalpark (NP)
- ☐ Naturpark (NP)
- ☐ Biosphärenreservat (BR)

Kommentar: NSG

10 Geotopbeschreibung zur Veröffentlichung:
Herausragendes Beispiel einer holozänen Küstendünenlandschaft Schleswig-Holsteins mit Wanderdünen (Strichdünen, Großrippeldünen), Parabeldünen, Haldendünen, Ausblasungstälern und Deflationshorizonten (z.T. festgelegt und aufgeforstet).

Erfassungsbeleg Seite 2 von 3

11 Anlagen
Lageplan

Abb. 7 Erzeugung von mehrseitigen PDF-Berichten für die einzelnen Belege eines Geotops einschließlich Kartendarstellung (Auszug eines Erfassungsbelegs)

Mithilfe der Geometrieerfassung kann ein zentraler Punkt des Geotops automatisch ermittelt und bei Bedarf manuell verschoben werden. Die Koordinaten des zentralen Punktes werden sowohl im UTM32-Koordinatensystem (EPSG: 4647) als auch im WGS84-Koordinatensystem (EPSG: 4326) in der Eingabemaske angezeigt.

4.5 Auswertung mithilfe von Standardabfragen und individuellen Abfragen

Zur Realisierung von Abfragen wurden die von Cadenza bereitgestellten umfassenden Recherchefunktionen auf der Basis von Filterformularen für das Geotopkataster integriert.

Als Standardabfragen werden einige häufig genutzte Abfragen per Schnellauswahl unter anderem auf der Startseite der Fachanwendung bereitgestellt (s. Abb. 4):

- Anzahl Geotope pro Bearbeitungsstatus
- Anzahl Geotope pro Geotoptyp
- Anzahl Geotope pro Geotoptyp und NSG/Nationalpark
- Liste aller Geotope sortiert nach Geotoptyp, Name und Bearbeitungsstatus

Beim Aufruf einer der Standardabfragen wird sofort die Ergebnisliste angezeigt. Das Ergebnis kann allerdings auf der Basis von Filterkriterien nachträglich weiter eingeschränkt werden. Zudem stehen die Standard-Auswertungswerkzeuge von Cadenza wie z. B. der Export als Excel-Datei oder die Anzeige der Ergebnisse auf der Karte zur Verfügung.

Zusätzlich ist die Ausführung von individuellen Abfragen jeweils gegliedert nach Erfassungsbelegen, Bewertungsbelegen sowie Schutz- und Pflegebelegen möglich. Als Abfrage-Kriterien stehen jeweils die Attribute aller Belege zur Verfügung, während die Ergebnisliste die Attribute des gewählten Belegs enthält und direkte Verweise zur Erzeugung des entsprechenden PDF-Berichts (s. Abb. 7) und zur Eingabemaske für das gewählte Geotop anbietet.

4.6 Kartendarstellungen

Die GIS-Funktionalitäten von Cadenza Web werden sowohl zur räumlichen Suche nach Geotopen als auch zur Ergebnispräsentation von Geotopen auf der Karte nach einer kriterienbasierten Recherche genutzt.

Beim Aufruf der „Suche über die Lage des Geotops" wird die Kartendarstellung mit allen Geotopen angezeigt (s. Abb. 8). Mit den Standard-Kartenoperationen (Hinein- und Hinauszoomen, Hinzuladen von weiteren Kartenthemen …) können einzelne Geotope auf Grundlage ihrer Lage ermittelt werden. Beim Anklicken eines Geotops werden die Objektinformationen des gewählten Geotops angezeigt jeweils mit der direkten Verlinkung zu den Eingabemasken dieses Geotops (s. Abb. 8) sowie zur Erzeugung der PDF-Berichte (s. Abb. 7).

Standardmäßig sind in der Kartendarstellung neben Geobasisdatendiensten auch fachbezogene Kartenthemen der Abteilung Geologie und Boden als WMS-Dienst aus dem Landwirtschafts- und Umweltatlas Schleswig-Holstein eingebunden. Diese Themen können von Anwendenden durch weitere Kartenthemen aus dem Cadenza-Themen-Navigationsbaum des LLUR ergänzt werden, der neben Geobasisdaten je nach Zugriffsrecht auch Geofachdaten der eigenen und der anderen Fachabteilungen anbietet.

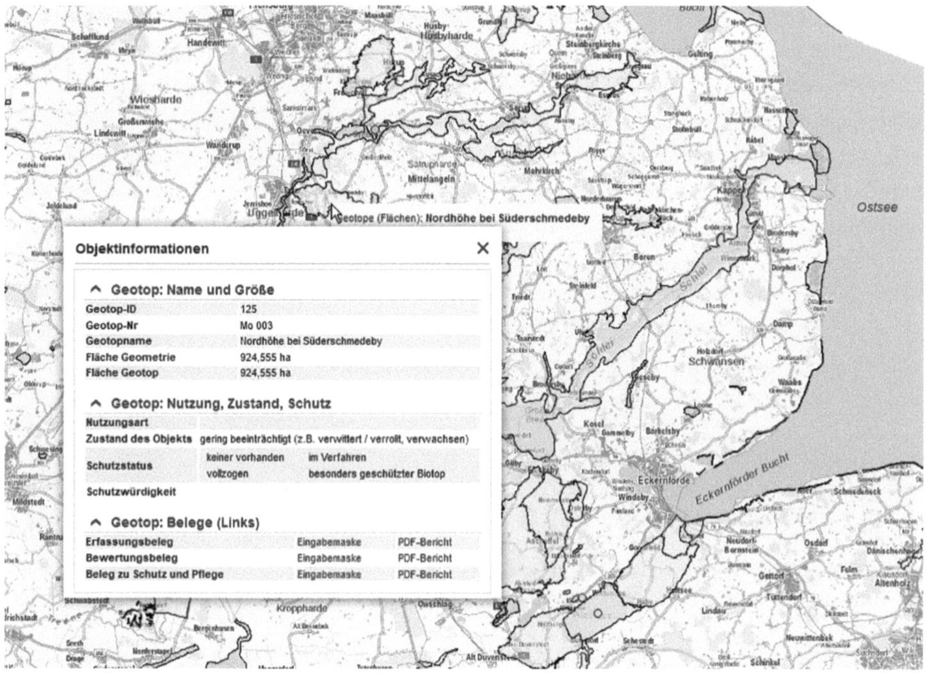

Abb. 8 Kartendarstellung mit Auswahl- und Abfragemöglichkeiten (beispielhafter Auszug)

5 Zusammenfassung und Ausblick

Mit der Neuentwicklung einer Intranet-Web-Anwendung für das Geotopkataster Schleswig-Holstein steht für die fachlich Zuständigen des LLUR eine funktionsreiche Anwendung zur Erfüllung ihrer Aufgaben im Rahmen des Geotopschutzes zur Verfügung.

Die Anwendung wurde auf der Basis von standardmäßig im LLUR eingesetzten IT-Komponenten gemäß den fachlichen Anforderungen umgesetzt. Dafür war die Entwicklung von einigen Zusatzfunktionalitäten erforderlich, die jedoch zukünftig auch in ähnlicher Form in andere Fachanwendungen des Ressorts integriert werden können.

Durch das optimierte Datenmodell und die Umstellung auf eine web-basierte Lösung können viele Vorteile in Hinblick auf die Verbesserung der Datenqualität (z. B. durch Schlüssellisten) und auf die Bedienbarkeit (keine Installation erforderlich, einheitlicher Zugang zu allen Daten) bei der Verwaltung der zurzeit etwa 530 Geotope in Schleswig–Holstein genutzt werden.

In der Cadenza-Umgebung des LLUR sind zudem zahlreiche weitere Fachthemen sowohl der Abteilung Geologie und Boden als auch der anderen Abteilungen integriert, die gemeinsam genutzt und kombiniert werden können.

Nach Abschluss der Entwicklung und einer anschließenden Test- und Optimierungsphase erfolgte im Herbst 2019 die Produktivsetzung der Geotopkataster-Anwendung.

Wie in der Zielvorstellung des LLUR bereits vorgesehen, ist zukünftig eine Bereitstellung von Geotop-Informationen für die Öffentlichkeit im Internet auf der gleichen technischen Basis denkbar. So werden vom Umweltressort Schleswig–Holstein bereits mehrere Cadenza Web-Instanzen im Internet angeboten, etwa zur Recherche im Kataster der Abfallentsorgungsanlagen [1], in der Biotopkartierung [2] oder im Wasserkörper- und Nährstoffinformationssystem Schleswig–Holstein [8, 12]. Für die Bereitstellung von bisher im Intranet verlinkten Dateien, wie beispielsweise Fotos der Geotope, muss dann ein Mechanismus umgesetzt werden, der diese im Internet bereitstellt. Ähnliches gilt für ETL-Prozesse zur Bereitstellung der Datenbankinhalte.

Literatur

1. Anlagenkataster der Entsorgungsanlagen in Schleswig-Holstein, http://www.schleswig-holstein.de/entsorgungsanlagen/. Zugegriffen: 3. Mai 2020.
2. Biotopkartierung Schleswig-Holstein, http://www.schleswig-holstein.de/biotope/. Zugegriffen: 3. Mai 2020.
3. Datenanalyse-Software mit Reporting und GIS - Cadenza - Disy, https://www.disy.net/de/produkte/cadenza/datenanalyse-software/. Zugegriffen: 3. Mai 2020.
4. Grube, A. (2007). Geotope in Schleswig-Holstein – einmalige Zeugen der Landschafts- und Klimaentwicklung. In Landesamt für Natur und Umwelt (Hrsg.), Jahresbericht 2006/2007, Flintbek 2007, S. 183–190 https://www.umweltdaten.landsh.de/nuis/upool/gesamt/jahrbe06/Jahresbericht%2006_07.pdf. Zugegriffen: 3. Mai 2020.
5. Hofmann, C., Briesen, M., Faulhaber, K.,Kazakos, W., Otterstätter, A., Tietz, F., Aguayo, V., Brase, U., Gerstner, H., Müller, M., Murmann-Kristen, L., Hönig, U., & Weber, D. (2008). disy Cadenza/GISterm NF - Neue Fachanwendungen auf der Basis von Cadenza und GISterm Fachanwendungsrahmen. In R. Mayer-Föll, A. Keitel, & W. Geiger (Hrsg.), F+E-Vorhaben KEWA – Kooperative Entwicklung wirtschaftlicher Anwendungen für Umwelt, Verkehr und benachbarte Bereiche in neuen Verwaltungsstrukturen, Phase III 2007/08. Forschungszentrum Karlsruhe, Wissenschaftliche Berichte, FZKA 7420, S. 51–62, Karlsruhe (2008). https://publikationen.bibliothek.kit.edu/270072606. Zugegriffen: 3. Mai 2020.
6. Hofmann, C., Vogt, G., Lohaus, G., Kleinbub, J., Gerstner, H., Höll, N., Krüger, K.,Bädjer, N., Henning, U., & Pickert, E. (2012). Cadenza – Raumbezogene Berichtssysteme und Fachanwendungen auf der Basis von Cadenza. In K. Weissenbach, R. Ebel, & R. Weidemann (Hrsg.), UIS BW Umweltinformationssystem Baden-Württemberg, F+E-Vorhaben MAF-UIS, Phase I 2011/2012, Report-Nr. KIT-SR 76616, S. 81–92, Karlsruhe (2012), http://dx.doi.org/10.5445/KSP/1000028224. Zugegriffen: 3. Mai 2020.
7. Hosenfeld, F., Kleinbub, J., Krüger, K., Kumer, D., Langner, K., & Rinker, A. (2012). Development of a database supporting the management of nature conservation measures in Schleswig-Holstein. In H.-K. Arndt, G. Knetsch, & W. Pillmann (Hrsg.), Light up the ideas of environmental informatics, S. 623–629, Dessau http://enviroinfo.eu/sites/default/files/pdfs/vol7793/0623.pdf. Zugegriffen: 3. Mai 2020.

8. Hosenfeld, F., Tiffert, J., & Trepel, M. (2016). Wasserkörper- und Nährstoffinformationssystem Schleswig-Holstein. In Proc. of the 23rd Workshop UIS2016, S. 55–65, Leipzig. http://ceur-ws.org/Vol-1781/paper4.pdf. Zugegriffen: 3. Mai 2020.
9. Hosenfeld, F., Bäzner, K., Nitschke, M., & König, B. (2017). Beratungsdatenbank Geologie und Boden in Schleswig-Holstein. In U. Freitag, F. Fuchs-Kittowski, F. Hosenfeld, A. Abecker, & D. Wikarski (Hrsg.), Umweltinformationssysteme 2017, Tagungsband des 24. Workshops „Umweltinformationssysteme 2017 – Vernetzte Umweltdaten (UIS 2017)" des Arbeitskreises „Umweltinformationssysteme" der Fachgruppe „Informatik im Umweltschutz" der Gesellschaft für Informatik (GI), S. 70–77, Brandenburg an der Havel (2017), http://ceur-ws.org/Vol-1919/paper6.pdf. Zugegriffen: 3. Mai 2020.
10. PHP: Hypertext Preprocessor, https://www.php.net/. Zugegriffen: 3. Mai 2020.
11. Staatliche Geologische Dienste der Länder. (Hrsg.). (2018). Arbeitsanleitung Geotopschutz in Deutschland: Leitfaden der Staatlichen Geologischen Dienste der Länder der Bundesrepublik Deutschland. 2. aktualisierte und ergänzte Aufl., 136 S. Jena (2018), Auszug: https://www.gd.nrw.de/zip/pr_arbeitsanleitung-geotopsschutz.pdf. Zugegriffen: 3. Mai 2020.
12. WANIS – Wasserkörper- und Nährstoffinformationssystem Schleswig-Holstein. http://www.schleswig-holstein.de/wanis/. Zugegriffen: 3. Mai 2020.

Umweltdaten-Intelligenz

envVisio mit neuen Ansätzen im Umweltdatenmanagement: modelltheoretisch hergeleitet, fachlich ausgearbeitet, praktisch umgesetzt

Heino Rudolf

1 Einleitung

Mit einer Wortspielerei wird dieser Beitrag überschrieben: Statt über „künstliche Intelligenz" zu diskutieren, sollten wir Umweltanalytiker doch viel mehr über „natürliche Intelligenz" philosophieren. Ein nachhaltiges, wiederverwend- und verschneidbares Verarbeiten von Umweltdaten sollte unbedingt ein vertieftes Verständnis der natürlichen Prozesse unserer Umwelt voraussetzen. Auf dieser Basis kann ein neuartiger Ansatz für das Management von Umweltdaten entstehen, sodass die Daten auch Prozessketten beschreiben, Ursache-Wirkbeziehungen in der Umwelt abbilden und somit für weiterverarbeitende Prozesse aufbereitet sind. – Das soll in diesem Beitrag mit „Umweltdaten-Intelligenz" charakterisiert werden und zieht sich durch alle Überschriften der einzelnen Kapitel.

Heute durchdringt die Digitalisierung alle Bereiche des gesellschaftlichen Lebens. Die Geoinformatiker haben schon in den 90er Jahren von „Digitalisierung" gesprochen. Mit der interoperablen Bereitstellung der Geodaten, um sie in jedem beliebigen Browser präsentieren zu können, leisteten sie Pionierarbeit bei der Digitalisierung. Beim Umweltdatenmanagement werden heute die Lösungsansätze der Geodatenbereitstellung mit dem Argument genutzt, dass allen Umweltdaten ein geographischer Bezug gegeben ist. So müssten auch die Anbieter von Umweltdaten bestens auf diese Entwicklung vorbereitet sein. – Trifft das aber auch auf die ergänzenden Umweltfachdaten zu?

Vor mehr als zehn Jahren haben die INSPIRE-Protagonisten bereits erkannt, dass neben der Schaffung der technischen Voraussetzungen auch die Datenstrukturen von

H. Rudolf (✉)
hrd.consulting, Dresden, Deutschland
E-Mail: heino.rudolf@hrd-consulting.eu

U. Freitag et al. (Hrsg.), *Umweltinformationssysteme – Wie verändert die Digitalisierung unsere Gesellschaft?*, https://doi.org/10.1007/978-3-658-30889-6_3

Umweltdaten definiert werden müssen, wenn diese Daten weiterverarbeitbar anzubieten sind (INSPIRE = Infrastructure for Spatial Information in Europe [2]: Umweltdaten müssen nicht nur via technischer Standards sondern auch in definierten fachlichen Strukturen bereitgestellt werden. Und da die datenhaltenden Stellen mittlerweile alle INSPIRE-Dienste kostenlos als Open Data zur Verfügung stellen und INSPIRE eine gesetzliche Aufgabe ist, sollte INSPIRE der Königsweg für den Beitrag der Umweltbehörden zur Digitalisierung sein (Vergleiche mit [1] Kap. 9).

Nur scheint das so in der Praxis nicht zu funktionieren: wie viele Behörden versuchen herauszufinden, ob sie sich beteiligen müssen oder wie sie das Alles so minimal wie möglich umsetzen können. – Was für eine vergebene Chance… In [1] Kap. 6 werden Gründe für diese Verhaltensweise zusammengetragen:

- INSPIRE hat keinerlei Bedeutung für die eigentliche Arbeit der Fachbehörden.
- Nicht einmal die Berichterstattungen können mit INSPIRE umgesetzt werden.
- Der Wunsch nach einem themenübergreifenden Umweltdatenmanagement wird durch INSPIRE nicht erfüllt.
- Die Art und Weise der Modellierung steht im Widerspruch zur Arbeitsweise der Fachbehörden, die „Dynamik in den Daten" verlangt.
- Die Modelle sind so kompliziert notiert, dass kaum einer die Zeit und Mühe investieren möchte, sie zu lesen – geschweige denn, sie zu verstehen.
- INSPIRE ist etwas Zusätzliches – eine Pflicht, die keine Vorteile in der Arbeit bringt!

Die Datenmodelle für die Umweltdaten, auch des INSPIRE Annex III, wurden und werden auf Basis der Geo-Normen der ISO 191xx-Serie [3] aufgebaut. Und diese Methoden sind im Ansatz nun schon wieder mehr als zehn Jahre alt. Wird es da nicht höchste Zeit, diese Lösungen zu hinterfragen, zumal ihre Umsetzungen mit riesigen Kosten einhergehen und obige Ergebnisse zur Folge haben?

Im Folgenden werden in diesem Beitrag die technischen Anforderungen der Digitalisierung an die Bereitstellung und Weiterverarbeitung von Umweltdaten zusammengestellt, die aktuellen Methoden des Datenmanagements nach den ISO 191xx-Normen [3] analysiert, um daraus die Defizite darzulegen und einen neuen Ansatz der Datenmodellierung und des Datenmanagements für Umweltdaten aufzuzeigen. An Beispielen aus dem Projekt Datenföderierung des Landesamtes für Natur-, Umwelt- und Verbraucherschutz Nordrhein-Westfalen (LANUV) werden praktische Ergebnisse beschrieben.

2 Digitale Intelligenz

„Die Digitalisierung bringt uns die vierte industrielle Revolution (auch ‚Industrie 4.0' bezeichnet). Was sind die Hauptmerkmale der ersten drei industriellen Revolutionen:

- Industrie 1.0 ab ca. 1800: Massenproduktion durch Maschinen, Wasser- und Dampfkraft
- Industrie 2.0 ab ca. 1900: Fließbandproduktion, Elektrifizierung, Motoren, Telekommunikation
- Industrie 3.0 ab 1970er Jahre: weitere Automatisierung durch Elektronik und IKT.

Es ist sehr auffällig, dass immer technische Innovationen die Triebkräfte waren/sind und diese dann gewaltige gesellschaftliche, soziale, wissenschaftliche und wirtschaftliche Umwälzungen nach sich ziehen. Diese Kräfte waren für jedermann sicht- und anfassbar: Maschinen, Motoren, Computer…

Das ist jetzt ganz anders, denn Industrie 4.0 findet im Virtuellen statt. Die wahren technischen Hintergründe erschließen sich nicht auf den ersten Blick, also werden die technischen und infrastrukturellen Voraussetzungen, die Gestaltung und Bedienung der allgemein genutzten Applikationen (Apps), Visualisierungen, die spürbaren rechtlichen, sozialen, gesellschaftlichen u. a. Effekte diskutiert. Wenn aber die Potenziale der Digitalisierung erschlossen und die Auswirkungen beeinflusst werden sollen, müssen die (technischen) Ursachen und Entwicklungen gekannt und umgesetzt werden.

‚Digitalisierung' ist ein sehr heterogen verwendeter Begriff. Einerseits ist er ein substantiviertes Verb, beschreibt damit eine Tätigkeit, andererseits kann er das Ergebnis dieser Tätigkeit widerspiegeln.

Folgende drei Aspekte bzgl. der Digitalisierung, ihrer Wirkmechanismen und der Historie seit Industrie 3.0 sind im Zusammenhang mit Umweltdaten von Bedeutung:

1. Umwandeln von analogen Werten in digitale Formate; Erstellen digitaler Repräsentationen von physischen Objekten, Ereignissen, analogen Informationen: Die ersten Digitalisierungen bezogen sich auf einfache Umwandlungen von analogen Werten in digitale Formate, zunächst einfache Zeichen und Zahlen in binären Code, später Texte, Musikstücke, Fotos, Karten, Filme … Es entsteht ein binäres Abbild des analogen Gegenstands.

Wesentlich ist die Definition des Formats, wie dieser Gegenstand codiert wird. Damit ist ein entscheidender Aspekt der Digitalisierung gegeben: ein verständliches, leicht und effizient weiterverarbeitbares und auf zukünftige Anforderungen überführbares binäres Format.

Für die Verwaltung der digitalen Daten werden Speichermedien benötigt. Für die Erzeugung, der digitalen Daten, vor allem aber auch ihre Rückübersetzung in die ursprünglichen (analogen) Formen sind DV-Programme notwendig. Es entsteht eine zweite, digitale (virtuelle) Welt mit gespeicherten digitalen (binären) Daten und zugehörigen Erzeugungs- und Verarbeitungsprogrammen.

Letztendlich kann alles digital erfasst werden, was der Mensch sich ausdenkt, was er analysiert und dokumentiert – natürlich immer als Modell mit bestimmten Formaten und damit in einer binären Beschreibung wesentlicher Eigenschaften des Originals.

Bezüglich der Umweltinformationen kann festgestellt werden, dass ein gewaltiger Anteil der Informationen heute digital vorliegt. Das betrifft Geodaten, Grenz- und Messwerte, Bewertungsergebnisse…, aber auch Daten zu Umweltprozessen und ihren Visualisierungen, zu Handlungen im Umweltrecht, -vollzug, in der Umweltüberwachung…

2. Wandel in Wirtschaft, Wissenschaft, Gesellschaft und Politik zu digitalen Prozessen:

Zunächst waren Digitalisierungen auf Rechentechnik fokussiert. Durch die immer komplexeren Formate, die Bereitstellung großer Speicherkapazitäten und die gewaltige Erhöhung der digitalen Verarbeitungsgeschwindigkeiten wurden immer neue Bereiche digitalisiert und digitale Prozesse implementiert: Geodatendarstellung und -bereitstellung, Funk und Fernsehen, Musik-, Foto-, Kommunikationsindustrie, Aspekte des Autofahrens, Verkehrssteuerungen, Prozesssteuerungen in der Industrie…

Die Digitalisierung bietet im Vergleich zur analogen Informationsverarbeitung wesentliche Vorteile: einfache Speicherung, Verteilung, Wiedergabe der Informationen, maschinelle Lesbarkeit und damit schnelle und einfache Verarbeitung der Daten, Langzeitspeicherung ohne Qualitätsverluste, Komprimierbarkeit der Informationen. Der Umstieg auf digitale Systeme und Steuerungen führt zu einer völlig neuen Qualität in Wirtschaft, Wissenschaft, Gesellschaft und Politik.

Auch die Umweltdaten sind davon betroffen: digitale Gewinnung und Verarbeitung von zustands- und prozessbeschreibenden Daten sowie eGovernment-Prozesse der Verwaltung bei Analysen, Berichterstattungen, Überwachungen u. v. a. m.

3. Digitale Transformation: durch die Digitalisierung ausgelöster Umbruch, der einen Wandel der Technik sowie (fast) aller Lebensbereiche bewirkt:

Technisch eingeleitet wurde die digitale Transformation durch die Vernetzung von Geräten, Maschinen, Unternehmen usw. Werden die Daten in standardisierten digitalen Formaten bereitgestellt, können sie jederzeit ausgewertet und weiterverarbeitet werden. So werden Prozesse angestoßen und gesteuert; es werden auch beschreibende Zustandsdaten zur Optimierung der Prozesse herangezogen u. v. m. Nach 2. sind immer mehr Maschinen und Geräte mit DV-Programmen ausgestattet, sodass sie digitale Daten auswerten, über Daten gelenkt werden und auch wieder Daten zur Weiterverarbeitung erzeugen. Der Trend ist heute längst erkennbar: Wenn so viele digitale Daten wie möglich gespeichert und digitalen Prozessen zur Verfügung gestellt werden, kann die Realität virtuell umfassend erklärt; können immer mehr real ablaufende Prozesse vorhergesagt, gemanagt und beschrieben werden. Und das betrifft (noch mit unterschiedlicher Intensität) alle Bereiche der Gesellschaft: beginnend mit Speicherungen menschlicher Verhaltensweisen, über Gesundheitsdaten, Verkehrs- u. a. Prozessabläufe usw. - aber auch Erfassung der Umweltvorgänge und –zustände."

(Auszug aus [1] Kap. 9).

Die Verwaltung unterstützt mit der Open Data Initiative die Bereitstellung frei verfügbarer Umweltdaten. Ein Problem steckt dabei in den Strukturen und Aktualisierungen, denn häufig werden die Daten in proprietären Strukturen über Portale nach dem Motto bereitgestellt: hier sind Daten für alle, macht was draus… So wird es zur Fleißaufgabe und ggf. fast unmöglich, nachhaltig Wertschöpfungen zu entwickeln.

3 Intelligenz in der Modellierung

Mit der Verwaltung komplexer, aufeinander verweisender Daten in Datenbanken haben sich Methoden der Datenmodellierung etabliert. Am weitesten verbreitet sind die Entity-Relationship-Modelle (ERM). Sie sind sehr praktisch, aber bei komplexen Systemen auch sehr aufwendig, denn alle Verbindungstabellen, Schlüsselbrücken u. v. a. m. müssen gesondert konstruiert werden – was schnell auch unübersichtlich wird. Deshalb ist es gerade bei den komplexen Themen des Umweltdatenmanagements sehr sinnvoll, sich auf die Objekte und ihre Verknüpfungen zu konzentrieren und in dieser Entwurfsphase nicht bereits an konkrete Datenbankelemente zu denken. Dazu werden seit mehr als zwanzig Jahren verschiedene objektorientierte Modellierungsansätze verbreitet, im Geodatenmanagement wird Unified Modeling Language (UML) als Standard-Modellierungssprache eingesetzt, hier die UML-Klassendiagramme.

Das Problem liegt jetzt darin, dass es keine eindeutigen Regeln für die Umsetzung der UML-Elemente in Datenbankstrukturen gibt. Beispielsweise ist in den UML-Standards nicht festgelegt, wie Generalisierungen in der Datenbank abzubilden sind oder wie die im UML-Klassendiagramm einfach als „Strich" skizzierten Assoziationen in der Datenbank aussehen.

Das übernimmt für das Geodatenmanagement die ISO 191xx-Serie [3], in der die Grundelemente und ihre Übersetzungen in Datenbankstrukturen vorgegeben werden. Es existiert ein großartiger Baukasten an Basisdatenstrukturen, Tools zur automatisierten Erstellung der Datenbankelemente aus den Modellen, Werkzeugen für Plausibilitätskontrollen u. v. a. m. Im Mittelpunkt der ISO 191xx-Serie stehen selbstverständlich die Geodaten, also Daten mit einem geografischen Bezug. Und damit ist es dem Geodatenmanagement gelungen, voll kompatibel diese Daten bereitzustellen und sie in jedem Browser anzeigen und verarbeiten zu können. Ein Meilenstein in der Digitalisierung!

Im Umweltdatenmanagement gibt es keine vergleichbaren Standards, jeder entwickelt sein Fachsystem nach eigenen Regeln und Normen. Also ist es doch naheliegend, die Geodatenmodellierung auch für die Bereitstellung von Umweltdaten zu nutzen, zumal Umweltdaten letztendlich immer einen geografischen Bezug haben. So wurde INSPIRE [2] aufgesetzt und parallel wird die ISO 191xx-Serie um Normen zur Anbindung von Fachdaten erweitert.

Um die Praktiken und Möglichkeiten des Datenmanagements entsprechend der Geo-Normen detailliert zu verstehen und ihre Grenzen für das Umweltdatenmanagement zu erkennen, ist es wichtig, die eingesetzten Modellierungsprinzipien im Detail zu hinterfragen. An drei Phänomenen soll das verdeutlicht werden:

1. Die Modellierung erfolgt in den Geo-Normen einstufig:
Diese Herangehensweise ist sehr speziell, denn Datenmanagementlösungen werden i. Allg. zweistufig kreiert: ein Modell der Datenhaltung – (darauf aufsetzende) Modelle der Datenbereitstellung. Wenn aber das ursprüngliche Ziel der Geo-Normen reflektiert wird, nämlich Geometrieobjekte beliebiger Geographischer Informationssysteme einheitlich anzubieten, dann ist eine Stufe für die Modellierung der bereitzustellenden Datenstrukturen völlig logisch.

In der Praxis der Vermessungsverwaltungen werden tatsächlich aus einem einstufigen Klassendiagramm sowohl die Datenhaltungskomponente als auch die Datenbereitstellungskomponente abgeleitet, z. B. bei AAA nach [4].

Das führt aber auch zu der für Umweltdatenmanager etwas überraschenden Praxis, bei Datenbereitstellungen nach einem anderen als dem eigenen Modell (z. B. für Reportings) die Daten von der eigenen Struktur in diese abweichende Struktur zu transferieren. (Die Geodatenbearbeiter nennen das „Harmonisieren", was auch zum Schlagwort für die Bereitstellung von INSPIRE-Daten wurde.) Wie viele „Harmonisierungen" sind umzusetzen, wenn beispielsweise die mehr als fünfzig Umweltberichterstattungen an die Europäische Kommission digital und automatisiert erfolgen sollen? Und jede „Harmonisierung" ist kostenintensiv.

2. Für jedes Fachthema gibt es ein eigenes, in sich geschlossenes Datenmodell:
Das ist eine zwangsläufige Konsequenz aus der einstufigen Modellierung, da die Einstufigkeit und parallel die Fokussierung auf ein Thema zu fachspezifischen Modellen führen muss. Die ursprünglich geometrisch geprägten Objekte werden um Sachdaten „angereichert", wie es heißt. Und wie kann diese „Anreicherung" unter den gegebenen Prinzipien anders umgesetzt werden als über spezielle Modelle für die verschiedenen Fachthemen? Bei INSPIRE werden in der Richtlinie [2] dafür Annexe definiert: 32 Fachthemen mit eigenen Datenmodellen.

Jedes dieser Datenmodelle hat seine eigene Logik und Semantik. Zur Verdeutlichung sind in der Abb. 1 die wesentlichen vier Klassendiagramme aus INSPIRE-Hydrographie zusammengestellt. Es ist schon nicht einfach, sich durch diese Objektklassen und ihre Verknüpfungen durchzuarbeiten; aber wie können hier spezielle Ergänzungen vorgenommen werden: z. B. weitere Anlagen an Gewässern, neue rechtliche Bewertungen oder Erfassungen von Havarien. In der Abb. 1 sind rechts unten beispielsweise sieben spezielle Objektklassen für „Man Made Objects" definiert. Für Wasserwirtschaftler wirklich wichtige Bauwerke, z. B. zu Fischdurchlässigkeit (wie Fischtreppen, -wanderhilfen, -rampen, -pässe), Reinigung (wie Rampen, Sandfang), Regelung (wie Grund-, Sohlschwellen) fehlen einfach.

Wer weiß heute schon, welche Umweltthemen demnächst digital aufbereitet und bereitgestellt werden? Jede Ergänzung wird zu einer zumeist recht komplizierten Aufgabe für die Modellierungsspezialisten. Auch Verknüpfungen zu anderen Fachthemen, die ebenfalls durch eigene Datenmodelle beschrieben sind, können nicht so einfach hergestellt/modelliert werden. Die so gestalteten Datenmodelle sind in sich abgeschlossen, was vollkommen konträr zum Gegenstand der Umweltbeobachtung und des Umweltmanagements

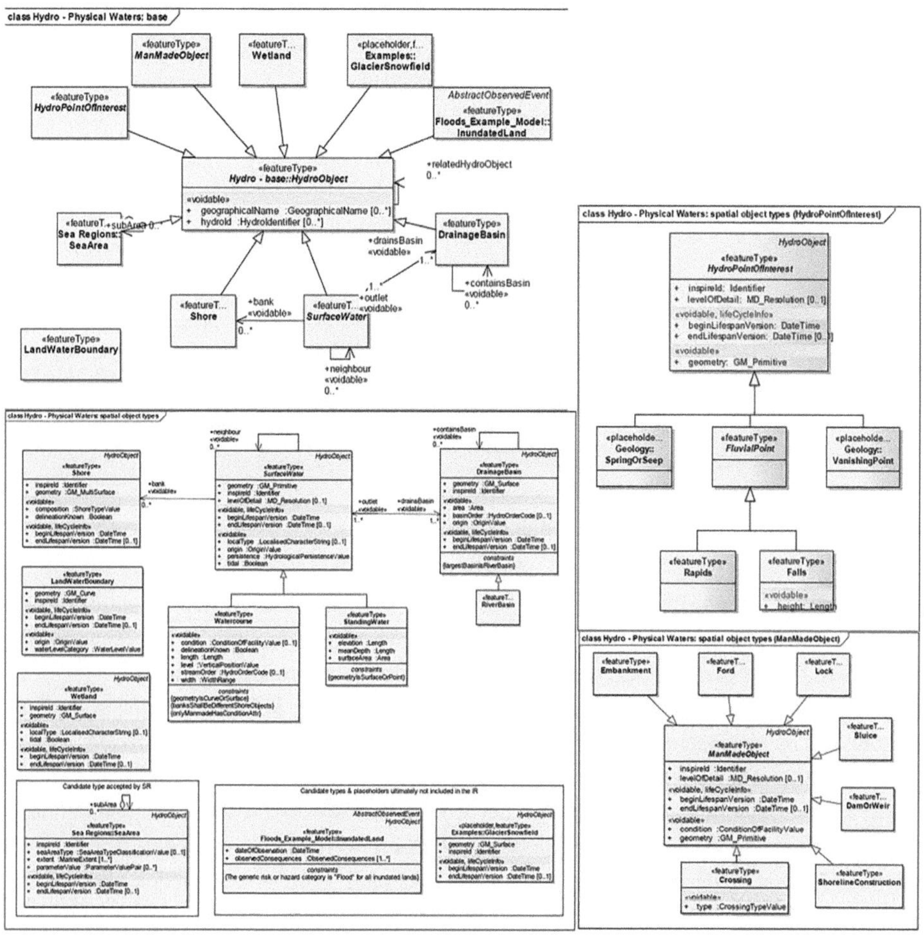

Abb. 1 Datenmodell INSPIRE-Hydrographie. Quelle: [9]

steht, wo dynamische Erweiterungen an immer neue digital bearbeitete Aufgabenstellungen und Ursache-Wirkungsketten verarbeitet werden müssen.

Erschwerend kommt noch hinzu, dass die Modelle nach den Geo-Normen sehr unübersichtlich gestaltet und schwer lesbar sind. Es herrscht überraschender Weise die allgemeine Grundauffassung, dass es so sein muss und gar nicht anders geht: bezüglich der Modellierungsprinzipien sowie der Art der Notation.

3. In den Modellen der Geo-Normen werden alle Elemente als Klassen definiert: Diese Aussage wirkt zunächst rein theoretisch, hat aber gewaltige Konsequenzen für die Möglichkeiten bei der Gestaltung und Verarbeitung der Datenmodelle.

Am Beispiel von Datentypen (DataType) soll das demonstriert werden, so wie das heute allgemein üblich mittels Enterprise Architect [7] modelliert wird. Dafür bietet

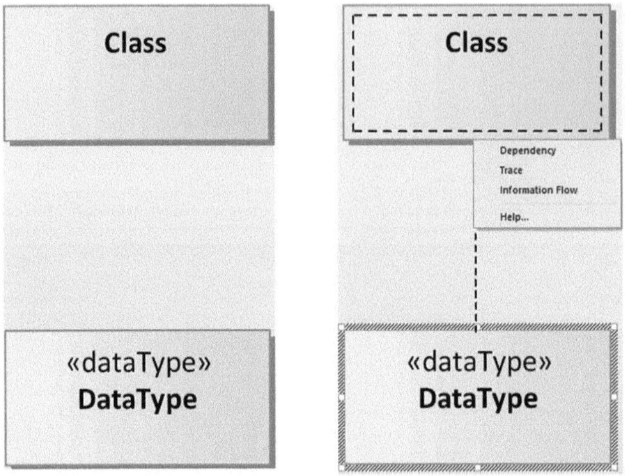

Abb. 2 DataType Modellierung mit den Standardelementen aus UML im Enterprise Architect

UML einen eigenen Elementtyp an. Genau dieser wird im Allgemeinen in Datenmodellen verwendet. In der Abb. 2 ist dann rechts zu sehen, dass drei Verknüpfungsmöglichkeiten von einer DataType auf eine Class überhaupt möglich sind.

In den Modellen der Geo-Normen wird der Elementtyp DataType nicht verwendet. Stattdessen ist ein Datentyp eine Class und wird über den Stereotyp spezifiziert. Ein als Class kreierter Datentyp mit Stereotyp sieht im Modelldiagramm genauso aus wie ein DataType (vergleiche die linken Seiten der Abb. 2 und Abb. 3). Aber es können beliebige Verknüpfungen zu allen anderen Klassen modelliert werden (siehe in den Abbildungen rechts), sodass beide Modellumsetzungen funktional völlig verschieden sind. Diese Möglichkeiten der Bildung beliebiger Verbindungen von einem Datentyp aus wurden in den Geo-Normen verwendet, wie in der Abb. 3 am Beispiel „EnvironmentalMonitoringF eatureReference" ersichtlich ist: So gibt es jetzt Datentypen, die als Attribute verwendet werden können und hinter denen sich eine Verbindung „versteckt".

Auf diese Weise können durch die vielen Freiheitsgrade für Elementbeziehungen schnell und einfach bestimmte Anwendungsfälle nachgestellt werden, wie z. B. die oben in der Abb. 3 modellierte Verbindung auf Überwachungseinrichtungen. Stehen diese Mittel nicht zur Verfügung, so muss beim Modellieren über ganz andere Modellansätze zum Abbilden der Objektverknüpfungen nachgedacht werden. Aber genau das ist bei der einstufigen und phänomenalen Modellierung oft nur mit umständlichen Konstrukten realisierbar.

Die großen Probleme aber entstehen bei der Umsetzung der Modelle. Einerseits gibt es sehr viele Freiheitsgrade bei den Verknüpfungsmöglichkeiten, denn auch weitere Elemente wie codeList, union, type sind als Class definiert und damit wie Klassen untereinander verknüpfbar. So ist es kein Wunder, dass die Programme zur Übersetzung der Datenmodelle äußerst aufwendig, fehleranfällig und teuer sind. Andererseits wird es

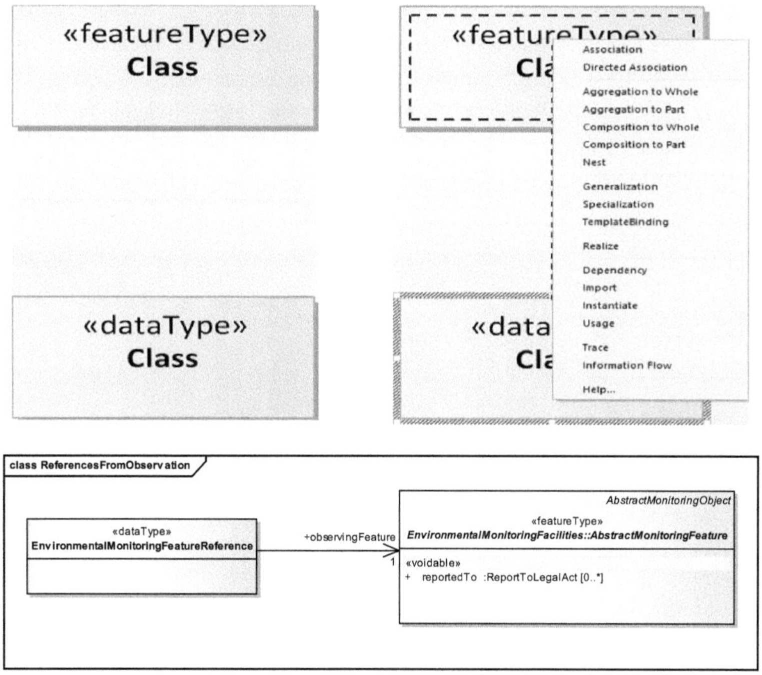

Abb. 3 DataType Modellierung in den Geo-Normen

immer undurchsichtiger für die Anwender, die die Daten entsprechend dieser Modelle bereitstellen; und auch für die Anwender, die die Daten dann weiterverarbeiten wollen.

Interessanter Weise ergeben sich durch die ausschließliche Verwendung der im Enterprise Architect für die UML-Klassendiagramme angebotenen Elemente (eine Class ist dann auch eine Objektklasse und nichts anderes) weitaus größere Gestaltungsmöglichkeiten, was in den nächsten Abschnitten ersichtlich wird. Die einzusetzenden Elemente und Freiheitsgrade sind beherrschbar: für den Modellierer, den Entwickler und Anwender. In [1] stellt der Autor dieses Beitrags die Grundprinzipien der von ihm als „envVisieren" bezeichneten Methode vor. Um die UML-Diagramme von denen der Geo-Normen zu unterscheiden, hat er sie „envVisio" genannt. Im Folgenden werden diese Methoden im Umweltdatenmanagement verwendet und die Möglichkeiten präsentiert.

4 Natürliche Intelligenz

Bei der zweistufigen Modellierung wird die Datenhaltung so gestaltet, dass sie die reale Welt abbildet. Im so genannten Realitätsmodell wird, von einem Verständnis ökosystemarer Zusammenhänge und der Intelligenz in unserer Natur ausgehend, ein UML-Diagramm für das Umweltdatenmanagement kreiert. In [1] Caput XIII sind die

Ökosystemanalysen zusammengefasst, natürlich mit dem Ziel, daraus im Caput XIV einen Ansatz für das envVisio-Realitätsmodell zu konzipieren. Wesentlich ist das Verständnis der Stoff- und Energie-Kreisläufe, was zu einem ganzheitlichen Denkansatz bzgl. der Prozesse und Objekte der Umwelt führt und auch Ursache-Wirkbeziehungen als ein Kernelement aufnimmt.

Dieser Denkansatz muss selbstverständlich zu einem (!) Realitätsmodell für Umweltdaten führen (anstatt der 32 INSPIRE-Annex-Modelle). Im Realitätsmodell werden die

Abb. 4 Natürliche Intelligenz: Fraktale Geometrie. Quellen: Kohl (Josef Schiller), Kristallwachstum (Thanks for your Like • donations welcome), Farn Spirale (leprechaun77), Margarite Pink (Mylene2401), Schnecke Hell (Dean Marston), Kaktus (MoneyforCoffee), Kaktuspflanze mit feinen, langen, gedrehten Blütenblättern (ralu_michael), Pusteblume die Blüte (Ich bin dann mal raus hier.), Gerissener Boden (Peter H) auf Pixabay [8]. Grafische Gestaltung: Sirid Fillinger Visuelle Kommunikation

Objektklassen immer entsprechend real auftretender Objekte, Prozesse, Handlungen und ihrer Wirkketten im Ökosystem definiert.

Viele in unserer Umwelt zu beobachtende Formen, Gestaltungen und Erscheinungen (Abb. 4) sind mit herkömmlichen Geometrien nicht abbildbar, aber interessanter Weise sind Selbstähnlichkeiten zu finden. Mit der fraktalen Geometrie ist es möglich, immer tiefer in die Details einzudringen und oben dargestellte Umweltphänomene abzubilden. Deshalb kam der Autor dieses Artikels auf den Gedanken, auch bei der Modellierung von Daten, die unsere Umwelt beschreiben, auf Methoden der fraktalen Geometrie zurückzugreifen.

5 Intelligenz in den Umweltdaten

Das envVisio-Realitätsmodell basiert auf einer sehr simplen Grundstruktur, die im Doppeltetraeder (Abb. 5) symbolisiert wird. Das Dreieck in der Mitte beschreibt die Objekte und Prozesse im Ökosystem und bildet damit die Stoff- und Energie-Kreisläufe sowie Ursache-Wirkbeziehungen ab:

- **Betrachtungsobjekte:** Ein Ökosystem selbst sowie jede Komponente des Ökosystems kann ein Betrachtungsobjekt sein und sich aus Betrachtungsobjekten zusammensetzen, die (theoretisch) beliebig tief geschachtelt werden können. Die konkrete Definition der zu verwaltenden Betrachtungsobjekte hängt von der Aufgabenstellung ab. Wichtig ist aber, dass die Betrachtungsobjekte einen

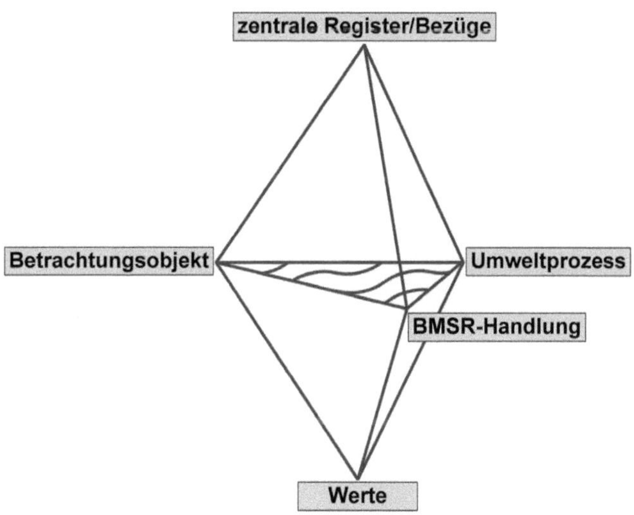

Abb. 5 Doppeltetraeder des envVisio-Realitätsmodells. Quelle [1]

Gegenstand, ein „Gebilde“ (reale, aber auch subjektiv definierte Einheiten) der Realität abbilden.

- **Umweltprozesse:** In den einzelnen Betrachtungsobjekten bzw. zwischen ihnen spielen sich stoffliche und energetische, auch impulsübertragende, finanzielle und informationsverarbeitende Prozesse ab. Werden Umweltprozesse eigenständig mit Daten beschrieben, so sollte eine entsprechende Objektklasse angelegt werden. Das trifft insbesondere auf anthropogene Vorgänge zu (z. B. Benutzungen natürlicher Ressourcen). Auch natürliche Vorgänge können mit Attributen beschrieben werden (z. B. die Erfassung eines Hoch-/Tiefdruckgebietes unter einem eigenen Namen mit seiner räumlich-zeitlichen Ausbreitung oder Havarien).
- **Handlungen zur Bewertung, Messung, Steuerung oder Regulierung** (BMSR-Handlung): Unter einer „BMSR-Handlung“ werden Tätigkeiten von Personen verstanden, die das Ökosystem überwachen, bewerten oder regulieren. Im Rahmen des Umweltschutzes können das beispielsweise sein: Genehmigungen, Erlaubnisse; Überwachungen, Messungen, Probenahmen; Simulationen, Szenarioanalysen, Berechnungen; Planungen. Gegenstände der BMSR-Handlungen können Betrachtungsobjekte bzw. Umweltprozesse sein. (Vergleiche mit [1] Caput XIV.)

Der Kopf des Doppeltetraeders enthält Metadaten, zentrale Register/Bezüge, Schlüssellisten und Ontologie-Tabellen, die die Strukturen des unter ihm liegenden Dreiecks kennen.

Der Fuß des Doppeltetraeders ist das „Bindeobjekt“ zur Realität: ihre Repräsentanz. Dort werden Objektklassen zu den einzelnen Werten (Mess-, Grenzwerte o.ä.), Visualisierungen, Dokumente, Filme u. v. a. m. verwaltet.

Für die Notation der Diagramme hat der Autor dieses Beitrags eine eigene Gestaltung kreiert: Das Modellbild wird immer so gezeichnet, dass es von links oben nach rechts unten lesbar ist (also entsprechend abgeleitet wird, wobei sich die Generalisierungen „überlappen“). Das Bild wird schneller zugänglich, kompakter und einfacher interpretierbar. Auch lassen sich Fehlerquellen vermeiden, da alle abgeleiteten Klassen zu einer Basis gelistet erscheinen.

Das oben in der Abb. 1 aus INSPIRE-Hydrographie übernommene UML-Diagramm wird in der envVisio-Notation zum Modell der Abb. 6. Es ist tatsächlich dasselbe Modell wie oben und enthält bereits alle vier obigen Modellteile in einem Diagramm. Es ergeben sich auch dieselben Exportstrukturen beim Ausspielen des Modells aus Enterprise Architect als XML Metadata Interchange.

In Abb. 6 wurde einfach das INSPIRE-Modell in die envVisio-Notation überführt. Bis hierher wurde noch gar nicht damit begonnen, das Modell auf Basis des Doppeltetraeders neu zu strukturieren. Denn dabei entsteht etwas ganz (überzeugend) Neues: Alle Modelle haben immer dieselbe Abbildungsstruktur. Es kann immer tiefer in die Thematik eingestiegen werden, die Modelle sehen analog aus. Genau diese Idee ist der fraktalen Geometrie entnommen (Abb. 4) und jetzt in UML-Diagrammen umgesetzt.

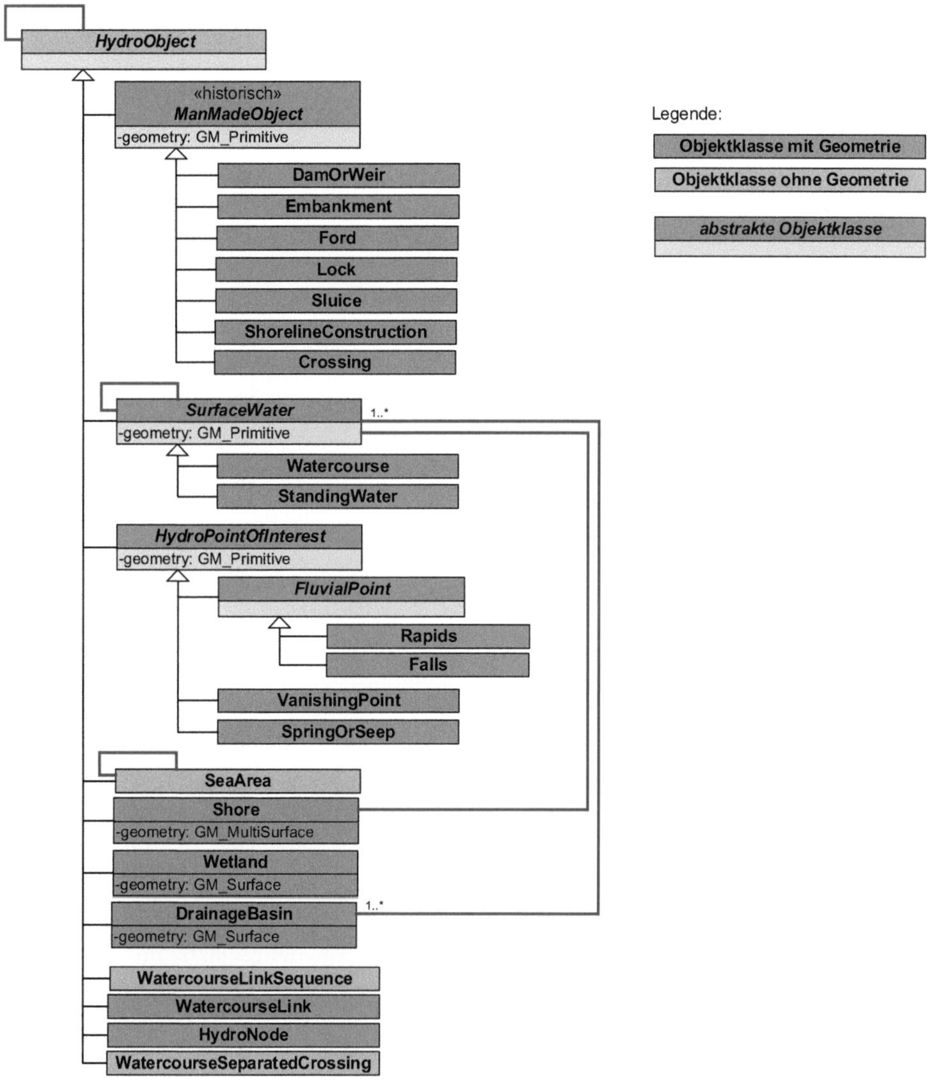

Abb. 6 Datenmodell INSPIRE-Hydrographie in envVisio-Notation. Quelle [1]

Eine Objektklasse wird aus einem übergeordneten Diagramm zum Detaillieren in einem neuen Diagramm einfach als Ausgangsobjekt links oben positioniert, und die Detailstrukturen können auf die immer wiederkehrende Art und Weise hinzugefügt werden. Das wird sehr schön an den vielen Anwendungsbeispielen in [1] Caput XV…XXIII deutlich. Bei einer entsprechenden Anordnung der Objektklassen entsteht in jeder Hierarchiestufe der Modellierung wieder ein Doppeltetraeder!

Welche Möglichkeiten ergeben sich beim envVisieren:

- Es können jederzeit Objektklassen und auch ganze Fachthemen ergänzt werden.
- Beliebige Verknüpfungen zwischen den Objekten sind abbild- und auch jederzeit ergänzbar, ohne die Objekte dabei anpassen zu müssen.
- Die Datenstrukturen können immer weiter verfeinert werden.

Die oben beschriebenen Modellierungsmethoden der Geo-Normen (insbesondere die Einstufigkeit in der Modellierung) erzwingen als Zielvorgaben für ein Fachmodell, dieses bereits beim Entwurf komplett mit allen Eventualitäten auszuarbeiten. Die Ergebnisdiagramme sind dann starr und können nicht auf neue Anforderungen reagieren. - Und genau das passiert beim envVisieren nicht mehr. Das Modell kann sukzessive erweitert und präzisiert werden. Damit gibt es keine Datenverluste beim Übernehmen von Daten in das envVisio. Da das Modell beliebig erweiterbar ist, können immer alle Fachdaten zu Umweltobjekten übernommen werden.

6 Intelligenz bei der Datenbereitstellung

Bisher wurde nur das Realitätsmodell eingeführt. Es gibt aber noch die zweite Modellierungsebene, der Autor dieses Beitrags hat diese Diagramme „**Anwendungsdiagramme**“ genannt:

Einerseits wird das Realitätsmodell wahrscheinlich jeden Modellierungsspezialisten begeistern und zum Diskutieren anregen. Die Fachanwender aber sollten gar nicht wissen, wie ihre Daten strukturiert werden. Für sie werden die Daten so aufbereitet, dass sie die Fachsicht angeboten bekommen.

Andererseits gibt es hier Multiplizitäten, denn auf unsere (einmalige) Realität gibt es die unterschiedlichsten Sichtweisen. In einem Anwendungsdiagramm werden die Objektklassen des Realitätsmodells zu einem speziellen Szenario zusammengestellt. Und so können natürlich jederzeit neue Anwendungsfälle bearbeitet und angeboten werden.

In [1] werden die Anwendungsmodelle und eine Notation eingeführt.

Diese Modellierung auf zwei Ebenen hat noch einen weiteren Vorteil, der insbesondere auch bei der Datenbereitstellung für INSPIRE wirkt. Es werden alle Daten in einem zentralen Pool verwaltet; von dort aus werden sie für Berichterstattungen wie INSPIRE aufbereitet. Die oben im Kap. 3 beschriebenen „Harmonisierungen“ gibt es im envVisio nicht, denn die Daten werden über Datenbanksichten zusammengestellt. Wenn eine bestimmte Sicht auf eine Objektklasse des Realitätsmodells in einem Anwendungsmodell bereits angelegt wurde, dann werden alle im Weiteren zu importierenden Daten sofort nach ihrem Einspielen auch in dieser Sicht zu sehen sein.

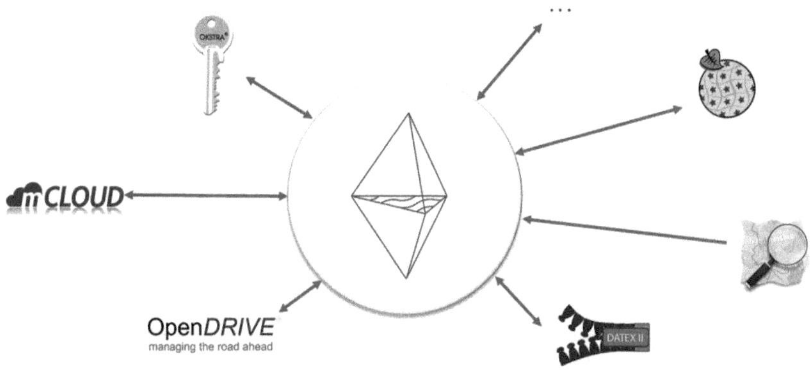

Abb. 7 Ein Realitätsmodell wird aus vielen Quellen gefüllt und stellt Daten für beliebige Formate bereit – am Beispiel von Straßendaten. Quelle [5]

In [5] wurde dieser Ansatz für die Bereitstellung von Straßendaten umgesetzt. Daten zur Beschreibung der Straßen, ihrer Eigenschaften und der Vorgänge/Prozesse in den Straßen werden in verschiedensten Formaten angeboten, z. B. die in Abb. 7 genannten Datenformate (Die folgende Aufzählung beginnt oben rechts in der Abbildung und benennt die Formate zu den Icons im Uhrzeigersinn.):

- INSPIRE mit dem Annex-Thema Verkehrsnetze
- Open Street Map
- Datex II als Standardformat des Mobilitäts Daten Marktplatz
- OpenDRIVE für spurscharfe Informationen
- Straßendaten der mCLOUD in zumeist proprietären Strukturen der Datenbereitsteller
- OKSTRA als deutscher Standard des Objektkatalogs für das Straßen- und Verkehrswesen.

In der Praxis wurde die Datenbereitstellung für INSPIRE über „Harmonisierungen" aus den OKSTRA-Daten der Länder umgesetzt: Es wurde Programmcode erstellt, um die Daten aus den komplizierten OKSTRA-Strukturen in die komplizierten INSPIRE-Strukturen zu überführen, was mit einer dreijährigen terminlichen Verspätung gelang. Damit ist erst eine Datentransformation gelungen, was bei n Quellen/Zielen theoretisch n*(n-1) mal notwendig wäre.

Beim envVisio-Ansatz werden die Daten über ETL-Prozesse (ETL = Extract Transform Load, praktisch umgesetzt mit FME [10]) aus den Quellstrukturen in das neutrale Doppeltetraeder-Modell importiert, dort werden Sichten entsprechend der verschiedenen Zielformate bereitgestellt. Theoretisch sind dann n Importspezifikationen und n Datensichten denkbar, Programmcode muss nicht erstellt werden.

7 Intelligente praktische Anwendungen

envVisio wird mittlerweile in mehreren Projekten eingesetzt. Eine sehr beeindruckende Anwendung ist der Aufbau der zentralen Datenföderierungsschicht (DFS) im Landesamt für Natur-, Umwelt- und Verbraucherschutz Nordrhein-Westfalen (LANUV). Im LANUV wird eine enorme Vielfalt an Daten erhoben und eine entsprechende Vielfalt an Datenstrukturen verarbeitet: z. B. komplexe Lösungen der Wasserwirtschaft, der Anlagenüberwachung oder des Naturschutzes, Verfahren zur Überwachung der Luftqualität, zur Lärmminderung, zur Verwaltung unterschiedlichster Messnetze und Messwerte, das Bodeninformationssystem, der Klima- und Energieatlas …

Auf folgenden grundsätzlichen Überlegungen basiert das Lösungskonzept:

- Die Fachinformationssysteme (FIS) werden nicht angefasst.
- Die Bereitstellung der INSPIRE-Dienste sollte nicht von den FIS aus erfolgen.
- Es wird eine zentrale Datenföderierungsschicht (DFS) zur Zusammenfassung der Daten aufgebaut.
- Für die DFS werden einfache und erweiterbare Datenstrukturen definiert.
- Die bereits im LANUV praktizierten (file-, dienstebasierten) Datenbereitstellungen werden verwendet und ausgebaut.

Die Projektbearbeitung erfolgt in enger Zusammenarbeit mit allen LANUV-Fachbereichen. Aktuell wird die DFS gemeinsam von folgenden Firmen aufgebaut:

- con terra: ETL-Prozesse mit FME, Datenhaltung und –bereitstellung für INSPIRE und Open Data.
- disy: themenübergreifende Visualisierungen mit Cadenza.
- hrd.consulting: Datenmodellierung, Mapping der Fachdaten, Bereitstellen der Views, Qualitätssicherung.

Die Daten der Bereiche Wasser und Luftqualität sind in die DFS eingespielt. Das System ist mit diesem jetzt schon beeindruckenden Potpourri aus Messdaten zur Luftqualität, zu Grund-, Oberflächenflächen- und Abwassermengen und –beschaffenheiten, Zustandsdaten in landesweiten Rastern, Daten zu den Gewässern und Anlagen an Gewässern, der Gewässerstrukturbewertung, der Abwasserüberwachung in Betrieb. Aktuell wird die Datenübernahme für die Bereiche Boden, Klima/Energie und Natur vorgenommen.

Die DFS stellt zentral die Daten zusammen, die für INSPIRE, Open Data und die fachbereichsübergreifende Zusammenarbeit notwendig sind. Die Daten sind themenübergreifend strukturiert, sodass größtmögliche Interoperabilität, Verarbeit- und Verschneidbarkeit der Daten der verschiedenen FIS untereinander möglich wird.

Für die Verarbeitung der Daten werden Sichten angelegt, um diese per Visualisierungskomponente zu präsentieren. Die Datenhaltung wird von der Datenbereitstellung entkoppelt; der Anwender muss die abstrakten Datenverwaltungsstrukturen (aber auch die INSPIRE-Spezifikationen) nicht kennen. Beispielsweise werden alle Messstellen der etwa 25 Messnetze des LANUV in einer Struktur verwaltet, von der auch die INSPIRE-Datenbereitstellungen erfolgen. Insgesamt werden über die DFS im LANUV 17 INSPIRE-Themen bedient.

8 Künstliche Intelligenz

Künstliche Intelligenz (KI) avanciert heute zur Schlüsseltechnologie (vgl. mit dem Strategiepapier der Bundesregierung zu KI [6]). Dort werden zwei Arten von KI unterschieden:

- Starke KI: Systeme, die eigenständig Probleme bearbeiten können und dem Menschen intellektuell gleichgestellt sind (i. W. Roboter).
- Schwache KI: Lösungen konkreter Anwendungsprobleme, wobei die entwickelten Systeme zur Selbstoptimierung fähig sind (also KI-Ansätze mit neuronalen Netzen; aber auch Simulationssysteme oder die Umsetzung mathematischer Algorithmen, die zu qualitativ neuen Aussagen führen).

Interessanter Weise zielt die Strategie der Bundesregierung i. W. auf die „schwache" KI. Daraus leitet sich für die Bereitsteller von Geo- und Umweltdaten die Anforderung ab, die Daten so anzubieten, dass sie (mit wenig Aufwand) weiterverarbeitet werden können. Es geht um die „Maschine-Maschine-Kommunikation" zwischen Maschinen, die weiterverarbeitbare Geodaten anbieten, und Maschinen, auf denen KI-Anwendungen laufen.

Da helfen die heute sehr verbreiteten Verfahrensweisen, die Daten in den vorhandenen Fachformaten und Strukturen auf Open-Data-Portale zu schieben und per Services bereitzustellen, nur bedingt weiter. Denn: wie viel Code soll entwickelt werden, um aus all den meist proprietären Strukturen der Umweltthemen KI-Anwendungen zu implementieren? Wer soll diese an alle Formate anpassen, nur um übergreifende Auswertungen über die Datenbereitsteller hinweg zu kreieren? – So viele Entwickler haben wir gar nicht ausgebildet, so viele Hackathons können wir gar nicht organisieren…

Datenbereitstellungen für kreative Weiterverarbeitungen setzen drei zu standardisierende Bereiche voraus:

- Standards für die Organisation des Datenmanagements, wie Metadaten, Standards zur Datenqualität, Aktualisierung der Daten, Lizenzbedingungen u. ä.
- Schnittstellenstandards (z. B. REST, WFS, WMS).
- Standardstrukturen.

INSPIRE [2] hat genau das für die Bereitstellung von Umweltdaten definiert. Schade, dass der dritte Punkt mit den oben analysierten methodischen Grenzen verbesserungswürdig ist und damit INSPIRE häufig diskreditiert wird.

9 Eine intelligente Applikation

envVisio kann das Umweltdatenmanagement entmystifizieren und die Bereitstellung und Weiterverarbeitung der Geodaten modernisieren. Das Datenmanagement nach dem Doppeltetraedermodell kann eine neue Art und Weise des Umgangs mit Umweltdaten kreieren:

Wir halten einen Doppeltetraeder aus purem Glas vor uns und schauen hinein. Wegen der 60°-Winkel entstehen faszinierende Spiegelungen:

- Der Mittelpunkt des Doppeltetraeders, in dem alle Kanten zusammenlaufen, wird sichtbar. Diesen Punkt gibt es im Datenmodell ganz realistisch. Er vereinigt alle Geoobjekte in einem Element.
- Die Spitze des Tetraeders schaut von oben auf die Strukturen des mittleren Dreiecks. Von hier aus kann zielgerichtet auf die konkreten Geoobjekte in den Ecken des Dreiecks balanciert werden, und die spezifischen Fachinformationen können abgerufen werden.
- Der Fuß des Doppeltetraeders ist mit den realen Daten verankert, sodass jetzt die Messwerte, Visualisierungen u. a. Repräsentanten zum Umweltzustand selektiert werden können.

Das mag alles etwas mystisch klingen und wie Zauberei anmuten. – Aber im Gegenteil: Das envVisio hat als Basisstruktur tatsächlich einen Tetraeder (wie in der mit Enterprise Architect modellierten Abb. 8 zu sehen), der auch in Datenbankbefehle übersetzt wird. Von der Objektklasse AA in der Mitte des Körpers sind alle anderen Klassen abgeleitet. Im Umkehrschluss heißt das auch, dass alle Geoobjekte an einem Punkt in der Mitte zusammenfallen. Diese Objektklasse AA gibt es in envVisio-Datenbanken tatsächlich: sie enthält alle (!) Geoobjekte.

Was kann eine intelligente Applikation auf dieser Basis anbieten?

- Mit einem einzigen Select werden alle (!) Geoobjekte im ausgewählten räumlichen und zeitlichen Bereich angezeigt: sowohl die sich dort befindenden Betrachtungsobjekte als auch stattfindende Handlungen und Prozesse. Sie werden grafisch und mit ihren wesentlichen objektbeschreibenden Sachdaten präsentiert.
- Es interessiert ein spezieller Sachverhalt; es wird weiterselektiert, um alle detaillierten Fachinformationen zu diesem konkreten Objekt zu erhalten.
- Und mit einem weiteren Klick werden die zugehörigen Messwertzeitreihen oder Visualisierungen, z. B. in Form von Rastern, oder Filme oder … angeboten.

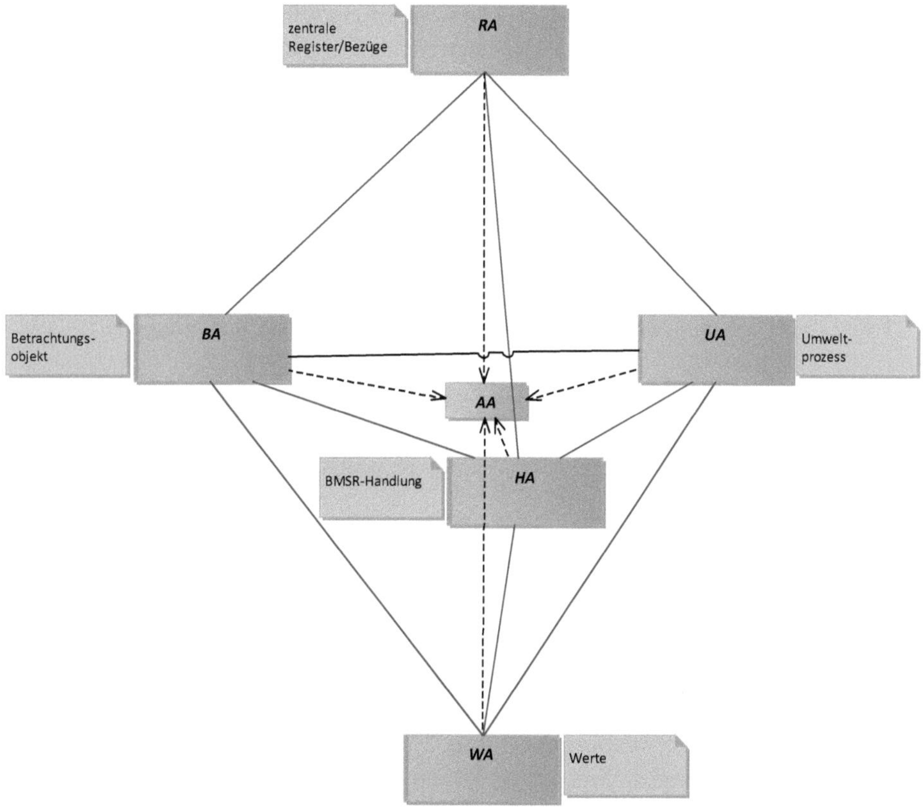

Abb. 8 Basisstruktur des envVisio-Modells. Quelle [1]

10 Zusammenfassung und Ausblick

In Punkto Digitalisierung und Bereitstellung weiterverarbeitbarer Daten sind die Geoinformatiker Pioniere. Auf Grundlage der OGC-Normen und der ISO 191xx-Serie kann jeder Browser die Geodaten anzeigen und nutzen. Mit INSPIRE [2] existiert sogar ein Gesetz, das verpflichtet, auch die Geofachdaten – insbesondere Umweltdaten – nach einheitlich definierten Strukturen anzubieten. Vor mehr als zehn Jahren haben die Protagonisten von INSPIRE bereits die Notwendigkeit erkannt, Daten interoperabel in Standardformaten zur Verfügung zu stellen, was heute für KI-Anwendungen unerlässlich wird! Leider kann die Umsetzung mit den vielen themenkonkreten INSPIRE-Datenspezifikationen diesem (politischen) Anspruch nicht genügen:

„Wir haben viel zu komplizierte Strukturen kreiert. Viele sträuben sich vor ihrer Umsetzung und Nutzung. Aber sie werden allgemein wie eine unumstößliche Vorschrift behandelt: Die Modellierungsexperten machen einfach weiter mit dieser Modellierungsmethode. Die Entwickler setzen sie um. Die Nutzer liefern die Daten in den definierten

Strukturen. Warum fragt keiner, ob das so kompliziert sein muss? Warum hinterfragt keiner, dass wir so die Komplexität der Umweltdatenbereitstellung für all die Umweltberichterstattungen, aber auch im Fokus der digitalen Umgestaltung der Gesellschaft gar nicht bewerkstelligen können? Bei meinen Analysen wird deutlich, dass bereits in den gewählten Methoden die Grenzen vorherbestimmt sind. Ich wollte mich damit nicht abfinden: Die Art der Modellierung ist vom Menschen erdacht und nicht objektiv gegeben, also müssen wir anders vorgehen! Jedes komplizierte Organisationsmodell, das am Ende auch noch hohe Kosten erzeugt, muss verändert werden, sonst wird es von ganz alleine ausgelöscht.

Drei Leitgedanken für alternative INSPIRE-Lösungen fasse ich zusammen:

1. Wir haben ein (!) Realitätsmodell „Ökosystem", also genau ein einziges Datenmodell zur Verwaltung von Umweltdaten (z. B. statt der 34 INSPIRE-Annexthemen).
2. Wir modellieren zweistufig und arbeiten für die Datenbereitstellungen Anwendungsmodelle aus.
3. Mit entmystifizierten Modellen stellen wir die Daten in einfachen Formaten und Strukturen bereit.

Immer wieder werde ich bei Fachtagungen gefragt, ob ich denn aus meinen komplexen Datenmodellen auch INSPIRE-Strukturen ableiten kann: Natürlich kann ich das. Aber: warum sollten wir das eigentlich noch tun? – Sind doch meine Datenbereitstellungen viel effizienter verarbeitbar." (Auszug aus [1] Kap. 27).

Im Rahmen eines neuen Projekts „envVisio-GI" entsprechend der Förderrichtlinie mFUND des Bundesministeriums für Verkehr und digitale Infrastruktur, das voraussichtlich am 01.06.2020 beginnen wird, ist unter Leitung der Fachhochschule Erfurt und in Zusammenarbeit mit dem Bundesamt für Kartographie und Geodäsie – Koordinierungsstelle Geodateninfrastruktur Deutschland, den Firmen Scopeland Technology GmbH, M.O.S.S. Computer Grafik Systeme GmbH und hrd.consulting sowie dem Landkreis Lippe geplant, die envVisio-Methode für die Datenbereitstellung von Umweltdaten zu standardisieren.

Literatur

1. Rudolf, H. (2018). *Umweltdatenmanagement: Eine Geo-Inspiration.* Karlsruhe: Bernhard Harzer.
2. Richtlinie 2007/2/EG des Europäischen Parlaments und des Rates vom 14. März 2007 zur Schaffung einer Geodateninfrastruktur in der Europäischen Gemeinschaft (INSPIRE). (2007). In: ABl. der EU, L 108 (S.1–14).
3. ISO 191xx-Serie – Standardnormen der International Organization for Standardization zur Bereitstellung von Geodaten (2005).

4. Dokumentation zur Modellierung der Geoinformationen des amtlichen Vermessungswesens. Arbeitsgemeinschaft der Vermessungsverwaltungen der Länder der Bundesrepublik Deutschland. https://www.adv-online.de Zugegriffen: 31. März 2020.
5. Klemm, S. (2019). INSPIRE und Open Data für Dienste zum automatisierten Fahren – Eine Untersuchung der Verwertbarkeit dieser Daten im Rahmen des Forschungsprojektes Cartox2. Masterarbeit Hochschule Anhalt Dessau.
6. Strategie Künstliche Intelligenz der Bundesregierung. https://www.bmbf.de/files/Nationale_KI-Strategie.pdf. Zugegriffen: 31. März 2020.
7. Sparx Systems Ltd. Enterprise Architect. https://www.sparxsystems.de/. Zugegriffen: 26. Apr. 2020.
8. Pixabay. https://pixabay.com/de/. Zugegriffen: 19. Mai .2020.
9. INSPIRE Data Specification on Hydrography. Technical Guidelines. https://inspire.ec.europa.eu/id/document/tg/hy Zugegriffen: 31. März 2020.
10. Safe Software Inc. Feature Manipulation Engine FME. https://www.safe.com/. Zugegriffen: 31. März 2020.

Innovative Umweltdatenerhebung und Umweltdateninfrastrukturen

Providing high resolution data for the long-term ecosystem research infrastructure on the national and European scale

Christoph Wohner, Thomas Dirnböck, Johannes Peterseil, Gisela Pröll und Sarah Geiger

1 Introduction

In the recent past, Long-Term Ecosystem Research (LTER) in Austria has undergone a substantive streamlining process, well concerted with the ongoing structuring of the European Research Area [Mirtl et al. 2015]. LTER refers to studies about long-term processes and trends in ecosystems. Environmental changes such as climate warming, air pollution and intensification in land use usually exert slow responses in ecosystem properties (e.g. productivity, carbon and nitrogen storage, biodiversity). Decadal data are necessary to study these trends and the underlying processes. Therefore, long-term infrastructure for monitoring and data information management is pivotal [9]. In order to secure global competitiveness, special consideration is given to the European Research Infrastructure development with the European Strategy Forum on Research Infrastructures (ESFRI), which is playing a major role in de-fragmenting and harmonising

C. Wohner (✉) · T. Dirnböck · J. Peterseil · G. Pröll · S. Geiger
Umweltbundesamt GmbH, Vienna, Austria
E-Mail: christoph.wohner@umweltbundesamt.at

T. Dirnböck
E-Mail: thomas.dirnboeck@umweltbundesamt.at

J. Peterseil
E-Mail: johannes.peterseil@umweltbundesamt.at

G. Pröll
E-Mail: gisela.proell@umweltbundesamt.at

S. Geiger
E-Mail: sarah.geiger@umweltbundesamt.at

U. Freitag et al. (Hrsg.), *Umweltinformationssysteme – Wie verändert die Digitalisierung unsere Gesellschaft?*, https://doi.org/10.1007/978-3-658-30889-6_4

infrastructures. eLTER was recently recognised as an "Emerging ESFRI Infrastructure", covering cross-scale ecosystem, critical zone and socio-ecological research [19].

In this context, the provision of data generated at these sites and the development of tailored data services and repositories is gaining importance to also support modelling approaches. The large number of data formats and the variability of data access interfaces require huge integration efforts [14]. This is especially the case for the long-term observation sites. These sites often have different approaches to data management and provision. This concerns not only the variability and heterogeneity of data sources provided, but also the underlying methods used to collect the data – ranging from high-resolution sensors (e.g. Eddy Flux) to human observations (e.g. stem increment).

Nevertheless, integrated data management has to cope with these different issues and the need to provide harmonised access to data. The implementation of a sensor network requires an interoperable and hardware independent approach [4,13] in order to be able to describe, control, query and access sensor data coherently using standard interfaces. This can be realised by the OGC Sensor Web Enablement (SWE), which defines a set of standardised web interfaces and data encodings for sensor data [3]. Inter-alia, Observations and Measurements (O&M) is used as a common model to describe and exchange observation data [6,7], Sensor Model Language (SensorML) to provide standardised descriptions of sensor systems [2] and the Sensor Observation Service (SOS) to query and obtain data from the sensor [5].

Different networks (TERENO, LTER Italy) and large-scale projects (e.g. H2020 eLTER [25] are defining SWE standards as common protocol to share and publish time series data from its distributed network of data providers. In addition, within INSPIRE OGC SOS services are considered and evaluated for reporting purposes [13]. Furthermore, additional context information on the observation locations are needed in order ensure the proper use and reuse of data [26].

This article (a) outlines the project context, (b) provides and overview the implemented toolset, (c) describes the implemented workflows and (d) discusses the experience and use of OGC SOS in the project context so far.

1.1 The LTER CWN project

The Austrian "LTER-CWN" project aims to harmonise and link six Austrian LTER sites (Fig. 1 and Tab. 1) focusing on carbon, water and nitrogen (CWN) cycling in relation to Climate Change, with a particular focus on extreme climatic events, especially drought, heatwaves, and heavy rainfall events. The sites represent the main types of important ecosystems in Austria ranging from forests and grassland in both valleys and mountains, as well as wetlands and bogs. The measuring stations are located in the provinces of Burgenland, Lower and Upper Austria, Styria and Tyrol.

All sites participating in LTER CWN are documented on DEIMS-SDR [2.1] providing information on the environmental characteristics, technical infrastructure,

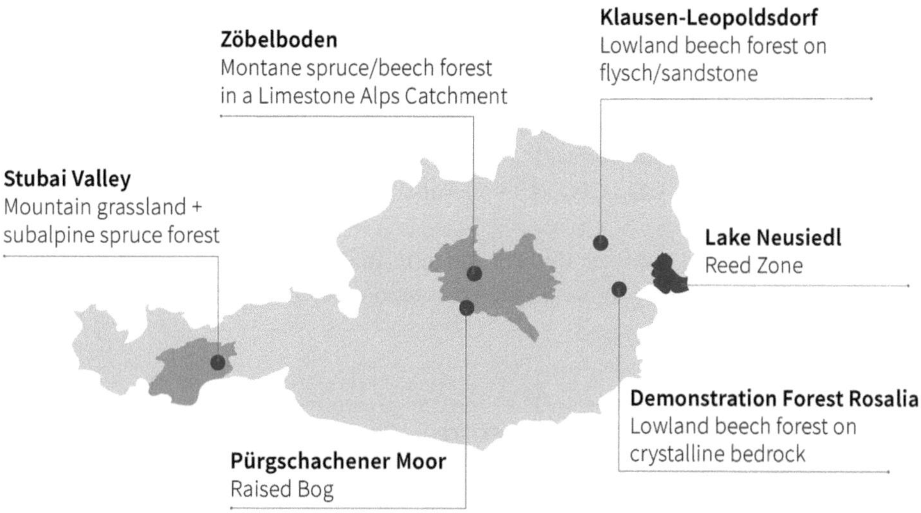

Fig. 1 LTER CWN sites

Table. 1 List of sites participating in LTER CWN

Site name	Code	DEIMS.id
Klausen-Leopoldsdorf	KLL	https://deims.org/bb472a51-f85f-4de0-8358-f21ecbe2a102
LTER Zöbelboden	ZOE	https://deims.org/8eda49e9-1f4e-4f3e-b58e-e0bb25dc32a6
LTSER Neusiedler See – Seewinkel	NSS	https://deims.org/1230b149-9ba5-4ab8-86c9-cf93120f8ae2
Pürgschachen Moor	PUE	https://deims.org/c0d491a2-3e5b-467a-9678-e0cac95a1df6
Rosalia Lehrforst	ROS	https://deims.org/77c127c4-2ebe-453b-b5af-61858ff02e31
Stubai Valley	STV	https://deims.org/324f92a3-5940-4790-9738-5aa21992511c

covered research topics as well as participation in research infrastructure, networks and other projects.

1.2 Observation Types

LTER-CWN builds upon the aforementioned pre-existing, mostly highly instrumented research sites and, if necessary, adds specific devices to a site to measure long-term variation in essential variables and processes required in this project:

- Net ecosystem exchange of CO_2, methane and water vapour (eddy-covariance measurements on towers)

- Ecosystem primary productivity (eddy covariance, automatic tree growth dendrometers, inventories) and water flux in tree stems (sap flow devices)
- Soil carbon sequestration and fluxes (permanent GHG open chamber measurement and mobile device for CO_2 and CH_4, lysimeter soil water sampling, soil inventories)
- Soil nitrogen fluxes and related greenhouse gas emissions (relocatable gas flux device for measuring $CO_{»}$, CH_4, N_2O, NO and N_2, lysimeter soil water sampling, soil inventories)
- Fluxes of water and nutrients through the terrestrial systems (and export to adjacent streams) (lysimeter, long-term and high-resolution optical water probes for dissolved Nitrogen and Carbon at weirs)

2 LTER CWN Data Infrastructure

LTER CWN collects and provides data at the selected sites and ecosystems in order to enable research and scientific analysis of ecosystem processes and their response to global change and external pressures. It provides facilities to document and share these observation time series (e.g. meteorology, sap flow, eddy-flux, etc.), using the "LTER CWN Data Portal", with the scientific user community applying common standards. Currently, the data portal is available under a provisional domain [17] but will be released to the public [18].

Table. 2 Types of data collected per site (A … available, P … proposed, PA … Partly available, to be completed and upgraded by proposed equipment)

Site	ZOE	ROS	KLL	STVf	STVg	PUE	NSS
Microclimate	A	A	A	PA	A	A	A
Eddy tower (CO2, (CH4), H2O fluxes)	PA	P			A		P
Soil CO2 fluxes	PA	P	P	P	PA	P	
Soil CO2, N2O and CH4 fluxes incl. Isofluxes	Mobile System: P	Mobile System: P	Mobile System: P	Mobile System: P	Mobile System: P	Mobile System: P	Mobile System: P
Sap flow	P	P	P	PA			
High resolution Dendrometer	PA	P	P	PA			
Lysimeter (solute fluxes)	A	A	A		PA		
Catchment runoff/chemistry	A	A	P	PA	PA	P	P
Runoff Multiparameter sensor (DOC, TOC, NO3)/ groundwater diver	P	P	P	P	PA		A
Power supply	PA	A	PA	PA	PA	P	A

The data infrastructure for the LTER CWN projects builds on a number of pre-existing systems and software solutions. All relevant data from LTER-CWN and ancillary data from research sites necessary to carry out research (e.g. meteorological data) will be made available through services, particularly by eLTER's "Data Integration Platform" [10].

2.1 DEIMS-SDR

DEIMS-SDR (Dynamic Ecological Information Management System) [26], [8] allows the documentation and distinct identification of observation facilities. In addition to storing site and sensor records, it also serves as a platform for dataset description and publication. The site description provides the relevant context information on the observations. As at April 2020, DEIMS-SDR provides information on about 1.100 research sites on a global scale and is used to manage the site networks for the European network eLTER as well as for the global network on long-term ecosystem monitoring ILTER.

DEIMS-SDR provides a REST-API following the OpenAPI 3.0 specification, which allows exposing all related information of a site, i.e. affiliated personnel and networks, datasets and research activities. Further services for data provision include Catalog Service of the web (CSW), Web Map Services (WMS), Web Files Services (WFS) as well as regular CSV exports.

Within LTER CWN, DEIMS-SDR is used to document the research sites as well as providing a dataset editor that allows generating metadata records, which act as pointers to the actual data files or data streams, in this case the SOS services. Such metadata records ensure easy discovery while complying with standard metadata formats (e.g. ISO19115/19139) and can be shared using standardised services (e.g. OGC CSW). Those metadata records are harvested by other platforms (e.g. eLTER DIP or GEOSS GeoPortal) thus increasing the visibility of LTER CWN and its generated data products.

2.2 Time Series Management (TSM) for LTER-CWN

The "Time Series Management" system (TSM) is a software stack developed at the Research Centre Jülich to accomplish automated processing and management of observational time series data [15]. The TSM is composed of custom-built components as well as a number of Open Source software packages, e.g. 52° North SOS, and utilises a PostgreSQL database with a Post-GIS extension. The basic setup of the system consists of four parts, which are fully parameterised and configurable.

First, the input file parser converts the sensor data, which enter the infrastructure from different sources and by various communication protocols (e.g. HTTP, FTP) into a defined structure.

In a second step, the data is inserted into a relational database by the data processor. Transformation filters may be applied in order to convert raw sensor signals (e.g. ADC voltage levels) to physical parameters (e.g. temperatures), to consider connections between data from different sensors (e.g. mean values from two or more parallel measurements) or to calculate temporal aggregates (e.g. daily precipitation rates from 10 min observations). In addition, filters allow first quality checks and labelling of the data. A notification system informs the responsible parties about the import process and problems occurred by E-Mail or Sensor Event Service (SES) posts.

In step three, persisting and archiving of the sensor data is accomplished within the data storage component of the infrastructure using the Observation Data Model from the CUAHSI initiative [1,12,24].

The fourth component, the OGC Web Service Provider, publishes the sensor data and metadata from the data model/data storage components using OGC compliant web services. This way, the time series data of LTER-CWN will be available for external systems as well, such as the eLTER Data integration portal (DIP) or can be directly ingested in analytical workflows (e.g. R, JupyterLab).

3 Data policy

LTER CWN aims to provide data in an open and free manner and free of charge access to metadata and data using the LTER CWN Data Portal. Providing name, email address and intended purpose of data use is required in order to access and download the requested datasets from the LTER CWN Data Portal. If not otherwise specified, the CC-BY-NC-SA 4.0 (International) license is applied.

4 Implementation

4.1 Data Workflows

For LTER CWN, basic data exchange workflows with project partners were set up in order to ensure easy data publication. For the implementation, different quality flags were defined ranging from (a) Level 0 as sensor raw data, (b) Level 1 as transformed raw data, (c) Level 2 as quality-controlled data, and (d) Level 3 as aggregated and derived data products.

In the case of LTER CWN, Level 2 Quality controlled data with a dedicated temporal and spatial resolution are provided. The specification of the required data resolution in terms of both space and time follows the requirements defined by eLTER. It was conducted as community-based approach with the decisions taken by the project consortium. The resulting "Standard Data Products" (e.g. half-hourly flux rates) should provide added value for the scientific community and allows access to harmonised data across the different contributing sites. This process is dynamic and additional data with different resolutions can be provided via the LTER CWN data portal.

Based on the requirements in LTER CWN, a general data curation workflow for LTER CWN data can be summarised:

1. **COLLECTION** – Raw data are collected continuously or based on campaigns in the field and normally stored in a logger either in the device or in a data collection unit. This step might already include a verification and aggregation of observed data, e.g. by aggregation of 5 min observations to a half-hourly mean. This aggregation is either done in the device or in the attached logger.
2. **TRANSMISSION** – Level 1 Raw data are transferred from the sensors or the observation process to the data storage unit at the partner infrastructure. In most cases, this is done automatically via GSM or manually by collecting the data from the loggers.
3. **STORAGE** – Level 1 Raw data are stored at partner nodes for further processing. In order to ensure reproducibility of results. Level 1 Raw data are maintained as internal datasets. Normally these data are not shared with the wider scientific community.
4. **QUALITY CONTROL** – application of quality control and verification procedures and transformation of Level 1 Raw data to Level 2 Quality controlled data. Single observations are tagged with their reliability, e.g. suspicious, missing. Valid values are marked.
5. **DOCUMENTATION** – creation of metadata for the data stream provided including information on the data quality control and verification process using DEIMS-SDR as well as describing the sensor using a dedicated TSM database interface
6. **ARCHIVING** – of the Level 2 Quality controlled data as well as for the Level 1 Raw data and ingestion into the data publication infrastructure. Metadata should include the location of both datasets and their relation.
7. **AGGREGATION** – transformation of Level 2 Quality controlled data to Level 3 Elaborated time series applying a range of mathematical methods either to fill gaps or aggregate the data

The raw data is measured in the field by the different organisations running the facilities and afterwards quality controlled. Local procedures conduct quality checks and aggregation routines to generate the defined data products. Defined data packages are provided on a defined cloud storage being called by the import routines. A harvesting mechanism collects these data products from the different data nodes of each partner, store them on centralised server infrastructure and publish them using the TSM. The import also processes basic data quality control routines applying e.g. simple min–max filters as defined for the import procedure. The data import intervals are defined to be run

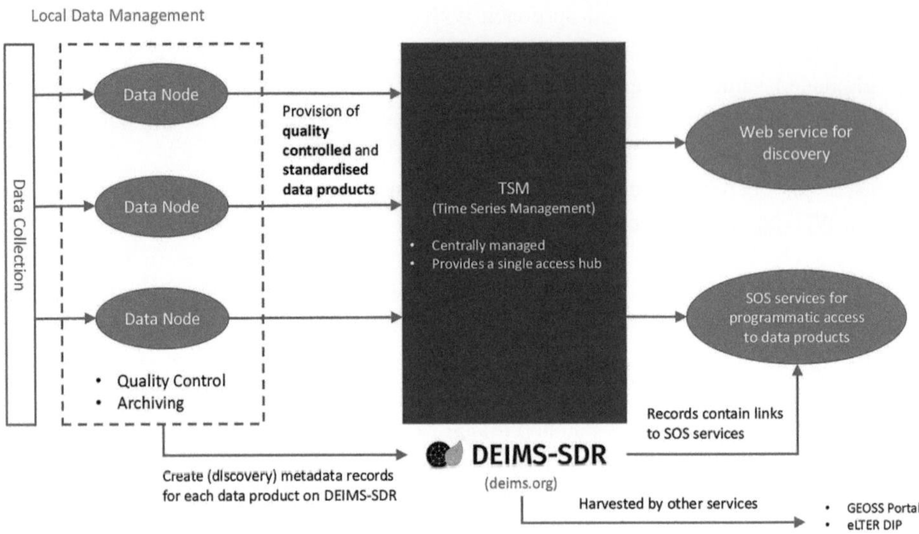

Fig. 2 Workflows for the publishing of data from observation facilities

monthly including the latest batch of quality-controlled data. Fig. 2 shows the schematic workflow from the data collection to the data provision.

The dedicated TSM database interface (based on Microsoft Access) provides an interface to define the data format and structure to specify the parameters for the import routines.

The resulting data services are published using the LTER CWN Data Portal and offered via the OGC SOS endpoint. The resulting data streams need to be documented using DEIMS-SDR to ensure the discoverability of the data service. The TSM links to the eLTER Data Integration Portal providing integrated access to data from the wider LTER network in Europe.

4.2 Metadata provision

As part of the data curation process implemented for the LTER CWN project, standardised descriptions of the monitoring sites participating in the project, the installed and used sensors, as well as the resulting datasets needs to be provided. As previously mentioned, sites and datasets are documented using DEIMS-SDR and unique identifiers for both are issued.

In addition to discovery metadata, internal metadata describing sensors and stations are necessary for the TSM and subsequently the SOS endpoint. The description is based on common standards (OGC SensorML 1.0) and entered in the database using a Microsoft Access interface (TSMAccess). Information on the sensors and data flows were

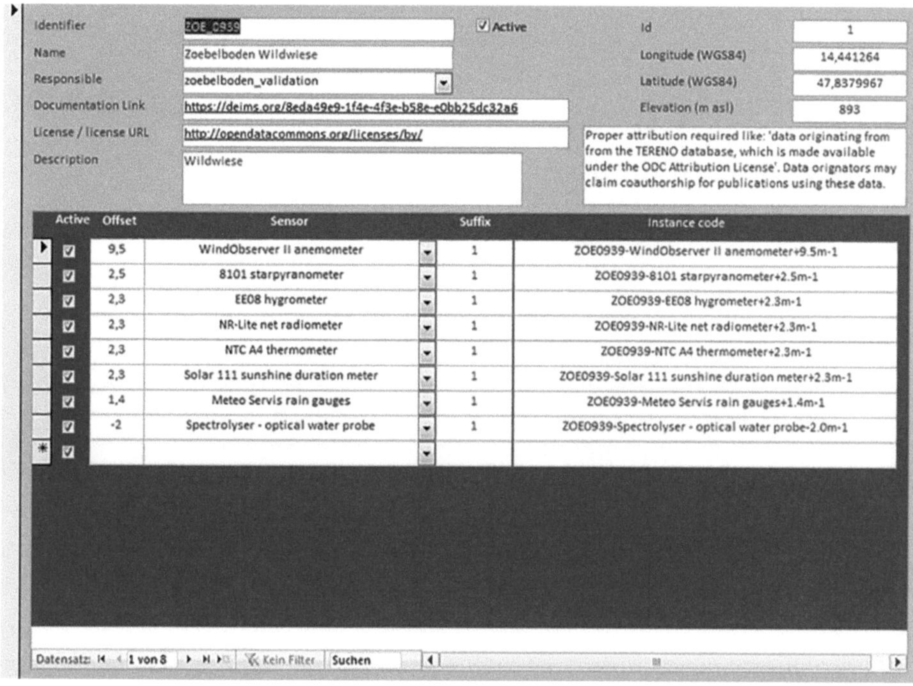

Fig. 3 Documentation of sensor configuration for the station „Wildwiese" at the site Zöbelboden

collected, aligned with the project partners and are centrally managed for the project. Fig. 3 illustrates the configuration of sensors and sensor instances at a station associated with an LTER-CWN site.

There is also information about the observed properties tied to each site and sensor. This information is composed of (a) the sample type, (b) the observed matrix (e.g. Air), (c) the physical property observed (e.g. temperature), (d) the object of interest (e.g. Absolute), (e) the installation height of the sensor (e.g. 2.3 m), (f) the statistical function (e.g. Avg30min), (g) the time period, (h) applied constraints, (i) the value type (e.g. field observation), and (j) the unit (e.g. mmol). The label for an observed property, which is ultimately used for query by the SOS service, is constructed using (a), (b), (c), (d), (e) and (f), e.g. *AirTemperature_Absolute_2.3m_Avg30min*. The list of values for all these fields are provided by custom-built controlled vocabularies.

4.3 Visualisation of time series

In addition to the machine-accessible interfaces, there is also a web service for discovery, the Data Discovery Portal (DDP). The DDP allows the visualisation of the time series and uses an OGC Web Service Provider, which publishes the sensor data and metadata

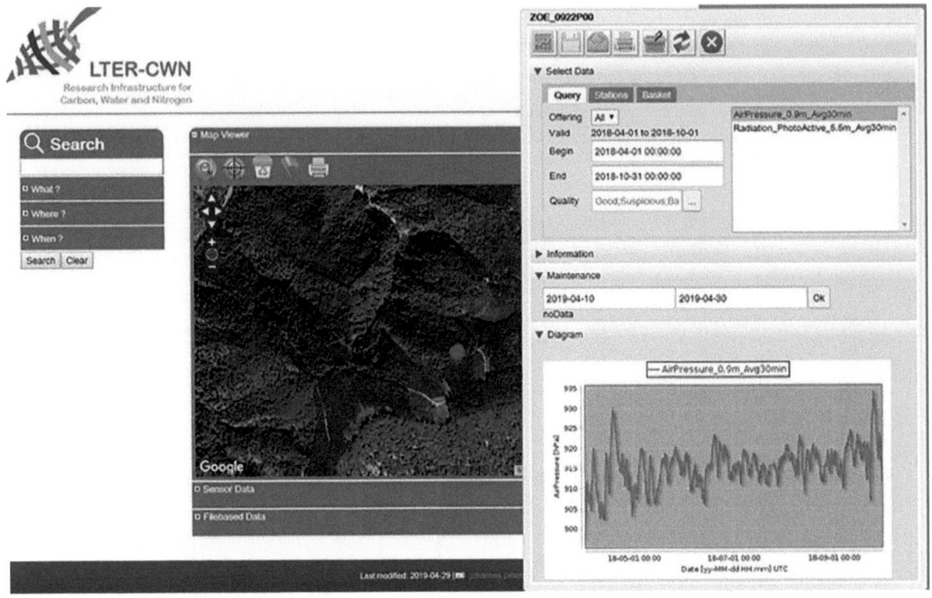

Fig. 4 Data visualisation using the TSM interface (example Zöbelboden Air pressure Wildwiese)

stored in the database using OGC compliant web services. As at April 2020, the first datasets were ingested into the system and made available (Fig. 4) on internal development servers [17].

5 Conclusion

The data services which have been developed for the emerging European Research Infrastructure for Ecosystem Research eLTER RI provide an adequate framework for data annotation and publishing of the newly equipped Austrian LTER-CWN sites. As such, the high-resolution, quality-controlled data is accessible for the research community and the wider public. The relevant metadata is provided and the use of standard protocols and services allow for a generic linkage to other data services such as GEOSS portal.

The Data Management for LTER CWN is still in its implementation but facilitates the requirements of the project. Currently, the standardised data for each of the five sites are ingested into the database and the automatic data import is configured. We defined a continuous monthly update interval using the last three-month of quality-controlled data potentially updating data that has been further refined in the meantime.

With the implementation of SOS based data provision, some of the interoperability challenges are solved. Nevertheless, there are still open questions to be addressed, namely:

- Identification and decision on thematic, temporal and spatial resolution of the data provided in order to bridge the gap between data user requirements and data provider limitations.
- Defining and adopting the data sharing principles as data provision included also in some cases legacy data or already existing sensors not being implemented by the project.
- Identification and decision on the optimal update cycles of the data in the alignment with local data management processes and data user needs

OGC standards were chosen in order to ensure maximum interoperability with existing systems and easy data access using commonly used tools in the scientific community. This also allows to ensure compliance with the INSPIRE Regulation [European [11]]. Different networks and large-scale projects (e.g. eLTER [Watkins et al. 2016]; TERENO [15], LTER Italy [16] are implementing SWE as common protocol to share and publish time series data from its distributed network of data providers. In addition, OGC SOS services are considered and evaluated for air-quality data reporting purposes in the frame of the implementation of the EU Inspire directive [13,23]. These approaches are aimed to enhance data interoperability of sensor data in order to provide (a) openness and interoperability, (b) vendor independence, and (c) domain independence [4].

Still, there are some downsides to the current implementation of the SOS standard in the LTER CWN TSM. This includes (a) performance issues when querying large quantities of data, i.e. multi-year observations and (b) limitations in the semantic interoperability.

Despite being able to provide data with any temporal resolution with OGC SOS, a restriction to maximum half-hourly values required to avoid failing data transmissions. Further tests to balance the requirements for scientific analysis and performance of data provision will be done in future. This issue can partially be tackled by upscaling existing server resources. However, efficient and sustainable solutions for this issue have not been found yet.

The second aspect is the semantic context of the *observedProperties* being an alpha-numeric value for the parameter name. In the TSM, this is handled by using controlled vocabularies to construct a unique parameter name as described earlier. An increasing usage of controlled vocabularies with resolvable web resources would increase the compliance with FAIR principles and will be further pursued in the future. Such controlled vocabularies would include the eLTER Environmental Thesaurus (EnvThes) [21,22], which defines common semantics to describe observation properties in a structured manner.

Nevertheless, the presented approach proved to be suitable to publish and share data from a range of Austrian LTER sites in a harmonised manner. The LTER CWN project now enters the production phase and will start to provide data in compliance with eLTER and LTER Europe.

Acknowledgements The work was conducted by the LTER CWN project (Proj. Nr. 858024; monitoring and data management) funded by the Austrian FFG F&E infrastructure programme, the eLTER project (GA. Nr. 654395; DEIMS-SDR) and the eLTER PLUS project (GA. Nr. 871128) funded under H2020 INFRAIA.

Literatur

1. Ames, D.P., Horsburgh, J., Goodall, J., Whiteaker, T., Tarboton, D., & Maidment, D. (2009). Introducing the open source CUAHSI Hydrologic Information System Desktop application (HIS Desktop). In: *18th World Imacs Congress and Modsim09 International Congress on modelling and simulation: interfacing modelling and simulation with mathematical and computational sciences* (S. 4353–4359).
2. Botts, M. (2007). *OpenGIS sensor model language (SensorML) implementation specification* (Bd. 1.0.0). Wayland: Open Geospatial Consortium.
3. Botts, M., Percivall, G., Reed, C., & Davidson, J. (2008). OGC Sensor Web enablement: Overview and high level architecture. In: Nittel S., Labrinidis A., Stefanidis A. (Hrsg.) Geosensor Networks, vol. 4540. Lecture notes in Computer Science. Springer, Berlin (S. 175–190).
4. Bröring, A., Echterhoff, J., Jirka, S., Simonis, I., Everding, T., Stasch, C., et al. (2011). New Generation Sensor Web Enablement. *Sensor, 11*(3), 2652–2699. https://doi.org/10.3390/s110302652
5. Bröring, A., Stasch, C., & Echterhoff, J. (2012). *Sensor observation service interface standard* (Bd. 2.0). Wayland: Open Geospatial Consortium.
6. Cox, S. (2010). *Geographic information: observations and measurements. OGC abstract specification Topic 20* (Bd. 2.0.0). Wayland: Open Geospatial Consortium.
7. Cox, S. (2011). *Observations and measurements. XML implementation* (Bd. 2.0). Wayland: Open Geospatial Consortium.
8. DEIMS-SDR. https://deims.org/. Accessed: 21. Apr. 2020.
9. Dirnböck, T., Haase, P., Mirtl, M., Pauw, J., & Templer, P. H. (2019). Contemporary International Long-Term Ecological Research (ILTER) - From biogeosciences to socio-ecology and biodiversity research. *Regional Environmental Change, 19*(2), 309–311.
10. eLTER DIP, dip.lter-europe.net. Accessed: 21. Apr. 2020.
11. European Commission: Directive 2007/2/EC of the European Parliament and of the Council of 14 March 2007 Establishing an Infrastructure for Spatial Information in the European Community (INSPIRE). Brussels, Belgium, European Commission (2007).
12. Horsburgh, J.S., Tarboton, D.G., Maidment, D.R., & Zaslavsky, I. (2008) A relational model for environmental and water resources data. *Water Resour Res 44*(5). doi:https://doi.org/10.1029/2007wr006392.
13. Jirka, S., Bröring, A., Kjeld, P., Maidens, J., & Wytzisk, A. (2012). A Lightweight approach for the sensor observation service to share environmental data across Europe. *Trans GIS, 16*(3), 293–312.
14. Kjeld, P., Bliki, J., Jirka, S., & Wytzisk, A. (2011) Sensor web technology for sharing environmental data across Europe. In: *Proceedings of the INSPIRE conference 2011,* Edinburgh, Scotland.
15. Kunkel, R., Sorg, J., Eckhardt, R., Kodlitz, O., Rink, K., & Vereecken, H. (2013). TEODOOR: a distributed geodata infrastructure for terrestrial observation data. *EnvironEarthSci, 69,* 507–521. https://doi.org/10.1007/s12665-013-2370-7

16. Lanucara, S., Zilioli, M., Oggioni, A., & Carrara P. (2017) GET-IT, a software suite for easy, interoperable sharing of ecological data in the Long-Term Ecological Research Network. In: B. Otjacques, P. Hitzelberger, S. Naumann, V. Wohlgemuth (Hrsg.), *From science to society: The bridge provided by environmental informatics. Adjunct proceedings of the 31st EnviroInfo conference EnviroInfo 2017* (S. 229–234).
17. LTER CWN: Data Discovery Portal (provisional). https://ltercwn.umweltbundesamt.at/cwn-ddp/. Accessed: 24. Apr. 2020.
18. LTER CWN: Data Discovery Portal (productive). https://www.lter-austria.at/datenit/. Accessed: 24. Apr. 2020.
19. Mirtl, M., Borer, E. T., Djukic, I., Forsius, M., Haubold, H., Hugo, W., et al. (2018). Genesis, goals and achievements of Long-Term Ecological Research at the global scale: A critical review of ILTER and future directions. *Science of The Total Environment, 626,* 1439–1462.
20. Mirtl, M., Bahn, M., Battin, T., Borsdorf, A., Dirnböck, T., Englisch, M., Erschbamer, B., Fuchsberger, J., Gaube, V., Grabherr, G., Gratzer, G., Haberl, H., Klug, H., Kreiner, D., Mayer, R., Peterseil, J., Richter, A., Schindler, S., Stocker-Kiss, A., Tappeiner, U., Weisse, T., Winiwarter, G., Wohlfart, G., & Zink R. (2015). *LTER Austria Whitepaper. Zu Lage und Ausrichtung von prozessorientierter Ökosystemforschung, Biodiversitäts- und Naturschutzforschung sowie sozio-ökologischer Forschung in Österreich. LTER Austria Schriftenreihe,* Vol. 2, Österreichische Gesellschaft für ökologische Langzeitforschung, Wien.
21. Schentz, H., Peterseil, J., Bertrand, N. (2013). *EnvThes- interlinked thesaurus for long term ecological research, monitoring, and experiments. Proceedings EnviroInfo 2013: Environmental Informatics and Renewable Energies.* Shaker Verlag, Aachen.
22. Schentz, H., Peterseil, J., Magagna, B., Mirtl, M. (2011). *Semantics in ecosystem research and monitoring. Proceedings EnviroInfo 2011: Innovations in sharing environmental observation and information.* Shaker Verlag, Aachen.
23. Schleidt, K., Magagna, B., Spangl, W., Dünnebeil, G. (2015). Austrian AQD e-Reporting via INSPIRE services. In: *Proceeding of the 29th EnviroInfo and 3rd ICT4S conference 2015, Copenhagen,* S. 58–64 (2015).
24. Tarboton, D.G., Horsburgh, J.S., Maidment, D.R., Whiteaker, T., Zaslavsky, I., Piasecki, M., Goodall, J., Valentine, D., Whitenack, T. (2009) Development of a community hydrologic information system. In: *18th World Imacs congress and modsim09 international congress on modelling and simulation: interfacing modelling and simulation with mathematical and computational sciences.*
25. Watkins, J., Ciar, D., Wohner, C., Peterseil, J., Schentz, H., Oggioni, A., Lanucara, S., Minic, V., Skribic, S., Bodroski, Z., Kunkel, R., Sorg, J.: D8.1 eLTER Information Architecture Report. eLTER Project Report, https://lter-europe.net/document-archive/elter-h2020-project-files/d8-1-it-design Accessed: 24. Apr. 2020.
26. Wohner, C., Peterseil, J., Poursanidis, D., Kliment, T., Wilson, M., Mirtl, M., & Chrysoulakis, N. (2019). DEIMS-SDR – A web portal to document research sites and their associated data. *Ecological Informatics, 51,* 15–24. https://doi.org/10.1016/j.ecoinf.2019.01.005

16. Haruperte, S., Zhang, M., Orgeone, A., & Garcia, F. (2017) ... : a software suite for ... interoperable sharing of ecological data in the Long-Term Ecological Research network. In: Chabbi, A., Loescher, H. W. (eds.) ... [illegible] ... *The ... provided by environmental ... Science ... Long-Term Ecological Research Network*. [illegible] 2017; 58: 229–245.

17. LTER CWN. Data Discovery Portal (germany-nodes) https://... Accessed 31 Apr 2020.

18. LTER CWN. Data Discovery Portal. ... https://... Accessed 01 Apr 2020.

19. Mirtl, M., Borer, E. T., Djukic, I., Forsius, M., Haubold, H., Hugo, W., et al. (2018). Genesis, goals and achievements of Long-Term Ecological Research at the global scale: a critical review ... [illegible]

Bildbasierte Verfahren auf kostengünstiger Micro-Controller-Hardware zum automatisierten Messen von Wasserstand an kleinen Gewässern

Caroline Schulze, Simon Burkard und Frank Fuchs-Kittowski

1 Einleitung

Neben wirtschaftlichen Schäden zählen auch Beeinträchtigungen von Ökosystemen und der Verlust von Menschenleben zu den potenziellen von Hochwasser ausgehenden Gefahren [1]. Um diese zu minimieren, ist eine frühzeitige Erkennung von Hochwasserereignissen unerlässlich [2]. Wichtige Grundlage für eine Erfassung möglicher Hochwasserereignisse ist eine möglichst umfassende Beobachtung aktueller Wasserstände. Während große Flüsse in Deutschland im Verantwortungsbereich der Länder mit automatischen Pegelanlagen ausgestattet sind, sind kleinere Städte und Kommunen zumeist nicht in der Lage, solche Messsysteme für die in ihrer Verantwortung stehenden kleineren Gewässer zu finanzieren und besitzen dafür meist auch nicht das notwendige Personal [3]. Für kleine Einzugsgebiete stehen somit oft keine notwendigen Daten zur Beobachtung aktueller Wasserstände zur Verfügung [4].

Ziel dieses Beitrages ist es deshalb, kostengünstige Verfahren zu entwerfen, die eine automatisierte und kontinuierliche Beobachtung des Wasserstandes kleiner Einzugsgebiete ermöglichen. Dazu wird ein bildbasierter Ansatz unter Nutzung von

C. Schulze (✉) · S. Burkard · F. Fuchs-Kittowski
Umwelt-Informatik, HTW Berlin, Berlin, Deutschland
E-Mail: s0550794@htw-berlin.de

S. Burkard
E-Mail: s.burkard@htw-berlin.de

F. Fuchs-Kittowski
E-Mail: frank.fuchs-kittowski@htw-berlin.de

U. Freitag et al. (Hrsg.), *Umweltinformationssysteme – Wie verändert die Digitalisierung unsere Gesellschaft?*, https://doi.org/10.1007/978-3-658-30889-6_5

Low-Cost-Hardware verfolgt, der eine automatische Messung mit sehr geringem Aufwand ohne personelle Aufsicht an einem festen Messstandort ermöglicht. Ein solcher bildbasierter Messansatz bietet aufgrund das vorliegenden Kamerabildes zudem die Möglichkeit, nicht nur den Wasserstand qualitativ zu messen, sondern auch die Situation vor Ort visuell zu überwachen und Messungen zu verifizieren. Basierend auf existierenden bildbasierten Messalgorithmen sollen in diesem Beitrag eigene Verfahren entworfen, bewertet und miteinander vergleichen werden, so dass am Ende die Vor- und Nachteile der einzelnen Messverfahren für einen Einsatz an kleinen Gewässern deutlich werden.

Dieser Beitrag ist wie folgt gegliedert: In Kap. 2 werden zunächst der aktuelle Stand der Technik und vorhandene bildbasierte Algorithmen und Vorgehensweisen zur Detektion von Wasser bzw. einer Wasserlinie systematisch betrachtet. Danach erfolgt in Kap. 3 die Analyse von Anforderungen an bildbasierte Messverfahren auf der Basis des Anwendungsfalls der Wasserstandüberwachung speziell an kleinen Gewässern. Die Messverfahren sollen dabei in Form eines mobilen automatisierten Vor-Ort-Messsystems in ein Gesamtsystem zur Wasserstandüberwachung eingebettet werden. Ausgehend von diesen Anforderungen werden in Kap. 4 geeignete Messverfahren und Technologien ausgewählt und anschließend in Kap. 5 entworfen und implementiert. Kern dieses Kapitels ist dabei die an eine Low-Cost-Hardware angepasste Konzeption und eine anschließende prototypische Implementierung dieser Messverfahren. Die Ergebnisse von Messungen mit den implementierten Messverfahren auf Low-Cost-Hardware werden schließlich in Kap. 6 präsentiert. In Kap. 7 werden die entworfenen Verfahren dann anhand von Bewertungskriterien miteinander verglichen, um diese gesamtheitlich bewerten zu können. Der Beitrag endet mit einer Zusammenfassung der Ergebnisse und einem Ausblick auf zukünftige Forschungs- und Entwicklungsarbeiten (Kap. 8).

2 Stand der Technik

Es existieren viele gängige Verfahren, um den Wasserstand eines Gewässers kontinuierlich und sensorgestützt mittels sog. selbstregistrierender Pegel zu messen [5]. Dazu zählen neben Schwimmerpegel, Einperlpegel oder Drucksondenpegel auch berührungslose Pegel wie Radarpegel oder Ultraschallpegel. Ebenfalls möglich ist eine berührungslose Erfassung des Wasserstands mittels kostengünstiger optischer Sensoren (Kamera) auf Basis von Bildanalyseverfahren. Derartige rein bildbasierte Messverfahren werden in der Praxis noch kaum zur operativen Wasserstandermittlung eingesetzt. Im Rahmen der Gewässerüberwachung zur Hochwasservorsorge bieten diese jedoch den Vorteil, dass neben der quantitativen Wasserstandermittlung durch die Kameraaufnahme auch eine unmittelbare visuelle Einschätzung der Situation vor Ort erfolgen kann. In der Literatur verfügbare bildbasierte Messverfahren zur Wasserstandermittlung sollen im Folgenden vorgestellt werden.

2.1 Bildbasierte Wasserstandmessung anhand von Einzelbildern

Wasserstanderkennung mittels Kantenerkennung

Algorithmen, die eine Kantenerkennung durchführen, um die Wasserlinie in einem Bild zu erkennen, sind in der Literatur weit verbreitet. Dabei werden Bereiche unterschiedlicher Intensitätswerte voneinander getrennt und deren Übergang als Kante detektiert. Als Ausgangspunkt dieser Verfahren wird ein einzelnes Graustufenbild des zu überwachenden Gewässers benötigt. Teilweise werden zusätzliche physische Gegebenheiten am Fluss vorausgesetzt, wie eine weiße Tafel [6,7], eine Pegellatte [8] oder Referenzmarker [9].

Als erster Vorverarbeitungsschritt wird entweder eine Histogrammebnung (engl.: histogram equalization) zur Kontrastverbesserung eingesetzt oder ein Gaußfilter zur Glättung des Bildes bzw. zur Entfernung von Bildrauschen [8,9]. In einem weiteren Schritt kann ggf. eine perspektivische Verzerrung des Bildes korrigiert werden. Falls zuvor ein relevanter Bildausschnitt (region of interest, ROI) definiert wurde, an welchem die Wasserlinienkante besonders markant zu erkennen ist (z. B. weiße Zieltafel), kann das Bild zusätzlich auf diesen Ausschnitt zugeschnitten werden. Störende Hintergrundfaktoren, wie beispielsweise Bepflanzungen am Ufer werden somit von der Untersuchung ausgeschlossen [6,7]. Nach diesen Vorverarbeitungsschritten findet die eigentliche Kantenerkennung bzw. Segmentierung statt. Dies kann entweder mittels Sobel-Operator zur Kantenerkennung oder mittels Schwellenwertverfahren (threshold) und anschließenden morphologischen Operationen (Dilation, Erosion) zum Ausdünnen der detektierten Kanten erfolgen. In allen Fällen entsteht am Ende ein binäres Bild, in welchem die Wasserlinie erkannt werden kann. Dies geschieht in der Regel durch Erkennung der markantesten Linie per Hough-Transformation [10]. Unter der Annahme, dass die Wasserlinie genau horizontal im Bild liegt, kann alternativ die markanteste Linie durch zeilenweises Aufsummieren der Kantenwerte erfolgen. Die Bildzeile mit der größten Kantensumme entspricht dann der Position der Wasserlinie.

Wasserstanderkennung mittels Zeichenerkennung an einer Pegellatte

Sind bereits Pegellatten an einem Fluss montiert, liegt es nahe, die Pegellatte selbst bzw. die Zahlenwerte der Pegellatte per Bilderkennung zur Wasserstandmessung zu nutzen [8,11,12]. Die in der Literatur zu findenden Verfahren erfassen dabei allerdings den Wasserstand nicht ausschließlich durch eine Zeichenerkennung der aufgedruckten Zahlenwerte. Zusätzlich sind in der Regel Methoden der Kantenerkennung oder Klassifikationsverfahren notwendig, um die Wasserlinie im Bild zu detektieren bzw. um die Pegellatte vom Hintergrund und der Umgebung zu segmentieren. In allen Fällen nutzen die Autoren dabei bestimmte Eigenschaften der Pegellatte (z. B. Formeigenschaften und Größenverhältnisse) aus, um Skalierungslinien und Zahlen der Pegellatte zu erkennen. Mit Kenntnis der Wasserlinie und der erkannten Zahlen an der Pegellatte kann der Wasserstand anschließend in Zentimetern berechnet werden.

Wasserstanderkennung mittels Farbeigenschaften

Ansätze, die die besonderen Farbeigenschaften von Wasserkörpern (Bach, Pfütze, Teich etc.) ausnutzen, werden zum Beispiel von Rankin & Matthies [14] und Purnomo et al. [13] spezifiziert. Spezifische Farbeigenschaften bzw. die Dynamik von bestimmten Farbkomponenten von abgebildeten Wasserkörpern innerhalb von Bildsequenzen können genutzt werden, um Wasser in einem Bild zu separieren. Für den Anwendungsfall Hochwasserwarnung kann beispielsweise ein Referenzbild der Messstelle, das unter Normalbedingungen (kein Hochwasser) aufgenommen wurde, mit einem aktuell aufgenommenen Kamerabild vergleichen werden, indem die Farbdifferenz im L*a*b*-Farbraum bestimmt wird. Für jeden Pixel im Bild wird so berechnet, ob eine Veränderung der Farbwerte in Hinblick auf das Referenzbild vorliegt. Anschließend erfolgt keine exakte Berechnung des Wasserstands, sondern je nach Größe des errechneten Farbunterschieds eine Einordnung in vier verschiedene Klassen: normal, in Bereitschaft, Warnung, Alarm.

2.2 Bildbasierte Wasserstandmessung anhand von Bildsequenzen

Die bisher beschriebenen Arbeiten nutzen Einzelbilder als Grundlage für die Erkennung einer Wasserlinie im Kamerabild. Eine weitere Möglichkeit der bildbasierten Erkennung besteht darin, die Dynamik des Wassers (Wasserströmung) innerhalb mehrerer kurz hintereinander aufgenommener Bildsequenzen (Videoaufnahme) ausnutzen, um Bildbereich mit Wasser zu segmentieren und somit eine Wasserlinie im Bild zu erkennen.

Wasserstanderkennung mittels räumlich-zeitlicher Textur-Analyse

Zur Erkennung des Wasserstandes können Bewegungen und Wellen-Reflexionen des Wassers ausgenutzt werden, um veränderte Grauwerte zwischen aufeinanderfolgenden Bildern zu bestimmen und dadurch eine Segmentierung des Bildes vorzunehmen [15,16].

Aus einer kurzen Videosequenz werden dazu mehrere Frames (5 Frames pro Sekunde) für die Verarbeitung extrahiert und mittels Co-Registrierung so aneinander angeglichen, dass kleine Bewegungen der Kamera während der Aufnahme ausgeglichen werden. Durch einen paarweisen Vergleich zweier Grauwert-Bilder kann für jeden Pixel die Grauwert-Differenz in beiden Bildern berechnet werden. Eine Differenz deutet auf dynamische Bildinhalte, also auf fließendes Wasser, hin. Die berechneten absoluten Differenzen werden über alle Frames aufsummiert, sodass als Ergebnis eine Bildmatrix entsteht, die die Veränderungen der Grauwerte in der aufgenommenen Bildsequenz wiedergibt. Damit der Übergang zwischen Hintergrund und Wasser identifiziert werden kann, wird für jede Spalte eine logistische Regression mit vier Parametern durchgeführt. Die Wasserlinie kann abschließend mittels polynomialer Spline-Interpolation approximiert werden [16]. Alternativ kann aus der aufsummierten Bildmatrix ein Bildzeilen-Histogramm erstellt werden, indem zeilenweise eine Projektion der Grauwerte auf die vertikale Bildachse vorgenommen wird. Die Wasserlinie entspricht dann im Idealfall dem Punkt mit der steilsten Steigung im Histogramm [15].

Wasserstanderkennung mittels Analyse des optischen Flusses
Der optische Fluss repräsentiert die Bewegung von Merkmals-Punkten eines Bildes zwischen zwei Frames bzw. in einer Sequenz von Frames in Form von Vektoren. Durch Wellen und den damit verbundenen, sich ändernden Einfallswinkeln des Lichts ist die Erscheinung des Wassers nicht vorhersagbar. Lokale chaotische Bewegungen in aufeinanderfolgenden Frames, die mittels Analyse des optischen Flusses erkannt werden können, deuten daher auf Wasser hin. Sich bewegende Objekte an Land hingegen bewegen sich meist nicht chaotisch [17]. Zur bildbasierten Erkennung des optischen Flusses werden z. B. Lukas-Kanade-Feature-Tracker (LKF-Tracker) genutzt und die Flugbahn der Tracker als Polygonzug berechnet. Die Komplexität (Entropie) dieser Flugbahnen über mehrere Frames hinweg gibt Auskunft darüber, wie chaotisch das Verhalten der Tracker im entsprechenden Bildausschnitt ist. Mittels eines Schwellenwertes kann dann eine Klassifizierung von Wasser- und Nicht-Wasser-Bereichen im Bild vorgenommen werden.

3 Anforderungsanalyse

Das Ziel dieses Beitrags ist die Untersuchung von bildbasierten Verfahren, die den Wasserstand automatisch im Rahmen einer kostengünstigen Wasserstandüberwachung für kleine Gewässer ermitteln können. Im Folgenden sollen dazu spezifische Anforderungen an ein solches System identifiziert werden.

3.1 Anwendungsfall Wasserstandüberwachung

Zur Validierung und zum operativen Betrieb von Hochwasserwarnsystemen sind permanent aufgenommene Wasserstandsdaten mit möglichst hoher zeitlicher und räumlicher Auflösung von großem Vorteil [18].

Die Anschaffung sowie der Betrieb von herkömmlichen Pegelanlagen an kleinen Einzugsgebieten sind jedoch zumeist durch die zuständige Kommune bzw. Stadt finanziell und personell kaum realisierbar [3]. Ein IT-System zur kostengünstigen automatisierten Überwachung von Wasserständen an kleinen Gewässern wird daher in vielen Kommunen gewünscht [19].

Mögliche Anforderungen an ein solches Gesamtsystem wurden dabei durch Workshops mit kommunalen Partnern analysiert [19]. Dabei identifizierte Anwendungsfälle aus Anwendersicht sind in Abb. 1 dargestellt. Die Nutzer des Gesamtsystems sind primär verantwortliche Mitarbeiter der Kommunen. Aber auch Bürger profitieren von den gewonnenen Erkenntnissen. Im Fokus steht die Funktion, dass Verantwortliche auto-

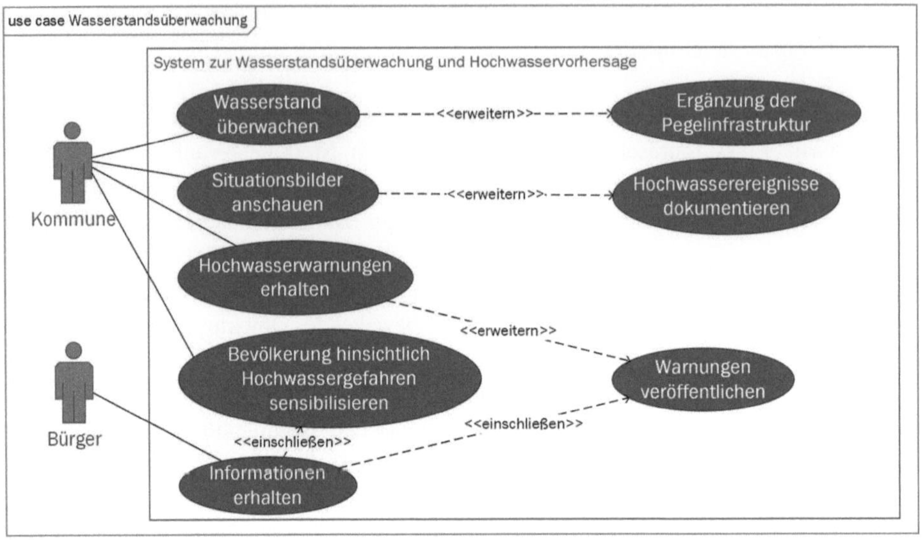

Abb. 1 Use-Case-Diagramm für den Anwendungsfall Wasserstandüberwachung

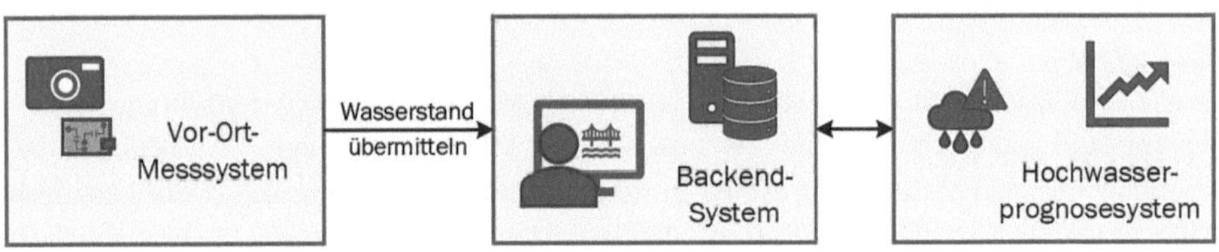

Abb. 2 Gesamtsystem zur Wasserstandüberwachung

matisch ortsbezogene Hochwasserwarnungen mit möglichst langer Vorlaufzeit erhalten. Grundlage für den Aufbau eines solches Vorhersagesystems ist der Aufbau bzw. die Ergänzung der Pegelinfrastruktur durch kontinuierliche Überwachung des Wasserstandes an kleinen Gewässern. Von Vorteil wäre auch, wenn das System nicht nur den Wasserstand selbst, sondern auch ein aktuelles Bild zur Einschätzung der Vor-Ort-Situation zur Verfügung stellen kann. Da das Bewusstsein der Bevölkerung hinsichtlich der potentiellen Gefahr von Hochwasser nicht immer ausreicht, soll ein solches System außerdem zu einer Sensibilisierung der Bürger vor möglichen Hochwassergefahren beitragen. Zum einen müssen dazu aktuelle Warnungen zur Information von Betroffenen veröffentlicht werden, zum anderen muss das Thema auch außerhalb von Hochwasserereignissen präsent sein [19].

Ein Gesamtsystem, das diese Funktionen erfüllen kann, ist in Abb. 2 dargestellt. Es besteht aus einem oder mehreren stationären Vor-Ort-Messsystemen mit einem Kameramodul zur Aufnahme von Bildern. Diese Messsysteme liefern neben Bildaufnahmen der Vor-Ort-Situation auch regelmäßig den aktuellen Wasserstand in Zentimetern. Diese Daten werden an ein Backend-System übertragen, dort weiterverarbeitet und anschließend beispielsweise innerhalb einer Webanwendung präsentiert und visualisiert. Weiterhin können die berechneten Wasserstandsdaten zur Optimierung und Validierung in modellbasierte Hochwasservorhersagesysteme einfließen, welches wiederum Warnmeldungen für den Nutzer generieren kann.

3.2 Anforderungen an ein stationäres Vor-Ort-Messsystem

Wichtige Rahmenbedingungen an das stationäre Messsystem ergeben sich durch die Betrachtung des obigen Anwendungsfalls: Die Messstation am Fluss muss möglichst kostengünstig und mit wenig personellen Mitteln, also möglichst automatisiert und ohne aufwendige Kalibrierung, betrieben werden können.

Weitere Anforderungen ergeben sich vor allem daraus, dass das Messsystem auf möglichst einfachen Hardware-Komponenten, basierend auf einem einfachen Einplatinencomputer (Micro-Controller), lauffähig sein sollte. Die notwendigen Messverfahren sollen daher softwareseitig auf möglichst simplen und wenig rechenintensiven Implementierungen basierend auf Open-Source-Softwarebibliotheken aufbauen.

Die Kamera soll stationär an einem festen Messstandort angebracht werden. Diese Anbringung erfolgt dann nur einmalig und Wasserstandsmessungen finden immer mit dem gleichen Kameraausschnitt statt. Geeignete Befestigungsmöglichkeiten können beispielsweise Brücken oder Ufermauern sein. Die Kamera soll dabei frontal zu dem zu überwachenden Gewässer ausgerichtet werden, sodass die Übergangslinie zwischen dem Wasserkörper und dem Hintergrund genau horizontal im Kamerabild liegt. Durch diese Anforderungen werden notwendige Schritte der Bildvorverarbeitung, wie zum Beispiel

Tab. 1 Zentrale Anforderungen an das Vor-Ort-Messsystem

/F1/	Die Kamera wird stationär angebracht
/F2/	Die Kamera ist frontal zum zu beobachtenden Gewässer ausgerichtet
/F3/	Die Übergangslinie zwischen Ufer bzw. Hintergrund und dem Wasserkörper ist eine horizontale Linie im Kamerabild
/F4/	Das Kamerabild zeigt (soweit möglich) ausschließlich das Wasser und den Uferbereich
/F5/	Messungen finden automatisiert statt und benötigen kein manuelles Eingreifen
/F6/	Messungen sollen bildbasiert erfolgen. Als Input dienen ein oder mehrere Bilder
/F7/	Als Output wird der Wasserstand in der Einheit Zentimeter bereitgestellt
/F8/	Die Kalibrierung des Verfahrens an einer konkreten Messstelle soll einfach und möglichst automatisiert mit wenig Aufwand durchgeführt werden
/F9/	Der Implementierungsaufwand für die Verfahren soll möglichst einfach sein

die Korrektur einer perspektivischen Verzerrung des aufgenommenen Kamerabildes unnötig. So wird eine optimale Ausgangslage für effektive und weniger rechenintensive bildbasierte Verfahren geschaffen. Die Aufnahme soll dazu möglichst nur auf den Wasser- und Uferbereich fokussiert sein. Passanten, Wohnhäuser o.ä. werden somit nicht Teil der zur Überwachung des Gewässers genutzten Bilder. Dies dient zum einen dem Schutz der Privatsphäre, zum anderen werden dadurch weitere Störfaktoren, z. B. sonstige sich bewegende Objekte, in den Bildsequenzen vermieden. Die zentralen Anforderungen an den Messstandort sowie die Messverfahren sind in Tab. 1 zusammengefasst:

4 Material und Methode

4.1 Auswahl der Messverfahren

Die Auswahl der Verfahren, die im Rahmen dieses Beitrags prototypisch untersucht und erprobt werden sollen, orientieren sich an den im Rahmen der Literaturrecherche identifizierten Messmethoden (Kap. 2). Die ausgewählten Verfahren sollen dabei hinsichtlich der analysierten Anforderungen für Messsysteme an kleinen Gewässern angepasst werden (Kap. 3). Aufgrund dieser Überlegungen werden die folgenden vier Verfahren zur weiteren Untersuchung ausgewählt:

- Messung mittels Kantenerkennung
- Messung mittels Kantenerkennung und Zielplatte als optisches Hilfsmittel
- Messung mittels Analyse des optischen Flusses sowie
- Messung mittels räumlich-zeitlicher Textur-Analyse

Eine Wasserstanderkennung mittels zusätzlicher Zeichenerkennung soll nicht untersucht werden, da hierfür optimale Bedingungen an einer Pegellatte (gut lesbare, nicht verblassten Zahlen und Markierungen) notwendig sind, was in der Praxis meist unsicher ist. Auch eine Erkennung des Wasserstandes mittels Analyse von Farbeigenschaften soll nicht betrachtet werden, da die hierfür identifizierte Vorgehensweise nur eine grobe Klassifizierung des Wasserstandes und keine Messung in Zentimetern ermöglicht [13]. Die Erkennung mittels räumlich-zeitlichen, invarianten Deskriptoren verspricht zwar auch sehr gute Ergebnisse, ist aber durch die Nutzung von zwei komplexen Deskriptoren und Klassifikationsverfahren mit einem erwartungsgemäß hohem Implementierungsaufwand verbunden und wird daher im Folgenden ebenfalls nicht weiter untersucht.

4.2 Testmaterial und Technologien

Um die ausgewählten Verfahren zu testen und miteinander zu vergleichen, ist Testmaterial (Bildmaterial) notwendig, das den festgelegten Anforderungen /F1/ bis/F4/

Abb. 3 Übersicht über die fünf ausgewählten Messstandorte

entspricht. Dazu wurden fünf Standorte im Berliner Stadtgebiet und Umgebung an den Gewässern Kietzer Graben, Schlossgraben, Panke, Nuthe und Wuhle ausgewählt (siehe Abb. 3). Die Standorte wurden so gewählt, dass frontale Bildaufnahmen mit möglichst statischer Umgebung ohne Störfaktoren – beispielsweise durch starke Bewegungen in der Umgebung – möglich sind. Die Standorte unterscheiden sich dadurch primär durch die vorherrschenden Lichtverhältnisse und die Stärke der Fließgeschwindigkeit des Gewässers. An allen fünf Messstellen fand eine Aufnahme von Testvideos statt, aus denen jeweils fünf Testsets extrahiert wurden, so dass insgesamt 25 Testsets für jedes Messverfahren zur Verfügung standen.

Die Implementierung der Verfahren erfolgt mithilfe der Android-Things-Plattform [20]. Entsprechend der gewählten Plattform wird als Programmiersprache Java genutzt. Zusätzlich erfolgt eine Verwendung der Open-Source-Bibliothek OpenCV3, die Algorithmen für die Bildverarbeitung und das maschinelle Lernen bereitstellt [21]. Die zur Verfügung stehende Hardware besteht aus einem NXP i.MX7D Entwickler-Board sowie einem zusätzlichen Kameramodul. Alle Messverfahren werden in einer Android-Things-Applikation zusammengefasst, die auf dem Einplatinencomputer ausgeführt wird und so Ergebnisse für die eingehenden Testbildersets offline berechnen kann.

5 Konzeption und Implementierung

Um die einzelnen ausgewählten Messverfahren auf einer Micro-Controller-Plattform implementieren zu können, muss deren Umsetzung zunächst konzipiert werden. Während der Konzeptionsphase noch offen gelassene Größen, wie beispielsweise Schwellenwerte, Bildgröße und die Anzahl der zu betrachtenden Frames, konnten dann bei der Umsetzung anhand experimenteller Untersuchungen festgelegt und durch die verschiedenen Testmaterialien verifiziert werden.

5.1 Wasserstandermittlung mittels Kantenerkennung

Für die Detektion der Wasserlinie mittels Kantenerkennung können verschiedenste Bildverarbeitungsmethoden zum Einsatz kommen. In ersten experimentellen Voruntersuchungen zeigte sich, dass eine ausschließliche direkte Anwendung eines Kantenoperators keine zufriedenstellenden Ergebnisse liefert. Vielmehr zeigte sich, dass eine Anwendung von Schwellenwertverfahren und morphologischen Operationen mit anschließender Kantenerkennung und Wasserlinien-Erkennung als geeignetste Vorgehensweise erschien.

Somit konnte ein allgemeiner Ablauf der Kantenerkennungsalgorithmen festgelegt werden, welcher im Ablaufdiagramm in Abb. 4 zusammengefasst ist. Als Eingangsmaterial für das Kantererkennungsverfahren dient ein einzelnes Graustufenbild der zu betrachtenden Messstelle mit einer Auflösung von 480 × 270 Pixeln. Um das Rauschen im Bild zu vermindern, wird anschließend ein Gauß-Filter angewendet. Für die weitere Bildverarbeitung ist ein binäres Bild notwendig, weshalb im nächsten Schritt ein binäres Schwellenwertverfahren nach Otsu [8] Anwendung findet. Nachfolgend können morphologische Operationen genutzt werden, beispielsweise um Kanten mit Hilfe der Operatoren Schließen und Dilatation auszudünnen (siehe Abb. 5). Die Extraktion der Kanten erfolgt anschließend mit einem Canny- oder Sobel-Kantenerkennungsoperator. Abschließend kann eine Hough-Transformation dazu genutzt werden, die längste Linie im erstellten Kantenbild zu finden. Durch diese Linie kann bestimmt werden, in welcher Bildzeile sich die Wasserlinie befindet.

Bei der Implementierung zeigte sich, dass einzelne Variationen bezüglich der genauen Form der verwendeten morphologischen Operationen und Art der Kantenerkennung je nach Charakteristika der einzelnen Messstellen sinnvoll sind, um optimale Ergebnisse zu

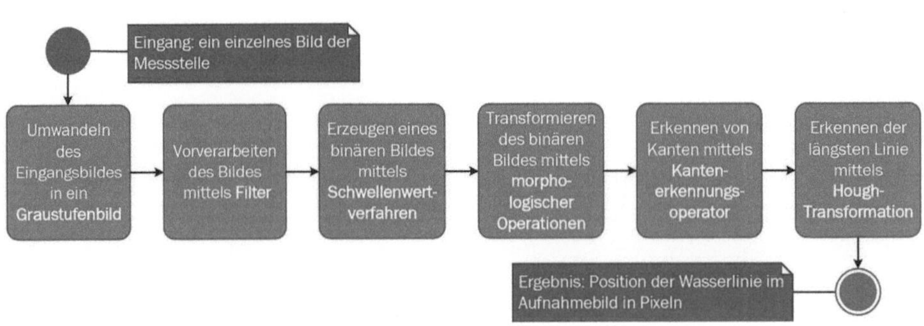

Abb. 4 Ablaufdiagramm des Kantenerkennungsverfahrens

Abb. 5 Zwischenergebnisse des Kantenerkennungsverfahrens für die Messstelle Nuthe: Ausgangsbild (links), binäres Bild nach Otsu-Schwellenwertverfahren (mittel) sowie nach anschließender Dilation (rechts)

erreichen. Bei zwei Messstandorten ist beispielsweise die Anwendung eines zusätzlichen morphologischen Schließen-Operators vor der Dilation notwendig, um kleinere schwarze Bereiche im Bild zu eliminieren.

5.2 Wasserstandermittlung mittels Kantenerkennung und optischer Zielplatte

Bei der prototypischen Implementierung der Kantenerkennung zeigte sich, dass ein geeigneter Algorithmus die unterschiedlichen charakteristischen Eigenschaften jeder einzelnen Messstelle berücksichtigen muss. Dies bedeutet einen relativ großen Mehraufwand bei der initialen Einrichtung einer Messstelle. Ein Lösungsansatz für diese Problem kann darin bestehen, eine weiße Zieltafel als optisches Hilfsmittel am Uferrand zu installieren, die als ROI-Bildausschnitt vorausgewählt wird [6,7]. Dies ist in Abb. 6 dargestellt. Die eigentliche Kantenerkennung wird dann nur für diesen Bereich ausgeführt. Alle Messstellen werden somit einander angeglichen und die individuellen Eigenschaften des Standorts treten in den Hintergrund.

Zur Umsetzung dieser Herangehensweise wurde eine weiße Kunststoffplatte (Abmessung 25×100 cm) genutzt und an den Teststandorten am Uferrand platziert. Da die Kamera stationär angebracht ist, ist die Position der Zielplatte gleichbleibend, d. h. die Festlegung des relevanten ROI-Bildausschnittes muss nur initial einmalig erfolgen. An die Bildvorverarbeitung schließt sich die Erstellung eines binären Bildes mittels Schwellenwertverfahren an. Statt des Otsu-Verfahrens wird hier jedoch ein adaptives Verfahren eingesetzt, bei dem der Schwellenwert nicht global, sondern für jeden Pixel adaptiv anhand der Nachbarschaft bestimmt wird. Eine morphologische Weiterverarbeitung im Anschluss ist dann nicht notwendig. Stattdessen kann direkt ein Canny-Kantenoperator und eine Hough-Transformation zur Extraktion von horizontalen Linien genutzt werden. Es zeigt sich, dass der Bereich der Zielplatte, der nicht unter Wasser ist, keine Kanten bzw. Linien ausweist. Diese Annahme macht die Verwendung eines Top-Down-Ansatzes möglich und die Wasserlinie kann als die oberste erkannte Linie im Bild festgelegt werden.

Abb. 6 Zwischenergebnisse des Kantenerkennungsverfahrens mit Zielplatte: Messstelle, ROI-Bildausschnitt, binäres Bild nach Schwellenwertverfahren, Canny-Kantenerkennung und erkannte Linien nach Hough-Transformation (von links nach rechts)

5.3 Wasserstandermittlung mittels Analyse des optischen Flusses

Im Gegensatz zur Kantenerkennung wird im Analyseverfahren des optischen Flusses das dynamische Verhalten von Wasser untersucht, um eine Unterscheidung zwischen bewegtem Wasser und starrem Hintergrund zu ermöglichen. Der Ablauf dieses Messverfahrens ist in Abb. 7 dargestellt und erfolgt in Anlehnung an [17]. Im ersten Schritt findet die eigentliche Berechnung des optischen Flusses statt. Dies ermöglicht bereits eine Eingrenzung des Übergangs zwischen Wasser und Uferbereich. Im zweiten Schritt wird darauf aufbauend die genaue Position der Wasserlinie in diesem Bereich identifiziert.

Als Eingangsmaterial für den Algorithmus dienen n = 30 aufeinanderfolgende Frames einer Videoaufnahme der Messstelle. In der Implementierung wird eine Bildgröße von 480 × 270 Pixeln festgelegt. Für die Eingangsbilder werden Gitterpunkte mit 20 Pixel Abstand bestimmt, so dass ein Gitter mit 25 × 19 Gitterpunkten entsteht. Diese Punkte dienen als Ausgangspositionen für sogenannte Tracker zur Bestimmung des optischen Flusses. Ausgehend von diesen initialen Punkten kann der optische Fluss über alle n Eingangsframes mittels der pyramidenförmigen Lucas-Kanade-Feature-Methode berechnet werden. Am Ende wird jeder Tracker p wird durch einen Vektor von n Punkten dargestellt, der so die Flugbahn des Trackers als Polygonzug beschreibt (siehe Abb. 8 links). Aufbauend auf den berechneten Vektoren können für jeden Tracker zwei Entscheidungsgrößen bestimmt werden, die Auskunft geben, ob der Tracker jeweils Wasser- oder Uferbereich abdeckt:

Abb. 7 Ablaufdiagramm der Wasserstandmessung mittels Analyse des optischen Flusses

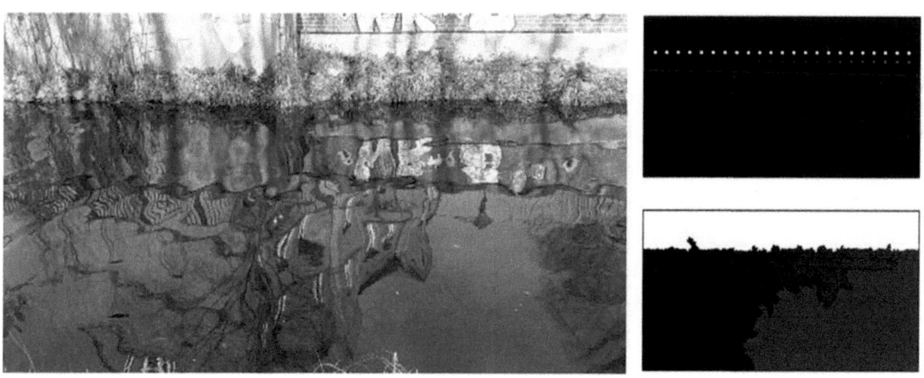

Abb. 8 Optischer Fluss an der Messstelle Kietzer Graben (links), Markerbild mit grober Klassifizierung des Übergangsbereichs zwischen Ufer- und Wasserbereich (rechts oben) und final segmentiertes Bild mittels Watershed-Verfahren (rechts unten)

- **Entropie *H(p)* eines Trackers:** Die Berechnung der Entropie erfolgt nach der Arbeit von Balestrino et al. [22]. In Bezug auf die Charakteristiken von Wasser ist dabei anzunehmen, dass Entropiewerte, die für Tracker im Wasser berechnet werden, höher sind als jene, die für Tracker im Uferbereich berechnet werden.
- **Unähnlichkeit *D(p)* eines Trackers gegenüber seinen Nachbarn:** Mittels euklidischer Abstandsformel wird dabei der Unterschied zwischen zwei direkt horizontal benachbarten Trackern ermittelt. Die chaotischen Eigenschaften von Wasser führen dazu, dass sich benachbarte Tracker signifikant verschieden verhalten. Ist der Unterschied hingegen gering, kann dies auf andere Bewegungen, z. B. auf eine minimale Bewegung der aufnehmenden Kamera hindeuten.

Die beiden Werte werden anschließend multipliziert und zu einem einzigen Wert $F(p)=H(p) * D(p)$ kombiniert. Die Werte $F(p)$ für jeden Tracker können schließlich zeilenweise für alle Tracker aufsummiert werden. Um die einzelnen Reihen anschließend zu vergleichen, wird für jede Bildzeile ein Faktor S berechnet, indem der aufsummierte Wert der Bildzeile durch den aufsummierten Wert der oberen Vorgänger-Bildzeile dividiert wird. Dieser Faktor gibt damit die Veränderung zwischen den Reihen an. Die oberste Bildzeile, deren Faktor S einen experimentell festgelegten Schwellenwert übersteigt, wird als potenzieller Übergang von Ufer- zu Wasserbereich festgelegt. Dieser erste Tracker-basierte Segmentierungsschritt ermöglicht somit bereits eine Eingrenzung des genauen Übergangs zwischen Wasser und Uferbereich.

Die pixelgenaue Erkennung der Wasserlinie innerhalb dieses Übergangsbereichs erfolgt in einem zweiten Schritt basierend auf einem Watershed-Verfahren. Die Gitterpunkte, die im ersten Schritt als Wasser- bzw. Uferbereich klassifiziert wurden, dienen als sog. Marker mit jeweils unterschiedlichen Werten (grau für Wasserbereich, weiß für Uferbereich) und werden in einem Markerbild zusammengefasst (siehe Abb. 8 rechts). Von diesen Markern aus wird das Bild geflutet und so pixelgenau segmentiert. Das Ergebnis dieses Verfahrens ist ein segmentiertes Graustufenbild. Durch eine horizontale Projektion dieses Ergebnisbildes (zeilenweises Aufsummieren) kann abschließend die exakte Position der Wasserlinie identifiziert werden. Dabei wird analog zum Vorgehen im ersten Schritt ein Faktor, der die Veränderung der Werte in dieser Projektion wiedergibt, durch die Division des Durchschnitts einer Zeile mit dem Durchschnitt der Vorgänger-Zeile berechnet. Die Bildzeile mit minimalstem Faktor kann als finale Position der Wasserlinie im Bild bestimmt. werden.

5.4 Wasserstandermittlung mittels räumlich-zeitlicher Textur-Analyse

Auch bei der räumlich-zeitlichen Textur-Analyse zur Detektion der Wasserlinie wird das dynamische Verhalten von Wasser betrachtet. Der Ablauf dieses Messverfahrens ist in Abb. 9 dargestellt und erfolgt in Anlehnung an [16].

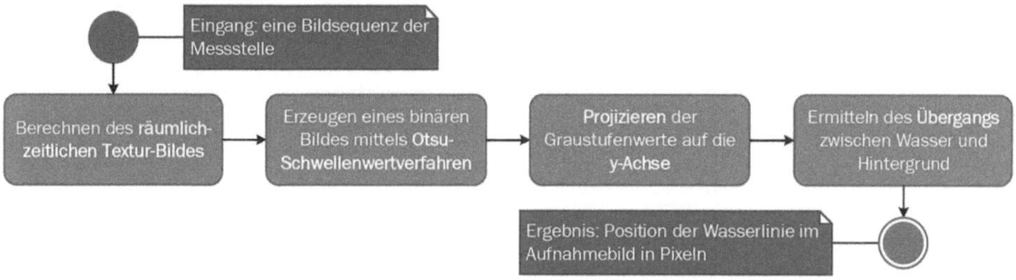

Abb. 9 Ablaufdiagramm der Erkennung mittels räumlich-zeitlicher Textur-Analyse

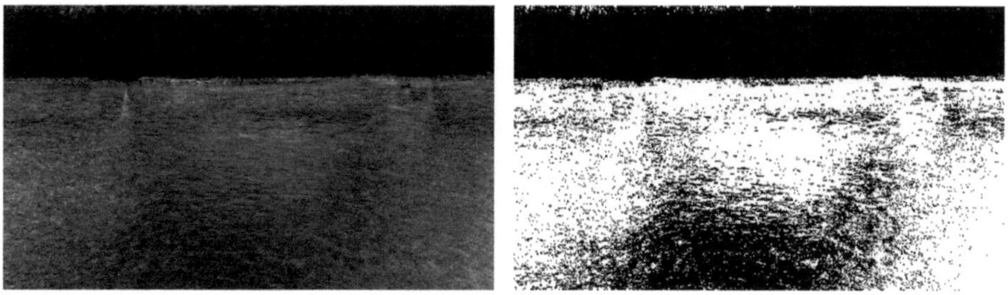

Abb. 10 Aufsummierte Differenzbilder an der Messstelle Schlossgraben vor der Anwendung des Schwellenwertverfahrens (links) und danach (rechts)

Als Eingangsmaterial wird eine Bildfolge von 15 Bildern verwendet, die mit einer Bildrate von fünf Bildern pro Sekunde aufgenommen wurden. Aus diesen Eingangsbildern wird zunächst ein räumlich-zeitliches Textur-Bild erstellt. Dazu werden die Grauwertdifferenzen pixelweise in aufeinanderfolgenden Bildern bestimmt und über alle Frames hinweg aufsummiert. Differenzen der Pixelwerte in aufeinander folgenden Bildern werden dabei nur berücksichtigt, wenn diese einen festgelegten Schwellenwert übersteigen. Im Ergebnis entsteht ein Differenzbild, das idealerweise nur im Wasserbereich bei fließenden Gewässern hohe Differenzen, also hohe Wertebereiche aufweist (siehe Abb. 10). Zur Segmentierung wird im folgenden Schritt eine globales Schwellenwertverfahren nach Otsu angewandt. Geringe Bewegungen werden so herausgefiltert und Bereiche mit viel Bewegung noch verstärkt. Anschließend wird analog zu obigen Verfahren im binären Bild eine horizontale Projektion durch zeilenweises Aufsummieren der Bildwerte vorgenommen. Die Bildzeile mit der größten Änderung im Vergleich zu den vorherigen Bildzeilen wird als Wasserlinie bestimmt.

6 Ergebnisse

Nach der oben beschriebenen Implementierung der Messverfahren werden im folgenden Abschnitt die Ergebnisse von Messungen des Wasserstands dargestellt. An den ausgewählten fünf Messstellen wurden dazu jeweils fünf Bildsequenzen aufgenommen, so dass für jedes Verfahren je 25 Messwerte zur Ermittlung der Gesamtmessergebnisse bestimmt werden konnten.

Die oben beschriebenen Messverfahren liefern zunächst nur die pixelgenaue Position der Wasserlinie in den jeweiligen Eingangsbildern. Zum objektiven Vergleich der Messverfahren ist eine Ausgabe des Wasserstandes in Verbindung mit der Angabe des tatsächlichen Wasserstandes in Zentimetern (ground truth) erforderlich. Für die Umrechnung des Wasserstandes in Zentimeterangaben ist eine einmalige Kalibrierung der Messstelle notwendig, bei der Koordinaten von realen Referenzmerkmalen den entsprechenden Koordinaten im aufgenommenen Kamerabild zugeordnet werden. Hierfür wird an jeder Messstelle manuell der Abstand zweier Punkte in Zentimetern bestimmt und mit dem Abstand ebendieser Punkte im aufgenommenen Kamerabild in Pixeln in Verbindung gesetzt. Daraus ergibt sich für jede Messstelle ein individueller Skalierungsfaktor. Weiterhin muss für jede Messstelle ein Referenzwasserstand (ground truth) als tatsächliche absolute Messgröße in Zentimetern bestimmt und in den jeweiligen Testsets einer Bildzeile (Pixel) zugeordnet werden. Mithilfe dieser Werte kann anschließend für jede von den entworfenen Algorithmen detektierte Wasserlinie ein Wasserstand in Zentimetern abgeleitet bzw. interpoliert werden.

Da der tatsächliche Wasserstand an allen Messstellen von unterschiedlicher Höhe ist, wird als Vergleichsgröße die durchschnittliche absolute Abweichung zwischen dem errechneten und dem tatsächlichen Wasserstand in Zentimetern sowie die Varianz der Messwerte für einen Vergleich und für die Beurteilung der Messgenauigkeit der Verfahren herangezogen. Aus den Messergebnissen (siehe Abb. 11. Messabweichungen und Streuung (Varianz) der implementierten bildbasierten Messverfahren im Vergleich zum tatsächlichen Referenzwasserstand in Zentimetern) wird deutlich, dass die

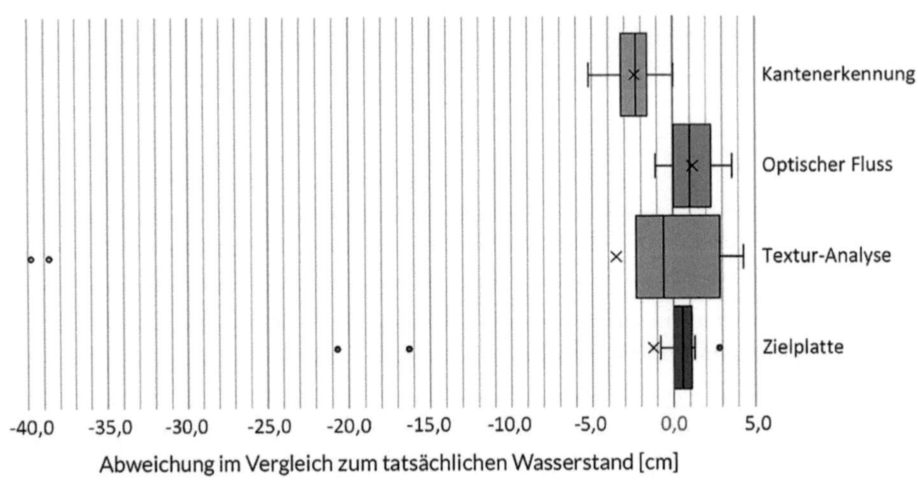

Abb. 11 Messabweichungen und Streuung (Varianz) der implementierten bildbasierten Messverfahren im Vergleich zum tatsächlichen Referenzwasserstand in Zentimetern

Kantenerkennung zwar eine zufriedenstellende Messgenauigkeit und eine sehr gute Stabilität der Messwerte liefert. Probleme des Verfahrens ergeben sich aber vor allem durch die Sensibilität gegenüber spezifischen Bedingungen einer Messstelle, woraus ein hoher Aufwand in der Kalibrierung des Verfahrens resultiert. Das Verfahren der Kantenerkennung mit Zielplatte umgeht dieses Problem, indem alle Messstellen durch eine einheitliche weiße Platte angeglichen werden. Allerdings treten hier hohe Messabweichungen bei einem starken Wellengang des Flusses auf. Zudem führt eine zu starke Sonneneinstrahlung dazu, dass sich die Zielplatte signifikant im Wasser spiegelt und eine Kantenerkennung zu keinen brauchbaren Ergebnissen führt. Für die räumlich-zeitliche Textur-Analyse kann geschlussfolgert werden, dass die Erzielung von guten Ergebnissen möglich ist, dafür allerdings eine hohe Fließgeschwindigkeit des Gewässers Voraussetzung ist. Das Verfahren mittels Analyse des optischen Flusses kann zwar ebenfalls nicht bei stehenden Gewässern eingesetzt werden, jedoch liefert es auch bei niedrigen Fließgeschwindigkeiten bereits recht genaue Messergebnisse. Dieses Verfahren liefert mit einer maximalen Abweichung von 3,6 cm insgesamt die beste Messgenauigkeit.

7 Diskussion

Um die Verfahren gesamtheitlich und abschließend miteinander zu vergleichen, wurde eine Nutzwertanalyse durchgeführt. Im Rahmen dieser Methodik wurden alle Verfahren zunächst anhand der folgenden Bewertungskriterien bewertet:

- **Messgenauigkeit:** Die durchschnittliche absolute Abweichung zwischen ermitteltem und tatsächlichem Wasserstand in Zentimetern gibt Auskunft über die Genauigkeit der Messverfahren.
- **Stabilität:** Die Varianz als Maß der Streuung der Messwerte gibt Auskunft darüber, inwieweit sich die Messergebnisse unterschieden, wenn das Eingangsmaterial sich ändert bzw. zeitlich versetzt aufgenommen wird.
- **Rechenzeit** (Komplexität der Algorithmen): Die Zeit, die zur vollständigen Ausführung des Messalgorithmus benötigt wird, gibt Auskunft darüber, wie komplex und damit energieintensiv das Messverfahren ist.
- **Aufwand:** Eine zentrale Rahmenbedingung besteht darin, dass das Messsystem mit möglichst wenig Aufwand betrieben werden soll. Zusätzlich notwendige manuelle Arbeitsschritte (z. B. Installation einer Zielplatte) sollen daher auch in die Bewertung eingehen.
- **Robustheit:** Um eine verlässliche und kontinuierliche Überwachung zu ermöglichen, ist es wichtig, dass das angewandte Verfahren robust sind gegenüber sich ändernden Wetter- und Lichtverhältnissen, gegenüber unterschiedlichen Fließgeschwindigkeiten sowie gegenüber sonstigen Störungen (z. B. Störobjekte wie Äste im Wasserbereich).

Die Bewertung der Messverfahren erfolgt durch Vergabe von 0 bis 5 Punkten je Kriterium (siehe Abb. 12). Die Werte können schließlich mit Gewichtungsfaktoren (siehe Abb. 13) multipliziert und zu einer Gesamtpunktzahl aufsummiert werden, um die tatsächlichen Nutzwerte der Verfahren einschätzen zu können. Die beste Gesamtbewertung erhält das Verfahren zur Wasserstandermittlung mittels Analyse des optischen Flusses

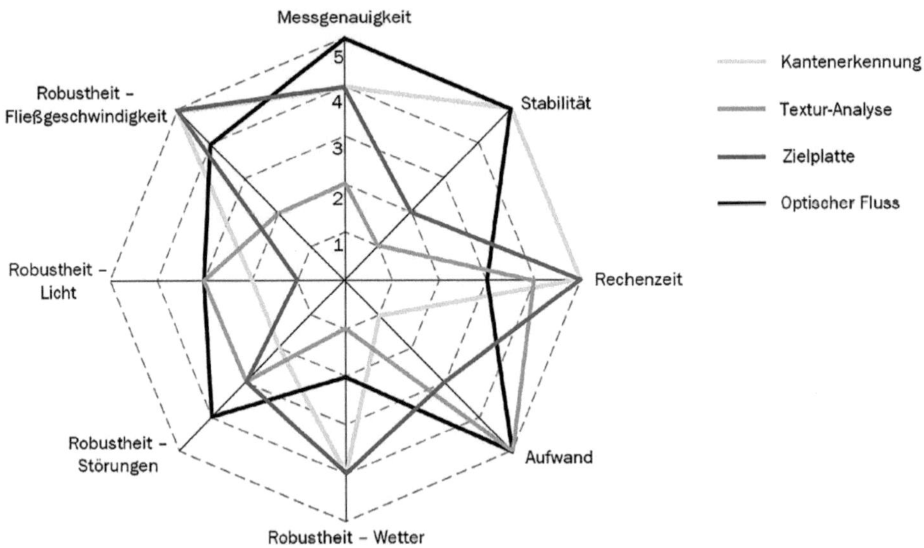

Abb. 12 Netzdiagramm zur Gesamtbewertung aller Verfahren nach mehreren Kriterien

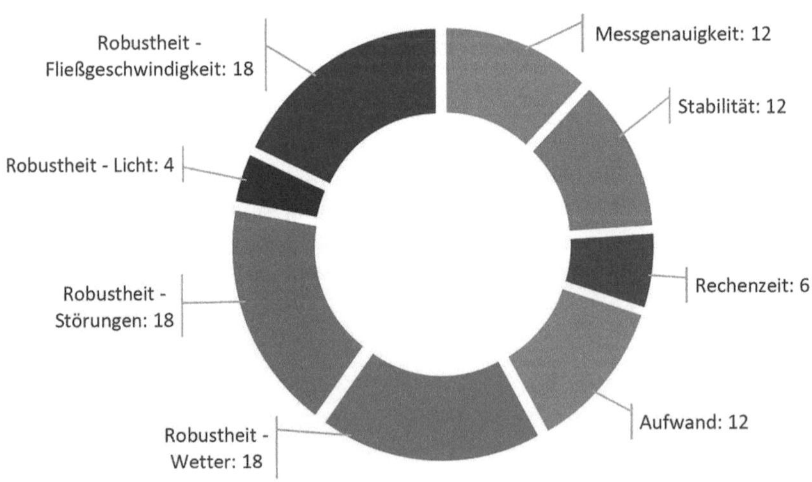

Abb. 13 Bewertungskriterien und deren Gewichtung im Rahmen einer Nutzwertanalyse

(390 Punkte). Die Verfahren mittels Kantenerkennung – mit und ohne Zielplatte – folgen bei der Gesamtbewertung im Rahmen der Nutzwertanalyse (356 bzw. 358 Punkte). Mit einer deutlichen Differenz erzielt die räumlich-zeitliche Textur-Analyse die schlechteste Bewertung (240 Punkte).

Eine Detektion der Wasserlinie mittels optischen Flusses sticht vor allem durch eine hohe Messgenauigkeit und Stabilität an allen fünf getesteten Messstellen sowie einen geringen Aufwand hervor. Auf Grundlage des Testmaterials lässt sich davon ausgehen, dass dieses bildbasierte Verfahren in der Praxis zuverlässig anwendbar ist. Die Verfahren mittels Kantenerkennung sind vor allem dann für die Wasserstandsmessung in kleinen Einzugsgebieten zu empfehlen, wenn der zu überwachende Fluss gar keine oder nur eine geringe Fließgeschwindigkeit besitzt. Ausschlaggebend dafür, ob ein Verfahren mit oder ohne Zielplatte genutzt werden soll, ist vor allem die Frage, ob der Aufwand zur Installation einer Zielplatte realisierbar ist. Das Verfahren mittels räumlich-zeitlicher Textur-Analyse besitzt hingegen deutliche Einschränkungen. Es kann nur an Messstandorten mit hohen Fließgeschwindigkeiten eingesetzt werden und ist auch dann nur wenig robust gegenüber ungewollten Störungen.

8 Zusammenfassung und Ausblick

Dieser Beitrag hat gezeigt, dass bildbasierte Verfahren auf Micro-Controller-Hardware eine kostengünstige und einfache Alternative für die Messung von Wasserständen und die Wasserstandüberwachung an kleinen Gewässern sind. Hierfür wurden vier Verfahren zur Detektion der Wasserlinie eines Flusses konzipiert, implementiert und evaluiert, basierend auf einer einfachen Kantenerkennung, einer Kantenerkennung unter Nutzung einer Zielplatte und eine Erkennung mittels Analyse des optischen Flusses sowie mittels räumlich-zeitlicher Textur-Analyse. Auf der Basis von Testaufnahmen von fünf Messstandorten konnte gezeigt werden, dass grundsätzlich alle Ansätze für eine Ermittlung des Wasserstands genutzt werden können. Allerdings sind ihre Einsatzmöglichkeiten stark von den Bedingungen einer Messstelle abhängig.

Die Detektion mittels optischen Flusses hat im Rahmen einer Nutzwertanalyse auf Grundlage des vorhandenen Testmaterials die beste Bewertung erhalten. Es stellt mit einer hohen Messgenauigkeit und Stabilität sowie einem geringen Aufwand eine geeignete Messmethode dar. Insgesamt ist die Auswahl des zu nutzenden Algorithmus jedoch von den Gegebenheiten des Messstandorts abhängig. Bei stehenden Gewässern ist daher ein Verfahren, das eine Kantenerkennung durchführt, trotz des damit verbundenen höheren Aufwands und einer geringeren Robustheit zu empfehlen.

Alle Ergebnisse und die daraus gezogenen Schlussfolgerungen beruhen ausschließlich auf dem aufgenommenen Testmaterial von fünf Messstandorten und sollten nur in diesem Kontext betrachtet und nicht ohne weiteres verallgemeinert werden. Die Praxistauglichkeit muss daher durch weitere Arbeitsschritte geprüft und gewährleistet werden (mehr Testmaterial, verbesserte Fehlerbehandlung und nutzerfreundliche Kalibrierungsverfahren). Für einen Praxiseinsatz müssen zudem weitere offene Fragestellungen geklärt werden, beispielsweise hinsichtlich Energieversorgung des Messsystems sowie bezüglich geeigneter Datenübertragung und Schutz vor Vandalismus. Im weiteren Sinne ist es außerdem denkbar, die hier betrachteten bildbasierten Verfahren nicht nur im Hochwasserschutz zur Beobachtung von Gewässern, sondern auch in anderen Anwendungsbereichen einzusetzen, beispielsweise zur Überwachung von Abwasserkanälen oder zur Messung von Füllständen in Flüssigkeitsbehältern.

Literatur

1. Umweltbundesamt, Hochwasser: verstehen, erkennen, handeln! https://www.umweltbundesamt.de/sites/default/files/medien/378/publikationen/uba_hochwasser_barrierefrei_new.pdf. Zugegriffen: 09. Jan. 2020.
2. Kundzewicz, Z. (2013). Floods - lessons about early warning systems. In: *Late lessons from early warnings - science, precaution, innovation. European Environment Agency, EEA Report, no. 1/2013* (S. 347–368).
3. Müller, R., Burkard, S., Pfützner, B., Fuchs-Kittowski, F. (2017). Hochwassermanagement im Wandel: Entwicklung eines operationellen VGI-basierten Hochwasserinformationssystems für kleine Einzugsgebiete. In: *Den Wandel messen – Wie gehen wir mit Nichtstationarität in der Hydrologie um? Forum für Hydrologie und Wasserbewirtschaftung,* Heft 38.17 (S. 301–316).
4. Philipp, A., Kerl, F., & Müller, U. (2015). Ansprüche potenzieller Nutzer an ein Hochwasser-Frühwarnsystem für Sachsen. *Hydrologie und Wasserbewirtschaftung, 59*(1), 4–22.
5. Morgenschweis, G. (2018). *Hydrometrie – Theorie und Praxis der Durchflussmessung in offenen Gerinnen,* (2. Aufl.). Springer Vieweg (2018).
6. Hasan, I., Hies, T., Jose, E., Duester, R., Sattler, M., Satzger, M. (2016). An effective camera based water level recording technology for flood monitoring. In: INTERPRAEVENT (Hrsg.), *INTERPRAEVENT 2016 – Conference proceedings. international research society* (S. 290–295). Austria: Klagenfurt.
7. Hies, T., Parasuraman, S. B., Wang, Y., Duester, R., Eikaas, H. S., Tan, K. M. (2012). Enhanced water-level detection by image processing. *Proceedings of 10th international conference on hydroinformatics (HIC2012), Hamburg, Germany.*
8. Lin, F., Chang, W., Lee, L., Hsiao, H., Tsai, W., Lai, J. (2013). Applications of image recognition for real-time water level and surface velocity. In: *2013 IEEE international symposium on multimedia, Anaheim, CA, 2013* (S. 259–262).
9. Yu, J., & Hahn, H. (2010). Remote detection and monitoring of a water level using narrow band channel. *Journal of Information Science and Engineering, 26,* 71–82.
10. Burger, W., & Burge, M. J. (2015). *Digitale Bildverarbeitung - Eine algorithmische Einführung mit Java,* (3. Aufl.). Springer Vieweg.
11. Bruinink, M., Chandarr, A., Rudinac, M., van Overloop, P-J., & Jonker, P. (2015). Portable, automatic water level estimation using mobile phone cameras. In: *2015 14th IAPR International Conference on Machine Vision Applications (MVA)* (S. 426–429).
12. Yu, D., Park, H., Hahn, H., & Han, Y. (2018). Implementation of image-based water level measurement system. *International Journal of Advances in Electronics and Computer Science, 5*(8), 13–16.

13. Purnomo, F. A., Yoeseph, N. M., Riasti, B. K., & Anggara, R. W. (2018). Water level detector for early warning systems using color difference measurement. In: *AIP conference proceedings* 1977,050002.
14. Rankin, A., & Matthies, L. (2010) Daytime water detection based on color variation. In: 2010 IEEE/RSJ international conference on intelligent robots and systems, Taipei (S. 215–221).
15. Kim, J., Han, Y., & Hahn, H. (2011). Embedded implementation of image-based waterlevel measurement system. *IET Computer Vision, 5*(2), 125–133.
16. Kröhnert, M.: Automatic waterline extraction from smartphone images. In: *The International Archives of the Photogrammetry, Remote Sensing and Spatial Information Sciences,* vol. XLI-B5 (2016).
17. Santana, P., Mendonça, R., & Barata, J. (2012). Water detection with segmentation guided dynamic texture recognition. In: *2012 IEEE international conference on robotics and biomimetics (ROBIO)* (S. 1836–1841).
18. Müller, R., Pfützner, B., Burkard, S., & Fuchs-Kittowski, F. (2018). Hochwasser messen, modellieren und managen unter Bürgerbeteiligung. In: *M3 - Messen, Modellieren, Managen in Hydrologie und Wasserressourcenbewirtschaftung, Forum für Hydrologie und Wasserbewirtschaftung,* Heft 39.18. (S. 345–355).
19. Burkard, S., Fuchs-Kittowski, F., Müller, R., & Pfützner, B. (2018). Hochwassermanagement-Plattform für kleinere Städte und Kommunen mit Bürgerbeteiligung. In: *Umweltinformationssysteme 2018 – Umweltdaten in allen Dimensionen und zu jeder Zeit? (UIS 2018)* (S. 110–127). Aachen: CEUR Workshop Proceedings.
20. Google Android Open Source Project. https://developer.android.com/things/get-started. Zugegriffen: 12. Jan. .2020.
21. OpenCV team: About OpenCV. https://opencv.org/about/. Zugegriffen: 12. Jan. .2020.
22. Balestrino, A., Caiti, A., Crisostomi, E., & Grioli, G. (2008). A generalised entropy of curves: An approach to the analysis of dynamical systems. In: 2008 47th IEEE conference on decision and control (S. 1157–1162).

Integriertes Water Governance Support System am Beispiel des Olifants Flusseinzugsgebietes (Südafrika)

Lucia Hahne, Andreas Abecker, Julian Bruns, Christian Jolk und Justin Wiggett

1 Einführung

Im Projekt „iWaGSS – Integrated Water Governance Support System" kooperieren deutsche und südafrikanische Projektpartner mit dem Ziel, ein integriertes Water Governance System (WGS) zur nachhaltigen Bewirtschaftung der Wasserressourcen im südafrikanischen Flusseinzugsgebiet des Olifants-Flusses zu entwickeln und erproben. Das System soll Wasserstress lindern und die nachhaltige Bewirtschaftung der Wasserressourcen unterstützen. Dabei wird ein ganzheitlicher Begriff der „Governance" verwendet, der beispielsweise auf Basis sozio-ökonomischer Analysen Finanzierungskonzepte u. ä. entwickelt, Betriebskonzepte für technische Anlagen entwirft oder Aspekte des grenzüberschreitenden Wasserressourcenmanagements betrachtet. Im vorliegenden Beitrag

L. Hahne (✉) · A. Abecker · J. Bruns
Disy Informationssysteme GmbH, Karlsruhe, Deutschland
E-Mail: lucia.hahne@disy.net

A. Abecker
E-Mail: andreas.abecker@disy.net

J. Bruns
E-Mail: julian.bruns@disy.net

C. Jolk
Ruhr-Universität Bochum, Zentrum für Umweltressourcenmanagement, Bochum, Deutschland
E-Mail: christian.jolk@rub.de

J. Wiggett
Ruhr-Universität Bochum, Umwelttechnik + Ökologie im Bauwesen, Bochum, Deutschland
E-Mail: justin.wiggett@rub.de

U. Freitag et al. (Hrsg.), *Umweltinformationssysteme – Wie verändert die Digitalisierung unsere Gesellschaft?*, https://doi.org/10.1007/978-3-658-30889-6_6

beschränken wir uns auf das Software-System, das zur Unterstützung der diesbezüglichen Aktivitäten entwickelt wurde und verwenden den Begriff WGS auch verkürzend für die Software-Unterstützung zur Umsetzung der Water Governance Maßnahmen des Projekts. Dieses Software-System umfasst insbesondere auch ein Frühwarnsystem zur Überwachung der Wasserqualität in der Pilotregion, das die regional verantwortlichen Entscheidungsträger bei ihren Aufgaben mit Daten und Informationen versorgt. Einzelne Aspekte des iWaGSS-Projekts wurden bereits in [1] vorgestellt.

Die Pilotregion ist das semi-aride Flusseinzugsgebiet des Olifants, im äußersten Nordosten der Republik Südafrika. Dort befinden sich wachsende Industriezonen (Bergbau, Kraftwerke, Metallverarbeitung usw.), schnell und teilweise unkontrolliert wachsende Siedlungen sowie Kleinbauern gleichermaßen wie industriell organisierte Landwirtschaftsbetriebe. Darüber hinaus ist die ökologische Bedeutung des Olifants aufgrund des Kruger Nationalparks (KNP) erheblich und auch mit großen touristischen Werten verbunden. Der Olifants ist die wichtigste Wasserquelle für den zentralen Teil des Kruger Nationalparks, befindet sich jedoch in einem qualitativ und quantitativ schlechten Zustand. Ferner gibt es grenzüberschreitende wasserwirtschaftliche Verflechtungen und Verpflichtungen mit dem Nachbarland Mozambique.

Der KNP hat als letzter südafrikanischer Anrainer des Olifants ein starkes Interesse an einem ökologisch nachhaltigen Wassermanagement und engagiert sich deshalb in der Region für eine gute Wasserqualität und ein nachhaltiges Wassermanagement des Olifants. Da sich im Einzugsgebiet neben Siedlungen und Farmern, die Wasser des Olifants zur Bewässerung der Felder nutzen, auch Industrie- und Bergbaubetriebe befinden, gelangen immer wieder Abwässer in die Gewässer. Die Abwässer fließen im Olifants durch den Kruger Nationalpark und gefährden dort das Ökosystem. Es besteht daher ein enormes Interesse daran, vor Verschmutzungen zumindest frühzeitig gewarnt zu werden, sowie die Schadstoffquelle möglichst schnell auffinden und beheben zu können.

Dieser Beitrag ist folgendermaßen aufgebaut: Im Kap. 2 wird das Projekt iWaGSS mit dem dazugehörigen Informationssystem noch einmal im Überblick dargestellt. Im Kap. 3 wird das GIS-Portal mit seinen wesentlichen Inhalten und dem Anwendungsfall Risikobewertung erläutert. Kap. 4 beschreibt das Online-Monitoring mithilfe eines Messnetzes für die Überwachung der Gewässerqualität und die Anwendungsfälle Frühwarnung und Verursachersuche. Im Kap. 5 werden dann noch einmal die verschiedenen Teile im Zusammenhang gezeigt, die jeweiligen Umsetzungsstände der Anwendungsfälle diskutiert und mögliche nächste Arbeitsschritte skizziert.

2 Projektüberblick

Im Rahmen von iWaGSS werden verschiedene Handlungsfelder adressiert und synergetisch zusammengeführt. Abb. 1 zeigt beispielhaft ausgewählte Aktivitätsfelder des Projekts (linke Seite), die Inhalte des realisierten Echtzeit-Informationssystems

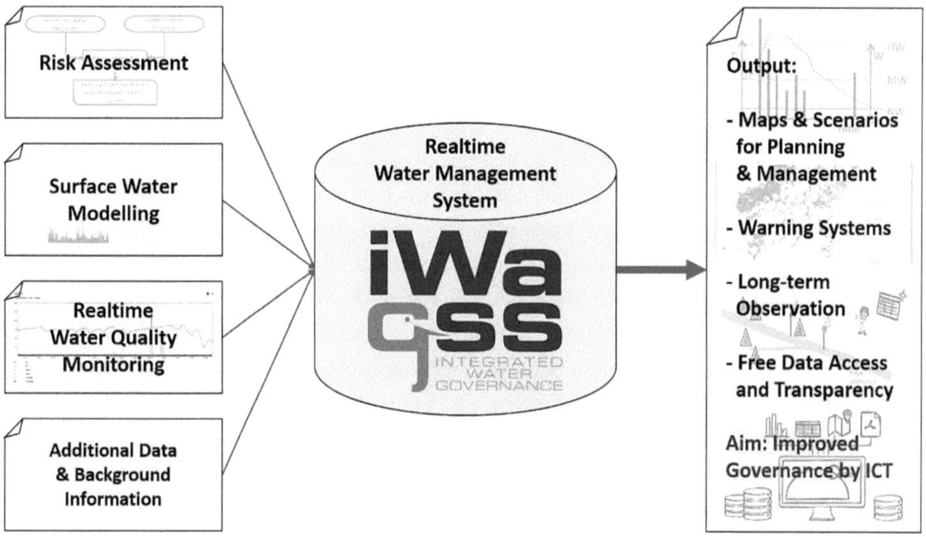

Abb. 1 Aspekte des iWaGSS Water Governance Systems

produzieren, zusammen mit zentralen Zielen und Funktionen des Informationssystems (rechte Seite). Den Kristallisationspunkt vieler Aktivitäten stellt dabei das Informationssystem dar, in welches verschiedene Datengrundlagen und Projektergebnisse eingespeist werden und das damit wiederum die Grundlage für entscheidungsunterstützende Dienste für Entscheidungsträger liefert.

Die Daten erzeugenden Aktivitäten (linke Seite) umfassen insbesondere:

- Ein GIS-basiertes **Risikobewertungsverfahren** untersucht Kontaminationsrisiken für Wasserressourcen, also Gefahren für die Wasserqualität. Dadurch können beispielsweise Gefährdungskarten erzeugt werden, die dabei helfen, Planungen für technische oder regulatorische Maßnahmen zu priorisieren [2].
- Im Rahmen der **Fließgewässermodellierung** wird ein 1D hydrodynamisches Modell erstellt, welches die Simulation des Abflussregimes und darauf aufbauend die Prognose der räumlich-zeitlichen Verteilung von Schadstoffen im Gewässer erlaubt.
- Es wird ein telemetrisches wasserökologisches **Monitoringnetzwerk** aufgebaut, welches an unterschiedlichen Orten die Wasserqualität am Olifant River und den Seitenflüssen vor und im Kruger Nationalpark erfasst und übermittelt.
- Überdies liegen von der öffentlichen Verwaltung, aus früheren Projekten und als Ergebnis weiterer Arbeitspakete im Projekt **zusätzliche Sach- und Geodaten sowie Hintergrundinformationen** vor, die teilweise auch in die oben genannten Aktivitäten einfließen. Dies sind beispielsweise Daten zur Gewässermorphologie.

Auf dieser Datengrundlage soll das iWaGSS Water Governance System verschiedene Funktionen erfüllen (rechte Seite):

- Ein **GIS-Portal** soll Karten und Basisdaten für planerische Aktivitäten und Szenarienplanungen von Entscheidern und Managern bereitststellen.
- Ein **Frühwarnsystem** soll in Nah-Echtzeit im Fall von Gewässerqualitätsproblemen betroffene Anwender proaktiv alarmieren.
- Die kontinuierliche Datensammlung und -zusammenführung stellt die Grundlage für **Langzeitbeobachtungen** im Sinne der *Long Term Ecological Research* (LTER) dar.
- Aus den Datenbeständen und Beobachtungsdaten für Forscher, Manager und politische Entscheider können Teile der Öffentlichkeit im Sinne eines **Open Data Portals** zur Verfügung gestellt werden, um Transparenz und Bewusstsein für Themen des Wasserressourcenmanagements in der breiteren Bevölkerung zu schaffen.

In den folgenden Abschnitten werden wir die beiden Hauptkomponenten „GIS-Portal“ und „Frühwarnsystem“ ausführlicher erläutern.

3 iWaGSS GIS-Portal

Im Verlauf des iWaGSS-Projekts und auf der Basis früherer Arbeiten in der Pilotregion Südafrika (vgl. z. B. [2, 3]) wurden vom Zentrum für Umweltresourcenmanagment (ZUM) und vom Institut für Umwelttechnik + Ökologie im Bauwesen (U + Ö) an der Ruhr-Universität Bochum umfangreiche Geobasisdaten und hydrologische Hintergrundinformationen teilweise für ganz Südafrika, mit einem Schwerpunkt auf dem Olifants, gesammelt, georeferenziert, qualitätsgesichert und zusammengeführt. Diese Daten und Informationen sind im iWaGSS GIS-Portal zu finden und liegen der Risikobewertung von iWaGSS zugrunde.

Inhalte sind: administrative Grenzen, Biome, Einzugsgebiete, ökologische Daten, Informationen zu Verdunstung, Landnutzung, Lithologie, Orohydrographie, Niederschlag und zu möglichen Punktquellen der Wasserverschmutzung, Abwassersysteme, Siedlungen, Bodenkarten, Wasserversorgungsinfrastruktur, Messstationen sowie Wehre und Dämme.

Das iWaGSS GIS-Portal für Fachanwender beinhaltet auch alle anderen im Projekt erzeugten oder verwendeten Sach- und Geodaten, nämlich:

- Überblickskarten und Karten mit Hintergrundinformationen
- Hydrologische und meteorologische Zeitreihen mit Messwerten
- Basisdaten der 1D hydrodynamischen Modellierung
- Luftbilder und topographische Daten als Ergebnis der Befliegungskampagnen [4] durch den Projektpartner DIE GEWÄSSEREXPERTEN!

Das iWaGSS GIS-Portal wurde mithilfe der Geodaten-Analyseplattform Cadenza [5] von Disy umgesetzt und auf einer PostGIS-Datenbank aufgesetzt. Die nachfolgenden Bildschirmabzüge illustrieren wichtige Inhalte und Funktionalitäten des GIS-Portals. Die Umsetzung verwendet auch einige der neueren Funktionalitäten von Cadenza, die im Folgenden kurz angesprochen werden.

Die GIS-Layer sind filter- und durchsuchbar (Abb. 2). Über die Kartendarstellungen kann man zu den Zeitreihen der Messwerte erfasster Sensorstationen gelangen (Abb. 3). Neuere Cadenza-Funktionalitäten für die OLAP-Suche und -Analyse von Daten erleichtern den benutzerfreundlichen Umgang mit Messwerten (Abb. 4). Die Monitoringdaten der Messstationen können tabellarisch oder als Diagramme betrachtet sowie für weitere Auswertungen exportiert werden. Grundsätzlich können Karten oder Kartenlayer als Tabellen oder als Shape-Files exportiert werden.

Aus den Karten kann man zu den Gewässerquerschnitten gelangen (Abb. 5, vgl. [1]). Außerdem sind auch die Luftbilder und die daraus abgeleitete Topographie im GIS-Portal verfügbar (vgl. [4]).

Ein weiterer wichtiger Inhalt des iWaGSS GIS-Portals sind die Daten und Planungskarten zur Risikoabschätzung. Das zugrunde liegende Modul zur **Risikobewertung** folgt einer Methodik, die an der Ruhr-Universität Bochum (RUB) seit vielen Jahren in FuE-Projekten in Südafrika und in Vietnam entwickelt wurde bzw. kontinuierlich weiterentwickelt wird [3, 6] und die im AK UIS bereits vorgestellt wurde [2]. Disy unterstützt

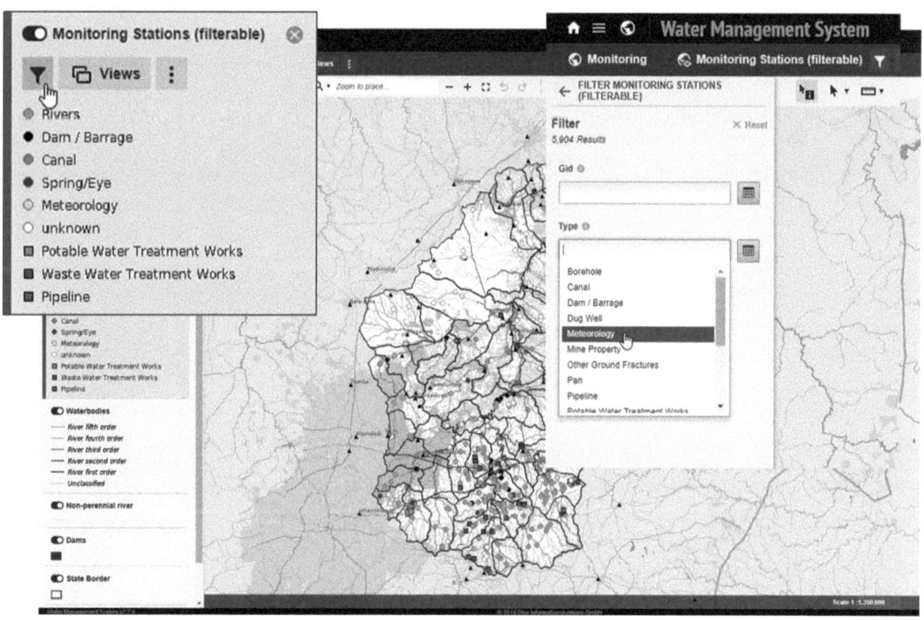

Abb. 2 Durchsuchbare GIS-Layer für die erfassten Basisdaten

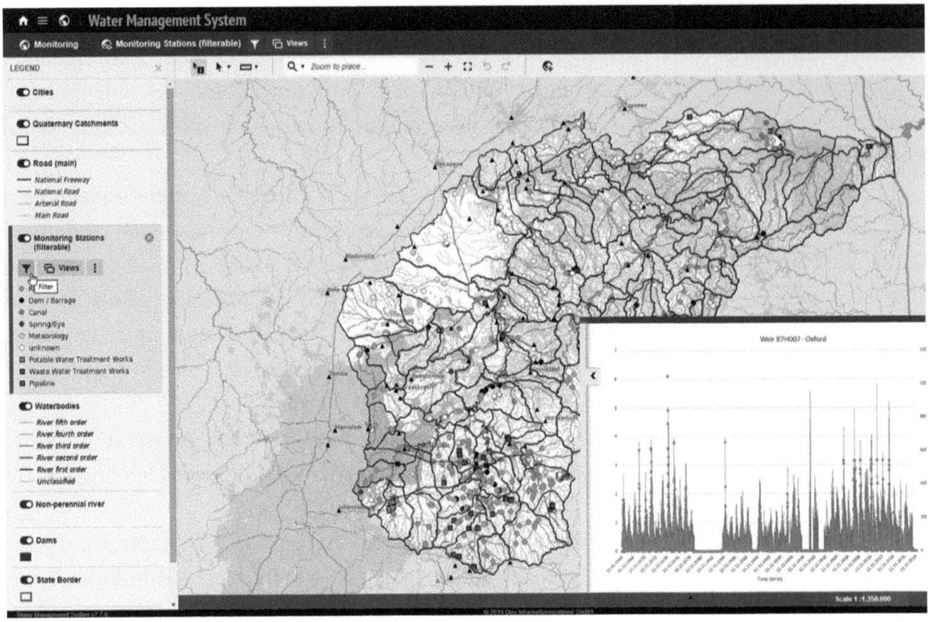

Abb. 3 Zeitreihen der Monitoringwerte an den Messstationen

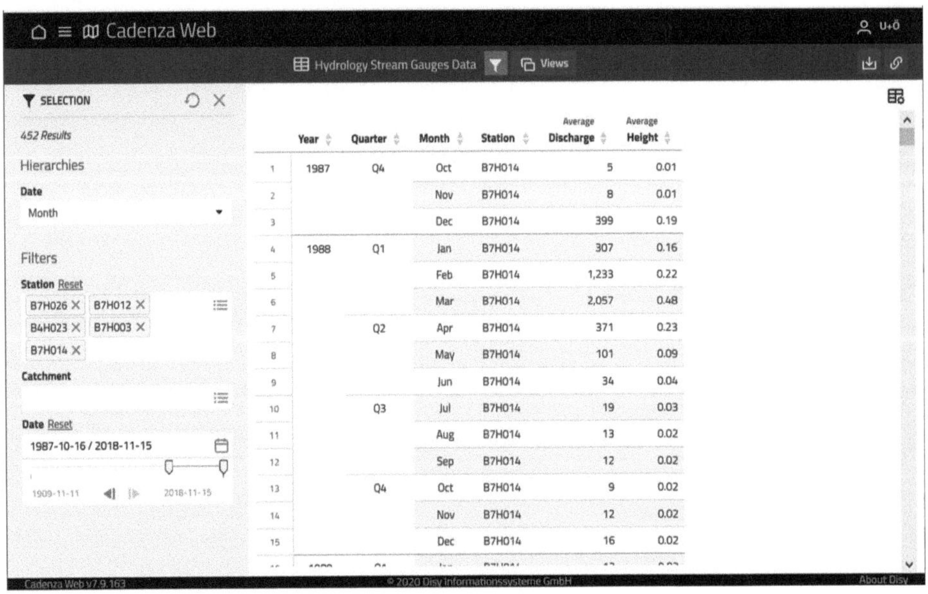

Abb. 4 OLAP-Funktionalitäten für Datenselektion und -auswertung

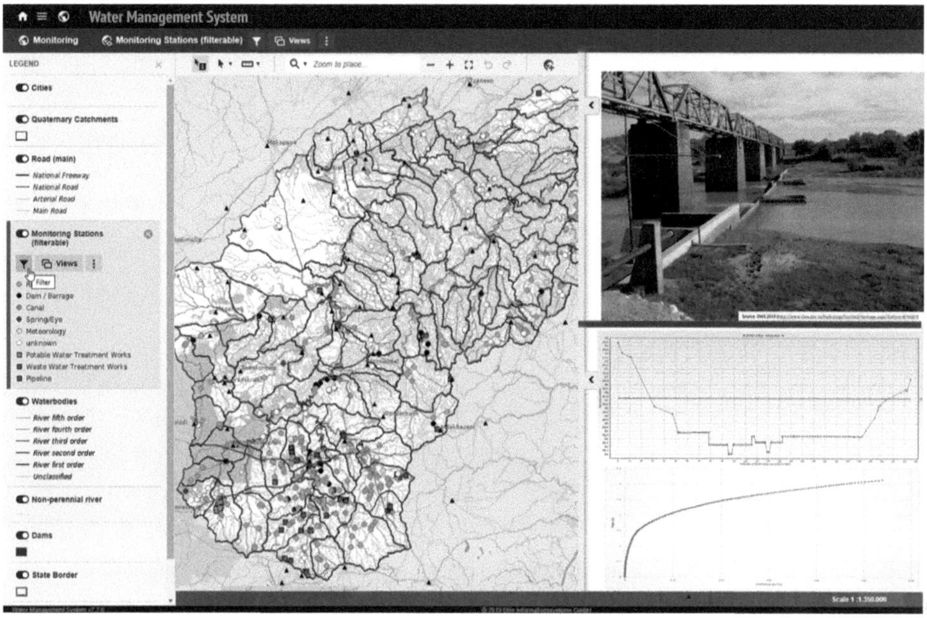

Abb. 5 Dashboard zur Darstellung von Gewässerquerschnitten im Kontext

die RUB seit einigen Jahren dabei, die entsprechende Vorgehensweise teilweise oder ganz in einem Geo Data Warehouse zu unterstützen, visualisieren und automatisieren [7]. Das GIS-basierte Risikobewertungstool betrachtet:

1. *Kontaminationspotentiale,* die sich aus möglichen Verschmutzungsquellen wie Bergbau- und Industriebetrieben, Siedlungen, landwirtschaftlichen Nutzungsflächen etc. ergeben.
2. *Sensitivität* von Wasserkörpern (Grundwasser und Oberflächenwasser), die sich aus der Nutzung der Wasserkörper als Trinkwasserressource sowie der ökologischen Wertigkeit der Fließgewässerabschnitte ergeben
3. Das schlussendliche *Kontaminationsrisiko,* welches durch Überlagerung der Kontaminationspotenziale (1) mit den Sensitivitäten (2) entsteht.

Als Ergebnis der qualitativen Verschneidung von Kontaminationspotentialen und Sensitivitäten entstehen Kontaminationsrisikokarten. Diese können im GIS-Portal inspiziert werden. Abb. 6 zeigt beispielsweise das Kontaminationspotential aus landwirtschaftlicher Nutzung für das betrachtete Einzugsgebiet. Die der Risikobewertung zugrundeliegenden Daten und Bewertungen können auch in Form eines Reports für Entscheidungsträger aus der Verwaltung exportiert werden (Abb. 7).

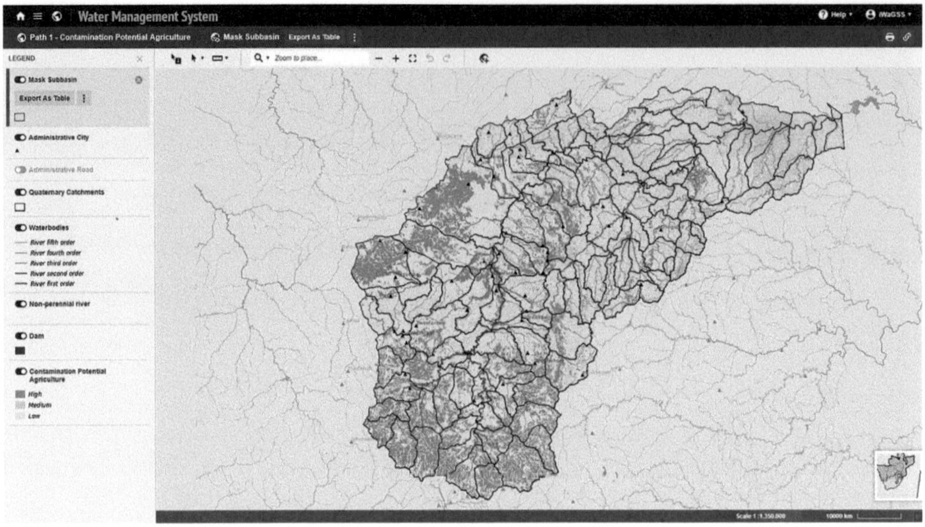

Abb. 6 Fachkarte zum Kontaminationspotenzial aus landwirtschaftlicher Nutzung

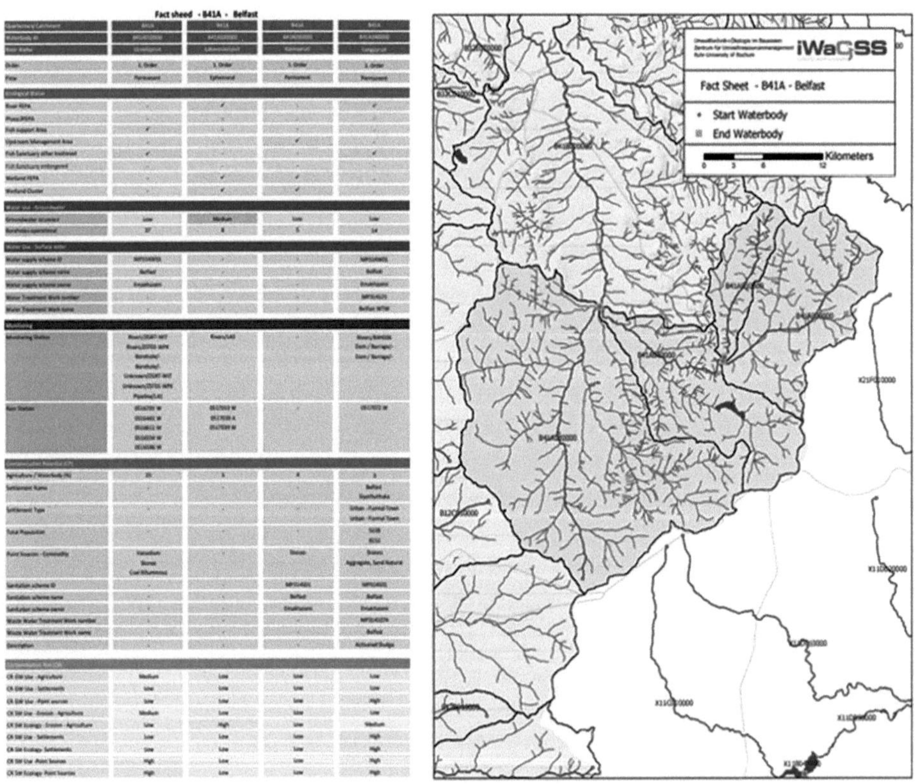

Abb. 7 Automatisch erzeugter Report für die Risikobewertung eines Teileinzugsgebiets

4 Echtzeit-Monitoring und Frühwarnung

Die Wasserqualität wird zurzeit an drei fix installierten Monitoringstationen (Oxford, Sawong, Cleveland) flussaufwärts der Grenze des Kruger Nationalparks analysiert. Die Standorte wurden aus pragmatischen Gründen (Stromversorgung, Zugänglichkeit, Sicherheit, etc.) sowie aufgrund der hydrologischen Verhältnisse im Unteren Olifants Flusseinzugsgebiet gewählt:

- Messstation Oxford: Oberstromiger Zufluss des Olifants vor Zufluss in die Phalaborwa Talsperre
- Messstation Sawong: Zusammenfluss von Ga-Selati und Olifants
- Messstation Cleveland: Olifants vor Zufluss in den KNP

Die Messstationen des iWaGSS-Projektpartners LAR Process Analysers AG (LAR) führen eine Echtzeit-/Online-Toxizitätsanalyse durch und messen außerdem pH-Wert, elektrische Leitfähigkeit, Redox-Wert sowie Wetter-/Klimadaten. Im Kern der Messstationen steht das Online-Toximeter ToxAlarm des Projektpartners LAR, welches kontinuierlich Trink- und Oberflächenwasser auf unbekannte Schadstoffe hin überwacht. Der Toxizitätsanalysator integriert eine hochempfindliche, sich selbst regenerierende Bakterienkultur, die im Gerät vorgehalten wird. Für jede Messung wird eine kleine Teilmenge verwendet, wodurch das Risiko einer Kontamination der gesamten Bakterienkultur vermieden wird. An der Messstation Oxford wird darüber hinaus der Sedimenttransport überwacht, an den Stationen Oxford und Sawong wird die Trübung gemessen. Die Messwerte werden telemetrisch an den Server des Herstellers übertragen, von dort per ETL-Prozess in den Datenbestand des iWaGSS WGS übernommen und können dann dort wie die anderen Sach- und Geodaten in Nah-Echtzeit inspiziert und analysiert werden (Abb. 8).

Das Modul zur Erzeugung von **Toxizitätsalarmen** realisiert ein einfaches Frühwarnsystem im Falle von Grenzwertüberschreitungen bei den relevanten Sensormesswerten. Wird eine Intoxikation frühzeitig am Oberlauf erkannt, besteht die Möglichkeit, den Abfluss in der Phalaborwa Talsperre vor dem Eintritt in den Kruger Nationalpark aufzustauen. Dazu wird eine Alarmierung (e-Mail, SMS) aus dem iWaGSS WGS an die zuständigen Mitarbeiter von SAEON bzw. SANParks abgesetzt (SANParks – South African National Parks – ist die für die Verwaltung der südafrikanischen Nationalparks zuständige Stelle; SAEON – South African Environmental Observation Network – ist ein von der südafrikanischen National Research Foundation initiiertes Netzwerk akademischer Partner zum Umweltmonitoring in Südafrika).

Aus dem in iWaGSS entwickelten hydrologischen Modell können ungefähre Fließzeiten des kontaminierten Wassers von der Messstelle bis zum Eintritt in den Kruger Nationalpark abgeleitet werden. Diese Information wird mit der Frühwarnungsnachricht zusammen verschickt.

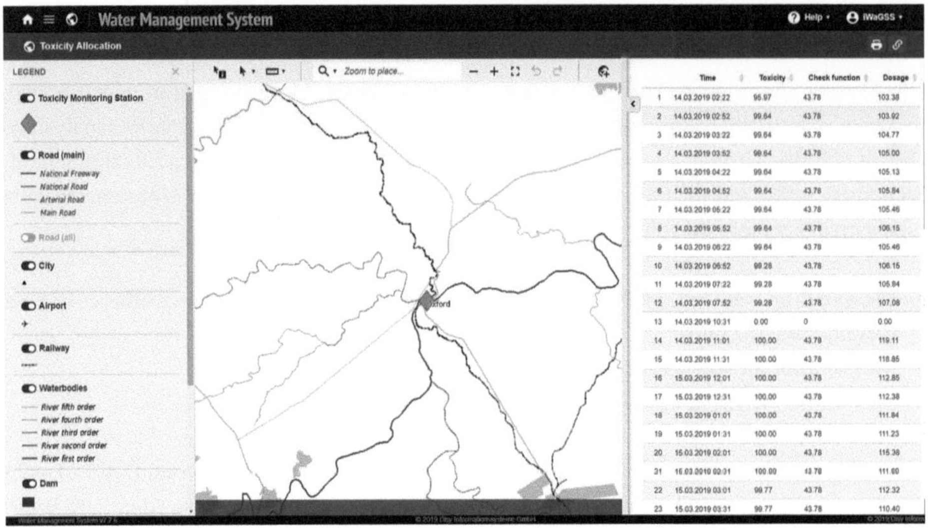

Abb. 8 Tabellarische Darstellung von Messwerten zur Wasserqualität

Unter den vorliegenden Gegebenheiten wurde ein sehr pragmatischer Ansatz zum Umgang mit diesen Vorwarnzeiten gewählt: mithilfe der 1D-hydrodynamischen Modellierung mit der Software MIKE HYDRO River von DHI (Danish Hydraulic Institute) wurden Fließzeiten für diverse Abflussszenarien für fest definierte Gewässerabschnitte bestimmt. Die simulierten Modellergebnisse für die definierten Gewässerabschnitte wurden in Nomogrammen zusammengefasst, die im System abrufbar sind. Im Falle einer Frühwarnung kann auf Basis des aktuell im Gewässer gemessenen Abflusses die Fließzeit für die fest definierten Gewässerabschnitte aus den Nomogrammen abgeschätzt werden.

Die so ermittelte Fließgeschwindigkeit soll den verschiedenen Akteuren im Einzugsgebiet die Möglichkeit geben, angemessen auf Ereignisse wie etwa Verschmutzungen, Starkregenereignisse, Niedrigwasserabfluss in Trockenzeiten oder Nicht-Einhaltung ökologischer Mindestabflüsse mit größerer Vorlaufzeit zu reagieren, um weitere Schäden für die Ökologie oder die Bevölkerung abzuwenden. Zur Erstellung des Modells wurde eine Vielzahl von Daten erhoben und für das Modell aufbereitet. Die meisten der benötigten Daten konnten über südafrikanische Partner direkt bezogen werden. Die Ableitung der Fließgewässerquerschnitte hingegen erforderte eine Erstaufnahme im Gelände, da diese Daten nicht vorlagen. Zur Aufnahme der Fließgewässerquerschnitte kamen unterschiedliche Technologien zum Einsatz, mehr dazu findet sich in [1].

Ein weiterer Anwendungsfall des iWaGSS WGS, der bisher nur konzeptionell bearbeitet und am Beispiel durchgespielt wurde, ist die **Verursachersuche,** um im Fall von Gewässerverunreinigungen zeitnah mögliche Verschmutzungsquellen zu lokalisieren.

5 Zusammenfassung, Reflektion und Ausblick

Wir haben das iWaGSS WGS skizziert und seine wesentlichen Bestandteile und Funktionen beschrieben: GIS-Portal, wasserwirtschaftlicher Planungsatlas für die Web-GIS basierte Kontaminationsrisikoanalyse, Online-Monitoring, 1D hydrodynamische Modellierung, Frühwarnung durch Alarmierung von Technikern und Entscheidern, Verursachersuche durch Rückverfolgung potentieller Kontaminationsquellen. Andere Anwendungsfälle wie die Open Data-Bereitstellung oder die Datenbereitstellung für weitere planerische oder forschende Aktivitäten wurden nicht beschrieben, weil sie aus technischer Sicht nicht besonders interessant sind. Wir haben wesentliche Aspekte der ganzheitlichen Sicht auf das Projekt in Abb. 9 zusammengefasst.

Im Kontext existierender Arbeiten lässt sich der vorliegende Ansatz schlecht einordnen, weil – zumindest in praxisorientierten Lösungen – die statischeren und die Echtzeit-Aspekte häufig gesondert betrachtet werden. Wir sehen aber gerade in der Zusammenführung und möglichst synergetischen Verwendung aller anfallenden Daten und Informationen zum Flusseinzugsgebiet einen wesentlichen Mehrwert und ein wichtiges Merkmal von iWaGSS. Beispielsweise ist der Anwendungsfall Rückverfolgung

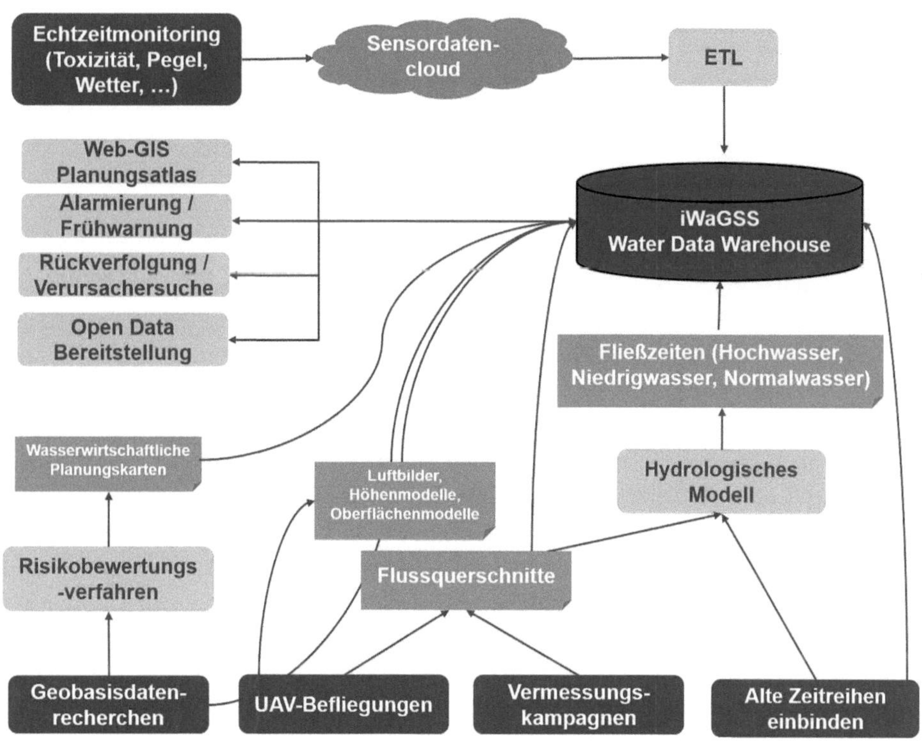

Abb. 9 Aktivitäten im iWaGSS-Projekt, erzeugte Daten und Funktionen des iWaGSS Water Governance Systems im Überblick

nur durch die Zusammenschau von Echtzeit-Monitoring, Fließgeschwindigkeitsanalyse und Datenaufnahme zur Risikobewertung möglich. Ebenso benötigt das Frühwarnsystem die Gewässermodellierung zur Berechnung der Vorwarnzeiten. Auch für Planer der mittleren und oberen Behörden in strategischen Arbeitsprozessen, genau wie für Leitstandsmitarbeiter auf der operativen Ebene kann es nur nützen, alle vorliegenden Informationen zusammen zugreifbar zu haben. Das System bewegt sich damit methodisch im Rahmen der Flusseinzugsgebietsinformationssysteme (River Basin Information System, RBIS, [8]), welche typischerweise ähnliche Inhalte wie unser Ansatz umfassen, aber oft eher als statisches Informationssystem dienen und keine entscheidungsunterstützenden Funktionen anbieten, wie sie bei iWaGSS gerade im Vordergrund stehen. Dagegen sind die Auswertungsplattformen der Sensoranbieter und ähnliche Echtzeit-Monitoringsysteme, wie zum Beispiel [9], durchaus leistungsfähig, auch für komplexe Mustererkennung und Alarmierung, lassen aber andere Aspekte i. d. R. außen vor. Ähnliches gilt für die meisten akademischen Arbeiten zum Thema Frühwarnung in der Wasserqualität, die typischerweise Hardware-Aspekte der Sensorik im engeren Sinne, die Datenübertragung als IoT-Anwendung oder auch intelligente Analye- und Vorhersageverfahren für die Frühwarnung in sehr frühen Phasen bearbeiten, aber weniger die ganzheitliche Sicht auf umfassende Informationssysteme für langfristige behördliche und akademische Wasserressourcenpflege annehmen (vgl. z. B. [10–12]). In der langfristigen Weiterentwicklung der vorgestellten Ansätze sehen wir aber gerade hier interessante Perspektiven, nämlich noch mehr Synergien zwischen verschiedenen Aspekten des Wasserressourcenmanagements zu suchen und weitere Facetten, wie beispielsweise sozioökonomische Betrachtungen, Landnutzungsfragen usw. zu integrieren.

Zur technischen Realisierung und zum Stand der Umsetzung:

- Im Zentrum des iWaGSS WGS steht das iWaGSS Water Data Warehouse auf Basis von PostGIS, in dem alle Daten und Informationen zusammenlaufen. Zur Umsetzung verschiedener nutzergruppenspezifischer Benutzungsoberflächen und Anwendungsfälle wurde die Cadenza Plattform für Datenanalyse, Reporting und GIS von Disy verwendet [5]. Das GIS-Portal nutzt im Wesentlichen bestehende Produktfunktionalitäten von Cadenza. Einige der vorgestellten Screenshots sind jedoch teilweise noch Mock-Ups oder wurden mit experimentellen Prototypen von Cadenza umgesetzt. Bis Projektende sollte alle genutzten Funktionen, insbesondere für Dashboard-Darstellungen und OLAP-Analysen, in einer marktgängigen Cadenza-Version umgesetzt und den Projektpartnern in iWaGSS für die nachhaltige Nutzung zur Verfügung gestellt worden sein.
- Das Messnetz verwendet Sensorstationen von LAR, die ihre Messwerte telemetrisch in eine Sensordatencloud übertragen. Von dort werden sie durch ETL-Einlagerungsprozesse ins Data Warehouse übernommen, die mithilfe der Geodatenerweiterung von Talend [13] implementiert wurden. Die Frühwarnung ließ sich im aktuellen Zuschnitt durch Datenbankskripte sehr einfach umsetzen. In zukünftigen Versionen würde das noch weiter vereinfacht, weil Cadenza dann auch ermöglicht,

Reports beim Eintreten von Bedingungen zu triggern ("scheduled reports"). Die Einfachheit beruht allerdings darauf, dass die Toxizitätsmessung von LAR ein sehr mächtiges Werkzeug darstellt. Die Praxiserfahrungen in der Pilotregion haben jedoch unter den dort herrschenden klimatischen und Umweltbedingungen (wie stark variierende Wasserstände, Wildtiere usw.) verschiedene praktische Probleme aufgezeigt, die es zurzeit fragwürdig erscheinen lassen, ob ein operativer Betrieb dieser Stationen nach Projektende realistisch erwartet werden kann. Wenn dies nicht der Fall wäre, müsste man untersuchen, inwieweit sich die direkte Toxizitätsmessung ganz oder teilweise ersetzen lässt durch das Erkennen komplexerer Muster auf den Messwerten einfacherer physikalischer Sensoren wie Trübung, Leitfähigkeit usw. Ein solcher Ansatz wurde in [14] unter ganz anderen hydrogeologischen Rahmenbedingungen schon einmal umgesetzt, erfordert jedoch etwas aufwendigere Algorithmen und eine längere Trainingsphase zum Bestimmen der Alarmierungsregeln.

- Die Fließgewässermodellierung erfolgte mit MIKE HYDRO River und liefert im vorliegenden Systemzuschnitt die simulierten Fließzeiten für definierte Gewässerabschnitte an das Frühwarnsystem. Inwieweit später einmal oder unter anderen Bedingungen eine direkte Kommunikation zwischen Data Warehouse und Simulationssystem für Echtzeitberechnungen mit aktuellen Daten sinnvoll werden könnte, ist zurzeit nicht absehbar.
- Die Risikobewertung erfolgt zurzeit als Vorverarbeitungsschritt außerhalb des iWaGSS WGS mithilfe von ArcGIS und liefert die Basisdaten und die Risikokarten ins Data Warehouse. Wünschenswert wäre es, wie in anderen Projekten schon erfolgt, die entsprechenden Arbeitsschritte innerhalb von Cadenza zu automatisieren, so dass bei geänderter Datengrundlage die Risikokarten sofort aktualisiert werden. Diese ad-hoc Berechnung der Risikobewertung ermöglicht es dann auch, als Planungsunterstützung für politische Entscheider, die Effekte verschiedener Entwicklungsszenarien/Maßnahmenpläne für das Wasserressourcenmanagement durchzurechnen.

Das vorliegende System soll innerhalb des Jahres 2020 in wesentlichen Teilen den Bedarfsträgern von SAEON und SANParks zur weiteren Nutzung nach Projektende übergeben werden. Die Übertragbarkeit auf viele andere Gebiete mit Wasserstress in weniger entwickelten Ländern liegt nahe. Eine mindestens genauso interessante Perspektive ist es allerdings auch, zu untersuchen, inwieweit sich Teile der vorgestellten Ansätze auch nutzenstiftend nach Deutschland bzw. Europa zurückübertragen lassen würden. Bei der Umsetzung der Wasserrahmenrichtlinie (WRRL) lässt sich feststellen, dass ein signifikanter Teil der Gesamtlänge deutscher Fließgewässer und der Gesamtfläche deutscher Oberflächengewässer zurzeit nicht unter dem Regime der WRRL stehen und dadurch auch die entsprechenden Umweltziele nicht systematisch bewirtschaftet werden. Die vorgestellte Methode zum Risikomanagement dagegen arbeitet auf einem Maßstab von 1:10.000 und könnte hier durchaus flächendeckend zum Einsatz kommen.

Danksagung Die beschriebenen Arbeiten wurden mit Unterstützung des Bundesministeriums für Bildung und Forschung (BMBF) im Rahmen des Verbundprojekts „iWaGSS – Integrated Water Governance Support System" (http://www.iwagss.com/) innerhalb der Fördermaßnahme GRoW („Globale Ressource Wasser", https://bmbf-grow.de/de) durchgeführt (Förderkennzeichen 02WGR1424). Die Inhalte des Systems beruhen auf den Arbeiten der Autoren sowie der anderen Projektpartner IEEM gGmbH – Institut für Umwelttechnik und Management an der Universität Witten/Herdecke, Institut für Wasser und Gewässerentwicklung (IWG) am Karlsruher Institut für Technologie (KIT), Zentrum für Entwicklungsforschung (ZEF) an der Universität Bonn, LAR Process Analysers AG, Global Water Franchise Agency (GWFA) und DIE GEWÄSSER-EXPERTEN! sowie der Kooperationspartner in Südafrika.

Literatur

1. Jolk, C., Wiggett, J., Nienhaus, I., & Höck, D. (2019). Handlungsempfehlungen zur Auswahl von Methoden zur Ermittlung von Gewässerquerschnitten am Beispiel des Lower Olifants Flusseinzugsgebiets in Südafrika. In U. Freitag, F. Hosenfeld, A. Abecker, F. Fuchs-Kittowski, & G. Knetsch (Hrsg.), *Umweltinformationssysteme UIS 2019 – 26. Workshop des Arbeitskreises Umweltinformationssysteme (UIS) der Gesellschaft für Informatik (GI) in Münster*. Lecture Notes in Informatics (LNI), Bonn: Gesellschaft für Informatik e.V. In Vorbereitung
2. Jolk, C., Zindler, J., Stolpe, H., Wössner, R., & Abecker, A. (2018). Planning and decision support tools for integrated water resource management on river basin level in South Africa on the example of the middle Olifants sub-Basin. In U. Freitag, F. Fuchs-Kittowski, F., Hosenfeld, F., Abecker, A., Reineke, A. (Hrsg.), *Umweltinformationssysteme 2018: Umweltdaten - in allen Dimensionen und zu jeder Zeit? 25. Workshop des Arbeitskreises Umweltinformationssysteme (UIS) der Gesellschaft für Informatik (GI) in Nürnberg. CEUR Proceedings* (Bd. 2197, S. 83–109).
3. Jolk, C., Greassidis, S., Zindler, B., Stolpe, H., Abecker, A., Wössner, R. (2016). Planning and decision support tools for integrated water resource management on the river basin level in South Africa using the example of the middle olifants Sub-basin. In K. U. Rudolph (Hrsg.), *MOSA - Integrated water resources management in the „Middle Olifants" river basin, South Africa – Phase II summary report. Schriftenreihe Umwelttechnik und Umweltmanagement* (Bd. 34, S 17–73). Witten: IEEM GmbH.
4. Nienhaus, I., & Höck, D. (2018). iWaGSS – integrated Water Governance Support System. In R. Schaldach, K. Simon, J. Weismüller, & V. Wohlgemuth (Hrsg.), *Environmental informatics: Computational sustainability: ICT methods to achieve the UN sustainable development goals. Adjunct proceedings of the 33rd edition of the enviroInfo*, Aachen: Shaker Verlag.
5. Disy Informationssysteme GmbH: Cadenza – Software für Datenanalyse, Reporting und GIS. https://www.disy.net/de/produkte/cadenza/datenanalyse-software/. Zugegriffen: 29. Mai 2020.
6. Zindler, B., Borgmann, A., Jaschinski, S., Jolk, C., Greassidis, S., & Stolpe, H. (2012). Planning and decision support tools for Integrated Water Resources Management (IWRM) on river basin level in the Southeast-Asian region on the example of Vietnam - Tools for water quantity and quality risk assessment. In Y. Luo (Hrsg.), *Novel approaches and their applications in risk management*, ISBN 979-953-307-765-8, Rijeka, Kroatien: InTech Europe.
7. Jolk, C., Greassidis, S., Stolpe, H., Zindler, J., Wössner, R., & Abecker, A. (2015). GIS-based planning tools for integrated water resources management in South Africa. In *E-proceedings of the 36th IAHR World Congress,* The Hague, the Netherlands.

8. Zander, F., & Kralisch, S. (2016). River basin information system: Open environmental data management for research and decision making. *ISPRS International Journal of Geo-Information, 5(7),* 123. MDPI (2016).
9. Jackson, B. (2014). *An adaptive operational water resources management framework for the crocodile river catchment, South Africa.* Master Thesis, Centre for Water Resources Research, University of KwaZulu-Natal Pietermaritzburg.
10. Chowdury, M. S. U., Bin Emran, T., Ghosh, S., Pathak, A., Alam, M. M., Absar, N., et al. (2019). IoT based real-time river water quality monitoring system. *Procedia Computer Science, 155,* 161–168.
11. Geetha, S., & Gouthami, S. (2016). Internet of things enabled real time water quality monitoring system. *Smart Water, 2,* 1.
12. Ding, X., Zhang, J., Jiang, G., & Zhang, S. (2017). Early warning and forecasting system of water quality safety for drinking water source areas in three gorges reservoir area, China. *Water, 9*(7), 465, MDPI (2017).
13. Schrauth, S., Nedkov, R., Heidmann, C., Kazakos, W., & Abecker, A. (2017). Software support for spatial ETL processes. In B. Otjacques, P. Hitzelberger, S. Naumann, & V. Wohlgemuth (Hrsg.), *From science to society: The bridge provided by environmental informatics - Adjunct proceedings of the 31st enviroinfo conference.* Aachen: Shaker-Verlag.
14. Riepl, D., Grimmeisen, F., & Abecker, A. (2018). A prototypical early warning system for microbial contamination of groundwater resources in the lower Jordan valley. In H. J. Bungartz, D. Kranzlmüller, V. Weinberg, J. Weismüller, & V. Wohlgemuth (Hrsg.), *Environmental informatics: Techniques and trends - Adjunct proceedings of the 32nd edition of the enviroinfo*, Aachen: Shaker Verlag.

Digitale Entwicklungsplattform für städtische Umweltlösungen und LuftqualitätS-Netzwerk (DEUS)

Europäisches SMART AIR Grid zur Detektion von hochkomplexen Luftgüte-Situationen

Marc Nodorft, Günter Becker und Ulrich Hussel

1 Einleitung

Eine brisante gerichtliche Entscheidung zeigt 2019 auf, dass es mit den bisherigen, punktuellen Erfassungen der Luftgüte in Bezug auf Verkehrsbeschränkungen scheinbar enorme rechtliche Schwierigkeiten gibt:

„Im September 2018 hatte das Verwaltungsgericht Wiesbaden das Land Hessen und die Stadt Frankfurt verurteilt, ein Fahrverbot innerhalb der sogenannte (sic!) Umweltzone zu verhängen, was die gesamte Innenstadt umfasst hätte. (…) Doch die Richter der zweiten Instanz halten eine solch drastische Maßnahme nicht für verhältnismäßig, teilte der Verwaltungsgerichtshof (…) mit. Allerdings stellte das Gericht nun auch fest, dass die bisher ergriffenen Maßnahmen zur Reduzierung der Stickoxidwerte in Frankfurt noch nicht ausgereicht haben. Die Grenzwerte würden weiterhin überschritten. Die Richter bemängelten, dass die Emissionsdaten inzwischen überholt seinen (sic!) und eine Gesamtwirkungsanalyse fehle, mit der sich ermitteln ließe, wie stark die bereits beschlossenen Maßnahmen die Stickoxidwerte reduzieren.“ [1]

M. Nodorft (✉)
DEUS SMART AIR Grid, c/o Füllner & Partner GmbH, Stahnsdorf, Deutschland
E-Mail: m.nodorft@deus-smart-air.org

G. Becker · U. Hussel
RISA, Sicherheitsanalysen GmbH, Berlin, Deutschland
E-Mail: guenter.becker@risa.de

U. Hussel
E-Mail: ulrich.hussel@risa.de

U. Freitag et al. (Hrsg.), *Umweltinformationssysteme – Wie verändert die Digitalisierung unsere Gesellschaft?*, https://doi.org/10.1007/978-3-658-30889-6_7

Was bedeutet dies für die Städte und warum kann hier ein **Echtzeit-Monitoring-System** Abhilfe schaffen? Die bisherige Praxis bei der Messung von Luftgüte basiert auf hochgenauen, aber nur punktuellen Messungen. Dabei sind im Bereich gravimetrischer Messungen Werte für PM_{10} und $PM_{2,5}$, aber keine Werte für eine granulare, minutengenaue Messung vorhanden oder überhaupt möglich. Häufig sind lediglich Tages-Mittelwerte verfügbar bzw. stündliche Messwerte beim World Air Quality Index [2, 3].

Zurück zum Urteil des Verwaltungsgerichtshofes: Im Umkehrschluss bedeutet dies, die Stadt muss nachweisen, dass Maßnahmen zur Verkehrsbeschränkung auch zeitnahe Wirkung erzielen. Dies lässt sich weder mit Tages-Mittelwerten noch mit lediglich punktueller Messung erreichen. Wenn davon ausgegangen werden kann, dass die Ausbreitung von Schadstoffen in der Luft ein hochkomplexes Thema ist, welches sehr stark durch die Faktoren Wetter, Verkehr, Industrie, Bebauung etc. beeinflusst wird, dann werden derartige geforderte Nachweise mit den bisherigen Ausbreitungsrechnungs modellen unter Zuhilfenahme von Tagesmittelwerten und an wenigen Punkten im urbanen Raum wohl mittelfristig keinen sicheren Rechtsstand für die Städte liefern.

Die flächenmäßige Erfassung der Luftgüte unter Nutzung intelligenter urbaner Luftgütemessnetze, sogenannter SMART AIR GRIDS, kann diesen neuen Herausforderungen Rechnung tragen.

In solchen Netzen kommen nicht nur wenige hochgenaue Stationen vor, sondern vielmehr werden diese durch ein granulares Netz von hunderten bis tausenden Sensoren, sowohl auf fester Installationsbasis wie auch mobiler Installationsbasis ergänzt. Alle Daten werden in Echtzeit (Intervall von wenigen Sekunden) erfasst und über GSM/LTE wie auch Lora™ Datenübertragungsstrukturen versandt, die im Bereich Internet of Things (IoT) zum Einsatz kommen. LoRa™ ist eine Mobilfunk-Technologie für Langstreckenanwendungen (long range) mit geringem Stromverbrauch (low power) und niedriger Datenrate, die von Semtech entwickelt wurde [4].

Städte können durch den Einsatz dieser Technologie, welche man durchaus als Teil von SMART CITY Lösungen betrachten darf [5], ihrer Daseinsfürsorge besser gerecht werden. So gelingt es, den Klima- und Umweltschutz unter Gesichtspunkten einer smarten und nachhaltigen Mobilität der Bürger effizienter steuern.

Dieser Artikel soll einen Überblick darüber geben, wie diese Technologien von DEUS funktionieren und welche Vorteile sie bieten. Im Abschn. 7.2 werden die Aufgaben im Bereich urbaner Umweltkontrolle erläutert. Abschn. 7.3 stellt die Vision des Konsortiums vor. Abschn. 7.4 skizziert die Innovationen und den Stand der Forschung. Abschn. 7.5 widmet sich Aufbau von DEUS und seiner modularen Anwendungssuite sowie den Service-Modulen. Am Ende des Beitrages sind eine Zusammenfassung und ein Ausblick auf mögliche weitere Entwicklungs- und Forschungsthemen enthalten.

2 Aufgaben im Bereich urbaner Umweltkontrolle

Umwelt- und Klimaschutz als Teil der Daseinsvorsorge für die Bürger gehören im nächsten Jahrzehnt zu den wichtigsten Aufgaben in Städten. Dazu hat die nationale und internationale Politik in den letzten Jahren stringente Ziele gesetzt [6–8].

2.1 Schaffung von Entscheidungshilfen für nachhaltige, klimagerechte und soziale Maßnahmen

Die Kölner Oberbürgermeisterin Henriette Reker ist der Meinung, dass Smart City vor allem bedeutet, das Leben der Menschen zu verbessern. Sie hat eine genaue Vorstellung davon, wie das Leben in der Millionenstadt in zehn Jahren aussehen soll: nachhaltig, sozial und klimagerecht [9].

Um diese Ziele im urbanen Raum erreichen zu können, muss ein Bündel aus Maßnahmen identifiziert, realisiert und evaluiert werden.

- Doch wie können diese Maßnahmen identifiziert werden? Welche Entscheidungshilfen können dazu genutzt werden? Im Bereich der urbanen Luftgüte benötigt man weitaus mehr Daten, als bisher vorliegen. Alleine aufgrund der geographischen, urbanen Strukturen können existierende Ausbreitungsrechnungen nur entfernte Näherungswerte liefern.
  Wie geht man aber mit diesen punktuellen Werten unter Berücksichtigung des Ansatzes der Umweltgerechtigkeit um [10]? Ist es zu vertreten, dass Einwohner eines bestimmten Gebietes bessergestellt werden, weil in ihrem Wohn- und Lebensbereich physisch Daten erhoben werden, und Anwohner in anderen Stadtarealen müssen mit Hochrechnungen auskommen? In der Zukunft birgt dies enormes Konfliktpotential. Fakt ist, um neue Maßnahmen zu definieren und vor allem auch zu evaluieren, benötigt man Daten, Daten und nochmals Daten. Die existierenden Mess-Netze können diese Daten in ihrer jetzigen Form schlicht nicht liefern.
- Wie eingangs festgestellt, sind enorm viele Echtzeitdaten notwendig, um die Zukunftsaufgaben in Bezug auf **urbane Umweltinformationen realistisch abbilden zu können.** Dies ist im kommunalen Bereich eine große Herausforderung.
- Es gibt mit hoher Wahrscheinlichkeit in Bezug auf Umweltinformationen in naher Zukunft interdisziplinäre Zuständigkeits-Transformationen zwischen Städten und Bundes- und EU-Ebenen. Allein innerhalb der EU gibt es je nach Mitgliedsstaat sehr unterschiedliche Herangehensweisen an die Erfassung der Luftgüte-Daten. Die Definitionen im Bundes-Immissionsschutzgesetz bieten einigen Spielraum. So heißt es im Anhang 3 *„Der Messeinlass muss sich grundsätzlich in einer Höhe zwischen 1,5 m (Atemzone) und 4 m über dem Boden befinden."* Und: *„Bei allen Schadstoffen dürfen verkehrsbezogene Probenahmestellen zur Messung höchstens 10 m vom Fahrbahnrand entfernt sein; vom Fahrbahnrand verkehrsreicher Kreuzungen müssen sie*

mindestens 25 m entfernt sein.“ [11] Aufgrund tatsächlich realisierter Parameter sind im mediterranen Raum die Messeinlässe häufig auf 4 m angesetzt, während sie in Deutschland eher auf 2–3 m vorzufinden sind. In jedem Fall gibt allein diese Richtlinie einigen Spielraum für unterschiedliche Aufstellungsmöglichkeiten, die stellenweise zu sehr unterschiedlichen Ergebnissen führen.
So wurde in einem Projekt in Potsdam, an der Zeppelinstraße, welches durch das Ingenieurbüro Lohmeyer begleitet und evaluiert worden ist, die Fahrbahn verengt, und eine zusätzliche Radspur wurde am Außenrand der Fahrbahnen eingerichtet. Gleichfalls wurde das Tempo auf 30 km pro Stunde reduziert. Durch die Spureinengung ist allerdings auch der Umstand eingetreten, dass die Messstation nunmehr knapp 3 m weiter von der Fahrbahn entfernt steht als vorher [12].

- Welche Maßnahmen nun zu einer Reduzierung der Luftschadstoffe führten, kann so wissenschaftlich nur bedingt sachlich untersucht werden. Für eine rein wissenschaftliche Betrachtung hätten folgende Szenarien untersucht werden müssen (vorausgesetzt immer gleicher Jahreszeitraum – ergo Szenario für mindestens 3 Jahre):
  - Die Fahrbahn bleibt zweispurig, und das Tempo wird auf 30 km pro Stunde reduziert,
  - Fahrbahn wird einspurig aber das Tempo bleibt bei 50 km pro Stunde, und der Messcontainer wird im gleichen Abstand wie vorher am neuen Standort an der Fahrbahn aufgestellt.

  Bereits anhand dieses Beispiels ist zu sehen, wie hoch komplex geringfügige Änderungen in der Wirkungsfolge sind.

DEUS steht an einer Synergie- und Nahtstelle in Bezug auf die sogenannte Erfassungstechnologie und die Datenmigration (Daten aus unterschiedlichen, interdisziplinären Quellen, Mess-Netzen etc.) und liefert einen wertvollen Teil dieser notwendigen Technologien und Lösungen.

2.2 Schaffung eines Regelwerks für starke intelligente öffentlich-private Partnerschaften

Der Aufbau dieser notwendigen, urbanen Flächen-Mess-Netze (SMART AIR GRIDS) braucht Zeit, technisches Knowhow und vor allem umfangreiche Investitionen.

- In Anbetracht kommunaler Budgets, welche regional extrem unterschiedlich in Deutschland und Europa sind, stellt sich die Frage, wie dieser Netzaufbau finanziert werden kann.
- Eine mögliche Lösung zur Finanzierung dafür kann im Bereich sogenannter öffentlich-privater Partnerschaften (Public Private Partnership (PPP)) liegen.

- Dafür gibt es mittlerweile positive Beispiele seitens des „DEUS – Pollutrack" Konsortiums.
- Zusammenarbeit zwischen kommunalen Verwaltungen, großen Unternehmen mit einer Fahrzeugflotte wie beispielsweise Spediteure, Lieferdienste oder Wartungs- und Servicetechniker mit einem Interesse an der Stärkung sogenannter Green-Tech-Lösungen können hier Teil der Lösung sein.
- So sind beispielsweise in mehreren europäischen Städten u. a. in Lissabon, Madrid und Paris hunderte von Sensoren auf den modernen e-Autos der dpdgroup installiert. In Paris sind zusätzlich Sensoren auf der Flotte vom Dienstleister enedis in dem Projekt mit DEUS-Pollutrack beteiligt [13, 20, siehe auch Abschn. 4.4].
- Zukünftig sollten auch Kommunen, Nicht-Regierungsorganisationen und Non-Profit-Organisationen die Möglichkeit erhalten, sich über einen geplanten europäischen Dachverband in solche Flächen-Messnetze einzubringen.

2.3 Berücksichtigung von hoher Dynamik bezüglich der Aktualität von Grenzwerten

Durch das rasante Tempo des Klimawandels nimmt die Zahl der Studien zu Teilaspekten der Klimaforschung zu. Für Entscheidungsträger aus Politik und Verwaltung ist es umso wichtiger, dass auch Softwaresysteme bei Anpassungen von Grenzwerten durch Gesetzeswerke konfigurierbar sind.

- Betrachtet man auch die Frage nach der Relevanz von Luftbelastungen in Bezug auf die Gesundheitslage der Bevölkerung, gibt es seitens der Politik bereits seit Jahrzehnten umfangreiche Maßnahmen und Regularien, wie etwa Vorschriften zum Einsatz von SCR Filtertechnologien, um Abgase von Industrieanlagen zu reinigen [14]. Die Grenzwerte für Luftschadstoffe im urbanen Raum sind in den letzten Jahren signifikant modifiziert worden [15].
- Die Corona-Pandemie zeigte, wie sich unter Katastrophenszenarien sogar Ziele ändern können. Ist es unter nicht pandemischen Umständen klar erklärtes Ziel der Kommunen, den öffentlichen Nahverkehr zu bevorzugen, zeigte es sich, dass aus Schutzkonzepten heraus plötzlich der Individualverkehr unabdingbar notwendig ist (temporär in den Fokus geraten Fahrrad und Automobil). Mit zukunftsfähigen flexiblen Verkehrsleitsystemen könnten auch solche Anforderungsänderungen flexibel gehandhabt werden. Der Lockdown ermöglichte es auch, Lärmkarten mit „üblichen Belastungen" und lärmberuhigten Situationen durch den Lockdown gegenüberzustellen [16].
- Grenzwerte betreffen aber nicht nur Luftschadstoffe. Es gibt für die Gesundheit beispielsweise auch Grenzwerte für Lärmpegel. So wird im Rahmen der Umsetzung von DEUS auch zusätzliche, mobile Lärmsensorik eingesetzt.

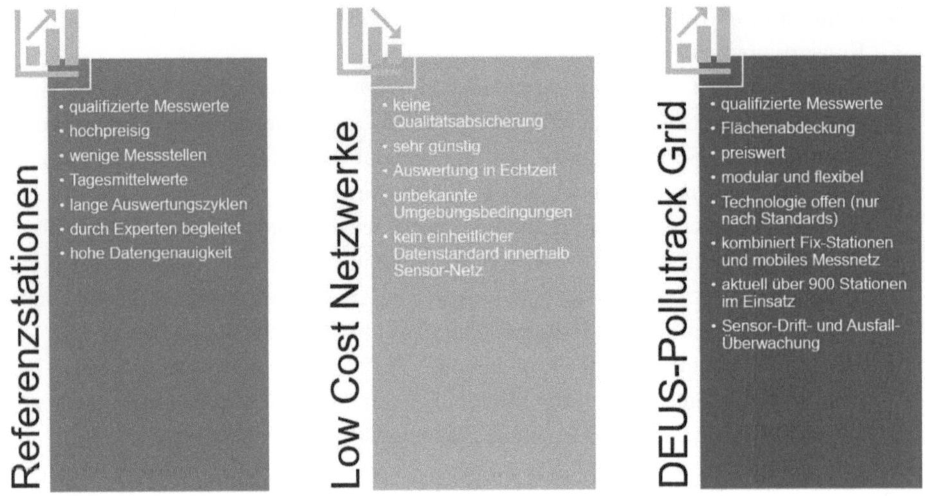

Abb. 1 Technologieüberblick für drei Arten von Luftgüte Messnetzen

2.4 Kombination von Netzwerken für intelligente Luftgüte-Messnetze

Zurück zur Frage, wie Lösungen für eine bessere urbane Gesundheits- und Daseinsfürsorge aussehen können. Dazu liefert der Ansatz von DEUS-Pollutrack eine besondere Lösung. Abb. 1 zeigt die Eigenschaften wichtiger Ansätze für folgende Arten von Luftgüte-Netzwerken:

- Netzwerke mit stationäre Referenzstationen
- Low Cost Netzwerke und
- DEUS-Pollutrack Grid

DEUS-Pollutrack Grid nutzt die Kombination von positiven Eigenschaften der stationären und der mobilen Messnetze mit dem Ansatz der Low Cost Netzwerktechniken.

3 Projektkontext

3.1 Vision

DEUS soll es SMART CITIES ermöglichen, durch eine innovative Plattform für flächendeckende intelligente Echtzeit-Messnetze einen entscheidenden Beitrag für den Klimaschutz zu leisten.

Ziel ist es, gemeinsam mit den Konsortialpartnern, die **führende europäische Plattform für den Bereich urbaner Umwelt-Monitoring Systeme** zu werden. Dies umfasst sowohl den Bereich der Messtechnik, den Bereich der Datenverarbeitung wie auch damit verbundene Service-Lösungen für staatliche Einrichtungen, kommerzielle Nutzer, NGOs, aber vor allem auch für die Bevölkerung.

Schwerpunkte sind dabei intelligente, kombinierte Verfahren (siehe Abb. 2):

- Zum Messen
  - Flexibel an mobilen und festen Standorten Daten zu Luftgüte, Lärmbelastung und Lichtverschmutzung zu messen. Dies umfasst zusätzlich eine vollständige Beschreibung der Instrumentierung, sowie deren Beschreibung und Administrationsschnittstellen.
- Analysieren
  - für Experten komplexe Analyseverfahren kombinieren können, sowie darauf aufbauende gängige Prognoseverfahren (beispielsweise 24h Forecast) integrieren,
- Informieren
  - Einfache nutzergruppenspezifische Informationspräsentations- und Recherchemöglichkeiten anbieten, die in späteren Versionen auch Europäische Berichtspflichten erfüllen können,
- Reduzieren von Schadstoffen u. a. Umweltbelastungen wie z. B. Lärm
  - Integration mit Verkehrsleitsystemen über Schnittstellen ermöglichen, um so den Ausstoß von Schadstoffen nachweisbar zu reduzieren.

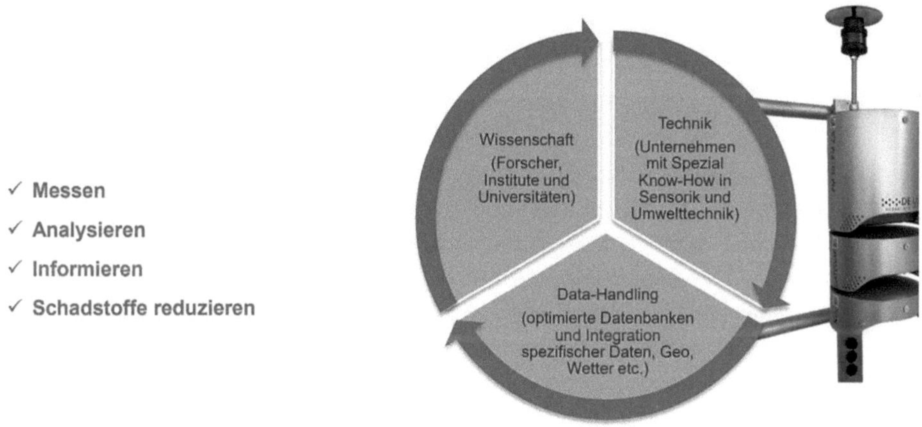

Abb. 2 Vision von DEUS

Hinsichtlich der Datenverarbeitung und -darstellungen sind folgende Neuerungen vorgesehen:

- Kombination von Äquivalenztechnik mit Basistechnologien (für $PM_{2,5}$, $PM_{1,0}$, NO_2 etc.),
- Kombination von festen, modularen und mobilen Messstationen basierend auf revolutionärer, Patent-geschützter Technologie (WO2017064376A1) – dadurch kann eine sehr hohe Genauigkeit bei hoch granularer Auflösung (100 m x 100 m) erreicht werden,
- Flächendeckendes modulares und anbieteroffenes Echtzeit Open-Source Hardware System,
- Flankierende und DSGVO-sichere Verkehrsflussmessung (Verursacher-Korrelation und optimale Verkehrsflusssteuerung),
- Integration und Abgleich aller Echtzeit-Messdaten (DEUS Stationen, Referenzstationen etc.),
- Erfassung und Darstellung von urbanen Hotspots (Echtzeit Grenzwertüberschreitungen, Tages- und Jahres-Mittelwertüberschreitungen),
- Aufbau eines **KI-gestützten Echtzeit Prognosesystems** für einen 24h Vorhersagezeitraum,
- Analysetools zur qualifizierten Evaluation von Messdaten und -zusammenhängen als Basis für rechtssichere Messüberprüfungen,
- Entwicklung von **Lösungen zur lokalen Luftschadstoff-Reduktion** (Verkehrsfluss, Frischluft-Versorgung etc.),
- **Kommunales Informations-System für Bürger** (begleitet und koordiniert durch kommunale und landesbehördliche Experten),
- Zeitnahe Flächeninformation anstelle weniger Referenzmessstellen an exponierten Stellen. Dazu Entwicklung **günstiger online-Messtechnik anstelle herkömmlicher Sammler;** mit vergleichbarer Qualität sowie **Modellen für Ausbreitung und die Prognose.**

DEUS-Pollutrack liefert in Ergänzung zu den bestehenden Referenzstationen neue Technologien in Bezug auf Sensorik (siehe Abb. 3).Wie in diesem Bild zu sehen ist, kann der Lasersensor in Form der blauen Box auf Fahrzeugen montiert werden.

Aktuell findet ein Wettbewerb zwischen reinen Daten-Interpreten (Google, digitale Start-Ups etc.) und etablierten öffentlich-rechtlichen Instanzen wie den Landesumweltämtern etc. statt. Die Bürger möchten besser informiert werden, sie möchten in Entscheidungen eingebunden werden, und sie möchten in einer gesunden Umwelt leben. Dieses Transformationsfeld im Bereich SMART AIR und SMART CITY kann aber auch sowohl technologisch als auch datenbasiert zur gleichen Zeit gesteuert werden.

Die europäische Plattform DEUS hat sich zum Ziel gesetzt, Kommunen, Landes- und Bundesbehörden sowie Bürger gleichermaßen zu unterstützen: Messen, Analysieren, Infomieren, Lösungen etablieren.

Abb. 3 Pollutrack mobiler Sensor (links) mit Anbringung am Fahrzeug (mitte) und DEUS modulare Fest-Stationen (rechts). (Quelle: DEUS-Pollutrack)

3.2 Konsortium DEUS

Die Initiative wurde 2017 ins Leben gerufen. Entsprechend der Darstellung in Abb. 2 soll die Kompetenz aus Forschung, Industrie, Verwaltung, aber auch gemeinnützigen Non-Profit-Organisationen oder Genossenschaften gebündelt werden.

Das Konsortium des Projektes erweitert sich kontinuierlich und setzt sich aktuell wie folgt zusammen:

- Messgeräte- und Sensorhersteller (Knestel Elektronik GmbH, Comde-Derenda GmbH, DEKA, SMART SENSORIK, IEB GmbH, Pollutrack SAS, Bruitparif)
- Master Engineering, Gehäuse-/Mastsystem (DEUS – Füllner & Partner GmbH)
- Photovoltaik und Batterie System (ettrak GmbH)
- Messwertaufbereitung und Datenübertragung (IEB GmbH, Knestel Elektronik GmbH, Pollutrack SAS, Bruitparif)
- Datenvalidierung, -verarbeitung und -auswertung (RISA GmbH)
- Modelle und Prognose (Neofonie GmbH, TU Dresden und Fraunhofer IVI)

Das DEUS-Teilsystem zur Luftgüte-Überwachung wird als DEUS-Pollutrack bezeichnet. Bruitparif ist eine gemeinnützige Umweltorganisation, die für die Überwachung des Umgebungslärms im Ballungsraum Paris verantwortlich ist [24].

3.3 Nachhaltige Entwicklungsziele

Zukünftig ist ein weiterer Ausbau der europäischen Plattform mit Experten aus relevanten Wissenschafts- und Technologiebereichen mit dem Ziel eine europäische Genossenschaft als Dachverband ins Leben zu rufen erforderlich. DEUS soll deshalb folgende nachhaltige Entwicklungsziele berücksichtigen:

- Erfassen und Messen von erweiterbaren Kategorien von Messwerten
- Konfigurierbares Analysieren
- Nutzerspezifisches Informieren
- Integration von Projektschnittstellen zur Entwicklung von Klimaschutz- und Umwelt-Lösungen
- Entwicklung von Standardisierungen und Methoden
- Mess-Netz-Erweiterung unter Open-Source Ansätzen

Diese Ziele sollen in Anlehnung an die UN Sustainable Development Goals der Agenda 2030 für die Bereiche: Gesundheit & Wohlergehen (3), Industrie/Innovation und Infrastruktur (9), Nachhaltige Städte und Gemeinden (11), Maßnahmen zum Klimaschutz (13), Partnerschaften zur Erreichung der Ziele (17) erreicht werden [17].

4 Innovationen

4.1 Kombinierter Einsatz von stationären und mobilen Sensoren

Die wichtigste technische Revolution ist der **kombinierte Einsatz von stationären Sensoren mit mobilen Sensoren.** Dabei werden die Sensoren jeweils täglich gegeneinander abgeglichen und so in Echtzeit rekalibriert. Aufgrund dieser Technologie zur Rekalibrierung können günstigere Sensoren in der Fläche eingesetzt werden und dennoch wird eine sehr hohe, evaluierte Genauigkeit in Bezug auf die Daten gewährleistet. Dieses neuartige Real-Time-Online-Messverfahren liefert im urbanen Raum eine Flächenauflösung von $100 \times 100\,m$. Dies kann man wohl als einen „Quantensprung" in Bezug auf die bisherige räumliche Datenauflösung betrachten.

Als Beispiel und zum Vergleich kann das Messnetz der Stadt Berlin „Blume" herangezogen werden [18]. Dort sind folgende Stationen installiert:

- An drei Stationen im innerstädtischen Hintergrund werden zur Bestimmung der durchschnittlichen Exposition (engl. AEI) gravimetrisch Partikelmessungen in der $PM_{2,5}$-Fraktion mit einem Teilchendurchmesser bis zu 2.5 µm durchgeführt.
- Gravimetrische $PM_{2,5}$-Messungen erfolgen außerdem zusätzlich an einer Station in einer Hauptverkehrsstraße.
- Berlin hat eine Fläche von 892 Quadratkilometern [25]: nehmen wir nun die von Berlin im Bereich $PM_{2,5}$ installierten Stationen, kommen wir auf eine räumliche Auflösung von $111.500 \times 111.500\,m$. Also ein nicht gerade unerheblicher Unterschied.

Die Messtechnik wird je nach Sensorgebiet (NO_2, $PM_{2,5}$ etc.) in **zwei bis drei, aufeinander aufbauenden Qualitätsstufen** entwickelt. In Form des TÜV zertifizierten APM-2 existiert die höchste Stufe bereits, welche dem Äquivalenzverfahren (gravimetrischer Messmethode) gleichkommt.

DEUS-Pollutrack kombiniert feste Stationen mit hunderten mobilen Sensoren und führt zusätzlich Datenabgleiche mit den Referenzstationen durch. Die **Validierung der Messwerte** erfolgt durch die Ausnutzung von Redundanz, Diversität, Zeitverläufen mit komplexen Modellen.

4.2 Smarte Verkehrsfluss-Steuerung „Section Control"

Durch ein Real-Time-Monitoring System auf Autobahn-Teilstrecken und innerstädtischen Belastungsstrecken können mit flankierender Überwachung mit SMART-AIR-GRID-Stationen und mobilen Sensoren in Echtzeit die Luftgüte Werte detektiert, der Verkehrsfluss erfasst und in Korrelation zu historischen Werten **Prognoserechnungen** realisiert werden.

Dadurch wird es möglich, **automatisch und tageszeitabhängig Tempo-Reduzierungen** vorzunehmen und/oder bestimmte Verkehrsteilnehmer wie z. B. Lastkraft- bzw. Lieferwagen vorrübergehend umzurouten. Aufgrund des Real-Time-Monitoring-Systems kann sofort agiert werden, wenn sich die Werte der Luftgüte positiv verändern.

Notwendige Bestandteile zur Realisierung dieser **„Section-Control"** Maßnahmen sind:

- Echtzeit-Mess-Module: $PM_{2,5}/NO_2$
- Echtzeit-Verkehrsfluss-Modul
- Batterie-Modul (für autarke Messstationen)
- Photovoltaik-Modul (für autarke Messstationen)

Diese innovativen Technologien und Lösungen können Städte in Form von **Software as a Service** (SaaS) nutzen, um die Investitionskosten effizient zu gestalten. Damit einhergehend liefert eine in diesem **Sektor einzigartige Visualisierung der Daten** Möglichkeiten, um Entscheider aber auch Bürger jeweils gesondert detailreich zu informieren und auch weitergehende Analysen zu ermöglichen. (siehe Abb. 8).

4.3 Aktuelle Stand der Umsetzung

Zum jetzigen Zeitpunkt sind durch die Kombination der Konsortial-Ressourcen von DEUS, Pollutrack und Bruitparif [19] im Rahmen der europäischen Plattform mit existierender Messtechnik im Bereich Luftgüte und Lärmmessungen zahlreiche Pilotprojekte in Betrieb.

Teilweise werden Sensoren im Testbetrieb und teilweise bereits im Routinebetrieb betrieben. Aktuell sind über 900 eigene Stationen in Europa im Betrieb und damit weisen wir das bisher größte nicht staatliche Flächen-Mess-Netz in Europa aus (Bsp.: Paris, Madrid, Lissabon) [20].

Abb. 4 Paris Echtzeitaufnahme. (Quelle: DEUS-Pollutrack)

In Abb. 4 ist zu sehen, wo sich im Stadtzentrum von Paris sogenannte Hotspots (Bereich mit höheren und hohen $PM_{2,5}$ Werten) = orange, befinden. Gleichzeitig sind in der Karte Schulen, Kindertagesstätten und Krankenhäuser zu finden, die als blaue Punkte dargestellt sind.

Somit kann **erstmalig eine Korrelation zwischen Zonen für Risiko-Gruppen und einer tatsächlichen auswählbaren Echtzeit-Messpunkten Luftbelastung dargestellt werden.** Darauf basierend ist die Stadt in der Lage, **Maßnahmen zur Reduktion zu definieren und vor allem priorisieren.**

Ein weiteres Beispiel der Darstellungsform lässt sich in der Echtzeitaufnahme der Stadt Lissabon (siehe Abb. 5) in einer anderen Darstellungsform (Vektor-Map) wiederfinden.

In Abb. 5 ist anhand der orange-roten Färbung deutlich zu erkennen, auf welchen Verkehrswegen eine hohe Schadstoffbelastung vorherrscht.

Bei der Untersuchung der Datensätze der letzten 2 Jahre in Paris stellte sich heraus, dass das **Phänomen der Feinstaub-$PM_{2,5}$-Partikel komplexer** ist, als ursprünglich angenommen. Demnach unterscheidet man die Quellen nach bekannten *primären* $PM_{2.5}$ Emissionsquellen und den noch relativ unzureichend dokumentierten *sekundären* $PM_{2.5}$ Emissionsquellen. Während für die Primärquellen von den Stadtentwicklern eine Liste an Maßnahmen zur Reduktion der Feinstäube erarbeitet ist, fehlen entsprechende Maßnahmen zur Reduktion der sekundären Quellen noch. Sekundäre $PM_{2.5}$-Partikel resultieren erst aus Rekombinationen von Abgasen, die sich weit hinter den Fahrzeugen bilden. Sie sind

Abb. 5 Lissabon Echtzeitaufnahme als Vektor-Map. (Quelle: DEUS-Pollutrack)

komplexer und unvorhersehbarer. Diese sind mit den klassischen stationären Methoden quasi kaum messbar gewesen und dadurch in aktuellen Luftqualitätsalgorithmen noch nicht ausreichend berücksichtigt. Die neuen mobilen Pollutrack-Sensoren ermöglichen nun reale Messungen. Endlich sind sie auch direkt in den verschiedenen Höhen von Erwachsenen oder Kindern und Kinderwagen durchführbar [21].

5 Modulare DEUS Suite

5.1 Architektur

Die DEUS-Suite basiert auf dem DEUS-Kernsystem, das Schnittstellen zur Integration von Umweltmonitoring-Modulen nach einer Art Baukastenprinzip als Suite bereitstellt.

- Derzeit ist das Modul Luftindex integriert.
- Für zukünftige Phasen, in denen auch Lärm und Lichtbelastungen berücksichtigt werden sollen, wird das System um entsprechende Komponenten erweitert [24].

Diese Monitoring-Module bieten Schnittstellen, um die Kategorien der zu erfassenden und messenden Größen zu konfigurieren.

In jedem Modul besteht die Möglichkeit mit Hilfe *optionaler Zusatz-Services* Dritt-Anbietersysteme über herstellerunabhängige Schnittstellen anzubinden. Für gleichartige Gruppen von Systemen werden diese gekapselt und in Form von herstellerunabhängigen Apps bereitgestellt.

Profi-Services dienen der Anbindung von DEUS-eigenen Apps zur Administration, Konfiguration, für Infrastruktur-Management-Anwendungen, aber auch für DEUS-interne Modulerweiterungen.

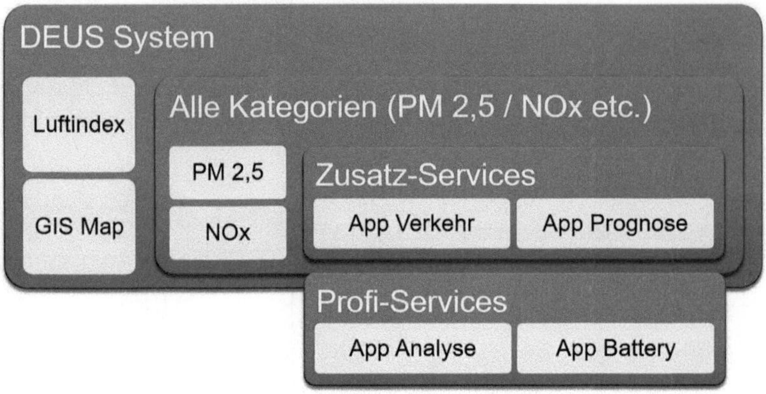

Abb. 6 Softwareanwendungen/Apps des DEUS-Pollutrack Systems

Genauere Informationen zur Architektur können derzeit aufgrund eines laufenden Projektantrags noch nicht veröffentlicht werden. Sobald eine Veröffentlichung möglich ist, wird die Architektur online dokumentiert.

5.2 Anwendungen

Das Schaubild von Abb. 6 zeigt schematisch, mit welchen Softwareanwendungen des DEUS-Pollutrack-Systems Behördenmitarbeiter von Städten, Landkreisen etc. wie auch kommerzielle Nutzer wie Ingenieurbüros und Weitere die Daten aus den SMART-AIR-GRIDS nutzen, auswerten und weiterbearbeiten können.

Die App Verkehr soll beispielsweise die Anbindung von Verkehrsleitsystemen ermöglichen [26], um basierend auf Analyse von Luftgüte-Situationen Verkehrsinformationen für die Steuerung bereitzustellen. In einer ersten Stufe ist im Rahmen eines Pilotprojektes 2021 die Integration von Dritt-Systemen von Schlothauer & Wauer geplant [26]. Andere Systeme sollen folgen.

Die App Battery soll es Drittanbietern ermöglichen, das Konzept Battery as a Service (BaaS) in die DEUS-Plattform zu integrieren. Es soll benutzt werden, um die Stromversorgung von Sensorkomponenten aus der Infrastruktur, die derzeit noch teilweise an Stromnetze mit Tages- und Nachtschaltungen (bei Sensoren an Laternen) gebunden sind, zukünftig mit autarken Lösungen unabhängiger einsetzen zu können. In einem Pilotprojekt ist der Anbieter Ettrak GmbH mit seinen Produkten im Konsortium [22].

5.3 Service-Module

In der nachfolgenden Abb. 7 ist die Möglichkeit, die einzelnen Service-Module im Rahmen einer Prozesskette zu kombinieren, dargestellt.

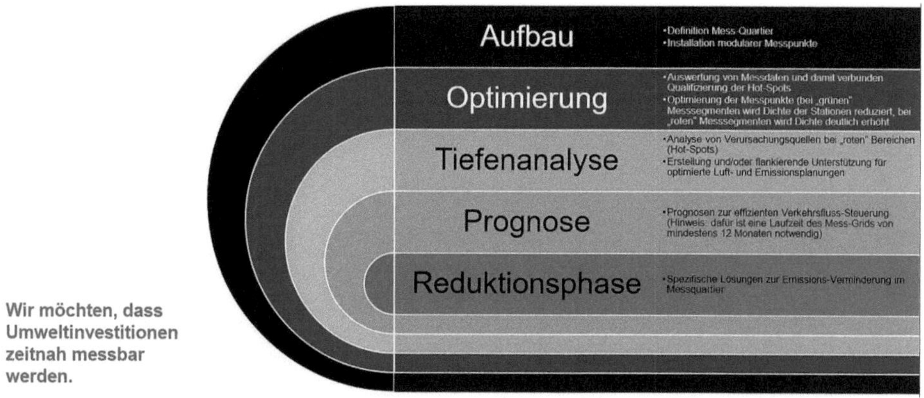

Abb. 7 Kombination der Service-Module von DEUS in einer Prozesskette

Mit diesen einzelnen Modulen kann flexibel auf tatsächliche Anforderungen im urbanen Raum reagiert werden. Unerheblich, ob es sich um ein komplettes Stadtareal oder einzelne Bereiche einer Stadt handelt. Es können differenziert lediglich temporär Daten erhoben und übermittelt werden, bis hin zur kontinuierlichen Überwachung. Damit verbunden sind auch Services im Bereich der Reduktion von Luftschadstoffen avisiert und teilweise schon in der Praxis erprobt worden.

In der Abb. 8 wird die Mächtigkeit der Auswertungsmöglichkeiten mit dem Profi-Service Analyse sichtbar. Mit Hilfe des Menüs zur Auswahl verschiedener Filterkriterien (links schwarz zu sehen) wurde eine einzelne Mess-Station ausgewählt. Der Messwertverlauf wird unten rechts im Diagramm angezeigt. Über das Menü kann auch zwischen verschiedenen Darstellungsarten wie dem Air-Quality-Index (im Bild), Vektor-Map (siehe Abb. 5) und anderen gewählt werden.

6 Zusammenfassung und Ausblick

In den letzten Jahren sind im Rahmen der Forschung Untersuchungen zur Technologie in Bezug auf die Sensorik, rechtliche Rahmenbindungen etc. durchgeführt worden. Es wurden verschiedenste Sensor-Technologien im Bereich Feinstaub-Detektion $PM_{2,5}$ und Verkehrsflussmessungen auf ihre Anwendungsfähigkeiten hin untersucht. Veröffentlichungen dazu sind in späterer Zeit noch geplant [23].

Gleichfalls wurden durch Pollutrack Technologien als Triple-Dect-Methode entwickelt, mit deren Hilfe bei extrem reduzierten Kosten für Sensorik eine hohe Daten Performance erreicht werden konnte. Diese Methode kombiniert insgesamt 3 Sensoren in

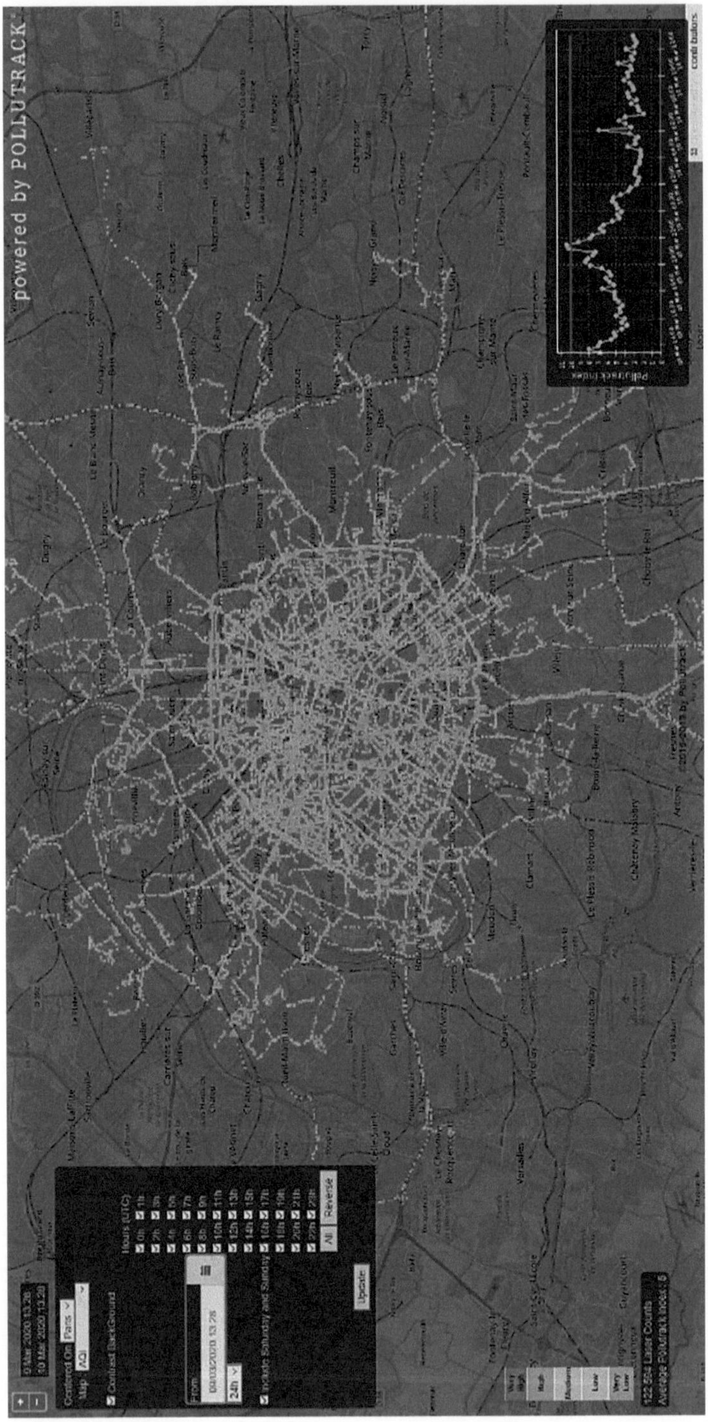

Abb. 8 Echtzeitauswertung des Pollutrack Netzes der Stadt Paris. (Quelle: DEUS-Pollutrack)

einem Modul. Im Vergleich mit dem höherpreisigen Air Pollution Monitor APM-2 [24] wird dennoch eine nahezu gleiche Qualität erzielt.

Auch in Zukunft liegt einer der Forschungsschwerpunkte auf stetiger Weiterentwicklung der Sensorik und Messtechnik.

- Aktuell gibt es in Bezug auf die Detektion von PM_1 und $PM_{2,5}$ eine valide existierende Messtechnologie.
- Hinzukommen sollen in zeitnah gleichwertige Technologie für NH_3 und Stickoxide.
- In Vorbereitung ist die Integration von Sensorik im Bereich Lärm- und Lichtverschmutzung.

Im Sektor der Datenverarbeitung und -migration ist die Entwicklung und Anwendung probabilistischer Methoden avisiert. Dadurch kann sichergestellt werden, dass verschiedene Sensortypen auf eine einheitliche Datenverarbeitungsebene migriert werden.

Durch die Kombination mobiler Sensoren und eines stationären, modularen Systems ergibt sich im Bereich der Flächen-Messung von Luftgüte im urbanen Bereich ein Paradigmenwechsel mit vielfältigen bisher nicht dagewesenen Nutzungsmöglichkeiten als Teil von SMART CITY und IoT Lösungen:

- DEUS ist eine modulare, anbieteroffene und standardisierte digitale Entwicklungsplattform, die Umweltlösungen nach wissenschaftlichen Erkenntnissen bündelt.
- Luftschadstoffe, Lärm und Licht werden flächendeckend erfasst
- Prognosen:
  - In Abhängigkeit zur Wetter- und Verkehrslage können Voraussagen für 24h erstellt werden (Abhängigkeit zur Lernkurve, Validität der Wetterprognosen).
- Technik:
  - Einsatz zusätzlicher valider, zertifizierter und rechts-sicherer Module,
  - Echtzeit-Überwachung der Sensor-Integrität und Absicherung durch Redundanz ermöglichen gravierende Maintenance-Vorteile.
  - Fundierte Entscheidungsgrundlage für Luftreinhaltepläne und Maßnahmen zur Verkehrs-Steuerung für Kommunen und auch für gewerbliche Nutzergruppen.

In den Jahren 2020 bis 2022 sollen die Bereiche Lärm-, Lichtdetektion fest integriert werden und um ein umfangreiches Sensorsystem im Bereich des Wasser-Zustandsmonitorings für fließende und stille urbane Gewässer erweitert werden.

Dabei ist DEUS-Pollutrack kontinuierlich auf der Suche nach ergänzenden technischen, wissenschaftlichen, kommerziellen und auch staatlichen Partnern. Nur gemeinsam lässt sich die Vision dieser europäischen Plattform realisieren.

Literatur

1. Vetter, P. (2019). Deutliche Niederlage für Umwelthilfe im Fahrverbotsstreit. Welt.de, Ausgabe vom 10.12.2019. https://www.welt.de/wirtschaft/article204212222/Fahrverbote-Deutliche-Niederlage-fuer-Umwelthilfe-in-Frankfurt.html. Zugegriffen: 25. Mai 2020.
2. Luftmessnetz: Wo und wie wird gemessen? https://www.umweltbundesamt.de/themen/luft-messnetz-wo-wie-wird-gemessen. Zugegriffen: 25. Mai 2020.
3. Die Luftverschmutzung der Welt: Echtzeit-Luftqualitätsindex. https://waqi.info/de/. Zugegriffen: 25.05.2020.
4. Raza, U., Kulkarni, P., & Sooriyabandara, M. (2017). Low power wide area networks: An overview. *IEEE Communications Surveys & Tutorials, 19*(2), 855–873, Secondquarter. doi: https://doi.org/10.1109/COMST.2017.2652320.
5. Siepermann, M. Smart city – Definition. Gabler wirtschaftslexikon. https://wirtschaftslexikon.gabler.de/definition/smart-city-54505/version-277534. Zugegriffen: 25. Mai 2020.
6. United Nations (UN): Sustainable development goals - Goal 13 climate action: Take urgent action to combat climate change and its impacts. https://www.un.org/sustainabledevelopment/climate-change/. Zugegriffen: 25. Mai 2020.
7. United Nations (UN): Sustainable development goals – Goal 3 good health and well-being: Ensure healthy lives and promote well-being for all at all ages. https://www.un.org/sustainabledevelopment/health/. Zugegriffen: 25. Mai 2020.
8. Die Bundesregierung: Agenda 2030 – die 17 Ziele. https://www.bundesregierung.de/breg-de/themen/nachhaltigkeitspolitik/agenda-2030-die-17-ziele. Zugegriffen: 25. Mai 2020.
9. Reker, H. (2019). Köln soll bis 2050 klimaneutral sein. Welt Online, Ausgabe 01.11. 2019. https://www.welt.de/wirtschaft/bilanz/article202769540/Smart-City-Ranking-Koeln-soll-bis-2050-klimaneutral-sein.html. Zugegriffen: 25. Mai 2020.
10. Toolbox Umweltgerechtigkeit: Begriff – Umweltgerechtigkeit was ist das? Deutsches Institut für Urbanistik gGmbH. https://toolbox-umweltgerechtigkeit.de/begriff. Zugegriffen: 25. Mai 2020.
11. Bundes-Immissionsschutzgesetz (BImSchG): Anlage 3. https://www.gesetze-im-internet.de/bimschv_39/anlage_3.html. Zugegriffen: 26. Mai 2020.
12. Zeppelinstraße Field Test. (2018). Analysis of effect over the course of the forward projection of the Potsdamer clean air plan 2015/2016. In: Lohmeyer Hauszeitung, Ausgabe 40, S. 3 (12/2018). https://www.lohmeyer.de/de/system/files/content/download/hauszeitung/ausgabe40_en.pdf. Zugegriffen: 26. Mai 2020.
13. SEUR launches a unique air quality monitoring programme in Madrid contributing to the CO2 emissions reduction. https://www.dpd.com/group/en/2020/01/17/seur-launches-a-unique-air-quality-monitoring-programme-in-madrid-contributing-to-the-co2-emissions-reduction/. Zugegriffen: 25. Mai 2020.
14. Beckmann, M. (2011). Beschreibung unterschiedlicher Techniken und deren Entwicklungspotentiale zur Minderung von Stickstoffoxiden im Abgas von Abfallverbrennungsanlagen und Ersatzbrennstoff-Kraftwerken hinsichtlich Leistungsfähigkeit, Kosten und Energieverbrauch. UBA-Texte 71/2011, Umweltbundesamt, Dessau-Roßlau. https://www.umweltbundesamt.de/sites/default/files/medien/461/publikationen/4196.pdf. Zugegriffen: 25. Mai 2020.
15. Aktuelle Diskussion um Grenzwerte für Luftschadstoffe. https://www.umweltbundesamt.at/umweltthemen/luft/daten-luft/luft-grenzwerte. Zugegriffen: 25. Mai 2020.
16. Poincelet, E. (2018). Device and method for capturing and recording fine particles and/or the density of nox gases in the air. PatentNo: WO2017064376A1. https://patents.google.com/patent/WO2017064376A1/en?oq=WO2017064376A1. Zugegriffen: 26. Mai 2020.

17. United Nations (UN): Sustainable development goals. https://sustainabledevelopment.un.org/?menu=1300. Zugegriffen: 25. Mai 2020.
18. Luftqualität - Berliner Luft: Beschreibung des Messnetzes (BLUME). https://www.berlin.de/senuvk/umwelt/luftqualitaet/de/messnetz/blume.shtml. Zugegriffen: 26. Mai 2020.
19. Les effets du confinement sur le bruit en Ile-de-France. https://www.bruitparif.fr/pages/Focus/990%20Suivi%20des%20modifications%20de%20l%27environnement%20sonore%20en%20lien%20avec%20le%20confinement%20et%20le%20d%C3%A9confinement/20-20-07-13%20-%20Rapport%20-%20Les%20effets%20du%20confinement%20et%20du%20d%C3%A9confinement%20sur%20le%20bruit%20en%20%C3%8Ele-de-France.pdf. Zugegriffen: 25. Mai 2020.
20. DPDgroup launches a unique air quality monitoring programme. https://www.dpd.com/group/en/2019/11/28/dpdgroup-launches-a-unique-air-quality-monitoring-programme/mit Link https://twitter.com/i/status/1214166093406883840. Zugegriffen: 25. Mai 2020.
21. Pollutrack Website: F.A.Q. (en) Ultimately what outcomes can we expect? https://www.pollutrack.net/faq-pm2-5-pollutrack/. Zugegriffen: 26. Mai 2020.
22. Digitale und hochauflösende Erhebung von Umweltdaten – DEUS. https://www.bmvi.de/SharedDocs/DE/Artikel/DG/mfund-projekte/deus.html?nn=326002. Zugegriffen: 25. Mai 2020.
23. Air Pollution Monitor APM-2. https://www.comde-derenda.com/produkte/apm-2/. Zugegriffen: 27. Mai 2020.
24. Bruitparif. https://en.wikipedia.org/wiki/Bruitparif. Zugegriffen: 25. Mai 2020.
25. Flächennutzung Basisdaten-Statistik Berlin Brandenburg. https://www.statistik-berlin-brandenburg.de/BasisZeitreiheGrafik/Bas-Flaechennutzung.asp?Ptyp=300&Sageb=33000&creg=BBB&anzwer=5. Zugegriffen: 26. Mai 2020.
26. Schlothauer & Wauer: Softwaresysteme im Überblick. https://www.schlothauer.de/software-systeme/. Zugegriffen: 25. Mai 2020
27. Battery as a service. https://www.ettrak.com/baas/. Zugegriffen: 26. Mai 2020.

Digitalisierung für Artenschutz sowie in Naturschutz, Land- und Forstwirtschaft

Der getDist4Agri-Webservice zur Ermittlung von Entfernungen zwischen Schlag und Landschaftsstrukturen für risikorelevante Fragestellungen in der Landwirtschaft

Christoph Sinn und Burkhard Golla

1 Einleitung

Um Kulturpflanzen vor Schadorganismen zu schützen und dadurch den Ertrag und die Qualität von Nahrungs- und Rohstoffpflanzen zu sichern, werden Pflanzenschutzmittel (PSM) in der konventionellen und ökologischen landwirtschaftlichen Produktion eingesetzt [1].

Eine wesentliche Bedingung, um negative Auswirkungen auf den Naturhaushalt durch PSM zu vermeiden, ist die Beachtung der Grundsätze der guten fachlichen Praxis im Pflanzenschutz (Bundesanzeiger 2010 vom 30.03.2010, 62, Nr. 76 a). Die Einhaltung von Anwendungsbestimmungen (AWB) bei der PSM-Ausbringung ist eine wichtige Voraussetzung, um die schädigende Exposition sogenannter Nichtzielflächen wie beispielsweise Gewässer und Hecken zu vermeiden sowie Anwohner vor PSM-Abdrift zu schützen.

Durch spezielle AWB, sogenannte Abstandsauflagen, werden für die PSM-Anwendung Mindestabstände zu angrenzenden Nichtzielflächen vorgeschrieben. Neue landwirtschaftliche Entscheidungshilfesysteme sollen Anwender bei einem rechtskonformen PSM-Einsatz unterstützen, indem beispielsweise die Maschinensteuerung über Applikationskarten auch Abstandsauflagen berücksichtigt. Hierfür sind maschinenlesbare Informationen über die genaue Entfernung zwischen Landwirtschaftsflächen und den zu schützenden Nichtzielflächen von großer Bedeutung.

C. Sinn (✉) · B. Golla
Julius Kühn-Institut, Institut für Strategien und Folgenabschätzung, Kleinmachnow, Deutschland
E-Mail: Christoph.Sinn@julius-kuehn.de

B. Golla
E-Mail: burkhard.golla@julius-kuehn.de

U. Freitag et al. (Hrsg.), *Umweltinformationssysteme – Wie verändert die Digitalisierung unsere Gesellschaft?*, https://doi.org/10.1007/978-3-658-30889-6_8

Der Webservice „getDist4agri" wurde entwickelt, um erstmals diese Informationen auf Grundlage bestehender Geodatenbestände maschinenlesbar bereitzustellen. Hierfür ermittelt der Service, ob sich abstandsrelevante Strukturen (Gewässer, Hecken, Baumreihen, Wohnsiedlungen) innerhalb eines definierten Suchraums um eine Landwirtschaftsfläche (Schlag) befinden. Die Interoperabilität wird sichergestellt durch das Verwenden des Austauschformats GeoJSON.

In dieser Arbeit werden exemplarisch zwei Anwendungsfälle vorgestellt, welche diese Eingangsdaten als Webservice verwenden: (1) das Ermitteln von Abstandsauflagen und die sich daraus ergebenen Nichtanwendungsbereiche von PSM auf Schlägen; (2) die modellbasierte Abschätzung des Umweltrisikos von PSM-Anwendungen als Bestandteil der Bewertung von Pflanzenschutzverfahren für Landwirte und landwirtschaftliche Berater.

2 Ziele

In Echtzeit soll per Webservice abgefragt werden können, ob sich Nichtzielflächen im Umfeld eines Schlags befinden. Als Datengrundlage bieten sich Geodaten aus digitalen Landschaftsmodellen an, da diese räumlichen Strukturen der Erdoberfläche möglichst lagegetreu und realitätsnah in deren topologischen Beziehungen abbilden. Als Implementierungsbeispiel bietet sich dafür zunächst das ATKIS-Basis-DLM (ein amtliches Digitales Landschaftsmodell, das die topografischen Objekte der Erdoberfläche im Vektorformat beschreibt) an, andere Geodatenbestände sollen ATKIS jedoch beliebig ergänzen oder ersetzen können. Dies könnten in Zukunft beispielsweise aus Fernerkundungsprodukten abgeleitete Hecken- oder Gewässerkarten sein.

2.1 Bestimmung von Abstandsauflagen für den Einsatz von PSM

Um aquatische und terrestrische Lebensräume wie Gewässer, Vegetationsstreifen entlang von Feldern (Feldraine), Hecken, Gehölze etc. vor unvertretbaren Auswirkungen durch Pflanzenschutzmitteleinträge zu schützen, werden PSM-spezifische AWB im Rahmen der Zulassung festgelegt. Dies können Abstandsauflagen sein, die verbal Bereiche des Schlagrandes definieren, in denen PSM nicht oder nur mit abdriftmindernder Technik ausgebracht werden dürfen, um die Verlagerung von PSM außerhalb der Zielfläche zu vermeiden. Auch bestehen seit jüngerer Zeit größere Abstände zu Siedlungsflächen zum Schutz von Anwohnern [2]. Damit Abstandsauflagen PSM- und schlagspezifisch bestimmt werden können, wird die Information benötigt, ob und welche Art abstandsrelevante Strukturen sich im Umfeld des Schlags befinden.

Ein Webservice zur Bestimmung schlagspezifischer Abstandsauflagen existiert bereits unter der Bezeichnung Pesticide Application Manager (PAM) und wird vom ISIP e. V. *(Informationssystem Integrierte Pflanzenproduktion e. V.)* betrieben. Bislang ist eine Voraussetzung des PAM-Service, dass die abstandsrelevanten Strukturen bekannt und digital übergeben werden. Auf dieser Basis werden dann entsprechend der PSM-spezifischen Anwendungsbestimmungen und unter Beachtung von möglichen Landesbestimmungen (Gewässerschutz) die Geometrien von Nicht-Anwendungsflächen zurückgegeben [3, 4].

In der Praxis bedeutet es, dass Hecken und Gewässer für die Nutzung von PAM zuvor digital erfasst werden müssen, was die Akzeptanz des Service einschränkt. Im Zuge der Digitalisierung von Prozessen in der Landwirtschaft lässt sich dieser Schritt automatisieren und eine Abstandauflage kann somit von einem Assistenzsystem ermittelt werden. Mit „getDist4Agri" wird demonstriert, dass für beliebige Schlaggeometrien in Deutschland abstandsrelevante Strukturen der Umgebung auf der Grundlage von Geodaten ermittelt werden können. Die Implementierung erfolgt beispielhaft für abstandsrelevante Geoobjekte des ATKIS-Basis-DLM [5].

2.2 Risikoabschätzungen in der Landwirtschaft

Ein weiterer Anwendungsfall sind feldspezifische Abschätzungen des Umweltrisikos durch Pflanzenschutzmittelanwendungen. Dabei sind ebenfalls die Entfernungen zu umliegenden Gewässern von Interesse. Neben der kürzesten Distanz zwischen Schlagkante und Gewässerkante sind auch die durchschnittliche Entfernung innerhalb einer Pufferzone oder Entfernungsperzentile auf Grundlage der Entfernung einzelner Teilstücke der Schlagkante relevant. Eine Anwendung, in der „getDist4Agri" zum Einsatz kommen soll, ist der H2Ot-Spot Manager NRW [6].

Damit der Webservice eine Verbreitung in der Praxis erreichen kann, werden eine akzeptable Performance sowie eine möglichst große Interoperabilität angestrebt. Somit soll die Möglichkeit bestehen, den Service mit möglichst geringem Aufwand in andere Anwendungen wie WebGIS, Webmapping-Anwendungen und Web-basierte Farm-Management-Systeme (FMIS) einzubinden. Entsprechend der Datenstrategie der Bundesregierung [7] wird ein freier öffentlicher Zugang zum Service anvisiert und ein nachhaltiges Betriebs- und Pflegekonzept entwickelt.

3 Daten und Methoden

3.1 Daten und Datenbank

Damit der Webservice deutschlandweit mit einer vergleichbaren Datenqualität angeboten werden kann, wurden die amtlichen Geodaten des ATKIS-Basis-DLM verwendet. Die Implementierung auf Grundlage von freiwilligen geografischen Informationen wie z. B. OpenStreetMap wurde aufgrund unklarer Kontrollen zur Vollständigkeit und Erfassungsgenauigkeit [8] nicht weiterverfolgt.

Um mit ATKIS-Daten räumliche Abfragen durchführen zu können, müssen diese in eine räumliche Datenbank überführt werden. Als freie Software ist PostGIS weit verbreitet, und der Funktionsumfang mit proprietärer Software wie z. B. Oracle Spatial vergleichbar. Für den Webservice getDist4Agri soll soweit wie möglich freie Software eingesetzt werden, deshalb kommen als Webserver der Apache und als serverseitige Programmiersprache PHP7 zum Einsatz (siehe Abb. 4).

3.2 Grundsätzliches zur räumlichen Suche

Für eine Suche nach abstandsrelevanten Strukturen bieten sich unterschiedliche Lösungsansätze an. Ein naheliegender Ansatz ist es, die Schlaggeometrie zu puffern und alle Geometrien der gesuchten Strukturen, welche im Puffer liegen, als Antwort zurück zu geben. Der Aufwand der Verarbeitung würde in diesem Fall der Clientseite überlassen werden. Damit ist beispielsweise das Ermitteln einer Durchschnittsentfernung zu einem Gewässer gemeint oder die Feststellung, an welcher Stelle der Abstand zu einem Gewässer innerhalb der übergebenen Suchdistanz erreicht wird. Da die Übermittlung von ATKIS-Geometrien datenrechtlich problematisch ist, wurde dieser Ansatz nicht weiter untersucht.

Das Setzen von Punkten auf der Schlaggeometrie ist ein Ansatz, bei dem die räumliche Auflösung beliebig verändert werden kann. Möglich ist dies durch Veränderung des Punktabstandes. Die Punkte werden jeweils zu einem Kreis gepuffert, dessen Radius der maximal zulässigen Entfernung zu einer abstandsrelevanten Landschaftsstruktur entspricht. Wird der Suchraum (Radius) verkleinert, muss Gleiches mit dem Abstand der Punkte geschehen. Ansonsten würde der Suchraum entlang der Schlaggrenze, d. h. zwischen zwei Punkten, nicht die erforderliche Entfernung abbilden und Strukturen würden fälschlicherweise nicht selektiert. Um dies auszuschließen, muss der Abstand zwischen den Punkten kleiner sein als der Radius des Suchraums (siehe Abb. 1). Eine zuverlässige Suche lässt sich nur über eine hohe Punktdichte realisieren.

Eine weitere Möglichkeit, nach abstandsrelevanten Strukturen zu suchen, ist das Segmentieren der Schlaggeometrie in Linienteilstücke. Die Länge eines Teilstücks lässt sich je nach Anwendungszweck anpassen. Wie der tatsächliche Suchraum für ein Linienteilstück aussieht, ist in Abb. 2 zu erkennen.

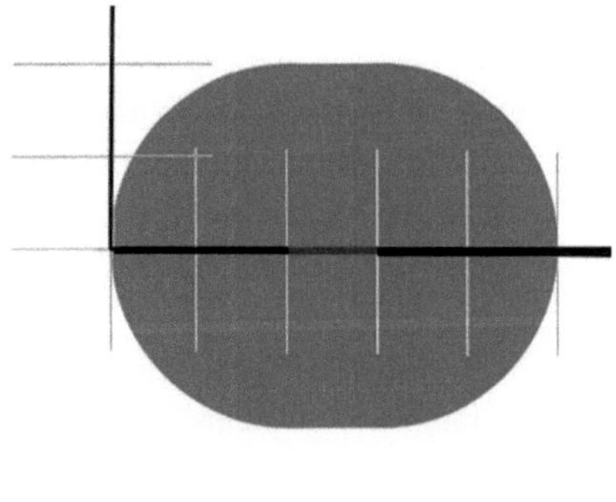

Abb. 1 Gepufferte Punkte, Abstand zum Nachbarkreis und Radius sind identisch

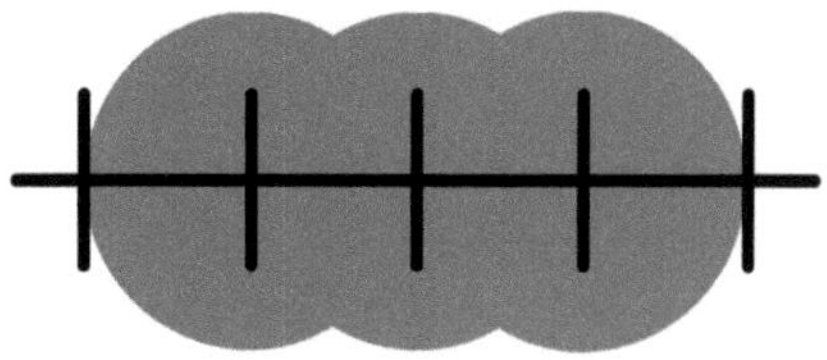

Abb. 2 Darstellung des Suchraums für ein einzelnes Linienteilstück

3.3 Performance

Aus Sicht der Performance erweisen sich Linienteilstücke als am vorteilhaftesten. Mit einer geringen Datenmenge (zwei Punkte) lassen sich große Suchräume definieren, was bei Punkten nur über eine hohe Dichte an Punkten in Form von einer Annäherung möglich wäre (siehe Abb. 1). Für die eingangs genannten Anwendungsfälle ist es ausreichend, die Abschnitte der Schlagkante zu identifizieren, in deren Suchraum sich abstandsrelevante Strukturen befinden sowie die Entfernung zu ermitteln. Als eine geeignete Auflösung wurden Linienteilstücke von 10 m für die Schlagkante erachtet. Eine derartige Auflösung wird bspw. bei Applikationskarten für Pflanzenschutz- und Düngemittelausbringung verwendet.

Da sich eine Abfrage mit dieser Methodik in Echtzeit ausführen lässt, ist eine Vorprozessierung nicht erforderlich. Die Länge eines Linienteilstücks der Schlagkante sowie der Suchentfernung für abstandsrelevante Strukturen kann an den Webservice in der Anfrage flexibel übergeben werden.

Das Erzeugen einer Buffer-Geometrie in Form eines Polygons, welches den Suchraum definiert, ist nicht erforderlich und würde unnötige Rechenzeit in Anspruch nehmen. Eine räumliche Datenbank bietet die Möglichkeit, anhand von einer Geometrie (Linienteilstück) und einem Abstand (z. B. 20 m), alle Objekte aus diesem Bereich (aus ATKIS) zu liefern. Voraussetzung dafür ist ein räumlicher Index auf die Geometriespalte in den ATKIS-Daten.

3.4 Interoperabilität und Integration

In Desktop-basierten FMIS ist für den Austausch räumlicher Daten das Shape-Format weit verbreitet. Zum Datenaustausch in web-basierten IT-Anwendungen sind Shape-Files jedoch wenig geeignet. Das proprietäre Format wurde zum Speichern von Geodaten entwickelt und besteht aus mehreren Dateien. GML, als standardisierte Anwendung von XML, dient zum Austausch raumbezogener Objekte als strukturierte Daten in Textform. Der Standard ist in der Praxis weniger gebräuchlich. Häufiger sind herstellereigene Konstrukte des XML-Formats anzutreffen.

Das für getDist4Agri präferierte und eingesetzte JSON, bzw. die Erweiterung GeoJSON, ist ein schlankes Datenformat, in dem Geoobjekte in lesbarer Form gespeichert und übertragen werden können. GeoJSON ist ein offener Standard für Geodaten, welcher sich leicht in gängige Webmapping-Anwendungen einbinden lässt [9]. Ein GeoJSON

Datenstrom beschreibt den Daten- und Geometrietyp für jedes einzelne Objekt. Die Projektion muss nicht beschrieben werden, da hier alle Geodaten im World Geodetic System 1984 (WGS 84) vorliegen müssen [10]. Für WebMapping-Anwendungen ist dies die mit Abstand häufigste Projektion.

3.5 Implementierung

Die räumliche Untersuchung der Geometrie des Schlages auf Entfernungen zu abstandsrelevanten Strukturen wurde mit PostGIS & PHP realisiert. Dazu wird die Schlaggeometrie in Linienteilstücke segmentiert. Die Längen der Teilstücke und die Größe des Suchraums (Buffer) sind variabel und können optional als Parameter übergeben werden. Erzeugt werden die Teilstücke durch das Setzen von neuen Stützpunkten mit definiertem Abstand zwischen den vorhandenen Stützpunkten der Schlaggeometrie. Anschließend werden jeweils zwei benachbarte Stützpunkte zu einer Linie (Teilstück) zusammengesetzt und als ein eigenes Objekt behandelt (siehe Abb. 3).

Die Segmentierung der Geometrie wird über ein PHP-Skript durchgeführt, welches die Schlaggeometrie vom Anwender entgegennimmt und mit PostGIS kommuniziert (siehe Abb. 4).

Für jedes Teilstück werden im jeweiligen Suchgebiet auf Basis der genutzten Geodaten (hier: ATKIS-Basis-DLM) die abstandsrelevanten Objekte wie Gewässer (aqua)

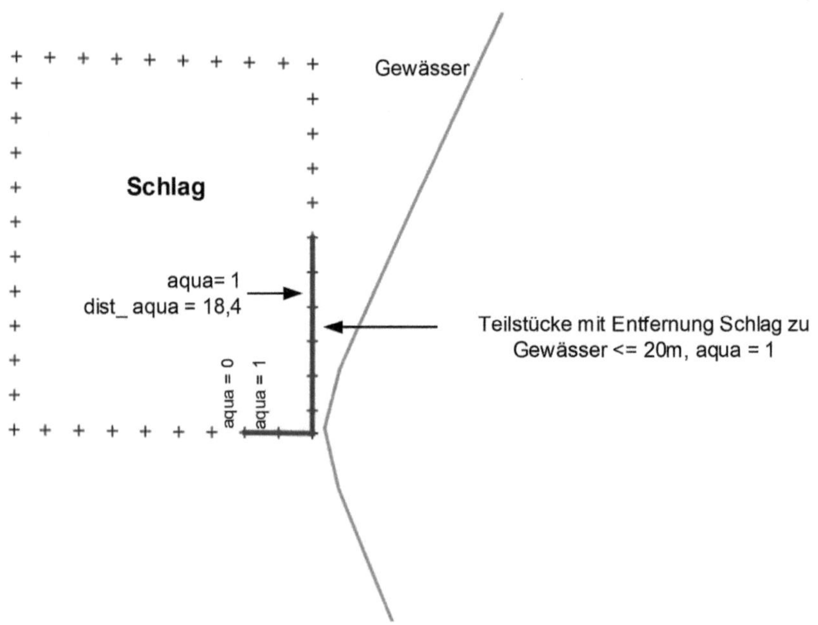

Abb. 3 Visualisierung der Suche nach Gewässern

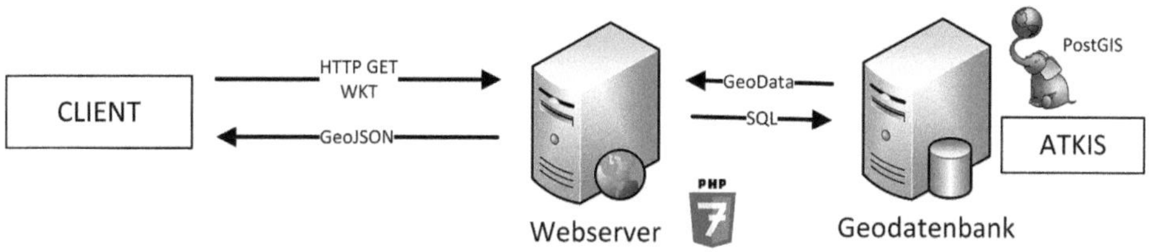

Abb. 4 Darstellung der Datenströme zwischen Client, Webserver und Geodatenbank

(siehe Abb. 1), Wälder und Grünfläche (terra) sowie Wohngebiete (other) gesucht (siehe Tab. 1), um sie in einem weiteren Schritt auch hinsichtlich deren Abfolge analysieren zu können. Bei einem Treffer wird die Geometrie des Linienteilstücks zurückgegeben und mit den Attributen aqua, dist_aqua, terra, dist_terra, other und dist_other versehen. Die Attribute, welche mit „dist" beginnen, stehen dabei für die Entfernung in Metern. „aqua", „terra" und „other" sind boolesche Variablen und nehmen den Wert 1 an, wenn sich im Suchgebiet eine relevante Struktur befindet.

In der für die Abstandsauflagen optimierten Version von getDist4Agri wird berücksichtigt, ob sich zwischen abstandsrelevanter Struktur und Schlagkante z. B. ein Weg oder eine Straße befinden. Ist dies der Fall, werden die Attribute terra und other auf 0 gesetzt. Diese Analyse ist bedeutsam, da die Gültigkeit einer speziellen Anwendungsbestimmung für einen Schlag von derartigen räumlichen Situationen abhängig sein kann.

Tab. 1 Verwendete ATKIS-Objektarten

AQUA	
44.001	Fließgewässer
44.006	stehendes Gewässer
44.007	Meer
TERRA	
43.002	Wald
43.003	Gehölz
43.004	Heide
43.005	Moor
43.006	Sumpf
43.001 VEG-1020	Grünland
43.001 VEG-1200	Brachland
76.006	NaturUmweltOder Bodenschutzrecht
OTHER	
41.001	Wohnbaufläche
41.006	Fläche gemischte Nutzung
41.007	Fläche besonderer Prägung

4 Ergebnisse

Mit dem Webservice getDist4Agri lassen sich in Echtzeit die Entfernungen zu Landschaftsstrukturen ermitteln, welche für eine Risikoabschätzung von PSM oder die Ermittlung von Abstandauflagen erforderlich sind. Die Schnittstelle des Webservice ist dokumentiert und kann unter http://asssys-services.julius-kuehn.de/doku/ aufgerufen werden (siehe Abb. 5).

Bisherige Systeme am Markt erfordern eine Vorprozessierung in Form vorherigen Einmessens dieser Strukturen [3, 11] oder sind beschränkt auf Abstände zu Gewässerobjekten [12]. Eine Vorprozessierung ist nicht erforderlich. Es werden in unseren Anwendungsfällen ATKIS-Daten verwendet, dadurch ist der Service bundesweit in

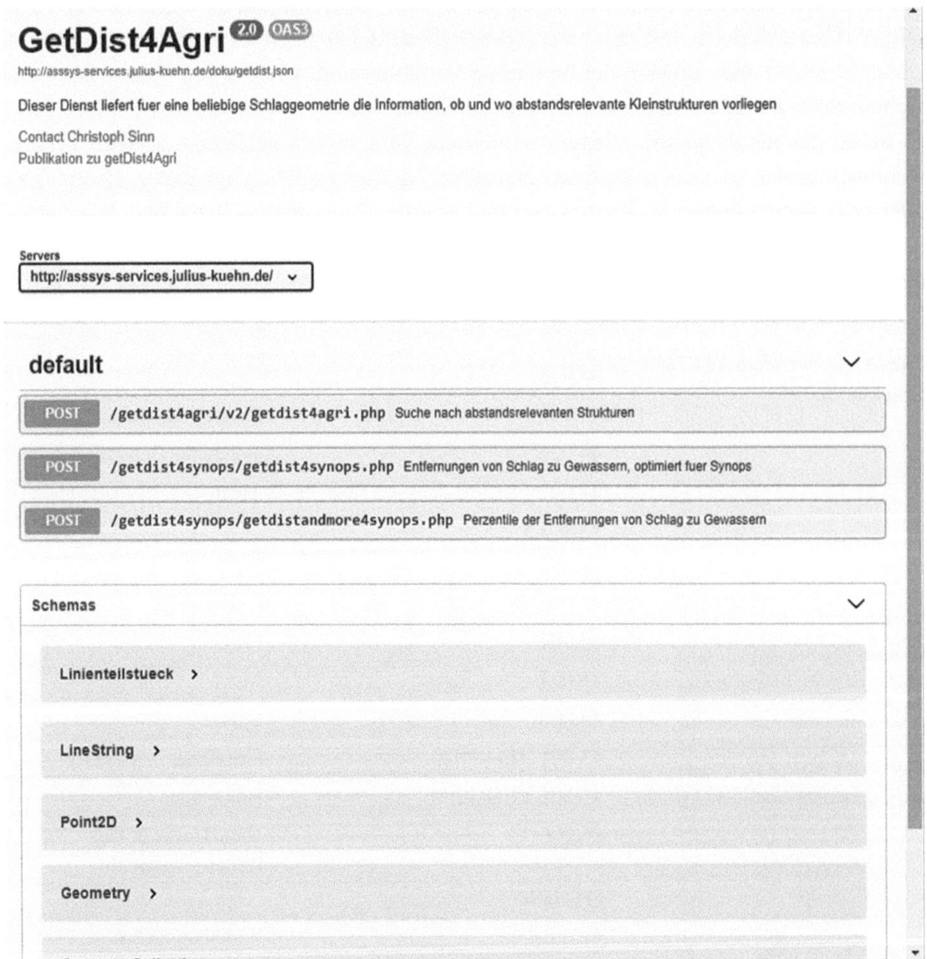

Abb. 5 Screenshot aus der Dokumentation zu getDist4Agri

```
http://asssys-services.julius-kuehn.de/getdist4agri/v2/get-
dist4agri.php?geom=Polygon ((10.6037228565375603 51.93075022152499542,
10.60359088903680913 51.93071140755419179, 10.60226345123513703
51.92756747591865008, 10.60234107917675672 51.92752089915367719,
10.60994085466118086 51.9262322753228176, 10.61130710643366193
51.92932186739921718, 10.61129934363949978 51.92939173254668361,
10.61125276687452867 51.92946936048829087, 10.6037228565375603
51.93075022152499542))&abstand=150
```

Abb. 6 Beispielanfrage an GetDist4Agri als HTTP-Request, wobei der Inhalt der Variablen Bestandteil der URL ist

vergleichbarer Qualität einsetzbar. Die Geometrie des Schlags ist als WKT (Well Known Text) oder in dem Austauschformat GeoJSON zu übergeben (siehe Abb. 6).

Die Antwort erfolgt als GeoJSON, daher lässt sich der Webservice vergleichsweise einfach in andere Webmapping und WebGIS-Anwendungen integrieren. Abb. 7 zeigt eine Rückantwort von „getDist4Agri". Eine Visualisierung des Service zeigt Abb. 8 innerhalb des Beratungstools *H_2Ot-Spot Managers* [6]. Dort, wo die Schlagkante gelb bis orange gefärbt ist, befinden sich Gewässer in einem Abstand von$<=$20m. Die Entfernungen sind als Label für die einzelnen Teilstücke angegeben. Optional ermittelt der Webservice auch durchschnittliche Entfernung und Perzentile der Entfernungen zu abstandsrelevanten Strukturen wie Wohnsiedlungen oder Gewässern und gibt diese zurück. Die Antwort auf die Anfrage (siehe Abb. 6) im GeoJSON-Format stellt Abb. 7 dar.

5 Fazit und Ausblick

Die Arbeit demonstriert, dass ein automatisiertes Ermitteln von Abstandsauflagen mit getDist4Agri und PAM [3, 4] bereits möglich und als Prozesskette in FMIS implementierbar ist. Bislang nehmen sich diesem Thema nur einzelne webbasierte FMIS am Markt an [11, 12]. Hierfür können verschiedene Gründe eine Rolle spielen. Ein Haupthindernis erkennen wir darin, dass bislang keine rechtssicheren Geodaten für die Ausbringung von PSM- oder Düngemitteln existieren. Die hier exemplarisch verwendeten ATKIS-Geoobjekte erfüllen diese Anforderungen vermutlich nicht. Insbesondere hinsichtlich der Vollständigkeit und Aktualität abstandsrelevanter Strukturen haben bislang verfügbare öffentlich-rechtliche Geodaten, wie das ATKIS-Basis-DLM, Defizite und können nur eingeschränkt für die Nutzung im Zusammenhang mit der Steuerung, Kontrolle und Umweltrisikobewertung von PSM-Anwendungen verwendet werden [3, 13, 15, 16].

Um diesem Umstand zu begegnen, können Dialoge und Projekte von Zulassungs- und Kontrollbehörden gemeinsam mit Digitalisierungsexperten aus Forschung und Industrie Lösungswege für eine sichere und umweltschonende PSM- oder Düngemittelausbringung aufzeigen. Ein Ziel solle es sein, maschinenlesbare und in Algorithmen umsetzbare Anwendungsvorschriften zu entwickeln sowie Anforderungen an Geodaten zu Nichtzielflächen für die Zwecke der Maschinensteuerung zu formulieren.

Abb. 7 Antwort von „getDist4Agri" im Austauschformat GeoJSON


```
{
  "type": "FeatureCollection",
  "features": [
    {
      "type": "Feature",
      "geometry": {
        "type": "LineString",
        "coordinates": [
          [
            10.6037228603322,
            51.9307502268281
          ],
          [
            10.6035915982206,
            51.9307116203254
          ]
        ]
      },
      "properties": {
        "aqua": "0",
        "dist_aqua": "0",
        "terra": "1",
        "dist_terra": "0",
        "other": "1",
        "dist_other": "0.31"
      }
    },
    {
      "type": "Feature",
      "geometry": {
        "type": "LineString",
        "coordinates": [
          [
            10.6035915982206,
            51.9307116203254
          ],
          [
            10.6035908928314,
            51.9307114128574
          ]
        ]
      },
      "properties": {
        "aqua": "0",
        "dist_aqua": "0",
        "terra": "1",
        "dist_terra": "4.35",
        "other": "1",
        "dist_other": "0.27"
      }
    },
```

Abb. 8 Implementierung von getDist4Agri im H2Ot-Spot Manager NRW, dargestellt werden die Entfernungen zwischen Schlag und Gewässer

Gleichzeitig sind weitere Forschungsarbeiten im Bereich der Geodatenbereitstellung abstandsrelevanter Strukturen erforderlich. Erfolgversprechend für eine großflächige Detektion von Hecken, Baumreihen und Gewässerböschungen erscheinen Verfahren, die LiDAR-basierte Daten digitaler Oberflächen- und Geländemodelle der Länder nutzen [17, 18]. Mit diesen sehr hochauflösenden Daten, in Kombination mit weiteren Zusatzinformationen (z. B. InVekoS Daten, OSM Stromnetz, ATKIS-Basis-DLM), können in Zukunft großflächig abstandsrelevante Strukturen mit einer hohen räumlichen Genauigkeit und Vollständigkeit detektiert werden. Die Weiterentwicklung des hier vorgestellten Ansatzes wird darin bestehen, Geodaten derartiger Quellen als Referenz für abstandsrelevante Strukturen einzubinden.

Literatur

1. Gutsche, V. (2012). Managementstrategien des Pflanzenschutzes der Zukunft im Focus von Umweltverträglichkeit und Effizienz. *Journal für Kulturpflanzen, 64,* 325–341.
2. BVL: Online-Datenbank Pflanzenschutzmittel. Bundesamt für Verbraucherschutz und Lebensmittelsicherheit (BVL). https://www.bvl.bund.de/DE/Arbeitsbereiche/04_Pflanzenschutzmittel/01_Aufgaben/02_ZulassungPSM/01_ZugelPSM/01_OnlineDatenbank/psm_onlineDB_node.html. Zugegriffen: 6. Mai 2020.
3. Scheiber, M., Federle, C., Feldhaus, J., Golla, B., Hartmann, B., Kleinhenz, B., Martini, D., & Röhrig, M. (2015).*Vereinfachung des Pflanzenschutzprozesses durch Datenintegration und Automation - Das Projekt PAM.: 35. GIL-Jahrestagung* (S. 161–164).
4. Federle, C., Scheiber, M., Kleinhenz, B., Röhrig, M., Feldhaus, J., Deere, J., Golla, B., Hartmann, B., & Martini, D. (2014). Pesticide Application Manager (PAM) - Decision support in crop protection based on terrain-, machine-, business- and public data. In *Proceedings international conference of agricultural engineering*, Zurich.
5. AdV: Dokumentation zur Modellierung der Geoinformationen des amtlichen Vermessungswesens (GeoInfoDok); Erläuterungen zum ATKIS® Basis-DLM; Version 6.0.1; Stand: 25.08.2015.
6. Strassemeyer, J., Dominic, A. R., Golla, B. Claus-Krupp, A., & Daehmlow, D. (In diesem Band). H2Ot-Spot Manager NRW - Ein Web-basiertes Analyse- und Beratungswerkzeug für die zielgerichtete und risikomindernde Pflanzenschutzberatung.
7. Bundesregierung: Eckpunkte einer Datenstrategie der Bundesregierung. https://www.bundesregierung.de/resource/blob/997532/1693626/e617eb58f3464ed13b8ded65c7d3d5a1/2019-11-18-pdf-datenstrategie-data.pdf. Zugegriffen: 6. Mai 2020.
8. Mooney, P., & Minghini, M. (2017). A review of openstreetmap data. In G. Foody, L. See, S. Fritz, P. Mooney, A. Olteanu-Raimond, C. Costa Fonte, & V. Antoniou (Hrsg.), *Mapping and the citizen sensor*. London: ubiquity press.
9. GEOJSON. https://geojson.org/. Zugegriffen: 6. Mai 2020.
10. Internet Engineering Task Force (IETF): The GeoJSON format. https://tools.ietf.org/html/rfc7946. Zugegriffen: 7. Mai 2020.
11. Deter, A. (2015). Connected Crop Protection mit Pflanzenschutz-Anwendungs-Manager. In: topagrarOnline, 19.09.2015. https://www.topagrar.com/technik/news/connected-crop-protection-mit-pflanzenschutz-anwendungs-manager-9383249.html. Zugegriffen: 6. Mai 2020.
12. Böhrnsen, A. (2015). App schützt vor Pflanzenschutz-Fehlern, profi 08/2015. https://helm-software.de/storage/app/media/Agrimentor_SDProfi.pdf. Zugegriffen: 6. Mai 2020.
13. Enzian, S., & Golla, B. (2006). Klassifizierung des Expositionspotentials von Landwirtschaftsflächen für den durch Abdrift zu erwartenden Eintrag von PSM in Oberflächengewässer - Eine Methode zur Bestimmung gewässerferner Landwirtschaftsflächen zur Anwendung von Pflanzenschutzmitteln ohne Anwendungsbestimmungen unter Beibehaltung des Schutzniveaus für Oberflächengewässer. UBA-Texte, 24/06, Dessau.
14. Kubiak, R., Hommen, U., Bach, M., Classen, S., Gergs, A., Golla, B., Guerniche, D., Klein, M., Krumpe, J., Preuss, T. G., Ratte, H. A. T., Roß-Nickol, M., Schäfer, C., Strauss, T., Toschki, A. & Trapp, M. (2014). *Georeferenced probabilistic risk assessment of pesticides – Further advances in assessing the risk to aquatic ecosystems by spray drift from permanent crops*. Dessau-Roßlau: UBA Texte 05/2014, Dessau.

15. Riedel, T., Peric, Z., Estel, S., Federle, C., Moanta, A. M., Bartolein, C., Martini, D., Albrecht, K., Horney, P., & Golla, B. (2019). Digitalisierung in der Landwirtschaft – Einsatzmöglichkeiten von digitalen Höhenmodellen zur Umsetzung von Hangauflagen im Pflanzenschutz. In A. Meyer-Aurich, M. Gandorfer, N. Barta, A. Gronauer, J. Kantelhardt, H. Floto (Hrsg.), *Referate der 39. GIL-Jahrestagung in Wien, 18.-19. Februar 2019: Informatik in der Land-, Forst- und Ernährungswirtschaft Fokus; Digitalisierung für landwirtschaftliche Betriebe in kleinstrukturierten Regionen – ein Widerspruch in sich?* (S. 183–288). Gesellschaft für Informatik e.V. Bonn.
16. Sinn, C., & Golla, B. (2019). getDist4Agri – ein Webservice zur Ermittlung abstandsrelevanter Landschaftsstrukturen für den PSM-Einsatz. In A. Mayer-Aurich, M. Gandorfer, N. Barta, A. Gronauer, J. Kantelhardt, & H. Floto (Hrsg.), *Referate der 39. GIL-Jahrestagung in Wien, 18.–19. Februar 2019: Informatik in der Land-, Forst- und Ernährungswirtschaft Fokus: Digitalisierung für landwirtschaftliche Betriebe in kleinstrukturierten Regionen – ein Widerspruch in sich?* (S. 245–250). Gesellschaft für Informatik e.V. Bonn.
17. Angelidis, I., Levin, G., Díaz-Varela, R. A., & Malinowski, R. (2017). Assessment of changes in formations of non-forest woody vegetation in southern Denmark based on airborne LiDAR. *Environmental Monitoring and Assessment, 189,* 437. https://doi.org/10.1007/s10661-017-6119-8.
18. Scholefield, P., Morton, D., Rowland, C., Henrys, P., Howard, D., & Norton, L. (2016). A model of the extent and distribution of woody linear features in rural great Britain. *Ecology and Evolution, 6*(24), 8893–8902. https://doi.org/10.1002/ece3.2607.

H_2Ot-Spot Manager NRW – Ein Web-basiertes Analyse- und Beratungswerkzeug für die zielgerichtete und risikomindernde Pflanzenschutzberatung

Jörn Strassemeyer, Anto Raja Dominic, Burkhard Golla, Andrea Claus-Krupp und Daniel Daehmlow

1 Einleitung

Trinkwasser ist das wichtigste Lebensmittel und wird gleichermaßen von Mensch, Tier und Pflanze benötigt. Um es in ausreichendem Maße und hoher Qualität jederzeit verfügbar zu haben, bedarf es gemeinsamer Anstrengungen – hier sind auch Landwirte und Gärtner als Flächennutzer gefordert, da Pflanzenschutzmitteleinträge die Qualität des Wassers beeinflussen können. Die Pflanzenschutz- und Gewässerschutzberatung der Landwirtschaftskammer NRW unterstützt die Landwirte deshalb seit vielen Jahren bei der Umsetzung eines vorbeugenden Gewässerschutzes. Werden Pflanzenschutzmittel (PSM) in Gewässern gefunden, erarbeitet die Beratung Risikominderungsstrategien und gibt Handlungsempfehlungen zur PSM-Eintragsvermeidung. Um der besonderen Sorgfaltspflicht des Anwenders beim Pflanzenschutz gerecht zu werden und ihn neben der gesetzlich geforderten Risikominderung auch beim vorbeugenden Gewässerschutz

J. Strassemeyer (✉) · A. R. Dominic · B. Golla · D. Daehmlow
Julius-Kühn-Institut, Kleinmachnow, Deutschland
E-Mail: joern.strassemeyer@julius-kuehn.de

A. R. Dominic
E-Mail: anto.raja@julius-kuehn.de

B. Golla
E-Mail: burkhard.golla@julius-kuehn.de

D. Daehmlow
E-Mail: daniel.daehmlow@julius-kuehn.de

A. Claus-Krupp
Landwirtschaftskammer Nordrhein-Westfalen, Köln-Auweiler, Deutschland
E-Mail: Andrea.Claus@LWK.NRW.DE

U. Freitag et al. (Hrsg.), *Umweltinformationssysteme – Wie verändert die Digitalisierung unsere Gesellschaft?*, https://doi.org/10.1007/978-3-658-30889-6_9

zu unterstützen, wurde ein Analyse- und Beratungsprogramm zur flächenspezifischen Risikoabschätzung konzipiert.

Durch eine vergleichende Analyse der Umweltrisiken von Spritzfolgen können Potenziale zur Risikoreduktion identifiziert und für die Pflanzenschutzberatung erschlossen werden. Für die Durchführung solcher Bewertungen wurden zahlreiche Umweltrisiko-Modelle und Indikatoren entwickelt [4, 17, 22]. Diese Indikatoren variieren in ihren Zielsetzungen, den zeitlichen und räumlichen Skalen, der Verwendung unterschiedlicher Beurteilungsmethoden [2, 10, 11, 16, 25] und in der Bewertung von Risiken für ein oder mehrere Umweltkompartimente. Eine umfassende Risikobewertung auf der Schlagebene würde idealerweise die tatsächlichen Informationen über die Pflanzenschutzmittelanwendung zusammen mit den Daten zu den Standort- und Bodenbedingungen, der Topografie, dem Wetter und der Bodennutzung verwenden. Viele der bestehenden Umweltrisikomodelle und Indikatoren sind jedoch für diese Aufgabe nicht geeignet [22]. Es existieren bereits webbasierte Anwendungen wie z. B. der *Digitale Gewässerschutzberater*, mit dem Berechnungen des Erosions- und Runoff-URLs schlagspezifisch durchgeführt werden können [8]. Allerdings besteht mit diesen Webtools nicht die Möglichkeit, Umweltrisiken von Pflanzenschutzmitteln in Nicht-Ziel-Kompartimenten abzuschätzen.

Die Landwirtschaftskammer NRW hat in Zusammenarbeit mit dem Land NRW und dem Julius Kühn-Institut (JKI) ein internetbasiertes Beratungswerkzeug entwickelt, um die zielgerichtete risikomindernde Pflanzenschutzberatung zu unterstützen. Das Programm *H_2Ot-Spot Manager (HSM)* ist für die Vorort-Beratung konzipiert. Es unterstützt die konkrete Beratungssituation zwischen Gewässer- bzw. Pflanzenschutz-Berater und Landwirt. Schlagbezogen kann mit dem *HSM* das von einer zurückliegenden oder geplanten Pflanzenschutzmittel-Anwendung ausgehende Risiko für angrenzende Gewässer analysiert werden.

2 Datenbasis und Webservices

2.1 Architektur der Web-Anwendung

Der *HSM* ist als serviceorientierte Architektur aufgebaut. Der Anwendung werden Daten über REST (Representational State Transfer) Schnittstellen zur Verfügung gestellt. Als Austauschformat wird JSON (Javascript Object Notation) verwendet (Abb. 1).

Der *HSM* fasst verschiedene Webservices zusammen, die flächenspezifische Eingangsparameter erfassen und Risikoberechnungen durchführen. Dabei dient die Weboberfläche als Schaltzentrale, um die verschiedenen Webservices anzusteuern und die erfassten Parameter und Berechnungen darzustellen (Abb. 1). Der Nutzer muss sich für die Weboberfläche authentifizieren. Alle vom Nutzer eingegebenen Applikationsmuster, Anbauflächen sowie die per Webservice berechneten Parameter und Berechnungsergebnisse des Umweltrisikos werden in einer internen Mongo-Datenbank gespeichert.

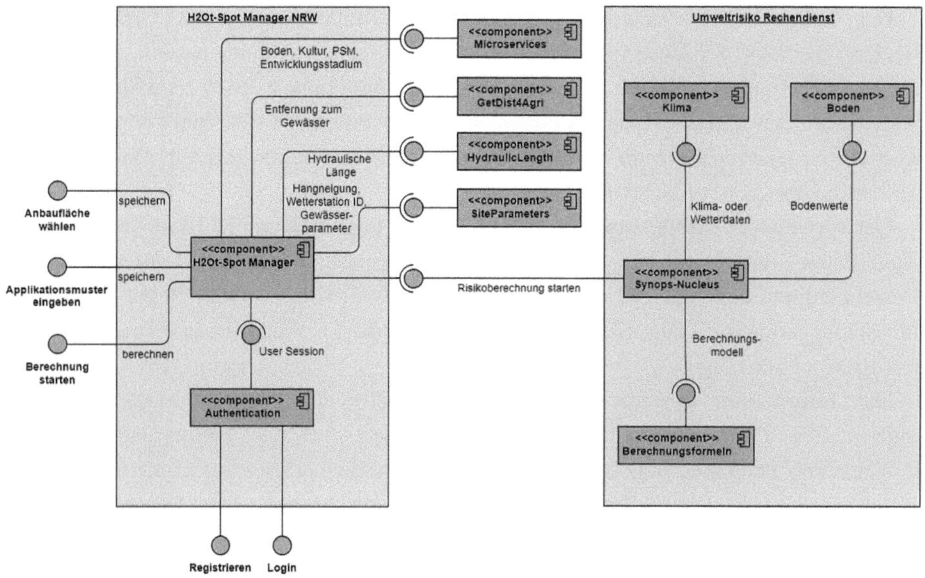

Abb. 1 Komponentendiagramm des *H_2Ot-Spot Managers NRW*

Durch die Übergabe der Geometrie der ausgewählten bzw. digitalisierten Anbaufläche liefern mehrere Webservices verschiedene flächenspezifische Modellparameter *(MicroServices, GetDist4Agri, HydraulicLength* und *SiteParameters)* zurück. Alle Webservices greifen auf die im folgenden Abschnitt beschriebenen und in einer Datenbank gespeicherten Basisdaten zu.

Wird eine Berechnung gestartet, übergibt die Webanwendung dem Webservice zur Berechnung des Umweltrisikos sämtliche Eingabeparameter als JSON-Objekt. Der Nucleus definiert über eine Formelsammlung das in Kap. 3 beschriebene Berechnungsmodell.

2.2 Datenbasis

Im *HSM* können InVeKos-Feldblockgeometrien [12] ausgewählt oder eigene Flächen, auf der Grundlage von Orthofotos, frei digitalisiert werden. Durch Verschneidung mit weiteren Geo-Daten werden verschiedene Modellparameter wie z. B. Lage und Nachbarschaften der ausgewählten Flächen zu Nichtzielflächen (Gewässer, Wege, Gehölze etc.) per Webservice ermittelt.

Die ausgewählte Geometrie wird im Webservice *GetDist4Agri* [19, 20] mit der digitalen Gewässerstationierungskarte NRW (GSK3c) [13] verschnitten und die Entfernungen entlang der Schlaggrenze zu den Oberflächengewässern ermittelt und dargestellt. Der entsprechende Gewässertyp und die Breitenklasse werden ebenfalls per Webservice *(SiteParameters)* der Fläche zugeordnet.

Der Webservice *SiteParameters* integriert die digitale Bodenkarte BK50 [18] für die Beschreibung der Bodenparameter sowie das digitale Geländemodell DGM-10 [3] zur Beschreibung des Reliefs der Landschaft. Im Ergebnis werden feldblockbezogene Bodenparameter und die Hangneigungen als Mittelwert und 90. Perzentil abgeleitet. Der Webservice *HydraulicLength* ermittelt die maximale hydraulische Länge und stellt das Abflussdiagramm der Fläche dar.

Der verwendete Klimadatensatz besteht aus den täglichen auf 1 * 1 km^2 interpolierten Wetterdaten (Temperatur, Niederschlag, Globalstrahlung, Wind) des Deutschen Wetterdienstes [6] und liegt seit 1991 vor. Die 1 * 1 km^2-DWD-Kacheln werden per Webservice den Schlaggeometrien zugeordnet, um die Tageswerte der Wetterdaten flächenspezifisch verfügbar zu machen.

Die Information bezüglich der Wirkstoffgehalte und Anwendungsauflagen der angewandten PSM erfolgt über eine Verknüpfung mit der online-Datenbank der zugelassenen Pflanzenschutzmittel des Bundesamtes für Verbraucherschutz und Lebensmittelsicherheit [5]. Die toxikologischen und physikalisch-chemischen Eigenschaften der Pflanzenschutzmittelwirkstoffe werden der online verfügbaren *Pesticide Property Database* (PPDB) entnommen [14]. Beide Datenbanken werden regelmäßig im Abstand von 3 Monaten aktualisiert. Für die Auswahl der Anbaukulturen steht dem Nutzer die Liste der gängigen Anbaukulturen zur Verfügung [5].

3 Risikoberechnung

Die Methoden zur Berechnung des Umweltrisikos im *HSM NRW* basieren auf dem Indikatormodell SYNOPS und wurden in [21, 23] ausführlich dargestellt.

Der Fokus des *HSMs NRW* liegt auf der Bewertung des Risikos durch Pflanzenschutzmittel in Oberflächengewässern. SYNOPS berücksichtigt Eintragspfade wie Abdrift, Run-off und Drainage. Neben den aquatischen Risiken werden mit SYNOPS auch Risiken im Boden und in Saumbiotopen abgeschätzt.

Die Berechnung der Exposition von Gewässern mit PSM erfolgt über Modelle, die auch bei der Zulassung von PSM-Wirkstoffen auf EU-Ebene eingesetzt werden. Die Abschätzung der Abdrift erfolgt mittels der Fokus-Funktionen [7]. Die Interzeption der PSM durch die Anbaukultur erfolgt nach dem in [23] beschriebenen Modellansatz, die Drainage wird basierend auf einem Metamodellansatz basierend auf MACRO [9] und mit den Funktionen in [23] berechnet. Die Einträge durch Runoff und Erosion können wahlweise mit dem Modell PRZM [26] oder dem in [23] beschriebenen Modellansatz berechnet werden. Die risikomindernde Funktion von Filterstreifen wird mit dem Modell VFSMOD [15] abgeschätzt.

Das Modell berücksichtigt zur Bewertung des aquatischen Risikos bislang folgende Referenzorganismen: Algen, Daphnien, Fische, Wasserlinsen und Sedimentorganismen stellvertretend für aquatische Organismen, Regenwurm und Springschwänze stellvertretend für Bodenorganismen sowie Bienen, Brackwespen und Raubmilben stellvertretend für Bewohner von Saumbiotopen.

Als Basis der Risikoberechnung erfolgt eine Berechnung der möglichen PSM-Exposition von Nichtzielorganismen. Die Beladung der einzelnen Kompartimente wird für jede Anwendung des Wirkstoffes berechnet und darauf basierend eine zeitabhängige Kurve der Wirkstoffkonzentration abgeleitet. Das Risiko für Nichtzielorganismen wird als Quotient der möglichen Exposition und der Toxizität der Wirkstoffe dargestellt (*ETR* für Exposure Toxicity Ratio). Die Beladung der Wirkstoffe *(W)* der einzelnen Kompartimente (Exposition) wird für jede Anwendung des Wirkstoffs berechnet und basierend darauf eine zeitabhängige Kurve der Wirkstoffkonzentration (*PEC* für predicted environmental concentration) abgeleitet. Zur Beschreibung der Toxizität wurden die halbmaximale Letale (LC_{50}) bzw. Effekt-Konzentration (EC_{50}) und die No-Effect-Konzentration (NOEC) der einzelnen Wirkstoffe verwendet. Diese wurden der *Pesticide Properties Data Base* [14] entnommen.

Über einen Zeitraum von einem Jahr, beginnend mit dem Start der Vegetationsperiode, werden das 90. Perzentil der zeitabhängigen *PEC*-Kurven (PEC_{P90}, Gl. 1) und der das 90. Perzentil der zeitlich gewichteten Durchschnittskonzentration von sieben Tagen ($PEC_{TWA \cdot P90}$, Gl. 2) als Worst-Case-Wert der akuten und chronischen Exposition berechnet.

$$PEC_{P90} = \underset{1 \geq t \geq 365}{\text{P90}} PEC(t) \tag{1}$$

$$PEC_{TWA.P90} = \underset{1 \geq t \geq 365}{\text{P90}} PEC_{TWA}(t) \text{ wobei } PEC_{TWA}(t) = \frac{\int_{t-7}^{t} PEC(t)}{7} \tag{2}$$

Zur Beschreibung der akuten und chronischen Toxizität werden LC_{50} bzw. EC_{50} und *NOEC* der einzelnen Wirkstoffe verwendet. Für die verschiedenen Referenzorganismen *(RO)* werden aus den Expositions- und Toxizitätswerten ein akutes Risiko ($ETR_{A}(_{RO,W})$, Gl. 3) und ein chronisches Risiko ($ETR_{C(RO,W)}$, Gl. 4) berechnet. Akute Risikoindizes werden mit einem Sicherheitsfaktor von 10 multipliziert.

$$ETR_{A(RO,W)} = \frac{PEC_{P90}}{LC50/EC50_{(RO,W)}} * 10 \tag{3}$$

$$ETR_{C(RO,W)} = \frac{PEC_{TWA.P90}}{NOEC_{(RO,W)}} \tag{4}$$

Gl. 3 und 4 stellen das Risiko eines Wirkstoffs auf einer spezifischen Fläche dar. Jedoch umfassen Pflanzenschutzstrategien typischerweise mehrere Mittelanwendungen, und ein Mittel kann mehrere Wirkstoffe enthalten.

Die akuten und chronischen Risikowerte der einzelnen Wirkstoffe werden nach dem Konzept der Konzentrationsaddition aggregiert, um das Risiko der gesamten Pflanzenschutzstrategie darzustellen. Im Gegensatz zu der Modellbeschreibung in [23] wird das Konzept der Konzentrationsaddition in dieser Untersuchung auch für das akute Risiko angewandt. Wirkstoffe mit identischen Wirkmechanismen können zusammenwirken und synergistische Effekte erzielen, die größer sind als die Effekte der einzelnen Wirkstoffe. Die Risikoaggregation eines Applikationsmusters erfolgt in zwei Schritten. Zuerst werden die akuten (Gl. 5) und chronischen (Gl. 6) Risikowerte für jeden angewandten Wirkstoff berechnet und auf täglicher Basis addiert, um Kurven der *ETR*-Summen abzuleiten. Anschließend wird das 90. Perzentil dieser *ETR*-Summenkurven abgeleitet, welches das akute und chronische Risiko der gesamten Anwendungsstrategie darstellt (Gl. 5 und 6).

$$\mathrm{ETR}_{A(RO)} = \underset{1\leq t\leq 365}{\mathrm{P90}} \sum\nolimits_{1\leq \mathrm{i}\leq \mathrm{n}} \frac{PEC(t,\mathrm{W}_i)}{LC50/EC50(RO,\mathrm{W}_\mathrm{i})} \tag{5}$$

$$\mathrm{ETR}_{C(RO)} = \underset{1\leq t\leq 365}{\mathrm{P90}} \sum\nolimits_{1\leq \mathrm{i}\leq \mathrm{n}} \frac{PEC_{TWA}(t,\mathrm{W}_i)}{NOEC(RO,\mathrm{W}_\mathrm{i})} \tag{6}$$

wobei *n* die Anzahl, der auf derselben Fläche angewendeten Wirkstoffe, repräsentiert.

Die Risikoindizes werden für jeden aquatischen Referenzorganismus separat berechnet. Das zusammengefasste akute (Gl. 7) und das chronische aquatische Risiko (Gl. 8) werden als Maximum der Risikoindizes der fünf aquatischen Referenzorganismen Fische *(fi)*, Algen *(al)*, Wasserlinsen *(Lemna; le)*, Wasserflöhe *(Daphnia; da)* und Sedimentorganismen *(Chironomus; ch)* zusammengefasst.

$$ETR_{A(aqu)} = \max\left(\mathrm{ETR}_{\mathrm{A(al)}}, \mathrm{ETR}_{\mathrm{A(da)}}, \mathrm{ETR}_{\mathrm{A(fi)}}, \mathrm{ETR}_{\mathrm{A(le)}}, \mathrm{ETR}_{\mathrm{A(ch)}}\right) \tag{7}$$

$$ETR_{C(aqu)} = \max(\mathrm{ETR}_{\mathrm{C(al)}}, \mathrm{ETR}_{\mathrm{C(da)}}, \mathrm{ETR}_{\mathrm{C(fi)}}, \mathrm{ETR}_{\mathrm{C(le)}}, \mathrm{ETR}_{\mathrm{C(ch)}}) \tag{8}$$

Die Risikoindizes für Bodenorganismen wurden entsprechend berechnet (Gl. 9–10). Toxizitätsdaten der Referenzorganismen im Boden waren für Regenwürmer *(re)* und Springschwänze *(Collembolae; co)* verfügbar.

$$ETR_{A(aqu)} = \max(\mathrm{ETR}_{\mathrm{A(re)}}, \mathrm{ETR}_{\mathrm{A(co)}}) \tag{9}$$

$$ETR_{C(aqu)} = \max(\mathrm{ETR}_{\mathrm{C(re)}}, \mathrm{ETR}_{\mathrm{C(co)}}) \tag{10}$$

Für die drei Referenzorganismen von Saumbiotopen, Honigbienen *(bi)*, Raubmilben *(Typhlodromus pyri; tp)* und Brackwespen *(Aphidius rhopalosiphi; ar)*, werden im Rahmen der Zulassung nur akute Toxizitätswerte erhoben. Daher wurden nur die akuten Risiken als Maximum der Indizes der drei Referenzorganismen im Saum berechnet (Gl. 11).

$$ETR_{A(Saum)} = \max\left(\mathrm{ETR}_{\mathrm{A(bi)}}; \mathrm{ETR}_{\mathrm{A(ar)}}; \mathrm{ETR}_{\mathrm{A(tp)}}\right) \tag{11}$$

Bei der Risikoberechnung werden die Abstandsauflagen zu Gewässern und terrestrischen Kleinstrukturen wie auch die Run-Off-Auflagen berücksichtigt. Die berechneten

Tab. 1 Risikoklassen der ETR Werte

Risikoklassen	Wertebereiche
Sehr niedriges Risiko	ETR<0,1
Niedriges Risiko	0,1<ETR<1
Mittleres Risiko	1<ETR<10
Hohes Risiko	ETR >10

ETR-Werte für Gewässerorganismen, Nicht-Ziel-Arthropoden (NTA) und für Bodenorganismen werden entsprechend Tab. 1, in vier Risikoklassen eingeteilt.

4 Weboberfläche

Mit dem *HSM* [24] besteht die Möglichkeit eine Anbaufläche zu definieren, Pflanzenschutzmaßnahmen anzugeben und auf Basis dessen, das jeweilige Umweltrisiko durch PSM zu berechnen. Des Weiteren können potenzielle Minderungsmaßnahmen zur Vermeidung von PSM-Einträgen ausgewählt und deren Effekt auf das Umweltrisiko abgeschätzt werden.

4.1 Auswahl/Digitalisierung der Anbaufläche

Die Anbauflächen werden aus einer hinterlegten Karte ausgewählt bzw. frei digitalisiert. Für die definierte Fläche werden topografische, hydrologische, geologische und klimatische Informationen und Parameter per Webservice abgerufen und angezeigt

Abb. 2 Ausgewählte Anbaufläche mit den dazugehörigen Geoinformationen und Modellparametern

(Abb. 2). Es besteht die Möglichkeit bei Bedarf einzelne Parameter anzupassen oder detaillierte Information zu den Bodenprofilen und Wetterdaten über separate Webservices abzurufen und in Form von Tabellen und Grafiken zu überprüfen.

4.2 Eingabe des Applikationsmusters

Für die Applikationsmuster werden Kultur, die Datierung und weitere Informationen zur Überfahrt, sowie die Eingabe der applizierten Mittel und deren Aufwandmenge eingegeben. Dies erfolgt in drei Rubriken: Applikationsmuster, Überfahrten und Applikationen (Abb. 3).

Für jede Überfahrt werden das Datum, die behandelte Fläche und die angewandte Applikationstechnik angegeben. Wird abdriftmindernde Technik eingesetzt, kann der entsprechende Minderungswert angegeben werden.

Jeder eingegebenen Überfahrt werden eine oder mehrere Pflanzenschutzmittel-Applikationen zugefügt. Aus einer Liste können die für die Kultur zugelassenen Pflanzenschutzmittel oder Wirkstoffe ausgewählt werden. Die Zulassungsnummer des Pflanzenschutzmittels, die entsprechende Abstandauflage und Filterstreifenbreite (VSF) der Run-Off Auflagen werden ebenfalls angezeigt.

4.3 Risikoanalyse

Zur Risikoberechnung werden eine zuvor festgelegte Anbaufläche und ein angelegtes Applikationsmuster ausgewählt. Für diese Kombination wird das Risiko per Webservice

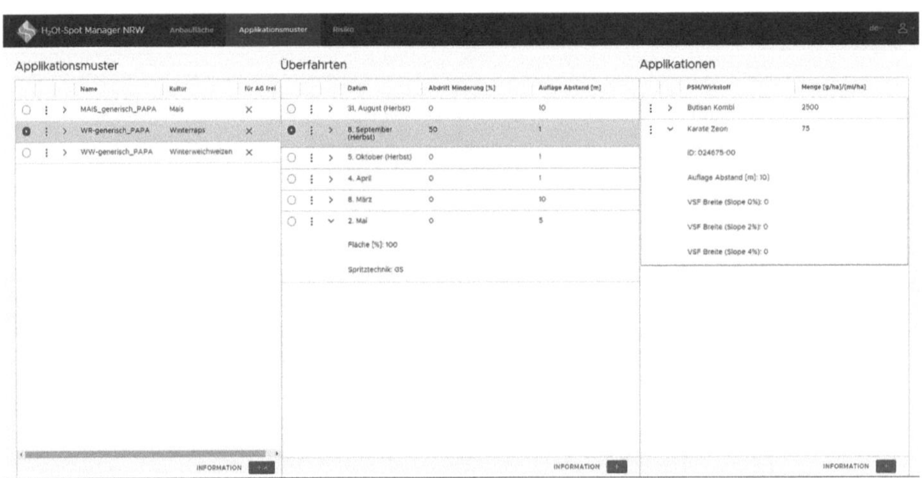

Abb. 3 Eingabe eines Applikationsmusters für Winterraps bestehend aus Überfahrten und den Pflanzenschutzmittel-Applikationen

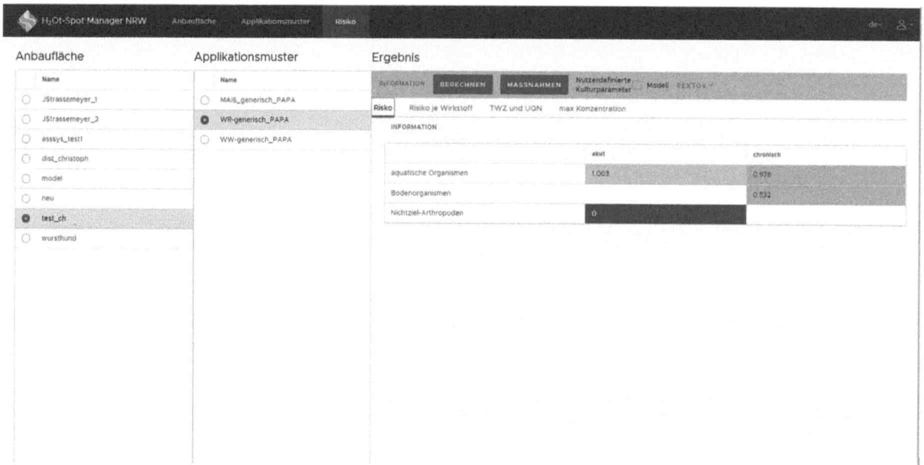

Abb. 4 Risikoberechnung und Darstellung der aggregierten Risikoindizes für das gesamte Applikationsmuster

berechnet und als aggregiertes Risiko für das gesamte Applikationsmuster dargestellt (Abb. 4). Alle berechneten Risikowerte werden in einer internen Datenbank abgespeichert und erst nach einer Neuberechnung wieder überschrieben. Die Risikowerte können einschließlich der Eingabeparameter exportiert werden und stehen somit auch anderen Programmen oder für Dokumentationszwecke zur Verfügung. Außerdem besteht die Möglichkeit, den Webservice zur Risikoberechnung direkt per JSON-Schnittstelle von externen Anwendungen anzusprechen.

Neben den aggregierten Risikoindizes für das gesamte Applikationsmuster können auch die Risikoindizes der einzelnen Wirkstoffe dargestellt werden (Abb. 5). Die Dar-

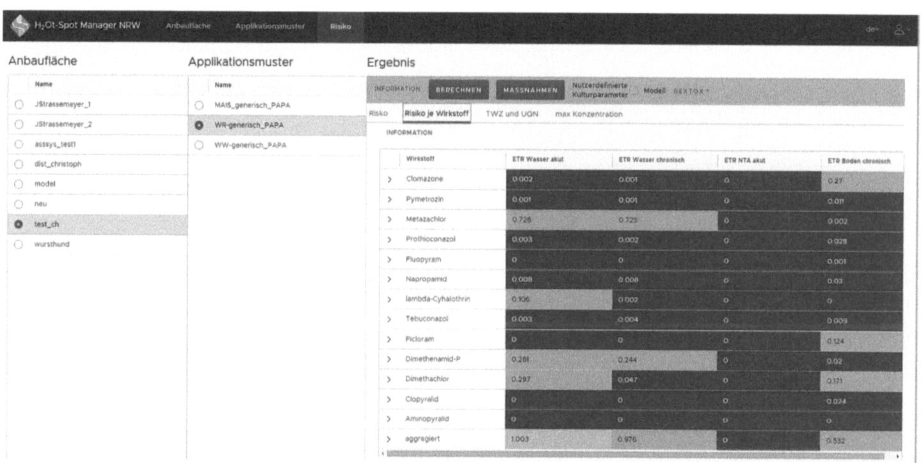

Abb. 5 Risikoberechnung und Darstellung der wirkstoffspezifischen Risikoindizes

stellungsweise ermöglicht es dem Nutzer, einfach PSM und die darin enthaltenen Wirkstoffe mit erhöhtem Risikopotenzial für die gewählten Umweltbedingungen zu identifizieren und wenn möglich durch risikoärmere PSM zu ersetzen.

Der hier vorgestellte Prototyp des *HSM* befindet sich zurzeit in der Testphase mit den Beratern der Landwirtschaftskammer NRW. Während der Entwicklungsphase des Hotspotmanagers wurden mehrere Workshops mit Beratern der Landwirtschaftskammer NRW durchgeführt, um die Praktikabilität und Anwendbarkeit des *HSM* in der Beratungssituation mit dem Landwirt zu optimieren. Es sind weitere Workshops mit Beratern und interessierten Landwirten geplant, um die Praxistauglichkeit des *HSM* zu testen. Die dabei erarbeiteten fachlichen und inhaltlichen Verbesserungsvorschläge werden fortlaufend in das bestehende Tool eingearbeitet werden. Eine erhebliche Verbesserung der Benutzerfreundlichkeit würde eine Importfunktion der PSM-Anwendungen und Schlaggeometrein aus den gängigen Schlagkarteien entstehen. Die Vermeidung von Doppeleingaben seitens der Landwirte würde die Akzeptanz des *HSM* deutlich steigern. Daher ist eine Bereitstellung von Schnittstellen zu gängigen Schlagkarteien geplant.

4.4 Minderungsmaßnahmen

Verschiedene Minderungsmaßnahmen wie sie in [1] beschrieben wurden, sind im HSM hinterlegt. Welche Auswirkungen Minderungsmaßnahmen, wie z. B. Filterstreifen am Gewässer, eine veränderte Fruchtfolge oder eine alternativen Pflanzenschutz-Strategie auf das Risikopotenzial haben, kann durch den Vergleich der berechneten Szenarien ohne Minderungsmaßnahem und mit Minderungsmaßnahmen ermittelt werden. Der Nutzer des Programms kann schlagspezifisch die Auswirkung verschiedener Gewässerschutz-Maßnahmen auf das von einer Pflanzenschutzmittel-Anwendung ausgehende Risikopotenzial berechnen. Folgende Minderungsmaßnahmen sind im H_2Ot-Spot-Manager auswählbar:

- Filterstreifen am Oberflächengewässer
- Filterstreifen im Schlag, z. B. zur Unterbrechung von Erosionsrillen
- Mulch- oder Direktsaat
- Bodenbearbeitung quer zum Gefälle
- Untersaat
- Hecken am Gewässer

Die Auswahl einer oder mehrerer Minderungsmaßnahmen erfolgt über ein Pop-up-Fenster (Abb. 6).

Dies führt zu einer Anpassung der Modelleingangsparameter, die Auswirkungen auf Runoff, Erosion, hydraulische Länge, Größe der Behandlungsfläche, Entfernung zum Gewässer und Abdrift haben (Abb. 7). Die Anlage von Filtersteifen am Gewässer führt

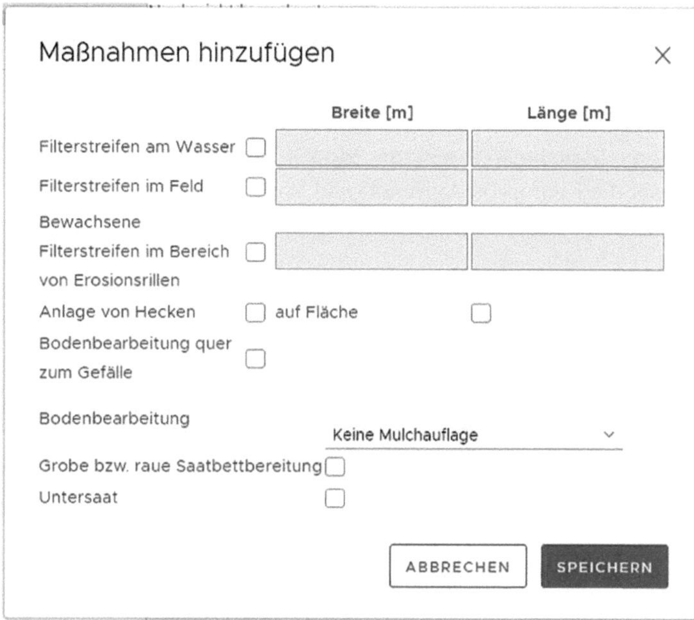

Abb. 6 Pop-up-Fenster zu Auswahl der Minderungsmaßnahmen

Maßnahmen	Curve Number	Manning's Faktor	Hydraulische Länge	Behandelte Fläche	Entfernung zum Gewässer	Abdrift Reduktion	Runoff	Erosion	VFS Reduktion	Abdrift
Filterstreifen			■	■	■		☑	☑	☑	☑
Hecken			■	■	■	■	☑	☑	☐	☑
Bodenbearbeitung	■	■					☑	☑	☐	☐
Bearbeitungsrichtung	■						☑	☑	☐	☐
Zwischenfrüchte	■	■					☑	☑	☐	☐
Querwälle	■	■					☑	☑	☐	☐

Abb. 7 Anpassung der Modellparameter durch Minderungsmaßnahmen

zu einer Verkürzung der hydraulischen Länge und einer Verkleinerung der behandelten Fläche. Außerdem erhöht sich der Abstand von der behandelten Fläche zum Gewässer. Diese Veränderung der Modellparameter reduziert die PSM-Einträge in das Gewässer durch Runoff, Drainage und Abdrift. Zusätzlich wird Pflanzenschutzmittel beim Durchfließen des Filterstreifens herausgefiltert (vgl. Abb. 7). Die Auswirkungen von risikomindernden Bodenbearbeitungsmethoden können im Modell abgeschätzt werden, indem spezifische Parameter für das Runoff Modell, wie die ‚Curve Number' oder der Rauhigkeitsfaktor (Mannings-Faktor) im Modell angepasst werden. Dies wirkt sich ausschließlich auf die Eintragspfade Runoff und Erosion aus.

4.5 Einführung des *H_2Ot-Spot Manager* in die Beratungsstruktur des Pflanzenschutzdienstes NRW

Die Entwicklungs- und Erprobungsphase des *H_2Ot-Spot Manager NRW* wird seit Beginn des Projektes durch den amtlichen Pflanzenschutzdienst des Landes Nordrhein-Westfalen begleitet. Die hoheitliche Gewässerschutzberatung des Pflanzenschutzdienstes wird durch das Sachgebiet „Umwelt- und Verbraucherschutz" koordiniert und ist keine gebührenpflichtige Beratungsleistung im Sinne einer Wahl-Leistung.

Der HSM soll dauerhaft in die Beratungsstruktur der Landwirtschaftskammer im Pflanzenschutzdienst integriert werden und die dortige Gewässerschutzberatung mit ihrer Koordinations- und Multiplikationsfunktion stärken. In enger Zusammenarbeit mit den regionalen Beratern wird in Bezug auf Pflanzenschutz-Managementmaßnahmen, kulturtechnische Minderungsmaßnahmen und Minderungsaspekte bei Umweltparametern die bestehenden Programminhalte und Funktionalitäten des *HSM* fortlaufend aktualisiert und aufgrund der Rechenergebnisse angepasst und validiert. Dafür besteht eine organisatorische Anbindung an die Offizialberatung der Landwirtschaftskammer, um eine systematische und strategische fachliche Unterstützung bei der Gewässerschutzberatung zu leisten. Die dafür eingesetzte Arbeitskraft ist neben den Aktivitäten im Hot-Spot-Management beratend tätig, insbesondere als Multiplikator zwischen der bestehenden Gewässerschutz- und Pflanzenbau- bzw. Pflanzenschutzberatung sowie Behördenvertretern und Mitarbeitern von Umweltorganisationen (z. B. Wasserversorger, Kommunen, Verbänden) tätig.

Die bisher durchgeführten Beratungen stoßen durchgängig auf ein positives Feedback. Den etablierten Pflanzenbau- und Pflanzenschutzberatern der Landwirtschaftskammer Nordrhein-Westfalen wird mit dem HSM begleitend ein Werkzeug zur Seite gestellt, das die gesetzlich vorgeschriebene Beratung nach den Grundsätzen des Integrierten Pflanzenschutzes weiter fachlich unterstützen kann.

5 Diskussion und Zusammenfassung

In der Beratung können durch konkrete Ergebnisse von flächenbezogenen Risikoberechnungen das Problembewusstsein für PSM-Anwendungen am Gewässer geschärft, Risikominderungsmöglichkeiten aufgezeigt und Handlungsempfehlungen zur Eintragsvermeidung von PSM gegeben werden.

Die im *HSM* bereitgestellten Datenbanken enthalten alle Eingangsparameter für die dem Webtool zugrunde liegenden Berechnungsmodelle. Diese entsprechen realistischen Umweltszenarien, wobei die tatsächlichen Umweltbedingungen eines konkreten Schlags oder Teilschlags maßstabsbedingt (z. B. Bodendaten der BK50) wie auch interpolationsbedingt (Regenereignisse und Temperaturen des DWD) davon abweichen können. Sie stellen aber eine gute räumliche Annäherung an die spezifischen Umweltbedingungen dar. Die Modelle zur Berechnung der PSM-Einträge schätzen auf dieser Datengrundlage und unter Annahme bestimmter „realistic-worst-case" Annahmen die Umweltkonzentrationen ab. Die mit dem *HSM* berechneten absoluten Risikoindizes stellen vor diesem Hintergrund Orientierungswerte dar, die für flächenspezifische vergleichende Analysen von alternativen Anbaustrategien und Minderungsmaßnahmen herangezogen werden.

Der hier vorgestellte Prototyp des *HSM* befindet sich zurzeit in der Testphase mit den Beratern der Landwirtschaftskammer NRW. Zielsetzung ist die Etablierung des *HSM* in die Beratungsstruktur der Landwirtschaftskammer NRW. Es wird angestrebt, dass der *HSM* als übliches Werkzeug in der konkreten Beratungssituation zwischen Landwirt und Pflanzenschutz-Berater eingesetzt wird. Weitere Komponenten zur Analyse des Resistenzmanagements, zur Abschätzung der Treibhausgasemissionen und zur ökonomische Bewertung sind in Planung und könnten über Webservices dem HSM einfach hinzugefügt werden.

Literatur

1. Alix, A., Brown, C., Capri, E, Goerlitz, G., Golla, B., Knauer, K., Laabs, V., Mackay, N., Marchis, A, Alonso, E., Reinert, W., Streloke, M., & Poulsen, V. (2017). Mitigating the risks of plant protection products in the environment. Proceedings of the MAgPIE workshop. Pensacola. SETAC, Brussels.
2. Bergkvist, P. (2004). Pesticide risk indicators at national level and farm level – A Swedish approach. PM 6(04), Swedish Chemicals Inspectorate. Sweden: Sundyberg.
3. BKG. (2016). *Digitales Basis-Landschaftsmodell (AAA-Modellierung. Bundesamt für Kartographie und Geodäsie (BKG).* Leipzig.
4. Bockstaller, C., Guichard, L., Keichinger, O., Girardin, P., Galan, M. B., & Gaillard, G. (2009). Comparison of methods to assess the sustainability of agricultural systems. *A review. Agronomy for Sustainable Development, 29,* 223–235.
5. BVL. (2019) Online-Datenbank Pflanzenschutzmittel. https://www.bvl.bund.de/DE/Arbeitsbereiche/04_Pflanzenschutzmittel/01_Aufgaben/02_ZulassungPSM/01_ZugelPSM/01_OnlineDatenbank/psm_onlineDB_node.html. Zugegriffen: 16. Mai 2020.
6. DWD. (2020) Climate data center, ftp://ftp-cdc.dwd.de/pub/CDC/. Zugegriffen: 16. Mai 2020.
7. FOCUS. (2001). FOCUS surface water scenarios in the EU evaluation process under 91/414/EEC. Report of the FOCUS Working Group on Surface Water Scenarios, EC Document Reference SANCO/4802/2001-rev.2., S. 245.
8. GDI. (2020). Digitaler Gewässerschutzberater, https://www.geoinformationsdienst.de/gid/agribusiness/gewaesserschutzberater/gewaesserschutzberater-uebersicht. Zugegriffen: 22. Apr. 2020.

9. Jarvis, N. J., Hollis, J. M., Nicholls, P. H., Mayr, T., & Evans, S. P. (1997). MACRO-DB: A decision-support tool for assessing pesticide fate and mobility in soils. *Environmental Modelling & Software, 12,* 251–265.
10. Kovach, J., Petzoldt, C., Degnil, J., & Tette, J. (1997). A method to measure the environmental impact of pesticides. *New York's Food and Life Sciences Bulletin, 139,* 1–8.
11. Kruijne, R., Deneer, J., Lahr, J., Vlaming, J. (2011). HAIR 2010 Documentation: Calculating risk indicators related to agricultural use of pesticides within the European Union. Alterra (Alterra-report 2113.1), Wageningen.
12. Landwirtschaftskammer-NRW. (2018). Feldblöcke in NRW. Landwirtschaftskammer NRW, Köln.
13. LANUV. (2019). Gewässer-Stationierungskarte des Landes Nordrhein-Westfalen. Landesamt für Natur, Umwelt und Verbraucherschutz Nordrhein-Westfalen, Recklinghausen.
14. Lewis, K. A., Tzilivakis, J., Warner, D. J., & Green, A. (2016). An international database for pesticide risk assessments and management. *Human and Ecological Risk Assessment, 22*(4), 1050–1064.
15. Muñoz-Carpena, R., Parsons, J. E., & Gilliam, J. W. (1999). Modeling hydrology and sediment transport in vegetative filter strips. *Journal of Hydrology, 214*(1–4), 111–129.
16. Reus, J., & Leendertse, P. C. (2002). The environmental yardstick for pesticides: A practical indicator used in the Netherlands. *Crop Protection, 19,* 637–641.
17. Reus, J., Leendertse, P., Bockstaller, C., Fomsgaard, I., Gutsche, V., Lewis, K., Nilsson, C., Pussemier, L., Trevisan, M., van der Werf, H., Alfarroba, F., Blumel, S., Isart, J., McGrath, D., & Seppala, T. (2002). Comparison and evaluation of eight pesticide environmental risk indicators developed in Europe and recommendations for future use. *Agriculture Ecosystems & Environment 90,* 177–187.
18. Schrey, H.-P. (2014). *Bodenkarte von Nordrhein-Westfalen 1:50000.* Krefeld: Geologischer Dienst NRW.
19. Sinn, C., & Golla, B. (2016). getDist4Agri – Ein Webservice zur Ermittlung abstandsrelevanter Landschaftsstrukturen für den PSM-Einsatz. In A. Meyer-Aurich, M. Gandorfer, N. Barta, A. Gronauer, J. Kantelhardt, & H. Floto (Hrsg.), 39. *GIL-Jahrestagung, Informatik in der Land-, Forst- und Ernährungswirtschaft Fokus: Digitalisierung für landwirtschaftliche Betriebe in kleinstrukturierten Regionen – ein Widerspruch in sich?* (Bd. P-287, S. 245–250). Wien: Gesellschaft für Informatik e.V. (GI).
20. Sinn, C., & Golla, B. (2020). Der getDist4Agri-Webservice zur Ermittlung von Entfernungen zwischen Schlag und Landschaftsstrukturen für risikorelevante Fragestellungen in der Landwirtschaft. In U. Freitag, F. Fuchs-Kittowski, A. Abecker, & F. Hosenfeld (Hrsg.), *Umweltinformationssysteme - Wie verändert die Digitalisierung unsere Gesellschaft? Tagungsband des 27. Workshops des Arbeitskreises „Umweltinformationssysteme" der Fachgruppe „Informatik im Umweltschutz" der Gesellschaft für Informatik (GI).* Wiesbaden: Springer (in diesem Buch). Wiesbaden: Springer (in diesem Buch).
21. Strassemeyer, J., & Golla, B. (2018). Berechnung des Umweltrisikos der Pflanzenschutzmittelanwendungen in den Vergleichsbetrieben mittels SYNOPS. *Gesunde Pflanz, 70*(3), 155–166.
22. Strassemeyer, J., Kruijne, R., Ware, T., de Baan, L., van der Linden, T., van Bol, V., Stobiecki, S., Śliwiński, W., Stark, G., Montforts, M., Nienstedt, K., & Blum, B. (2016). Report on the online pesticide risk indicator database (PRIER), OECD Environment, Health and Safety Publications, Series on Pesticides 83, S. 1–38, Paris (2016).
23. Strassemeyer, J., Daehmlow, D., Dominic, A. R., Lorenz, S., & Golla, B. (2017). SYNOPS-WEB, an online tool for environmental risk assessment to evaluate pesticide strategies on field level. *Crop Protection, 97,* 28–44.

24. SYNOPS-WEB. (2020). H_2Ot-Spot Manager NRW. http://synops.julius-kuehn.de/synops-2/#/dashboard. Zugegriffen: 22. Apr. 2020.
25. van der Werf, H. M. G., & Zimmer, C. (1998). An indicator of pesticide environmental impact based on a fuzzy expert system. *Chemosphere, 36,* 2225–2249.
26. Young, D. F., & Fry M. M. (2014). PRZM5: A model for predicting pesticide in runoff, erosion, and leachate: User manual. report number: USEPA/OPP 734F14002. USEPA, Washington, D. C.

Eine mobile offline Bildanalyse-App zur Bestimmung der Kronentransparenz bei der Waldzustandserhebung

Entscheidungsbaumbasierte Bildanalyse für die Android-Plattform

Christine Müller

1 Einleitung: Eine Bildanalyse-App für die Waldzustandserfassung

1.1 Einführung in die Waldzustandserfassung

Der Wald erfüllt in Europa wichtige Funktionen. Neben der Produktion von Holz und Nichtholzprodukten dient er unter anderem als Erholungsort der Bevölkerung und Kohlendioxidspeicher. Daher wird innerhalb Europas der Gesundheitszustand des Waldes regelmäßig überwacht. Dies ist insbesondere auch in Zeiten des Klimawandels von großer Bedeutung [1]. Eine Methode des Waldmonitorings ist die Ermittlung des Kronenzustands. Dabei wird an gleichmäßig über die Fläche verteilten Stichprobenpunkten an Bäumen der herrschenden Klassen der Kronenzustand beurteilt (siehe Abb. 1 1 = vorherrschend; 2 = mitherrschend; 3 = gering mitherrschend; 4 = beherrscht; a = zwischenständig; b = teilweise unterständig; 5 = ganz unterständig; a = lebensfähig; b = absterbende, abgestorbene).

Dieses Monitoringverfahren zur Waldgesundheit wird im Westen Deutschlands seit 1986 und in den östlichen Bundesländern seit der Wiedervereinigung durchgeführt. Das Ergebnis ist eine Datenreihe, die Werte zur Baumgesundheit über Jahrzehnte hinweg liefert. Um den Wert dieser Datenreihe nicht zu zerstören, sollten neue Verfahren in die Datenreihe integrierbar sein und daher grundsätzlich auf den gleichen Prinzipien aufbauen wie das derzeit verwendete Verfahren.

C. Müller (✉)
Inforst UG (haftungsbeschränkt), Leipzig, Deutschland
E-Mail: mueller@inforst.de

U. Freitag et al. (Hrsg.), *Umweltinformationssysteme – Wie verändert die Digitalisierung unsere Gesellschaft?*, https://doi.org/10.1007/978-3-658-30889-6_10

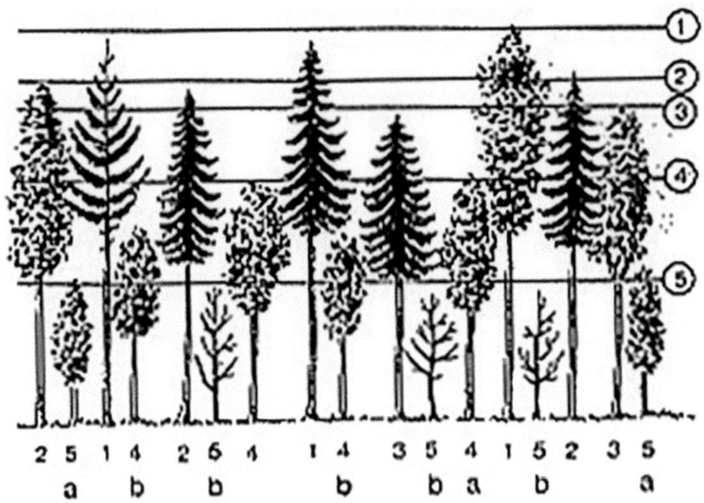

Abb. 1 Baumklassen. (Nach Kraft [2, S. 237]

1.2 Aktuelles Verfahren und Problemstellung

Die gutachterliche Beurteilung des Kronenzustands wird wie folgt durchgeführt: Die Aufnehmenden stehen in einem Abstand von einer Baumlänge zu dem zu untersuchenden Baum und beurteilen (am besten mit einem Feldstecher) den Anteil des durch die Krone fallenden Lichts. Dabei stellen sich die Betrachter einen zweidimensionalen Kronenumriss vor und schätzt den Anteil der Krone, durch den Licht scheint [3]. Dazu schreibt das ICP Forest Manual:

"*Hint: The easiest way to assess foliage transparency is first to mentally draw a two-dimensional crown outline. Then block the foliated area into the crown outline. Lastly, estimate the transparency of this foliated area*" [4], S. 16

Nur der obere Teil der Baumkrone wird in den Boniturbereich aufgenommen. Teile der Krone, die durch Nachbarbäume beeinflusst werden, gehören nicht zum Boniturbereich und natürliche Kronenlücken sollen bei der Beurteilung der Kronentransparenz nicht berücksichtigt werden. Die so ermittelte Kronentransparenz wird in 5 %-Stufen aufgenommen und anhand Tab. 1 in Schadstufen umgewandelt.

1.3 Weiterentwicklung des aktuellen Verfahrens

Die USAD Forest Service Southern Research Station entwickelte ein Programm zur Auswertung des Kronenzustands von Waldbäumen [5]. Diese PC-Anwendung ermittelt die Kronentransparenz anhand von Fotos, die von dem unter der Krone stehenden

Benutzer senkrecht nach oben aufgenommen werden. Das hat den Vorteil, dass die Kronentransparenz nicht durch die Nachbarbäume, die hinter dem zu analysierenden Baum stehen, verändert wird. Auf diese Weise lässt sich eine neue, objektivere Zeitreihe aufbauen. In die bisherige Datenaufnahme reihen sich so aufgenommene Daten jedoch nicht ein.

Die Schweizer Forschungsanstalt WSL entwickelte eine Software, die die Kronentransparenz aus Farbfotos mithilfe von neuronalen Netzen ermittelt [6]. Es handelt sich nicht um ein mobiles System. Die mittlere absolute Fehlerrate betrug bei einem Referenzbaumdatenset 5,5 % und bei einem realistischen Datenset, das aus der Waldzustandserfassung stammt, 10–14 %. Das System bewertet die Bilder ohne vorherige Aufbereitung durch die Aufnehmenden und ohne die Möglichkeit der Intervention.

Insbesondere in den neueren Versionen des ICP Forests Manuals [4] wird darauf verwiesen, dass es sinnvoll ist, lokale Referenzbäume zu verwenden. Dies sind Bäume auf demselben Standort in derselben Region, die bestmöglich entwickelt sind. Die Kronentransparenz des Referenzbaums gilt dann als Maß für einen Baum ohne Blatt-/Nadelverlust. Dadurch verhindert man, dass Standortfaktoren wie z. B. Höhenstufe und Windexposition das Ergebnis der Waldzustandserfassung beeinflussen. Derzeit werden in Deutschland, im Gegensatz zu den meisten anderen europäischen Ländern, noch keine lokalen Referenzbäume verwendet.

Weiterhin sind in den letzten Jahren verstärkt die Baumarchitektur und der Aufbau der Triebe als Merkmal für die Vitalität der Bäume in den Fokus gerückt. Die Kronen- und Verzweigungsstrukturen zeigen Veränderungen nachhaltiger und genauer als die Kronentransparenz [7]

1.4 Ziel des Beitrags

Die Idee des in diesem Beitrag präsentierten Ansatzes ist, die Aufnehmenden bei der Waldzustandserfassung mithilfe einer offline lauffähigen Android-App mit Bildanalyse zu unterstützen. Ziel ist, das aktuelle Verfahren zur Kronenzustandsanalyse objektiver und reproduzierbarer zu machen. Dabei soll das aktuelle Verfahren in seinen Grundzügen erhalten bleiben, damit sich die Ergebnisse des neuen Verfahrens in die Datenreihe einfügen und der Wert der bisherigen Datensammlung weiter zunimmt. Zusätzlich wäre es vorteilhaft, wenn neue botanische Erkenntnisse durch das Verfahren leichter angewandt werden können. Dies betrifft z. B. eine Änderung der Einteilung der Schadstufen oder die Verwendung von Referenzbäumen. Außerdem sollen die Aufnehmenden direkt im Feld eine Rückmeldung über die berechneten Werte bekommen und diese auch evaluieren können.

1.5 Aufbau des Beitrags

In diesem Abschn. 1 wurde eine Einführung in den Anwendungsbereich Waldzustandserfassung gegeben und die Zielstellung des Projektes erläutert. Anschließend erfolgt in Abschn. 2 eine Einführung in die Techniken der Bildanalyse und die Besonderheiten der Entwicklung von Bildanalyse-Anwendungen speziell auf Android-Geräten. In Abschn. 3 wird dargestellt, wie die Bildanalysetechniken konkret für den Prototyp einer App für die Kronenzustandsanalyse eingesetzt wurden. In Abschn. 4 werden die erzielten Ergebnisse vorgestellt und diskutiert. Abschn. 5 bietet eine Zusammenfassung der Ergebnisse und einen Ausblick auf weiterführende Forschungsprojekte sowie weitere Anwendungsfälle.

2 Maschinelles Sehen und Bildsegmentierung

Im Rahmen eines Projekts wurde zunächst untersucht, welche Methoden der Bildanalyse sich für den Anwendungsfall Waldzustandserfassung eignen. Diese Methoden sollten ein Erkennen des Kronenumrisses des zu untersuchenden Baumes ermöglichen. Außerdem sollten sie eine Segmentierung des Bildes in die verschiedenen relevanten Bildbereiche (z. B. Himmel, Laub, Stamm) ermöglichen. Zusätzlich müssen die Methoden für die Ausführung auf Android-Geräten geeignet sein. Das heißt unter anderem, dass sie sich in Bezug auf Rechen- oder Speicherkapazität an die Gegebenheiten auf dem Android-Gerät anpassen lassen.

2.1 Methoden der Bildsegmentierung

Das Ziel der Segmentierung ist die Einteilung des Bildes in zusammengehörende Bereiche. Bei natürlichen Objekten wie Bäumen kommen Methoden, die auf Kantendetektion basieren schnell an ihre Grenzen, weil die Ränder der Krone fransig und die Flächen eher strukturiert sind. In Abb. 2 sieht man die Anwendung des Prewitt-Filters auf ein Bild einer Baumkrone (von links nach rechts: Originalbild, Filterantwort Prewitt-Filter horizontale Kanten, Filterantwort Prewitt-Filter vertikale Kanten). Die Antwort auf den Prewitt-Filter wird als Graustufenbild dargestellt. Die stärksten Filterantworten sind nicht am Rand der Krone zu finden.

Für die Segmentierung bieten sich daher pixelbasierte Segmentierungsverfahren an. Die einfachste Methode ist dabei das Schwellwertverfahren. Dabei werden die Pixel eines Bildes anhand eines festgelegten Schwellwertes einer bestimmten Klasse zugeordnet [8]. Eine Schwellwertsegmentierung ist nur bei einer Einteilung in zwei

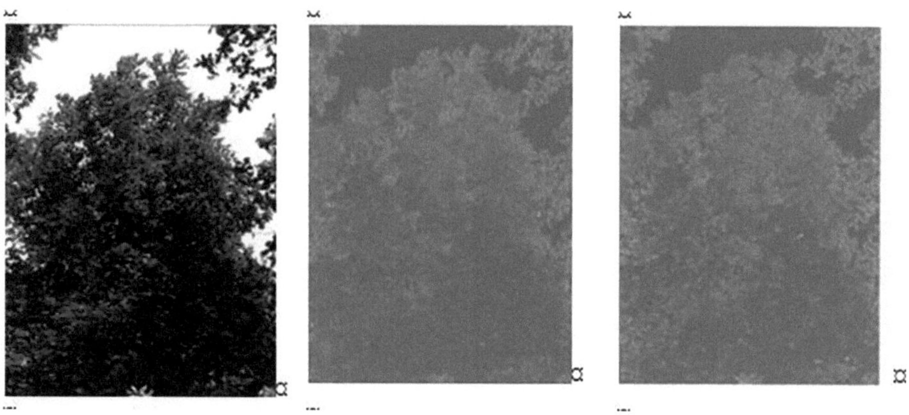

Abb. 2 Prewitt-Kantendetektor angewendet auf ein Bild einer Baumkrone

Mengen z. B. Vordergrund und Hintergrund sinnvoll. Eine Einteilung in mehrere Klassen ist z. B. mithilfe von Farbsegmentierung möglich. Als Klassifikationsproblem ist die Einteilung eines Bildes in bestimmte Segmente ein klassischer Anwendungsbereich für überwacht-lernende Algorithmen. Diese Verfahren bestehen aus zwei Phasen, einer Lernphase und einer Testphase. Das Anlernen des Algorithmus erfolgt auf Grundlage eines Trainingsdatensatzes. Bei den Objekten des Trainingsdatensatzes ist die Klassenzugehörigkeit bekannt. Ein Datensatz besteht aus einer Reihe von Attributen, von denen ein Attribut die Klassenzugehörigkeit ist. Gesucht wird ein Modell, das die Klassenzugehörigkeit als Funktion der anderen Attribute möglichst exakt darstellt. Getestet wird das Modell in der Testphase anhand eines Validierungsdatensatzes [9].

2.2 Entscheidungsbäume als Grundlage für die Bildsegmentierung

Im Gegensatz zu künstlichen neuronalen Netzen basieren Entscheidungsbäume ausschließlich auf aus Testdaten generierten logischen Aussagen [9]. Entscheidungsbäume sind Baumstrukturen. Jeder innere Knoten entspricht einer Prüfung eines Attributs. Die Blattknoten beinhalten das Klassifikationsergebnis [10]. Für die Erstellung des Entscheidungsbaumes wird unter anderem der C4.5 Algorithmus [11] ein Nachfolger des CART-Algorithmus [12] eingesetzt. Das Maß für die Attributauswahl ist der Informationsgewinn, der durch eine Aufspaltung nach einem Attribut entsteht. Sei m die Anzahl der Klassen und p_i die Wahrscheinlichkeit, dass das Pixel p zu einer bestimmten Klasse i gehört, dann ist $-\log_2 p_i$ der Informationsgehalt dieser Wahrscheinlichkeit. Als Entropie der Gesamtdaten bezeichnet man

$$H(D) = \sum_{i=1}^{m} p_i \cdot \log_2 \frac{1}{p_i}.$$

Sollen nun die Daten anhand eines bestimmen Attributs A in v Partien aufgeteilt werden, dann ist der verbleibende Informationsbedarf nach der Aufteilung:

$$H_A(D) = \sum_{j=1}^{v} \frac{|D_j|}{|D|} p_i \cdot H(D_j)$$

Informationsgewinn dieser Aufteilung ist also

$$IG(A) = H(D) - H_A(D)$$

Die Aufteilung anhand des Attributs mit dem höchsten Informationsgewinn ist die Aufteilung, die am schnellsten zu einer exakten Klassifikation führt. Indem die Testdaten rekursiv immer nach dem Attribut mit dem höchsten Informationsgewinn aufgeteilt werden, erhält man den Entscheidungsbaum. Bei kontinuierlichen Attributen ermittelt man den Informationsgewinn verschiedener Schwellwerte und kann so den optimalen Schwellwert ermitteln.

Bei der Klassifikation von Bildern mithilfe von Entscheidungsbäumen kann es auch zu einer Überanpassung an die Trainingsdaten, einem Overfitting, kommen. Dies ist insbesondere dann der Fall, wenn die Daten anhand von Attributen mit einem geringen Informationsgewinn immer weiter aufgespalten werden. Solche Entscheidungsbäume sollten durch Beschneiden auf eine optimale Höhe reduziert werden. Dabei wird ein Teilbaum entfernt, der durch ein Attribut mit geringem Informationsgehalt aufgespannt wird. Die Pixel werden der Klasse zugeordnet, die in dem entfernten Teilbaum am häufigsten vorkommt [11]. Aus so reduzierten Entscheidungsbäumen können Regeln für eine regelbasierte Klassifikation abgeleitet werden. Dafür wird der Baum vom Wurzelknoten aus bis zum Blattknoten durchlaufen. Jede Ebene stellt eine Abfrage eines Attributes dar. Die Regeln werden mit „und" verknüpft. Am Ende ergibt sich als Klassifikationsergebnis das Resultat des Blattknotens [13].

2.3 Besonderheiten auf Android-Geräten und vorhandene Anwendungen

Bei der Aufnahme des Bildes mit dem Android-Gerät entsteht eine Bitmap. Das ist eine Matrix von Ganzzahlwerten, Pixel genannt. Die Bitmap wird vom Android-Betriebssystem gespeichert. Innerhalb der Pixel eines Farbbildes werden Werte von 1 bis 255 für jeden Farbkanal gespeichert. Es gibt einen Rot- einen Grün- und einen

Blaukanal. Die Pixel-Werte lassen sich auch in das HSV-Farbmodel umrechnen. Dabei ist der H-Wert (H für engl. „hue“) ein Wert im Bereich zwischen 0 und 360°, der den Farbwert bestimmt. Der S-Wert (S für engl. „saturation“) von 0–100 % gibt die Farbsättigung an und der V-Wert (V für engl. „value“) ebenfalls in Bereich 0–100 % die Helligkeit der Farbe [14].

Viele Methoden der Bildanalyse arbeiten mit einer Veränderung der Bitmap. Das heißt, die durch Filteroperationen veränderte Bitmap wird gespeichert und auf dieser Bitmap sind Kanten oder Bildsegmente farblich hervorgehoben. Auf den Android-Geräten sind Speicherplatz und Rechenkapazitäten begrenzt. Daher wird in diesem Beitrag der Ansatz verfolgt, möglichst wenige Bitmaps zu speichern. Aus dem Foto extrahierte Punkte, Linien oder Polygone werden als Vektordaten gespeichert.

Bei der Recherche nach Android-Apps in diesem Anwendungsbereich wurden u. a. folgende Anwendungen gefunden: Bei der App floraincognita der Technischen Universität Ilmenau [15] erfolgt die Bestimmung anhand von neuronalen Netzen auf dem Server. An der Universität von Valencia wurde eine App zum Erkennen von Farbschattierungen bei Zitrusfrüchten entwickelt [16]. Sie basiert auf der OpenCV Bibliothek und ist offline lauffähig. Die App vitisFlower zur Bestimmung der Weinblütenzahl [17] basiert auf den Farb- und Intensitätsunterschieden in der Umgebung von Weinblüten. Auch sie verwendet die OpenCV Bibliothek.

Eine auf dem Server laufende Bildanalyse kann nicht offline verwendet werden und ist daher für den Einsatzzweck nicht geeignet. Die Einbindung der OpenCV Bibliothek führt zu einer erheblich größeren App, weil die in C geschriebene Bibliothek für die unterschiedlichen Hardwaremodelle jeweils speziell kompiliert werden muss. Dadurch wird allein von der Anwendung viel Speicherplatz eingenommen. Daher wurde für dieses Projekt die Bildanalyse direkt in Java implementiert. Ziel der Implementation war es, möglichst wenig Speicherplatz für jedes analysierte Foto zu verbrauchen, damit die App den ganzen Arbeitstag eingesetzt werden kann und die Ergebnisse, wenn der Nutzer wieder online ist, einfach übermittelt werden können. Dafür reicht für jeden Baum eine Bitmap mit Metadatensatz aus.

3 Implementierung: Regelbasierte Klassifikation auf Grundlage von Entscheidungsbäumen zur Bestimmung der Kronentransparenz

In diesem Abschnitt wird dargestellt, wie die regelbasierte Klassifikation mithilfe von Entscheidungsbäumen zur Bestimmung der Kronentransparenz eingesetzt wurde. Dabei wird darauf eingegangen, welche Bildsegmente oder Klasse der Algorithmus erkennen sollte und bei welchen Klassen dies gelang. Weiterhin wird erläutert, anhand welcher Kriterien die Testdaten ausgewertet wurden, wie der entstandene Entscheidungsbaum in die App integriert wurde und wie anhand der Klassifikation der Kronenumriss und die Kronentransparenz berechnet werden.

3.1 Anwendungsfall und zu unterscheidende Klassen

Die bei der Walzustandserhebung zu untersuchenden Bäume sind im Normalfall Teil eines Waldbestandes. Daher haben sie Nachbarbäume. Laut Anleitung zum Monitoring soll der obere Teil der Krone beurteilt werden. Der schwarze Rahmen in Abb. 3 zeigt ein zu erwartendes Foto eines zu beurteilenden Baumes. Der Boniturbereich muss entsprechend abgetrennt werden. Der zu untersuchende Baum ist von Nachbarbäumen (3) umgeben. Zudem sind die Klassen „Himmel“ (0), „Laub“ (1) und „Stamm oder Äste“ (2) zu unterscheiden. Weiterhin können noch Objekte im Bild vorhanden sein, die für die Beurteilung der Kronentransparenz irrelevant sind (4). Idealerweise könnte eine App alle diese Klassen sicher unterscheiden und so könnte die Bestimmung der Kronentransparenz voll automatisch erfolgen. Leider sind die Klassen 2 und 3 von der Struktur und Farbe her sehr ähnlich, sodass eine Unterscheidung schwierig ist.

3.2 Testdaten – Pixel mit Farbattributen

Für die Erstellung der Testdaten wurden aus Baumkronenbildern Bildbereiche extrahiert, die zu einer der Klassen „Himmel“, „Laub“ oder „Stamm/Äste“ gehören. Die Pixel wurden auf ihre Farbwerte untersucht. Bei den Bitmaps der aufgenommenen Pixel wurden die Attribute aus Tab. 2 für jedes Pixel erhoben. Anhand der H-, S-, V-Werte wurde ein Entscheidungsbaum generiert. Die anderen Attribute wurden bei der Erstellung dieses ersten Entscheidungsbaumes nicht berücksichtigt, können aber, wenn sie in zukünftigen Entscheidungsbäumen vorkommen, innerhalb der App verarbeitet werden. Für die Klassen „Himmel“, „Laub“ und „Stamm/Äste“ wurde je ein Entscheidungsbaum entwickelt. Jedoch konnte nur mit dem Entscheidungsbaum zur Klasse

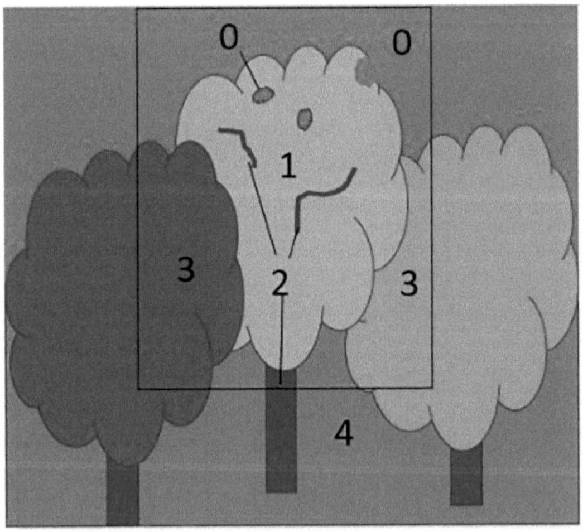

Abb. 3 Stilistische Darstellung der möglichen Segmente innerhalb der Kronenfotos

Himmel eine signifikante Genauigkeit erzielt werden. Der Entscheidungsbaum zur Klasse Himmel ergab sich nach Analyse der farbigen Pixel wie in Abb. 4 gezeigt.

Eine Überprüfung anhand von Validierungsfotos ergab, dass der Entscheidungsbaum im Bereich der Sättigung beschnitten werden muss, um bessere Ergebnisse zu erzielen. Außerdem sind weiße Pixel nicht in die Analyse mit eingegangen, sodass eine zusätzliche Regel für weiße Pixel eingeführt werden musste. Dabei wird davon ausgegangen, dass weiße Pixel in einem Kronenbild grundsätzlich zur Klasse Himmel gehören.

3.3 Integration des Entscheidungsbaumes in die App

Der Entscheidungsbaum wird als Tabelle mit Regeln in einer Datei auf dem externen Speicher des Android-Gerätes abgelegt. Diese Regeln können auf Veranlassung des Nutzers in die App importiert werden, sodass die Klassifikation anhand dieser Regeln stattfindet. Durch die Spalten „rulestoAdd“ und „root“ erhält die App die Information, wie welche Regeln miteinander zu verknüpfen sind. Ein neuer Entscheidungsbaum kann jederzeit in die App integriert werden. Voraussetzung ist, dass er die in Tab. 2 aufgelisteten Attribute verwendet. Als Operatoren werden für Integer- und Float-Attribute „>“ und „<“ verwendet, für String-Attribute „=“ und „!=“. Tab. 3 zeigt den Regeldatensatz in der Datenbank der App.

Abb. 4 Entscheidungsbaum zur Klasse Himmel

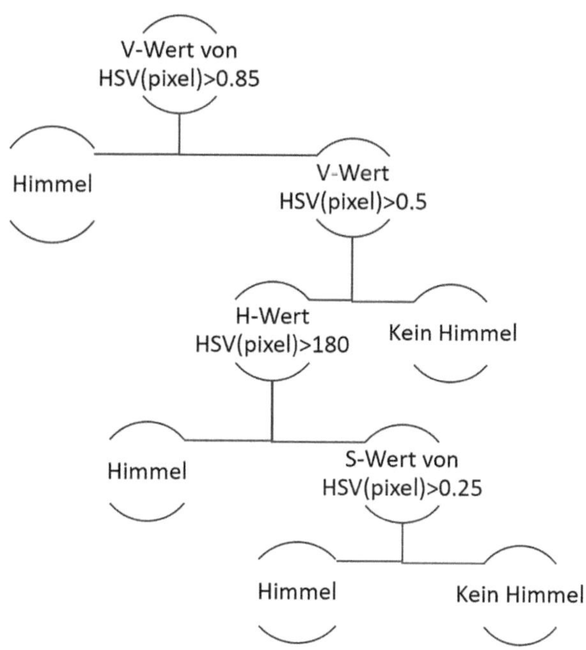

3.4 Ermittlung des Kronenumrisses

Das Ergebnis der oben beschriebenen Klassifikation ist eine Bitmap, die für jedes Pixel ein Ergebnis beinhaltet, ob dieses Pixel zu einer Klasse gehört oder nicht. Es handelt sich hier um ein Binärbild in Bezug auf die Klassenzughörigkeit. Dieses Binärbild soll aus Platzgründen (siehe Abschn. 2.3) nicht komplett gespeichert werden. Das Ziel ist die Vektorisierung des gesuchten Merkmals „Kronenumriss". Auf der Grundlage des durch die Klassifikation entstandenen Binärbildes soll der Kronenumriss innerhalb der Bitmap bestimmt werden. Dazu werden zuerst die Eintritts- und Austrittspunkte in die Segmente gespeichert. Dazu wird die Bitmap einmal von links nach rechts und einmal von oben nach unten durchlaufen und die Grenzpunkte werden gespeichert. Da es innerhalb der Krone auch Kronenlücken gibt, muss jetzt noch bestimmt werden, welche Punkte zum äußeren Kronenumriss gehören. Dazu wird die Bitmap von links nach rechts durchlaufen. Abb. 5. zeigt die als Laub klassifizierten Pixel in Grau und die als Himmel klassifizierten Pixel in Weiß. Es werden jeweils der erste Eintrittspunkt (in Abb. 5. mit 1 gekennzeichnet) und der letzte Austrittspunkt (in Abb. 5. mit 2 gekennzeichnet) gespeichert. Es ergeben sich zwei Halbsegmente, die zusammengesetzt das konvexe Polygon der Kronenhülle bilden (in Abb. 5. durchgezogene Linie).

Einbuchtungen von oben innerhalb der Außengrenze der Krone werden bei diesem Verfahren nicht berücksichtigt. Dies mag bei einigen Bäumen und Baumarten, zum Beispiel bei Buche, berechtigt sein. Es gibt aber auch Bäume, z. B. Nadelbäume, bei denen Einbuchtungen von oben auch bei gesunder Krone vorkommen (siehe Abb. 6.: Links: Originalbild, Mitte: ohne Berücksichtigung der Einbuchtungen von oben, Rechts: mit Berücksichtigung der Einbuchtungen von oben). Also muss ein Verfahren gefunden

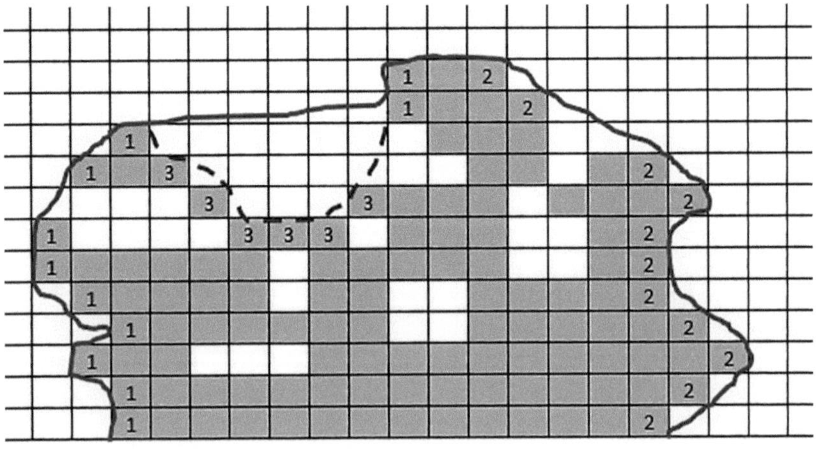

Abb. 5 Ableitung des Polygons des Kronenumrisses anhand der Grenzpunkte zwischen den Klassen

Abb. 6 Bestimmung des Kronenumrisses einer Kiefer und Ermittlung der Baumspitze

werden, wie diese bei der Bestimmung des Kronenumrisses mitberücksichtigt werden können.

Dies geschieht, indem die Eintrittspunkte von oben bestimmt werden (in Abb. 5. mit 3 gekennzeichnet). Dann wird der konvexe Kronenumriss durchlaufen und bei einem überdurchschnittlich großen Abstand zum nächsten Kronenumrisspunkt wird zuerst geprüft, ob einer der Eintrittspunkte von oben näher liegt. Dann wird dieser zuerst in den Kronenumriss integriert (Abb. 5. gestrichelte Linie). Das Ziel ist es nicht, wie bei einem Code-Chain-Verfahren den exakten Kronenumriss zu ermitteln, denn dann würden Blattverluste im Außenbereich der Krone nicht detektiert werden. Es geht um den beschriebenen „gedanklichen Kronenumriss“, der relativ nah an der konvexen Hülle der Krone bleibt, weil ein gesunder Baum den Platz am Licht, den er hat, normalerweise optimal ausnutzt.

Mit diesem Verfahren wird innerhalb der App der Kronenumriss bestimmt und gespeichert sowie die Bitmap mit diesem Polygon ausgeschnitten. Innerhalb der ausgeschnittenen Bitmap kann nun der Anteil der Pixel ermittelt werden, die zur Klasse Himmel gehören. Damit erhält man die Kronentransparenz.

Die Testdaten haben nur für die Klasse Himmel eine hinreichend genaue Klassenabgrenzung ergeben. Die Klassifizierungen nach den Klassen „Laub“ und „Stamm“ haben viele False-Positives erzeugt. Eine Abgrenzung zwischen dem Laub verschiedener Bäume scheint anhand dieses Verfahrens nicht möglich zu sein. Da es anhand der Pixelattribute derzeit nicht möglich ist, das Laub des Nachbarbaums von dem Laub des zu untersuchenden Baumes zu unterscheiden, wird innerhalb der App ein zweistufiges Verfahren verwendet. Der Nutzer macht ein Foto der Baumkrone und schneidet dann den zu untersuchenden Baum mit der Hand auf dem Display aus. Diese manuell zugeschnittene Bitmap ist dann Grundlage für den automatischen Zuschnitt anhand der regelbasierten Klassifikation.

4 Ergebnisse: Der Prototyp einer App für die Waldzustandserfassung

In diesem Abschnitt wird der entstandene Prototyp der App vorgestellt. Zuerst werden der Rahmen, in dem die App eingesetzt wird, und die Benutzerführung innerhalb der App beschrieben. Dann werden beispielhaft Ergebnisse der App gezeigt und der Einfluss von Faktoren wie Witterungsbedingung, Belichtung, Zoom und Nutzerverhalten dargestellt. Es folgt eine Analyse der Stärken und Schwächen des Verfahrens.

4.1 Aufbau und Einsatz der App

Die App soll die Auditoren bei der jährlichen Waldzustandserfassung unterstützen. Abb. 7. zeigt, wie eine App-unterstützte Waldzustandserfassung ablaufen kann. Grau hinterlegt sind die offline stattfindenden Arbeitsschritte. Bei diesen Arbeitsschritten wird der hier vorgestellte Prototyp verwendet. Vor dem Aufbruch in den Wald, laden sich die Aufnehmenden die Daten für das zu untersuchende Waldgebiet herunter. Dies sind insbesondere die GPS-Daten der Aufnahmepunkte, die Werte der Referenzbäume und ggf.

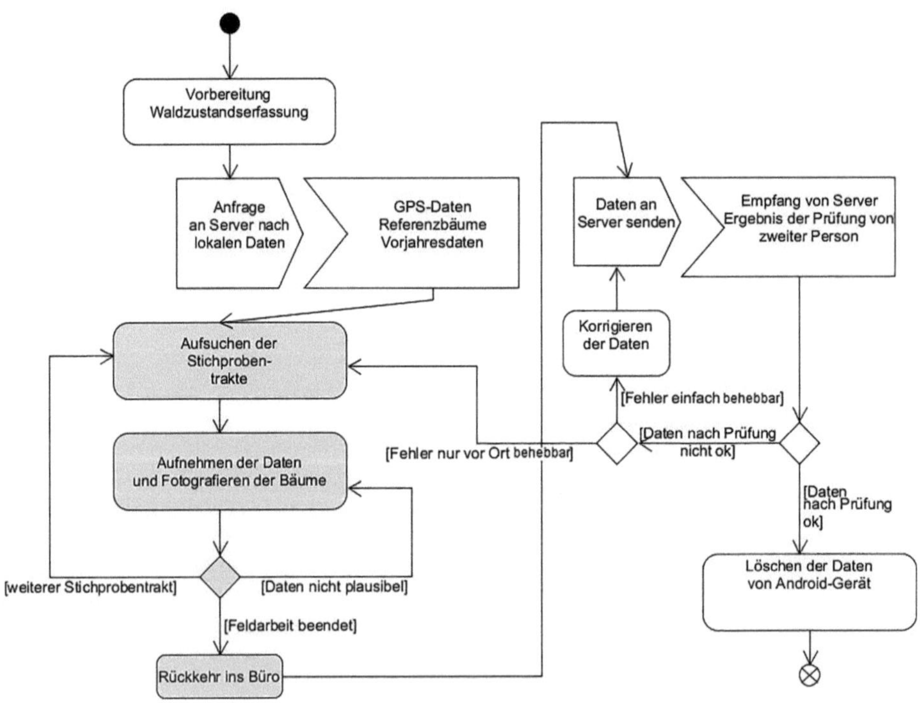

Abb. 7 Möglicher Ablauf einer App-unterstützten Kronenzustandserfassung

die Vorjahreswerte. Dann suchen sie die Stichprobentrakte auf, fotografieren die Bäume und bestimmen mithilfe der App die Kronentransparenz. Da die Aufnehmenden die Ergebnisse direkt im Wald zurückgemeldet bekommen, können sie auch die Ergebnisse begründet korrigieren. Nach Ende des Arbeitstages senden die Aufnehmenden die Daten an den Server. Übermittelt werden die Bilder, der gewählte manuelle Kronenumriss, der berechnete Kronenumriss, die berechnete Kronentransparenz und ggf. die Korrektur durch den Nutzer. Nach Eingang in den Server werden die Daten geprüft (vier Augen Prinzip) und ggf. eine Korrektur veranlasst. Sind die Daten korrekt auf dem Server gespeichert, können die Aufnehmenden die Daten von dem Android-Gerät löschen und haben wieder Speicherplatz für neue Aufnahmen.

Um unnötige Ladeprozesse für die Bitmaps zu vermeiden, besteht die App nur aus einer einzigen Activity, die unterschiedliche Zustände durchläuft. Je nach Zustand werden unterschiedliche Knöpfe sichtbar und unterschiedliche Funktionen können ausgeführt werden. So wird der Nutzer durch die Bedienung der App geleitet und führt die Schritte in der richtigen Reihenfolge durch.

Zuerst wird ein Foto des Baumes aufgenommen. Dann soll durch Zeichnen mit dem Finger auf dem Bildschirm der zu untersuchende Baum von seinen Nachbarbäumen abgegrenzt werden. Anschließend bestimmt die App auf Knopfdruck den Kronenumriss des zu untersuchenden Baumes und berechnet die Kronentransparenz. Ein Baum kann zum Referenzbaum bestimmt werden, sodass in Zukunft alle gemessenen Kronentransparenzwerte auch im Verhältnis zu diesem Referenzbaum angegeben werden (Abb. 8.). Die App gibt einen absoluten und einen relativen Kronentransparenzwert an.

4.2 Evaluierung der erzielten Ergebnisse

Der im Projekt verwendete Entscheidungsbaum basiert nur auf wenigen Testdaten und sollte für eine genauere Evaluation – wie oben beschrieben – durch einen Entscheidungsbaum ersetzt werden, der auf einer größeren Anzahl an Testdaten basiert und anhand eines größeren Validierungsdatensatzes überprüft wurde. Die bisher vorhandenen Daten ermöglichen erste Annahmen über eine Eignung des Verfahrens. In einem Test mit 22 verschiedenen Fotos mit fünf verschiedenen Baumarten bei unterschiedlichen Witterungsbedingungen wurde jeweils der Kronenumriss berechnet und die Kronentransparenz angegeben.

Einige Beispiele für die Ergebnisse sind in Abb. 9. dargestellt. Links ist das Originalbild zu sehen, in der Mitte der manuelle Bildzuschnitt durch den Nutzer und rechts der von der App generierte Zuschnitt und die berechnete Kronentransparenz. In den Bildern in Graustufen sind der automatisch generierte Kronenumriss der App und die Markierung des höchsten Baumpunktes nicht erkennbar. Farbige Bilder finden Sie auf [18] unter den Beiträgen der Autorin zum Workshop 2020. Der von der App generierte Kronenumriss entsprach bei den untersuchten Testbäumen jeweils einem „realitätsnahen“ Kronenumriss. Der höchste Punkt des Baumes wurde hervorgehoben. Bei

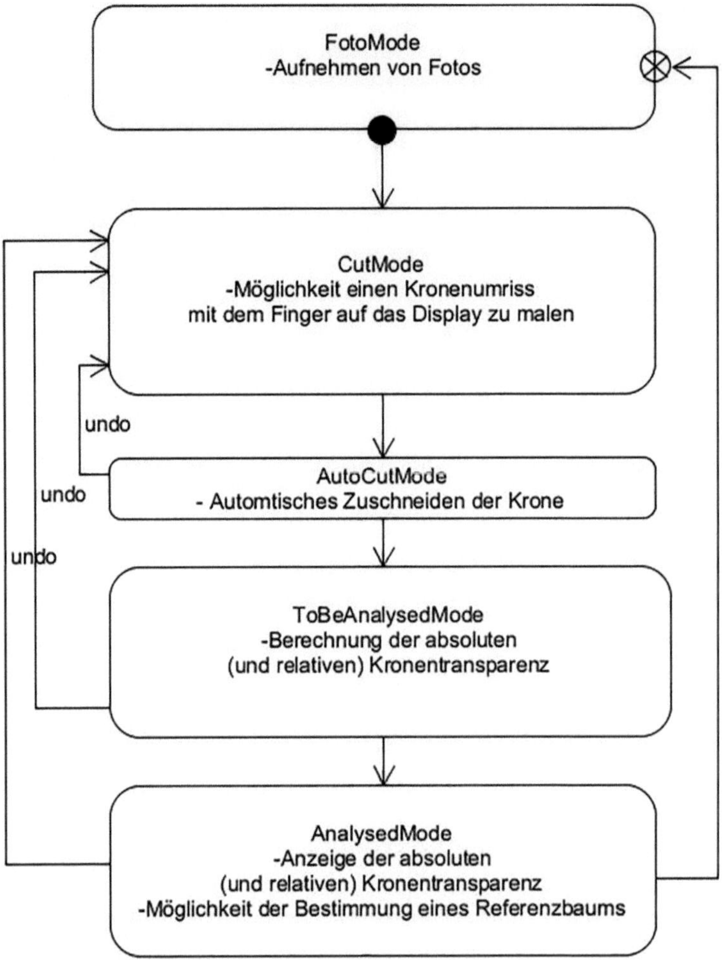

Abb. 8 Zustände der Activity

Unsicherheiten bezüglich des angegebenen Kronentransparenzwertes wurde die Klassifikation mithilfe eines Falschfarbenbildes überprüft und als augenscheinlich richtig beurteilt.

Unterschiedliche Witterungsbedingungen ergaben innerhalb der Testbilder keine falschen Klassifikationen für die Klasse Himmel. Die Himmelpixel wurden korrekt erkannt. Dies gilt sowohl bei einem strahlend blauen Himmel wie auch bei Hochnebel-Wetterlagen mit einheitlich grau-weißem Himmel bis hin zu einer Wetterlage kurz vor einem Unwetter mit sehr dunklen Wolken. Die Unabhängigkeit von der Wetterlage muss jedoch noch an einer größeren Datenbasis getestet werden. Ein Test mit 21 unterschiedlichen manuellen Zuschnitten auf demselben Bild ergab eine Standardabweichung von 2,01 bei einem Mittelwert von 11,96. Bezog man andere Bilder desselben

Abb. 9 Beispiel-Ergebnisse der App

Baumes mit ein, erhöhte sich die Standardabweichung auf 2,22 bei einem Mittelwert von 12,11. Fehler traten bei überbelichteten Bildern und Bildern mit nicht ausreichendem Zoom auf. Die Kronentransparenz wurde in diesen Fällen überschätzt. Ebenfalls überschätzt wurde die Kronentransparenz, wenn Teile des Nachbarbaumes beim manuellen Zuschnitt fälschlicherweise der zu untersuchenden Krone zugeordnet wurden. Bei vollständig oder fast vollständig entlaubten Bäumen ist die Ermittlung des Kronenumrisses

Tab. 1 Einteilung in Schadstufen anhand der Kronentransparenz [3]

Schadstufe	Nadel-/Blattverlust	Bezeichnung
0	0–10 %	Ohne sichtbare Kronenverlichtung
1	11–25 %	Warnstufe (schwache Kronenverlichtung)
2	26–60 %	Mittelstarke Kronenverlichtung
3	61–99 %	Starke Kronenverlichtung
4	100 %	Abgestorben

Tab. 2 Attribute pro Pixel

Name	Typ	Bedeutung
R	Integer	R-Wert des Pixels
G	Integer	G-Wert des Pixels
B	Integer	B-Wert des Pixels
cHi	Integer	Wert des höchsten der Werte R, G, B
GminusB	Integer	G-Wert des Pixels minus B-Wert des Pixels
GminusR	Integer	G-Wert des Pixels minus R-Wert des Pixels
RminusB	Integer	R-Wert des Pixels minus B-Wert des Pixels
cHiname	String	Name des höchsten der Werte „R", „G" oder „B"
hValue	Float	H-Wert des Pixels (nach HSV)
sValue	Float	S-Wert des Pixels (nach HSV)
vValue	Float	V-Wert des Pixels (nach HSV)

Tab. 3 Speicherung der aus dem Entscheidungsbaum abgeleiteten Regeln in der Datenbank der App

Number	Name	Atrribute	Operator	Value	RulestoAdd	NumRules	Root
0	Sky	vValue	>	0,85	−1	1	True
1	Sky	vValue	>	0,5	2	2	True
2	Sky	hValue	>	180	−1	2	False
3	Sky	vValue	>	0,5	4	3	True
4	Sky	hValue	<	180	5	3	False
5	Sky	sValue	<	0,25	−1	3	False

erschwert. Die App startet beim ersten Pixel, das nicht als Himmel klassifiziert wird und ermittelt im Kronenumriss den Anteil der Pixel, die als Himmel klassifiziert werden. Daher kommt es hier zu einer Unterschätzung der Kronentransparenz. In der Praxis sind diese Fälle für den Auditor jedoch einfach zu erkennen und eine Unterstützung durch Bildanalyse ist hier nicht notwendig.

4.3 Stärken und Schwächen des Verfahrens

Schwächen des Verfahrens:

- Der aktuelle Entscheidungsbaum basiert auf einer sehr kleinen Datenbasis. Für eine genauere Klassifikation sind wesentlich mehr Daten erforderlich.
- Das Verfahren mit Aufnahme des Bildes, manuellem Zuschnitt, automatischem Zuschnitt und Berechnung der Kronentransparenz dauert derzeit etwa 30–45 s. Es ist anzunehmen, dass ein geübter Auditor mit dem traditionellen Verfahren etwas schneller ist.
- Überbelichtung und falscher Zoom führen bei Verfahren, die auf Bildanalysemethoden basieren, zu Fehlern.
- Bei vollständig oder fast vollständig entlaubten Bäumen wird die Kronentransparenz unterschätzt. Hier sollte der Nutzer die Kronentransparenz eher ohne Unterstützung der Bildanalyse vornehmen. Ein Foto sollte trotzdem gespeichert werden, denn es kann die Entwicklung zukünftiger verbesserter Algorithmen erleichtern.
- Das Ergebnis des Verfahrens ist die Ausgabe der relativen Kronentransparenz des Baumes. Eine direkte Ausgabe einer Schadstufe würde dazu führen, dass Bäume mit einer ähnlichen Kronentransparenz von z. B. 10,2 und 11,3 verschiedenen Schadstufen zugeordnet werden. Um einen derartig sprunghaften Anstieg der Schadstufe zu verhindern, sollte es dem Nutzer möglich sein, die Schadstufe im Einzelfall auch anders festzulegen und dies zu begründen. Zum Beispiel könnte ein Baum mit Kronentransparenz 11,3 der Schadstufe 0 zugeordnet werden, wenn der Auditor aufgrund anderer Merkmale eine hohe Vitalität des Baumes feststellt. Die Entscheidung sollte dokumentiert werden und ist dann nachvollziehbar.

Stärken des Verfahrens:

- Die App bietet eine offline laufende Bildanalyse als Unterstützung bei der Waldzustandserfassung. Dadurch ist das Ergebnis vor Ort verfügbar und kann aufgrund der örtlichen Gesamtsituation beurteilt werden.
- Das Verfahren ist eine Kombination aus Fachwissen des Benutzers und künstlicher Intelligenz im verwendeten Algorithmus.
- Das Verfahren erzeugte bei allen getesteten Baumarten und verschiedenen Witterungsverhältnissen brauchbare Ergebnisse.
- Durch die Speicherung der Fotos entsteht eine Fotodatenbank, die in Zukunft auch anhand anderer Kriterien als der zum Aufnahmezeitpunkt für relevant gehaltenen Kriterien geprüft werden kann. Dadurch kann bei Fortschritten innerhalb der dendrologischen Forschung die Datenreihe neu interpretiert werden.
- Durch die Möglichkeit, neue Entscheidungsbäume in die App zu importieren, kann das Verfahren kontinuierlich verbessert werden.

- Die Ergebnisse der Waldzustandserfassung werden durch die Verwendung dieses Verfahrens objektiver und reproduzierbarer.
- Bei dem Vergleich mit lokalen Referenzbäumen ist die App besonders hilfreich, weil Fotos der lokalen Referenzbäume auf die Geräte geladen werden können und die erfasste Kronentransparenz automatisch skaliert werden kann.

5 Zusammenfassung und Ausblick

In diesem Beitrag wurde mit der App „Kronentransparenz" eine vollständig offline laufenden Android-App präsentiert, die für die Android-Plattform implementiert wurde und im Google Play Store frei verfügbar ist [19]. Diese App ist ein Prototyp für eine App, die in Kombination mit einer Webanwendung die Aufnehmenden bei der jährlich stattfindenden Waldzustandserfassung sinnvoll unterstützen kann. Ein regelbasiertes Klassifikationsverfahren auf Grundlage von Entscheidungsbäumen wurde erfolgreich implementiert. Neue Entscheidungsbäume können in die App integriert werden, ohne den Quellcode zu ändern. Dadurch erhält man eine erweiterbare App, die auf lernenden Algorithmen basiert. Ein neues Verfahren zur Vektorisierung von Bildsegmenten wurde entwickelt. Auf diese Weise kann der im ICP Forest Manual geforderte „gedankliche Kronenumriss" von der App berechnet werden. Durch die Übermittlung von Fotos an eine Fotodatenbank kann der Kronenzustand auch im Nachhinein anhand anderer Kriterien überprüft werden, als das Monitoringverfahren zum Aufnahmezeitpunkt vorsah. Zum Beispiel kann die Einteilung in Schadstufen verändert werden oder es können mithilfe neuer Verfahren die Zweigstrukturen in die Beurteilung des Gesundheitszustands der Bäume einfließen. Zudem kann auf diese Art und Weise der Entscheidungsbaum kontinuierlich verbessert werden.

Die automatische Abgrenzung des zu untersuchenden Baumes von Nachbarbäumen ist anhand der untersuchten Kriterien noch nicht möglich. Daher wird eine **Kombination aus manuellem Zuschnitt durch den Nutzer und automatischer Abgrenzung** durch die App durchgeführt.

- Für das manuelle Zuschneiden bietet die App die Möglichkeit zum direkten Zuschneiden der Bitmap auf dem Bildschirm mit dem Finger.
- Anschließend kann die automatische Abgrenzung des Kronenraums durch die App durchgeführt werden.

Die Kronentransparenz wird ermittelt und das Ergebnis direkt dem Nutzer im Feld mitgeteilt. Das Verfahren ist eine **Kombination aus gutachterlicher Beurteilung und maschinellem Sehen.** Beim manuellen Zuschnitt und bei der Einordnung der Ergebnisse können die Aufnehmenden ihr Fachwissen einbringen. Bei der Bestimmung des Kronenumrisses, bei der Ermittlung der Kronentransparenz und bei dem Vergleich mit einem Referenzbaum nutzen sie offline lauffähige Bildanalysemethoden innerhalb der App.

Weitere Forschung in diesem Bereich ist notwendig:

- Zum einen sollte ein Entscheidungsbaum generiert werden, der auf einer großen Anzahl Testdaten basiert. Eine genauere Abgrenzung der Klassen „Stamm", „Laub des zu untersuchenden Baumes" und „irrelevantes Laub" könnte zu einem vollautomatischen Zuschnitt der Bilder führen und damit den Nutzen der App steigern.
- Zum anderen sollte ein Vergleich der App-unterstützten Kronenzustandsanalyse mit dem traditionellen Verfahren durchgeführt werden.

Die Methoden können auch in anderen Fachbereichen sinnvoll eingesetzt werden. So könnten in der Landwirtschaft Erntemengen abgeschätzt oder in der Medizin Hautveränderungen mithilfe von Entscheidungsbäumen klassifiziert werden. Auch im Bereich autonomes Fahren ist eine Erkennung von Objekten ohne Verbindung mit einem Server erforderlich. Es ist daher anzunehmen, dass die Bildanalyse auf Android-Geräten auch in Zukunft eine große Rolle spielen wird.

Literatur

1. MULNV. (2019). Waldzustandsbericht 2019 NRW. Ministerium für Umwelt, Landwirtschaft, Natur- und Verbraucherschutz des Landes Nordrhein-Westfalen (MULNV), Referat für Öffentlichkeitsarbeit, Düsseldorf. https://www.umwelt.nrw.de/fileadmin/redaktion/Broschueren/waldzustandsbericht_langfassung_2019.pdf. Zugegriffen: 5. Mai 2020.
2. Waldarbeitsschulen der Bundesrepublik Deutschland (Hrsg.) (1996). *Der Forstwirt* (2. überarb. Aufl.). Stuttgart: Ulmer ISBN 3-8001-1090-3.
3. BMEL. (2020). Ergebnisse der Waldzustandserhebung 2019. Bundesministerium für Ernährung und Landwirtschaft (BMEL), Berlin. https://www.bmel.de/SharedDocs/Downloads/DE/Broschueren/ergebnisse-waldzustandserhebung-2019.pdf?__blob=publicationFile&v=4. Zugegriffen: 5. Mai 2020.
4. Eichhorn, J., Roskams, P., Potočić, N., Timmermann, V., Ferretti, M., Mues, V., Szepesi, A., Durrant, D., Seletković, I., Schröck, H.-W., Nevalainen, S., Bussotti F., Garcia, P., & Wulff, S. (2016). Part IV: Visual assessment of crown condition and damaging agents. In UNECE CLRTAP ICP Forests Programme Coordinating Centre (Hrsg.), *Manual on methods and criteria for harmonized sampling, assessment, monitoring and analysis of the effects of air pollution on forests.* Eberswalde: Thünen Institute of Forest Ecosystems. https://www.icp-forests.org/Manual.htm. Zugegriffen: 5. Mai 2020.
5. Winn, F., & Araman, P. (2010). A tool to determine crown and canopy transparency for forest inventory and analysis using digital photographs; Joint Meeting of the Forest Inventory and Analysis (FIA) Symposium and the Southern Mensurationists. https://www.srs.fs.fed.us/pubs/gtr/gtr_srs157/gtr_srs157_217.pdf. Zugegriffen: 29. Mai 2020.
6. Kälin, U., Lang, N., Hug, C., Gessler, A., & Wegner, J. D. (2019). Defoliation estimation of forest trees from ground level images. *Remote Sensing of Environment, 223,* 143–153. https://doi.org/10.1016/j.rse.2018.12.021
7. Roloff, A. (2018). *Vitalitätsbeurteilung von Bäumen: Aktueller Stand und Weiterentwicklung.* Braunschweig: Haymerket Media.

8. Szeliski, R. (2010). *Computer Vision: Algorithms and Applications*. London: Springer. https://doi.org/10.1007/978-1-84882-935-0
9. Nischwitz, A., Fischer, M., Haberäcker, P., & Socher, G. (2011). *Computergrafik und Bildverarbeitung. Band II: Bildverarbeitung* (3., neu bearbeitete Aufl.). Wiesbaden: Vieweg+Teubner.
10. Quinlan, J. R. (1986). Induction of decision trees. *Mach Learn, 1,* 81–106. https://doi.org/10.1007/BF00116251
11. Quinlan, J. R. (1993). *C4.5: Programs for Machine Learning (Morgan Kaufman Series in Machine Learning)*. Los Altos: Morgan Kaufmann Publishers Inc.
12. Breiman, L., Friedman, J., Olshen, R., & Stone, C. (1984). *Classification and regression trees*. New York: Chapman and Hall.
13. Quinlan; J. R. (1991). *Generating production rules from decision trees, artificial intelligence laboratory*. Cambridge MA: Massachusetts Institute of Technology.
14. Burger, W., & Burge, M. J. (2009). *Principles of digital image processing – Fundamental techniques*. London: Springer.
15. Wäldchen, J., & Mäder, P. (2018). Plant species identification using computer vision techniques: A systematic literature review. *Arch Computational Methods Eng, 25,* 507. https://doi.org/10.1007/s11831-016-9206-z
16. Cubero, S., Albert, F., Manuel Prats-Moltalban, J., Fernandez-Pacheco, D. G., Blasco, J., & Aleixos, N. (2018). Application for the estimation of the standard citrus colour index (CCI) using image processing in mobile devices. *Biosystems Engineering, 167,* 63–74.
17. Aquino, A., Millan, B., Gaston, D., Diago, M., & Tardaguila, J. (2015). vitisFlower®: Development and testing of a novel android-smartphone application for assessing the number of grapevine flowers per inflorescence using artificial vision techniques. *Sensors, 15*, 21204–21218.https://www.mdpi.com/1424-8220/15/9/21204/pdf. Zugegriffen: 29. Mai 2020.
18. Webseite AK UIS. https://www.ak-uis.de/. Zugegriffen: 26. Mai 2020.
19. Inforst. KronenTransparenz – Mobile app im Google Play store. https://play.google.com/store/apps/details?id=de.inforst.wze.kronenzustand. Zugegriffen: 28. Mai 2020.

Biodiversity Warehouse

Marco Mehrhoff, Heide-Rose Vatterrott,
Heiko Brunken und Lars Braubach

1 Einleitung

Die systematische Sammlung und einfache allgemeine Zugänglichkeit von biologischen Verbreitungsdaten von biologischen Arten ist ein erster wichtiger Schritt hin zu mehr Nachvollziehbarkeit von zeitlichen und geografischen Entwicklungen und zu weitergehenden Auswertungsmöglichkeiten in Bezug auf Biodiversitätsdaten. Das Biodiversity Warehouse (kurz: BDW) ist ein seit 2011 geführtes, und zwischen Biologie und Informatik studiengangs- und fakultätsübergreifendes Projekt der Hochschule Bremen [1–5]. Es ist ein webbasiertes Framework zur Sammlung und Publikation von Biodiversitätsdaten. Artbeschreibungen und Verbreitungsdaten können eingereicht, validiert und unter Nutzung von Kartendarstellungen ausgewertet werden. Über eine mobile App können Verbreitungsdaten offline im Gelände erfasst werden. Die Arbeiten

M. Mehrhoff (✉) · H.-R. Vatterrott · L. Braubach
Hochschule Bremen Fakultät 4, Bremen, Deutschland
E-Mail: marcomehrhoff@gmail.com

H.-R. Vatterrott
E-Mail: Heide-Rose.Vatterrott@hs-bremen.de

L. Braubach
E-Mail: Lars.Braubach@hs-bremen.de

H. Brunken
Hochschule Bremen Fakultät 5, Bremen, Deutschland
E-Mail: Heiko.Brunken@hs-bremen.de

U. Freitag et al. (Hrsg.), *Umweltinformationssysteme – Wie verändert die Digitalisierung unsere Gesellschaft?*, https://doi.org/10.1007/978-3-658-30889-6_11

zur Entwicklung und zum sicheren Betrieb werden überwiegend durch Studierende im Rahmen von studentischen Projekten sowie Bachelor-/Masterthesen realisiert.

Produkte des BDW-Frameworks sind auf bestimmte Artengruppen spezialisierte Biodiversitätsatlanten (z. B. Fische, Säugetiere) in einer definierten Region (z. B. Schutzgebiete, Bundesländer, Staaten). Diese Atlanten können um passende Arten und deren Beschreibungen ergänzt werden. Im Anschluss können entsprechende Verbreitungsdaten eingereicht werden. Nach erfolgter Freigabe und Validierung ist es möglich, die Daten über eine Kartendarstellung auszuwerten. Zwecks Qualitätskontrolle, Nachvollziehbarkeit und Transparenz wird für jede Fundmeldung die entsprechende Quelle angegeben. Mit dem Biodiversity Warehouse werden derzeit (durch Biologen an der Hochschule Bremen oder Mitarbeiter zoologischer Fachgesellschaften) vier Biodiversitätsatlanten betrieben:

- **Fischartenatlas** von Deutschland und Österreich – erreichbar unter [6]
- **Fischartenatlas** von Pernambuco, Brasilien – erreichbar unter [7]
- **Säugetieratlas** von Bremen und Umgebung – erreichbar unter [8]
- **Muschelatlas** von Bremen – erreichbar unter [9]

2 Historie

2011 wurde eine erste Version des BDW als Ergebnis einer Bachelorthesis entwickelt. Der Schwerpunkt lag dabei auf einer Kartografie-Erweiterung für Joomla [10, 11]. Im Jahr 2013 erfolgte die Entwicklung der ersten mobilen App zur Sammlung von Verbreitungsdaten. Eine Re-Implementierung des Projektes wurde im Jahr 2015 mit dem Ziel angestoßen, ein modulares und erweiterbares Framework auf Basis zukunftsfähiger Technologien zu entwickeln. Ergebnis ist das aktuelle Biodiversity Warehouse welches im Spätsommer 2019 neu veröffentlicht wurde.

Das Projekt wurde 2013, 2015 und 2018 als „Vorbildliches Projekt der UN-Dekade der Biologischen Vielfalt" ausgezeichnet (Abb. 1). Hervorgehoben wurde hierbei insbesondere die Verbindung zwischen der IT-technischen Entwicklung an der Hochschule Bremen, der fachlichen Expertise der zoologischen Fachgesellschaften, hier namentlich der Gesellschaft für Ichthyologie e. V. [12], und die internationale Zusammenarbeit mit den brasilianischen Universitäten [13–15] in Recife, Pernambuco.

Abb. 1 Auszeichnung für das Projekt

3 Pflege und Nutzung der Atlanten

Die Daten der vier Atlanten (s. o.) werden durch ehrenamtliche Arbeit von Biologen bzw. Mitarbeiter zoologischer Fachgesellschaften sowie durch Studien- und Projektarbeiten des Biologiestudiengangs der Hochschule Bremen gepflegt. Diese Arbeit umfasst die Pflege und wissenschaftliche Aufbereitung der Speziesbeschreibungen sowie die Validierung der gemeldeten Funde. Zusätzlich werden IT-gestützt Plausibilitätsprüfungen durchgeführt, um die Datenqualität auf einem konstanten Niveau zu halten. Beispielsweise wurden bei der Migration der Daten aus dem alten System in das neue System die Fund-Informationen anhand der Angaben zu Quellen und Koordinaten auf Plausibilität geprüft.

Zu den Nutzergruppen der Atlanten gehören Bildungseinrichtungen wie Schulen und Hochschulen, wissenschaftliche Einrichtungen, Umweltverwaltungen, Planungsbüros, Natur- und Umweltverbände sowie eine breite naturkundlich interessierte Öffentlichkeit. Die Daten dienen z. B. zur Fort- und Weiterbildung auf dem Gebiet der biologischen Vielfalt, bilden die Grundlage für die Erstellung „Roter Listen" gefährdeter Tierarten, helfen bei Umweltplanungen oder sind die Basis für die wissenschaftliche Modellierung bei der Klimafolgenabschätzung.

Seit Mitte 2018 waren die auf Joomla basierten Atlanten u. a. aufgrund datenschutz- und sicherheitsrelevanter Mängel nicht mehr öffentlich verfügbar. Im Spätsommer 2019 wurden die Atlanten auf Basis des neuen BDW-Frameworks wieder der Öffentlichkeit zugänglich gemacht (s. Abschn. 2). Die Atlanten wurden seitdem in mehreren Präsentationen (vgl. [5, 10, 16, 17]) der Öffentlichkeit vorgestellt. Das Ergebnis ist eine erhöhte Nachfrage durch die o. a. Nutzergruppen. Des Weiteren haben Erfahrungen aus der Vergangenheit gezeigt, dass u. a. der Atlas für Säugetiere bei biologischen Laien („Citizen Science") sehr nachgefragt ist.

Die vier Atlanten beinhalten alle Daten, die seit dem Start des Projektes im Jahr 2011 von den Nutzern erfasst oder von Dritten zur Verfügung gestellt wurden. In Abb. 2 ist

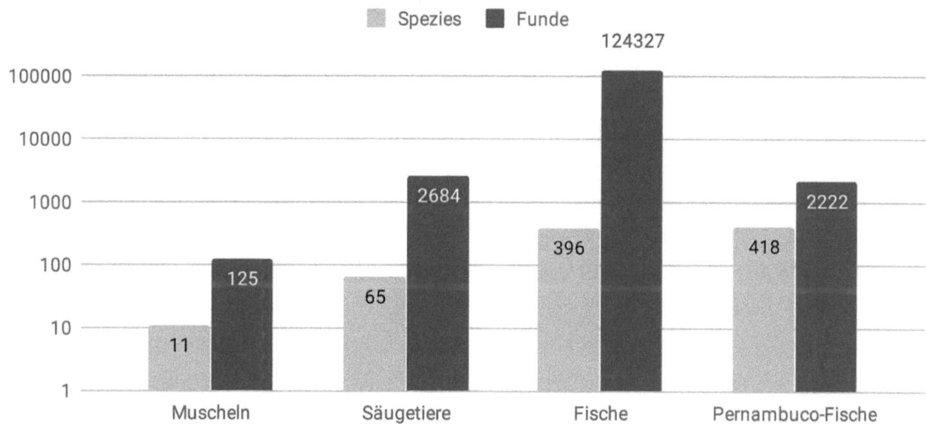

Abb. 2 Spezies- und Arteninformationen der Atlanten

eine Aufstellung der Anzahl der Spezies und Funde aller Atlanten dargestellt (Stand 22.01.2020). Erkennbar ist, dass im Fischartenatlas von Deutschland und Österreich die meisten Fundmeldungen vorhanden sind. Dessen langjährig gesammelten Daten wurden u. a. bei der Erstellung der „Europäischen Roten Liste der Fische“ als Bewertungsgrundlage herangezogen.

4 Abgrenzung zu anderen Portalen

Das Biodiversity Warehouse versucht, sowohl für biologisch interessierte Laien als auch für biologische Fachleute eine gemeinsame und einfach verständliche Plattform zur Lösung unterschiedlicher Aufgaben zur Verfügung zu stellen. Damit unterscheidet es sich von anderen Systemen bzw. Portalen ähnlicher Zielrichtung.

Fachspezifische wissenschaftliche Portale legen ihren Fokus auf eine Teilmenge bestimmter Artgruppen. Beispielhaft dafür sind Ornitho.de [18], mit einer Fokussierung auf Vögel, sowie BatMap [19], mit einem Fokus auf Fledermäusen.

Portale wie BeachExplorer [20], naturlgucker [21] und Artenfinder [22] sind tendenziell eher für Citizen Science als auf die Nutzung im Rahmen der biologischen Forschung ausgerichtet.

Im Gegensatz dazu sind die Portale [23–26] für den (biologisch interessierten) Laien mit hohen Hürden hinsichtlich Anforderungen und Sprache verbunden. Beispielhaft ist bei dem Niedersächsischen Tierarten-Erfassungsprogramm [23] über das webbasierte Portal NIWAP [27] keine öffentliche Einsicht in die Daten möglich. Eine Registrierung ist nur über ein Formular, welches per E-Mail eingesendet werden muss, möglich.

5 Funktionalität/Leistungsumfang

Mit dem BDW-Framework können über eine Kartendarstellung die Verbreitungsdaten von einer oder mehreren Arten analysiert werden (Abb. 4). Direkt auf der Startseite (Abb. 3) kann sowohl über den wissenschaftlichen als auch den Trivialnamen nach einer spezifischen Art gesucht werden. Der Gedanke dahinter ist, für den biologisch interessierten Laien eine einfach zu bedienende, auf das Grundlegende reduzierte Startseite (ähnlich einer Suchmaschine) anzubieten.

In der „Artensuche“ stehen verschiedene Filteroptionen für die Auswahl von Arten(-kombinationen), Familien oder Ordnungen zur Verfügung. Auf der Beschreibungsseite der jeweiligen Art werden neben der Taxonomie und der spezifischen Artbeschreibung auch Bilder, Bestimmungsmerkmale, Gefährdungsangaben und Literaturzitate dargestellt. Über die Option „Statistiken“ können Informationen über Artenlisten und Häufigkeitsangaben sowie zur zoologischen Systematik der Tiergruppe (Taxonomie) visualisiert werden. Das Framework ist mehrsprachig und zurzeit in drei Sprachen (Deutsch, Englisch und Portugiesisch) nutzbar. Nach der Anmeldung können dazu

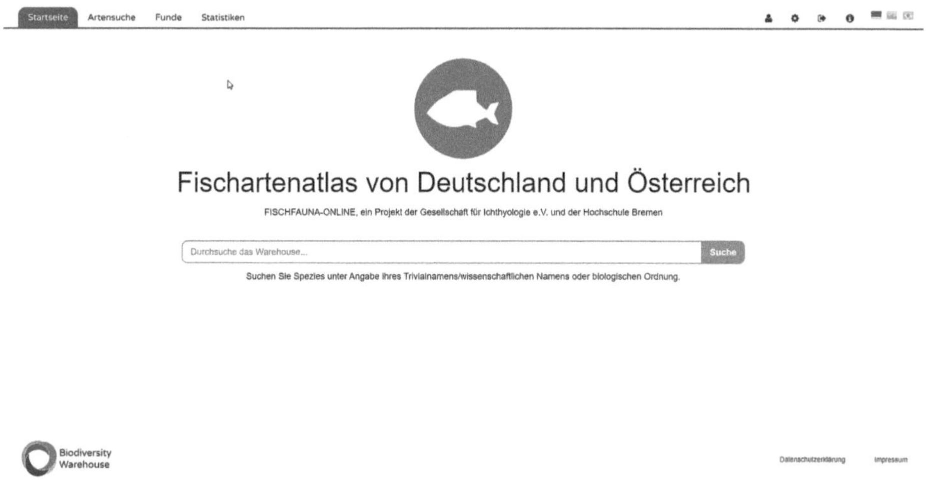

Abb. 3 Startseite des Fischartenatlas‘ von Deutschland und Österreich

Abb. 4 Kartendarstellung im Fischartenatlas

berechtigte Personen Verbreitungsdaten melden. In dieser Meldung können beliebig viele Arten zu einem Ort an einem Datum gemeldet werden. Zusätzlich werden Details wie der Zustand der gefundenen Art(en) und die Nachweismethode sowie die dazugehörige Quellenangabe erfasst. Optional können auch Fotos hinterlegt werden. Danach erfolgt die Validierung der Meldung durch dazu berechtigte Personen. Nach positiver Prüfung wird die Meldung freigeschaltet. Weitere Funktionen für administrative Tätigkeiten wie eine Benutzer-, Rollen- und Publikationsverwaltung sind vorhanden.

6 Architektur

Das BDW basiert auf einer Trennung zwischen Front- und Backend. Das Backend bietet eine REST-Schnittstelle an, welche vom Frontend bzw. der mobilen App genutzt wird, um die Daten einzupflegen oder angeforderte Daten anzuzeigen (Abb. 5).

Das Frontend ist als Single-Page-Application konzipiert. Dafür wird als Technologie das JavaScript-Framework AngularJS [28] genutzt. Damit die Webseite responsiv ist, wird das CSS-Framework Bootstrap [29] eingesetzt. Dadurch wird sichergestellt, dass das Framework auf unterschiedlichsten Geräten (z. B. Smartphone und Desktop) nutzbar wird. Da das BDW-Framework in unterschiedlichen Ausprägungen (Atlanten) ausgeliefert wird, besteht die Möglichkeit, das Framework beim Build-Prozess anzupassen. So können z. B. Texte geändert, Bilder ausgetauscht oder ganze Seiten inhaltlich verändert werden (z. B. Info-Seite).

Bei der ersten Entwicklung der Applikation zur mobilen Erfassung von Verbreitungsdaten im Jahr 2013 wurde der Fokus primär auf Android gelegt. Die schnelle technische Weiterentwicklung im mobilen Bereich erforderte Aktualisierungen in relativ kurzen Abständen. Gleichzeitig stieg die Nachfrage nach Applikationen für andere Plattformen, primär iOS. Um diesen Anforderungen gerecht zu werden, wird die aktuelle Neuentwicklung auf dem Cross-Plattform-Framework Flutter [30] basieren.

Das Backend basiert auf Node.js [31]. Die REST-Schnittstelle wird durch Express [32] bereitgestellt. Die Daten im Backend werden in einer PostgreSQL-Datenbank [33] gespeichert. Angebunden ist diese durch den Object-Relational-Mapper Sequelize [34]. Weitere Daten wie z. B. Bilder werden direkt im Dateisystem gespeichert. Die Datenbank verweist auf derart gespeicherte Dateien. Auf der Projektwebseite [35] stehen jeweils die aktuell genutzten Werkzeuge, Technologien, etc.

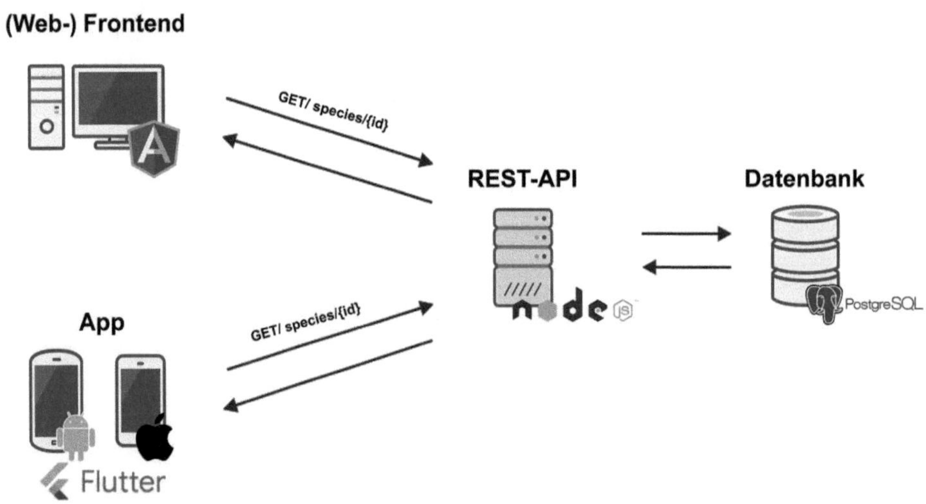

Abb. 5 Software-Architektur

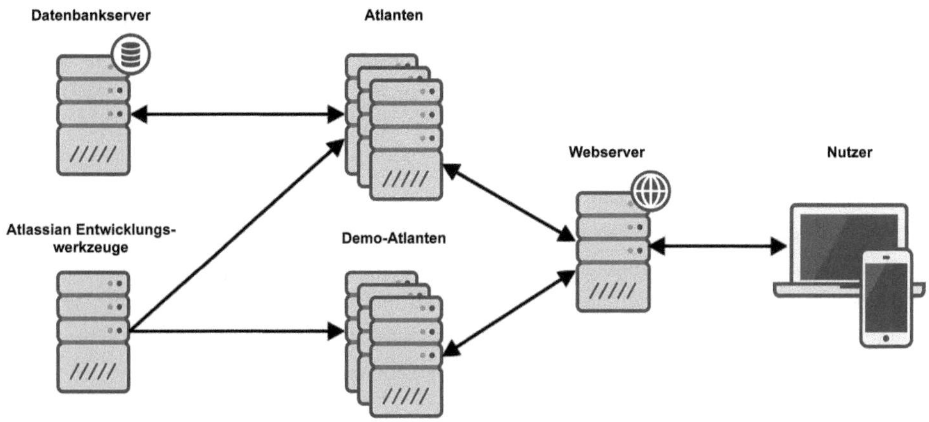

Abb. 6 Aufbau der Infrastruktur

7 Betrieb/Infrastruktur

Die aktuelle Infrastruktur besteht aus einem Server, welcher Atlassian-Tools für das Projekt-Management, die Dokumentations- sowie Quellcodeverwaltung bereitstellt [36]. Zusätzlich wird pro Atlas ein virtueller Server aufgesetzt. Dieser läuft in der dem Atlas entsprechenden Konfiguration (Abb. 6).

Zur Verwaltung der Daten der Atlanten wird ein Datenbankserver genutzt. Als Verbindung ins öffentliche Netz ist ein Webserver vorhanden. Des Weiteren existieren zwei Test-Atlanten, in denen der aktuelle Stand der Software durch Continous-Delivery aufgespielt wird. Dies ermöglicht die gründliche interaktive Prüfung erfolgter Änderungen, bevor diese auf die Live-Server aufgespielt werden. Dadurch wird eine strikte Trennung zwischen Entwicklung und Produktivbetrieb gewährleistet. Eine Sicherung der Datenbestände wird durch regelmäßige automatisierte Backups der Server auf ein NAS sichergestellt.

8 Fazit und Ausblick

Das Biodiversity Warehouse ist eine moderne Plattform zur Veröffentlichung und Auswertung von Biodiversitätsdaten. Der Fokus liegt auf Artbeschreibungen, Verbreitungsdaten und Taxonomie-Informationen. Die technische Basis des BDW-Frameworks basiert auf modernen Webtechnologien sowie einem modularen Aufbau. Durch die seit 2011 fortlaufende Weiterentwicklung, den Betrieb von vier Biodiversitätsatlanten und die Nutzung durch Biologen, zoologische Fachgesellschaften und biologische Laien, stellt das studentische Projekt einen wichtigen Beitrag auf dem Gebiet der Erforschung und der Bewahrung der biologischen Vielfalt dar.

Die Aktualisierung, Weiterentwicklung und Wartung der Software und der Werkzeuge ist ein wichtiges Augenmerk der Studierenden. Neben einer ständigen Weiterentwicklung durch Erweiterung und Optimierung der Funktionalität auf Basis des Nutzerfeedbacks, liegt der Schwerpunkt auf der Aktualisierung der technischen Basis des BDW-Frameworks [37–41]. In diesem Zusammenhang kommen zunehmend Lösungen der Container-Virtualisierung zum Einsatz. Als Teil aktueller Arbeiten wird die Umstellung auf eine Microservice-Architektur überprüft. Die erhofften Vorteile sind in diesem Zusammenhang insbesondere die Modularisierung und unabhängige Weiterentwicklung von unterschiedlichen Funktionalitäten des Systems. Des Weiteren können leichter neue Technologien getestet werden, da Microservices unterschiedliche Technologiestacks in den beteiligten Services erlauben [42].

Literatur

1. Brunken, H., Sänger, B., Vatterrott, H.-R., Winkler, M., & Zimmermann, M. (2015). Digitaler Säugetieratlas von Bremen und Umgebung - Aufruf zur Mitarbeit. *DROSERA Naturkundliche Mitteilungen aus Nordwestdeutschland, Oldenburg, 2012*(1/2), 101–109.
2. Brunken, H. (2015). Fish Biodiversity atlas: A tool for conservation [Atlas de biodiversidade de peixes: ferramenta para a conservação]. 21. Brasilianischer Kongress für Ichthyologie [XXI Encontro Brasileiro de Ictiologia], Recife, Brasilien, 04.02.2015.
3. Brunken, H., & Calazans, G.M.T. (2015). Atlas Digital de Biodiversidade de Peixes - como ferramenta para educação ambiental. *III Congresso Internacional de Educação Ambiental dos Países e Comunidades de Língua Portuguesa Torreia, Murtosa, Portugal, 8.–12. Juli 2015.*
4. Brunken, H., Calazans, G.M.T. (2016). Der Digitale Biodiversitätsatlas - ein erfolgreiches deutsch-brasilianisches Forschungsprojekt. In: K. Nissel, M. Schroten (Hrsg.), *Brasilien – Wendepunkte, Widersprüche, Chancen. Schriftenreihe der Fakultät Wirtschaft an der Hochschule Bremen* (Bd. 72, S. 52–57). Hochschule Bremen, Bremen.
5. Brunken, H., Vatterrott, H.-R. (2019). Biodiversity warehouse – A new web-based fish atlas of Germany and Austria. *Frontiers in Marine Science,* S. 269–272. https://doi.org/10.3389/conf.fmars.2019.07.00149.
6. Fischartenatlas von Deutschland und Österreich. https://biodiversity.hs-bremen.de/fische. Zugegriffen: 15. Apr. 2020.
7. Fischartenatlas von Pernambuco, Brasilien. https://biodiversity.hs-bremen.de/pernambuco-fische. Zugegriffen: 15. Apr. 2020.
8. Säugetieratlas von Bremen und Umgebung. https://biodiversity.hs-bremen.de/saeugetiere. Zugegriffen: 15. Apr. 2020.
9. Muschelatlas von Bremen. https://biodiversity.hs-bremen.de/muscheln. Zugegriffen: 15. Apr. 2020.
10. Brunken, H. Genzel, C.-H., Vatterrott, H.-R., & Winkler, M. (2012). Digitale Biodiversitätsatlanten – Tools zur Unterstützung regionaler und internationaler Expertennetzwerke für die Erfassung und Bewertung biologischer Diversität. In: Umweltbundesamt (Hrsg.), *Umweltinformationssysteme. Frühwarn- und Informationssysteme für den Hochwasserschutz. UBA-Texte 41/2012* (S. 161–169). Umweltbundesamt, Dessau-Rosslau.
11. Steinhausen, K. M., Winkler, M., Genzel, C.-H., Vatterrott, H.-R., & Brunken, H. (2012). Finding nemo – Assessment and visualisation of biodiversity data in a web-based atlas. In

H.-K. Arndt, G. Knetsch, & W. Pillmann (Hrsg.), *EnviroInfo 2012 – Core application areas (Part 1)* (S. 225–230). Aachen: Shaker Verlag.
12. Gesellschaft für Ichthyologie. https://www.ichthyologie.de. Zugegriffen: 21. Apr. 2020.
13. Universidade Federal de Pernambuco. https://www.ufpe.br. Zugegriffen: 21. Apr. 2020.
14. Universidade Federal Rural de Pernambuco. http://www.ufrpe.br. Zugegriffen: 21. Apr. 2020.
15. Universidade de Pernambuco. http://www.upe.br. Zugegriffen: 21. Apr. 2020.
16. Brunken, H., & Severi, W. (2019). Chancen und Perspektiven der Ichthyologie in Brasilien am Beispiel vom Bundesstaat Pernambuco. In: *16. Tagung der Gesellschaft für Ichthyologie.* Institut für Zoologie, Bonn. https://www.researchgate.net/publication/341700847_Chancen_und_Perspektiven_der_Ichthyologie_in_Brasilien_am_Beispiel_vom_Bundesstaat_Pernambuco. Zugegriffen: 28. Mai. 2020.
17. Brunken, H., & Vatterrott, H.-R. (2019). Biodiversity Warehouse atlas software enables user-friendly fish distribution maps for the whole Trilateral Wadden Sea Area. In: *Conference booklet der Tagung SWIMWAYs: Understanding connectivity within the life cycles of coastal fish, Hamburg, 24–26 August 2019* (2019).
18. Ornitho.de. https://www.ornitho.de. Zugegriffen: 29. Febr. 2020.
19. BatMap – das Fledermaus Informationssystem, batmap.de. Zugegriffen: 29. Febr. 2020.
20. BeachExplorer. https://www.beachexplorer.org. Zugegriffen: 29. Febr. 2020.
21. naturlgucker.de. https://naturgucker.de/. Zugegriffen: 29. Febr. 2020.
22. ArtenFinder Service-Portal Rheinland-Pfalz. https://artenfinder.rlp.de. Zugegriffen: 21. Apr. 2020.
23. Niedersächsisches Tierarten-Erfassungsprogramm. https://www.nlwkn.niedersachsen.de/naturschutz/tier_und_pflanzenartenschutz/arten_erfassungsprogramme/tierarten_erfassungsprogramm/das-niedersaechsische-tierarten-erfassungsprogramm-38662.html. Zugegriffen: 29. Febr. 2020.
24. FishBase. https://www.fishbase.se/. Zugegriffen: 29. Febr. 2020.
25. Global Biodiversity Information Facility – Deutschland. http://www.gbif.de. Zugegriffen: 29. Febr. 2020.
26. PANGAEA. https://www.pangaea.de. Zugegriffen: 29. Febr. 2020.
27. Niedersächsisches Webbasiertes Artenerfassungs-Portal. https://services-nlwkn.hannit.de/NIWAP/Anmelden.aspx. Zugegriffen: 29. Febr. 2020.
28. AngularJS – Superheroic JavaScript MVW Framework. https://angularjs.org. Zugegriffen: 15. Apr. 2020.
29. Bootstrap – The most popular HTML, CSS, and JS library in the world. https://getbootstrap.com. Zugegriffen: 15. Apr. 2020.
30. Flutter – Beautiful native apps in record time. https://flutter.dev. Zugegriffen: 15. Apr. 2020
31. Node.js. https://nodejs.org/de/. Zugegriffen: 15. Apr. 2020.
32. Express – Node.js-Framework von Webanwendungen. https://expressjs.com/de. Zugegriffen: 15. Apr. 2020.
33. PostgreSQL: The world's most advanced open source database. https://www.postgresql.org. Zugegriffen: 15. Apr. 2020.
34. Sequelize | Sequelize ORM. https://sequelize.org. Zugegriffen: 15. Apr. 2020
35. Biodiversity Warehouse. https://biodiversity.hs-bremen.de/warehouse/. Zugegriffen: 15. Apr. 2020.
36. Atlassian-Produkte. https://www.atlassian.com. Zugegriffen: 05. Mai. 2020.
37. Indorf, T. (2017). *Evaluation von Backend-Technologien zur Realisierung einer REST-Schnittstelle für Biodiversitätsatlanten.* Master-Thesis, Hochschule Bremen, Bremen (2017).
38. Heil, R. (2017). *Automatic validation of biodiversity data.* Master-Thesis, Hochschule Bremen, Bremen

39. Zink, M. (2017). *Automated dataset generation for image recognition using the example of taxo-nomy.* Master-Thesis, Hochschule Bremen, Bremen.
40. Dietrich, N. (2018). *Darstellung und Auswertung von Geodaten in Web-GIS.* Master-Thesis, Hochschule Bremen, Bremen.
41. Frensel, M. (2019). *Evaluierung und Bewertung von führenden JavaScript-basierten Technologien zur Minimierung des Entwicklungsaufwandes von Crossplatform-Anwendungen.* Bachelor-Thesis, Hochschule Bremen, Bremen.
42. Newman, S. (2015). Building Microservices. California: O'Reilly Media.

Softwarelösungen für Notfallmanagement und Katastrophenschutz

Eine Microservice-basierte Referenzarchitektur für eine eventbasierte dezentrale Ad-hoc-Vernetzung in Notfall- und Krisenlagen am Beispiel eines Brandes in einer Recyclinganlage

Michael Holzhüter und Ulrich Meissen

1 Einleitung

Optimale Kommunikation und Informationsaustausch zwischen den Beteiligten sind die Grundvoraussetzung, um komplexe Krisen- oder Katastrophenlagen zu bewältigen. Es bedarf einer schnellen Reaktion, um Leben zu retten und Schäden an der Umwelt zu vermeiden. Mit den in den letzten Jahren zu beobachtenden zunehmenden Abhängigkeiten und Kaskadeneffekten bei Schadensereignissen wird es immer wichtiger, dass sich die Stakeholder im Bereich des Katastrophen- und Krisenschutzes sowie kritische Infrastrukturbetreiber und andere betroffene Organisationen besser miteinander vernetzen. Für die Vernetzung auf organisatorischer Ebene werden bei gemeinsamen Übungen verschiedene Szenarien in begrenztem Maß von unterschiedlichen Stakeholdern simuliert, Schwachstellen aufgedeckt und organisatorische Verbesserungen der Kooperation abgeleitet. So üben involvierte Stakeholder beispielsweise Extremlagen (z. B. Hochwasser, Sturmflut, Angriffe auf Informationstechnologie (IT), Influenza-Pandemie) und kombinierte Ausfälle von öffentlichen Infrastrukturen sowie Bedrohungen von chemischen oder radioaktiven Tatmitteln sowie biologischen Krisenszenarien [1]. Aus diesen einzelnen Verbünden werden anschließend Empfehlungen abgeleitet und umgesetzt, um bei einem Realszenario besser vorbereitet zu sein. Jedoch ist dies aufgrund der unterschiedlichen Einsatzfaktoren und der Spezifik jedes Falls im Voraus

M. Holzhüter (✉)
Hochschule für Technik und Wirtschaft Berlin, Berlin, Deutschland
E-Mail: michael.holzhueter@htw-berlin.de

U. Meissen
Fraunhofer-Institut für Offene Kommunikationssysteme, Berlin, Deutschland
E-Mail: ulrich.meissen@fokus.fraunhofer.de

U. Freitag et al. (Hrsg.), *Umweltinformationssysteme – Wie verändert die Digitalisierung unsere Gesellschaft?*, https://doi.org/10.1007/978-3-658-30889-6_12

immer nur begrenzt möglich. Wetter, Ort, eingesetzte Mittel oder sonstige Umstände sind immer fallspezifisch, sodass jede Lage unterschiedlich ist und auch immer neu und einzeln bewertet werden muss.

In den letzten Jahren wurden zahlreiche IT-Systeme für die Vernetzung des Krisen- und Kommunikationsmanagements der Beteiligten entwickelt und von den jeweiligen Experten oder Verbünden verwendet [2]–[5]. Ein Ziel solcher Vernetzungs- und Kooperationssysteme ist es, die Hilfsressourcen zwischen den verschiedenen Beteiligten besser zu verteilen und zu koordinieren [6]. Andere Entwicklungen sind hauptsächlich darauf ausgerichtet, situationsbezogene Informationen zwischen den Beteiligten auszutauschen. Etablierte Lösungen adressieren zwar spezifische Probleme, aber allgemeine Ansätze, wie sie bereits in [7] skizziert werden und beispielsweise in [8] erprobt werden, sind in der Praxis noch nicht vorhanden.

Bestehende Ansätze in der Praxis lassen sich in ihrer grundlegenden IT-Kommunikationsstrukturtopologie allgemein wie folgt unterscheiden:

1. dezentrale Eins-zu-Eins-Verbindungen,
2. zentrale Informationsplattformen oder
3. zentrale Informationsaustauschplattformen.

Diese Ansätze haben ihre Vor- und Nachteile sowie offene Fragen. In der Praxis, aber auch in der Forschung sind die Haupthindernisse für solche Lösungen der unterschiedliche Digitalisierungsgrad der einzelnen Akteure, die Kosten für die Bereitstellung der notwendigen Infrastruktur und Konnektivität sowie Sicherheitsbedenken (IT-Sicherheit und Datenschutz).

Die entwickelten Systeme wurden in Einzelentwicklungen geschaffen. Es gibt bisher keine Referenzarchitektur für eine ganzheitliche sichere Vernetzung der Stakeholder. In der Praxis werden in der Regel separate Informationsplattformen bereitgestellt, in denen Stakeholder Informationen zentral beziehen können, wobei kaum Schnittstellen zu den eigenen IT-Systemen vorgesehen sind. Es existieren zwar Ansätze zentraler Informationsplattformen, die automatisiert Daten austauschen sollen, in der Praxisausführung wurden dann aus Kostengründen, da eine zentrale Organisation Technik und Wartung organisieren müsste, und aus Zuverlässigkeitsgründen Daten aus heterogenen Einzelsystemen wieder Peer-to-Peer übertragen [9]. Zusätzlich zeigen zentrale Lösungen aus Sicht der gerade im Katastrophen- und Krisenfall wichtigen nicht-funktionalen Anforderungen im Bereich Robustheit, Verfügbarkeit und dynamische (Ad-hoc-) Erweiterbarkeit, beispielsweise zusätzlicher Services, grundlegende Schwächen.

Der Beitrag stellt eine Referenzarchitektur vor, die eine dezentrale Ad-hoc-Vernetzung sämtlicher Stakeholder mit unterschiedlichen Digitalisierungsgraden und Schnittstellen ermöglicht. Die Lösung soll vorerst in regionalen, perspektivisch in grenzüberschreitenden Verbünden die Stakeholder unterstützen. Ausgehend von den Grundlagen event-basierter und asynchroner Architekturparadigmen wird deren Umsetzung in einer Microservice-basierten Referenzarchitektur beschrieben. Anhand der Architektur wird aufgezeigt, wie hohe Qualitätsanforderungen, unter anderem Effizienz, Zuverlässigkeit, Wartbarkeit, Ad-hoc-Erweiterbarkeit und Portabilität, erfüllt werden können. Durch die dezentrale Gestaltung der Architektur werden Sicherheitsanforderungen wie Verfügbarkeit und Integrität sichergestellt, was der Vergleich mit anderen Ansätzen in diesem Beitrag zeigen wird. Zusätzlich werden die zentralen Kompatibilitätseigenschaften wie Interoperabilitäts- und Erweiterbarkeitseigenschaften durch einfache Service-Verkettungs- und Topologie-Anpassungsmaßnahmen beschrieben, die eine einfache Erweiterbarkeit der funktionalen Eigenschaften der Architektur versprechen.

Der Beitrag ist wie folgt aufgebaut: In Abschn. 2 werden bisherige Ansätze und Lösungen im Bereich der Architekturen von Vernetzung kritisch diskutiert. Darauffolgend werden im Abschn. 3 die funktionalen und nicht-funktionalen Anforderungen, die ein System für die Vernetzung erfüllen muss, abgeleitet. Im Abschn. 4 wird eine neue dezentrale eventgetriebene Referenzarchitektur vorgestellt und es werden die Services beschrieben, die ein solches System haben muss, um sämtlichen Anforderungen gerecht zu werden. Im Abschn. 5 werden anhand des Beispiels Brand in einer Recyclinganlage die Vorteile dieser Referenzarchitektur inkl. Nutzungsszenarien aufgezeigt. Abschließend werden im Abschn. 6 die Ergebnisse zusammengefasst und künftige Nutzungspotenziale der Referenzarchitektur aufgezeigt.

2 Informationsaustausch in Notfall- und Krisenlagen

In den nächsten drei Unterkapiteln beschreiben wir die drei Hauptansätze für den Informationsaustausch zwischen den Stakeholdern im Detail. Sie sind entsprechend der IT-Kommunikationsstrukturtopologie kategorisiert. Diese zeigen auch die Entwicklung der Ansätze, die wir in den letzten Jahren beobachtet haben. Zu jeder Entwicklung (Ansatz A-C) werden Vor- und Nachteile erläutert, welche als Referenzpunkte beim Entwurf der neuen Referenzarchitektur wieder aufgegriffen werden.

2.1 Ansatz A: Dezentrale Eins-zu-Eins-Verbindungen

Erste Ansätze entwickelten sich vor allem im Kontext der Idee einer Eins-zu-eins-Kommunikationsverbindung zwischen den Beteiligten unter Verwendung eines breiten Spektrums von Technologien, die von Telefon, Fax, Internet (E-Mail oder spezifische Software [10]) bis zu Ultrakurzwelle, Terrestrial Trunked Radio für Behörden und Organisationen mit Sicherheitsaufgaben (TETRA-BOS), Global System for Mobile Communications (GSM) oder Kommunikation über Satellit in kritischen Situationen

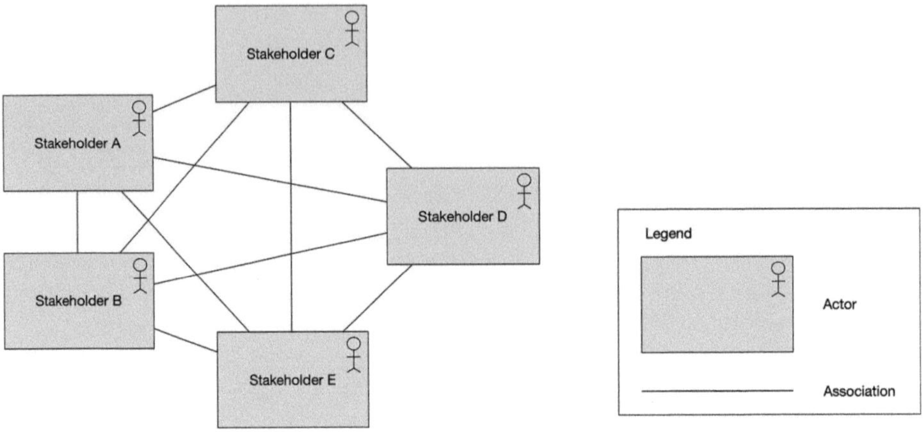

Abb. 1 Darstellung dezentraler Eins-zu-Eins-Verbindungen zwischen den Beteiligten

oder Katastrophen reichen, um Informationen mit anderen auszutauschen [11]. Abb. 1 zeigt diese Kommunikationsstruktur zwischen mehreren Beteiligten.

Ein großer Vorteil dieses Ansatzes ist die erhöhte Sicherheit und der verbesserte Datenschutz (Vorteil A1), da jeder Beteiligte die volle Kontrolle darüber hat, welche Informationen an einen anderen Beteiligten weitergegeben werden. Andererseits besteht aufgrund der großen Menge an Informationen auf den verschiedenen Kommunikationskanälen (Nachteil A1) oft die Gefahr einer Informationsüberflutung (Nachteil A2) im Rahmen vieler Einzelverbindungen. Besonders in kritischen Situationen wird die Schwierigkeit der Koordination der verschiedenen Informationsflüsse (Nachteil A3) innerhalb dieser Eins-zu-Eins-Verbindungen sehr problematisch, um ein klares Bild der Situation und damit die richtige Entscheidungsgrundlage zu erhalten.

Dieses Problem gilt für alle Kommunikationskanäle, mit Ausnahme der Zusammenarbeit über spezielle Software für einen engen Einsatzbereich und kleine Benutzergruppen (Vorteil A2). Solche Kollaborationssoftware ist jedoch oft sehr spezifisch (Nachteil A4) und erfordert eine Schulung des Bedienpersonals (Nachteil A5). Weitere Probleme sind Fehlinterpretationen von Informationen und Daten aufgrund heterogener Systeme (Nachteil A6) [10].

Die zu verbindenden Systeme haben in der Regel Schnittstellen, die unterschiedliche Standards oder Technologien (Nachteil A7) bedienen. Die Schaffung von Schnittstellen für jeden angeschlossenen Akteur bedeutet einen erheblichen finanziellen Aufwand (Nachteil A8). Neben E-Mail und spezifischen Software-Verbindungen wird der Informationsaustausch von digitalen Daten über klassische Kommunikationskanäle nicht unterstützt (Nachteil A9). Und selbst wenn der digitale Datentransfer unterstützt wird, sind die internen Strukturen der einzelnen Stakeholder oft zu komplex, um diese Daten geeignet aufbereiten zu können (Nachteil A10) [12]. Dies führt zu Problemen wie Verarbeitungsverzögerungen (Nachteil A11) und doppelter Verarbeitung (Nachteil A12) [13–15].

2.2 Ansatz B: Zentrale Informationsplattformen

Um das Problem des bisherigen Ansatzes zu beseitigen, wurden zentrale inter-organisatorische Informationsplattformen entwickelt. Unter dieser Kategorie werden die Ansätze zusammengefasst, bei denen alle von den Beteiligten bereitgestellten Informationen in einem einzigen Repository gesammelt werden, das dann als zentrale Informationsquelle für alle angeschlossenen Beteiligten dient. In den meisten Fällen sind diese als Web-Anwendungen konzipiert, die Informationen für eine vordefinierte Gruppe von Teilnehmern enthalten, z. B. EDRIS (European Emergency Disaster Response Information System), INFORM (Index für Risikomanagement) oder IDRN (India Disaster Resource Network). Abb. 2 zeigt den allgemeinen Ansatz mit drei Informationsplattformen, die von unterschiedlichen Stakeholdern verwendet werden.

Der Vorteil ist, dass viele Informationen zentral auf einer Plattform (Vorteil B1) eingesehen werden können. Dies reduziert den Aufwand für die Einzelkommunikation (Vorteil B2) zwischen den Beteiligten. Zusätzlich stehen die Daten digital zur Verfügung (Vorteil B3) und können für eigene Zwecke heruntergeladen und bei Bedarf mit den eigenen Daten kombiniert werden.

Der Nachteil ist jedoch, dass auf solchen Plattformen in der Regel nur statische oder historische Daten (Nachteil B1) gespeichert werden, u. a. aufgrund des zusätzlichen Aufwands, die Daten aktuell zu halten. Das Wesen einer Krise oder Katastrophe besteht darin, dass die wichtigsten Informationen, die für die Entscheidungsfindung bedeutend sind, in Echtzeit ausgetauscht werden müssten. Diese sind auch wichtig für den positiven Ausgang einer Lage. Für Ersthelfer vor Ort ist es oft schwierig oder unmöglich, Daten über diese Plattformen auszutauschen (Nachteil B2). Sie verfügen zwar bereits über die entsprechende Technik, jedoch muss der Datenaustausch weitestgehend automatisiert geschehen, damit die Ersthelfer entlastet werden. Darüber hinaus kann es für eine kleine Gruppe von Benutzern kostenintensiv (Nachteil B3) sein, solche Plattformen

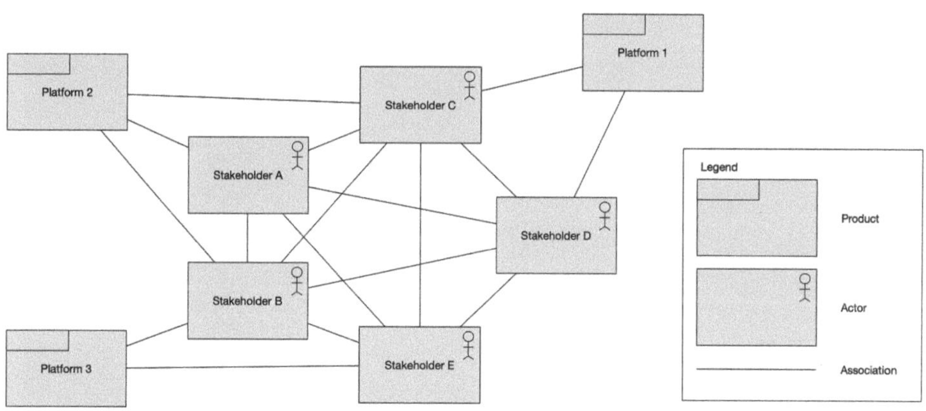

Abb. 2 Darstellung von zentralisierten Informationsplattformen

zu unterhalten. Wie bei der Verwendung spezifischer Software im Rahmen des ersten Ansatzes, erfordern solche Informationsplattformen auch eine zusätzliche Schulung der Bediener (siehe Nachteil A5).

2.3 Ansatz C: Zentrale Informationsaustauschplattformen

Um die Probleme des zweiten Ansatzes zu eliminieren, wurde die Idee der zentralen Informationsplattformen in Richtung eines dynamischen Informationsaustausches erweitert, z. B. zum Management der Interoperabilität zwischen dem österreichischen nationalen Krisen- und Katastrophenmanagement [16]. Ziel ist hier der direkte Datenaustausch zwischen den Beteiligten über einen Mediator. Es ist ebenfalls eine zentrale Plattform, enthält aber im Gegensatz zu zentralisierten Informationsplattformen, wie sie in einem vorherigen Kapitel beschrieben wurden, selbst keine Informationen. Abb. 3 zeigt die Funktion der zentralisierten Informationsaustauschplattform.

Jeder Stakeholder muss sich nur um seinen eigenen Anschluss an die Plattform kümmern. Über ein intelligentes Steuerungssystem werden die Informationen von der Plattform an den richtigen Empfänger verteilt. Ein eigener Aufwand, um Daten in das richtige Zielformat zu transformieren, entfällt damit (Vorteil C1) sowie die Einrichtung n-vieler Datenverbindungen zu den Empfängern (Vorteil C2). Solche Systeme können in der Regel eine Vielzahl von Schnittstellentechnologien und -standards handhaben, z. B. REST, SOAP, CAP (Vorteil C3) [9]. Durch ihren Aufbau ist es möglich Informationen nahezu in Echtzeit zu übertragen (Vorteil C4 gleicht Nachteil 13 aus). Das Softwaresystem der Beteiligten muss so angepasst werden, dass die Daten beim Empfang verifiziert und freigegeben werden können. Die Stakeholder können mit ihren eigenen Systemen für die Betreiber arbeiten, wodurch kein Schulungsaufwand anfällt (Vorteil C5) [17].

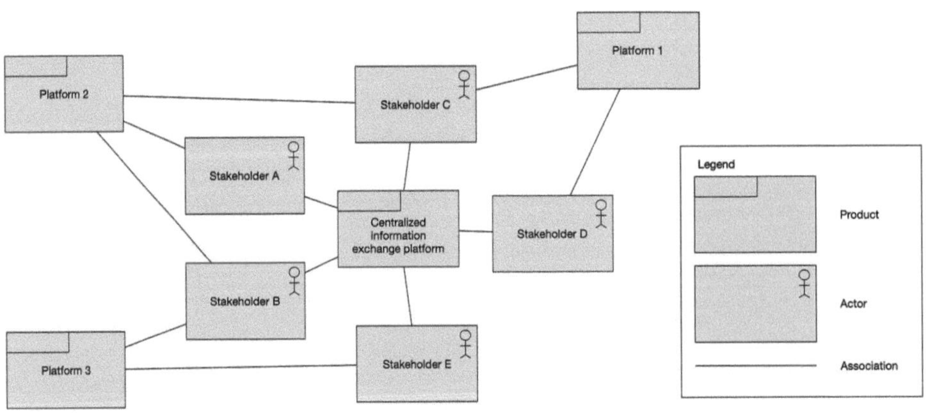

Abb. 3 Darstellung einer zentralisierten Plattform für den Informationsaustausch

Mit diesem Ansatz geben die Stakeholder jedoch die Kontrolle über die Datenverteilung aus der Hand (Vorteil A1 durch Nachteil C1 revidiert). Zudem werden die Daten von einem externen Dienstleister in das Zielformat konvertiert (Nachteil C2), was ein hohes Maß an Vertrauen in die Integrität und Sicherheit der Plattform erfordert. Außerdem ist eine zentrale Instanz immer ein möglicher Single Point of Failure (Nachteil C3). Sie kann über mehrere Kanäle erreicht werden (Vorteil C6 gleicht Nachteil 7 und 8 aus), aber wenn die Plattform ausfällt, funktioniert der gesamte Informationsaustausch nicht mehr. Leider gibt es noch keine Referenzarchitektur (Nachteil C4), sodass dieser Ansatz in proprietären Systemen umgesetzt wird [9].

Zusammenfassend lässt sich sagen, dass es derzeit keine optimale Lösung für den Umgang mit den verschiedenen Digitalisierungsebenen (Nachteil C5) innerhalb der Organisationen der Beteiligten gibt. Stakeholder, die keine Softwaresysteme einsetzen, müssen den Weg von Ansatz 1 gehen und weiterhin über verschiedene Kanäle Informationen austauschen. Das bedeutet, dass alle anderen Interessenvertreter trotzdem den Weg von Ansatz 1 gehen müssen. Verschiedene andere Nachteile wurden oben diskutiert. Es stellt sich die Frage, ob ein erweiterter Ansatz gefunden werden kann, der einen Großteil der aktuellen Probleme eliminiert.

3 Anforderungsanalyse

Das Ziel der Anforderungsanalyse ist es, eine Architektur zu entwerfen, die die Vorteile der bestehenden Ansätze verbindet und die Nachteile eliminiert. Das System soll den Aufwand für Kommunikation und Informationsbereitstellung reduzieren. Außerdem muss es ein hohes Maß an Integrität und Verfügbarkeit bieten. Komplexe IT-Systeme benötigen eine durchdachte und von allen Interessenvertretern an der Lösung berücksichtigte Einbeziehung in der Entscheidungsfindung. Die Entscheidungsfindung soll Aufschluss darüber geben, welche System-Architektur für die Stakeholder am geeignetsten ist. Im ersten Schritt werden sämtliche mögliche Beteiligte (Stakeholder) identifiziert. Anschließend werden die Stakeholder befragt, welche groben Anforderungen Sie an einer solchen Lösung haben. Diese werden dann erweitert und gegenübergestellt. Darüber hinaus sollte das System

- in der Lage sein, sowohl mit statischen digitalen Daten als auch mit nahezu Echtzeitinformationen umzugehen,
- verschiedene Schnittstellentechnologien bieten,
- auf einer offenen Referenzarchitektur basieren, sodass die Nutzung nicht auf eine proprietäre Einzellösung beschränkt ist,
- mit verschiedenen Ebenen der Digitalisierung umgehen können, sodass die Beteiligten die Lösung mit ihren eigenen Systemen, aber auch ganz ohne IKT-System verwenden können und
- den Aufwand für die Stakeholder für die Umsetzung minimal halten.

Für das System würden sehr viele verschiedene Stakeholder infrage kommen. Zu besseren Einordnung wurden die Stakeholder in Gruppen zusammengefasst. Es wurden drei Stakeholdergruppen ermittelt und in der Tab. 1 beschrieben.

Eine Umfrage während einer Schulung für Leitstellenbetreiber und -entwickler zeigte, dass nicht-funktionale Anforderungen sehr wichtig sind. Den 49 Teilnehmern aus Einsatzkräften und Anbietern kritischer Infrastrukturen in Deutschland wurde folgende Frage gestellt: Welche Art von Anforderungen, Funktionen und Merkmalen sollte ein System für die Zusammenarbeit haben? Im Ergebnis wurden 59 nicht-funktionale und 26 funktionale Anforderungen genannt. Eines der Hauptanliegen waren Sicherheitsfragen, was auch durch Erkenntnisse aus der Literatur unterstrichen wird. Die Umfrage diente zur ersten Einordnung von einzelnen Anforderungen, die an ein solches System gestellt werden könnten. Die Anforderungen sind zum aktuellen Stand nicht vollständig, da nicht alle Stakeholder befragt worden sind. Diese werden auch zukünftig nicht vollständig sein, da sich viel zu schnell technische Änderungen ergeben, die eine Änderung am System erfordern. Aus diesem Grund muss das System so flexibel gestaltet werden, dass Änderungen kostengünstig zu implementieren sind.

Tab. 1 Stakeholder

Stakeholder	Beschreibung
Nutzer	Unter Nutzer werden Institutionen definiert, welche zum Zweck der Nutzung des Systems eine Geschäftsbeziehung mit dem Dienstleister haben. Zudem stehen Nutzer mit n-vielen Nutzern in Beziehung, zum Zweck des Datenaustauschs. Beispielsweise könnten Leitstellen, Technisches Hilfswerk, Berufsfeuerwehr, Freiwillige Feuerwehren, Hilfsorganisationen, Kritische Infrastrukturen etc. miteinander Daten austauschen. Auf eine vollständige Liste von Beteiligten wird in diesem Papier verzichtet, da es mehr als 100 Organisationen und Organisationsgruppen in Deutschland gibt, wobei Leitstellen und Lagezentren noch nicht mitgezählt worden sind
Dienstleister/Anbieter	Dienstleister oder Anbieter sind die Institutionen, die das System vor allem dem Nutzer bereitstellen. Ebenso steht der Dienstleister in Beziehung mit Dienstleistungs-Partnern, die weitere Services innerhalb des Systems bereitstellen könnten. Da die Architektur als Referenzarchitektur bereitgestellt werden soll, kann es hier mehrere Dienstleister geben. Dienstleister könnten beispielsweise die Hersteller von Leitstellensoftware, aber auch andere Unternehmen im Bereich Softwareentwicklung sein
Dienstleistungs-Partner	Dienstleistungs-Partner sind Institutionen, die zur Unterstützung oder Ergänzung der Aktivitäten des Dienstleisters oder Nutzers handeln und erweiterte Dienste innerhalb des Systems bereitstellen können, oder Schnittstellen zu externen Systemen definieren. Beispielsweise könnten Hersteller von Leitstellensoftware Schnittstellen für Ihre Produkte bereitstellen

3.1 Funktionale Anforderungen

Aus der Auswertung der funktionalen Anforderungen konnten Funktionen abgeleitet werden, die ein System für die Vernetzung von Stakeholdern haben sollte. Neben funktionalen Anforderungen, die nach dem Stand der Technik sowieso betrachtet werden müssen, wurde auch auf Aspekte hingewiesen, die ohne eine Befragung nicht klar gewesen wären. So muss der Fokus des zu entwickelnden Systems neben der Übertragung von Informationen auch auf der Darstellung von Informationen liegen. Eine Streichung von funktionalen Anforderungen, auch wenn Sie bisher nur von einem Stakeholder genannt wurden, kann dazu führen, dass dieser eine Stakeholder kein Vertrauen an das System hat und es nicht verwendet. Dies hätte wiederum Auswirkungen auf alle Stakeholder. Eine Befragung (siehe Tab. 2) von mehr identifizierten Stakeholdern ist sehr sinnvoll, um weitere Funktionen oder eventuell gegenläufige Anforderungen aufzudecken.

Neben der Umfrage werden hier die Anforderungen erläutert, die sich aus den Vor- und Nachteilen aus dem Kap. 2 ergeben (siehe Tab. 3) und sich noch nicht aus der Umfrage ergeben haben.

3.2 Nicht-funktionale Anforderungen

Nicht-funktionale Anforderungen haben bei IKT-System im Bereich der öffentlichen Sicherheit einen besonders hohen Stellenwert. Das ist an der Gesamtzahl der Nennungen in Tab. 4 zu sehen. Aber auch andere Analysen zu IKT-System zeigen, dass es im Bereich der nicht-funktionalen Anforderungen besondere Hürden zur Einführung gibt [18].

Neben den nicht-funktionalen Anforderungen aus der Umfrage wurden aus den Vor- und Nachteilen der im Kap. 2 genannten Ansätze weitere Anforderungen abgeleitet (siehe Tab. 5).

3.3 Ergebnisse

Sicherheitsbedenken sind besonders für Organisationen, die Leitstellen oder Lagezentren betreiben, sehr hoch. In einer Studie zu App-basierten Systemen zur Ersthelferalarmierung zeigen sich die größten Bedenken für eine Einführung eines Systems im Bereich der Leitstellen. Hierbei können direkt Parallelen zu einem System zur eventbasierten Vernetzung gezogen werden. Aspekte des Datenschutzes und der Betreuungsaufwand des Systems wurden dabei als größte Herausforderungen, gefolgt von versicherungsrechtlichen Fragen und technische Anbindung [18].

Leitstellen müssen als Teil kritischer Infrastrukturen in Deutschland gemäß ISO 27001 auf der Grundlage der IT-Grundschutzregeln des Bundesamtes für Sicherheit in der Informationstechnik [19] aufgebaut werden. Für solche Organisationen gelten hohe

Tab. 2 Funktionale Anforderungen aus Umfrage

ID	Anforderung	Beschreibung	Anzahl der Nennungen
RQ01	Authentifizierung	Die Authentifizierung sollte dem neuesten Stand der Technik entsprechen und eine Mehrfach-Authentifizierung unterstützen	1
RQ02	Mandantenfähigkeit	Das System muss mandantenfähig sein. Die rollenbasierte Darstellung und Übertragung von Daten müssen konfigurierbar sein	2
RQ03	Filteroptionen	Es sollten Filteroptionen angeboten werden; der Fokus sollte auf den relevanten Daten liegen	2
RQ04	Validierung der Informationen	Es soll eine Transaktionsprüfung stattfinden. Die Daten müssen unveränderbar und vor Gericht verwertbar sein	3
RQ05	Datenaustausch	Die Daten sollen nicht nur im Krisenfall, sondern auch im Normalbetrieb nutzbar sein, um Synergieeffekte zu erzielen	2
RQ06	Ereignisorientierung	Die Daten sollen auch unter nicht optimalen Bedingungen eingesehen werden können, z. B. wenn Informationssysteme ausgefallen sind. Das System muss ereignisorientiert arbeiten	3
RQ07	Datenaktualität	Das System sollte in der Lage sein, Informationen automatisch zu aktualisieren	1
RQ08	Systemgrenze	Das System sollte auch über die Grenzen einzelner Bundesländer einsetzbar sein	1
RQ09	Automatisierungsgrad	Das System sollte vollständig automatisiert sein und keine manuellen Operationen erfordern	1
RQ10	Priorisierung der Datenübermittlung	Das System muss die Möglichkeit bieten, bestimmte Transaktionen für bestimmte Teilnehmer zu priorisieren	2
RQ11	Geoinformationssystem	Das System muss die Möglichkeit bieten, Daten aus geografischen Informationssystemen zu übertragen	1
RQ12	Schnittstellen	Standards wie OGC (Open Geospatial Consortium), STANAG (Standardization Agreement der NATO-Vertragsparteien) sollten nutzbar sein. Das Austauschformat sollte einfach zu gestalten sein. Die Schnittstelle sollte mit möglichst vielen Medien in Bezug auf Hardware und Software kompatibel sein. Das Datennetz sollte einheitlich sein, und die Dienste sollten systemübergreifend nutzbar sein. Es sollte auch möglich sein, permanente Verbindungen herzustellen, um die Verfügbarkeit zu überprüfen	7

Sicherheitsanforderungen, insbesondere wenn sie Schnittstellen zu anderen Systemen haben oder Daten aus dem Internet beziehen [20].

Neben dem IT-Sicherheitsgesetz fordert auch die Datenschutzgrundverordnung (DSGVO) technische und organisatorische Maßnahmen nach dem Stand der Technik. Teletrust beschreibt dazu verschiedene Maßnahmen, die ebenso in die Anforderungen einfließen müssen [21].

Die Umfrage zu Anforderungen in diesem Bereich zeigt klare Schnittpunkte zur nicht harmonisierten Norm ISO 25010, welche die Software-Qualitätseigenschaften beschreibt. Die ISO 25010 unterscheidet hier in die Bereiche Kompatibilität, Portabilität, Wartbarkeit, Performanz/Effizienz, Funktionalität, Robustheit/Zuverlässigkeit, Gebrauchstauglichkeit und Sicherheit [22].

Ein weiterer Aspekt, der bisher im System noch nicht betrachtet wurde, ist der Datenaustausch über Ländergrenzen hinweg. Dieser muss ebenso betrachtet werden, da in vielen Fällen (beispielsweise Zusammenarbeit der Länder an Nord- und Ostsee, Zusammenarbeit bei Hochwasser bei Grenzflüssen) diese Art von Kommunikation zur Bewältigung des Problems benötigt wird.

4 Microservice-basierte Referenzarchitektur für eventbasierte Vernetzung

Entsprechend der ersten erfassten Anforderungen aus der Tab. 2 und Tab. 3 sieht dieser Ansatz eine dezentrale Architektur (RQ22) vor, in der der Informationsaustausch-Adapter eine Schlüsselrolle spielt, wie in Abb. 4 dargestellt. Nicht-funktionale Anforderungen werden im Systementwurf berücksichtigt, sind jedoch nicht in der Beschreibung verknüpft, da diese fast auf alle Komponenten oder Services zutreffen.

Um die Funktionsweise der Architektur besser zu veranschaulichen, ist sie mit einem Anwendungsfall verknüpft. Der Anwendungsfall besteht darin, dass ein Notfall in einer Recyclinganlage (Trouble spot) vorliegt und die Einsatzkräfte (First Responder) von der Leitstelle alarmiert werden. Die ersten Einsatzkräfte müssen die Situation vor Ort beurteilen und an die jeweilige Leitstelle weiterleiten. Stakeholder 1 verfügt über ein Katastrophenmanagementsystem, Stakeholder 2 nicht. Derzeit würden sich die beiden unterschiedlichen Stakeholder per Telefon oder E-Mail Informationen austauschen.

Mit der vorgeschlagenen Architektur wird der Austausch von Informationen verbessert. Im Gegensatz zu allen anderen Ansätzen können alle Organisationen mit unterschiedlichen Digitalisierungsständen digitale Informationen erhalten und verwenden. So können Durchlaufzeiten von Informationen absolut minimiert werden und es wird proaktives Handeln aufgrund von erhöhter Informationslage ermöglicht. Der Ansatz funktioniert systemseitig auch unproblematisch über Bundesländergrenzen hinweg (RQ08). Einerseits können wichtige Infrastrukturen bereits vor dem Eintreten eines

Tab. 3 Funktionale Anforderungen aus Kap. 2

ID	Anforderung	Beschreibung	Resultiert aus
RQ13	Kontrolle über Verbindungen	Das System muss in der Lage sein, dem Nutzer die volle Kontrolle über die Datenverbindungen zu geben	Vorteil A1, Nachteil A3, Nachteil A10, Nachteil C1
RQ14	Nutzung eigener Software, Transformation von Daten	Das System muss in der Lage sein, Daten so zu transformieren, sodass Nutzer Ihre eigenen Systeme verwenden können	Vorteil A2, Nachteil A4, Nachteil A11, Vorteil C1
RQ15	Daten-visualisierung	Das System muss in der Lage sein, Daten so aufzubereiten, dass sie innerhalb des Systems dargestellt werden, falls die Daten nicht in ein anderes System vom Nutzer übertragen werden	Nachteil C5
RQ16	Zentrale Ablage der Informationen	Das System muss in der Lage sein, Daten auch zentral abzulegen, dass der Nutzer diese auch ohne eigene Software analysieren kann	Nachteil A11, Vorteil B1
RQ17	Anlegen vertrauenswürdiger Verbindungen	Das System muss in der Lage sein, einfach Kommunikationsverbindungen zu anderen Nutzern anzulegen	Nachteil A3, Nachteil A11, Vorteil B2, Vorteil C2, Vorteil C6
RQ18	Übertragung digitaler Daten	Das System muss in der Lage sein, viele unterschiedliche Formate und Schnittstellen zu unterstützen, sodass Daten digital übertragen werden können	Vorteil A8, Nachteil A1, Nachteil A6, Nachteil A7, Nachteil A9, Nachteil A11, Nachteil A12, Vorteil B3, Nachteil B2
RQ19	Echtzeitübertragung	Das System muss in der Lage sein, Daten in nahezu Echtzeit zu übertragen (Beispielsweise Videostreams)	Nachteil B1, Vorteil C5
RQ20	Filteroptionen	Siehe RQ03	Nachteil A2
RQ21	Schnittstellen	Das System muss in der Lage sein, Schnittstellen anzulegen, anzupassen oder zu löschen	Nachteil A8, Vorteil B2
RQ22	Dezentrale System-architektur	Das System muss dezentral organisiert sein, um die Verfügbarkeit von Informationen zu erhöhen	Nachteil C3
RQ23	Open Source	Das System muss quellcodeoffen sein, damit weitere Anbieter Erweiterungen (u. a. Schnittstellen, Mehrwertdienste) schnell verfügbar machen können. Zudem soll eine Referenzarchitektur es möglich machen, dass verschiedenen Dienstleister das System entwickeln können	Nachteil C4
RQ24	Validierung von Informationen	Siehe RQ04	Nachteil C2

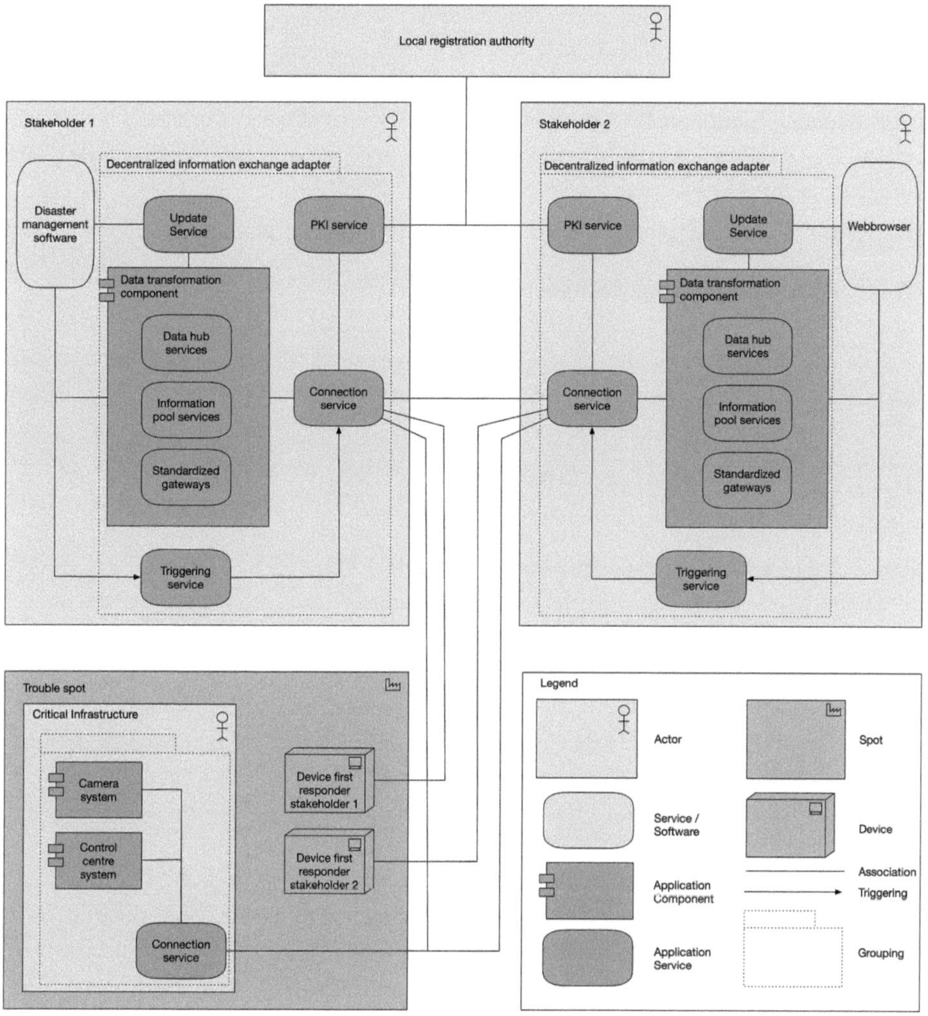

Abb. 4 Dezentralisierter Adapter für den Informationsaustausch

Notfalls einbezogen werden. Im Notfall können Ad-hoc-Informationen an die Einsatzkräfte übermittelt werden, bevor die Ersthelfer vor Ort sind. Dadurch kann die Leitstelle die Situation im Voraus besser einschätzen und die Ressourcen besser planen. Darüber hinaus können die verschiedenen Einsatzkräfte direkt Informationen über die Situation austauschen und wissen damit präzise, welche Ressourcen vor Ort sind. Damit dieser Austausch funktioniert, sind verschiedene Dienste erforderlich. Weitere Möglichkeiten werden in Kap. 5 vorgestellt. Zudem muss das System so gestaltet werden, dass ein völlig transparenter Datenaustausch möglich ist (RQ12).

Im ersten Entwurf wurden fünf Services (Data transformation service, update service, triggering service, connection service, PKI service) identifiziert, die die zentralen

Prozesse beinhalten. Der Adapter kann sich, wenn vorhanden, mit den Krisen- und Kommunikationssystemen der Stakeholder verbinden und/oder es kann ein Informationspool mit strukturierter und intelligenter Suche mit verschiedenen Visualisierungsmöglichkeiten (Dashboard, Live-Überwachung von Themen, Analyse) verwendet werden. Der lokale Registrierungsdienst ist ein externer Dienst für alle Beteiligten. Die Aufgaben der Services werden im Folgenden beschrieben.

4.1 Data transformation services

Dies ist die Kernkomponente des Systems. Im Wesentlichen sorgt die Komponente für die Konvertierung der Daten in die Zielschnittstellentechnologie. Die Komponente speichert die aktuellen Daten und verwirft empfangende Daten, wenn sie bereits vorhanden sind. Dadurch wird sichergestellt, dass immer die aktuellen Daten zur Verfügung stehen, auch wenn andere Beteiligte nicht verfügbar sind, z. B. aufgrund von Verbindungsproblemen. Verbindungsprobleme werden aufgezeichnet und Daten können nachträglich wieder synchronisiert werden. Um den verschiedenen Stufen der Digitalisierung der Beteiligten gerecht zu werden, wird die Komponente in verschiedenen Varianten zur Verfügung stehen:

- Ein Informationspool (RQ16), in dem die empfangenen Daten gespeichert und bei Bedarf mit einer intelligenten Suchmaschine (RQ03) recherchiert werden können. Der Zugriff könnte dann über ein Web-Interface (RQ15) erfolgen, wie in Abb. 4 im Bereich Stakeholder 2: Anzeige von Informationen über Web-Browser dargestellt. Der Nutzer soll hier ereignisorientiert benachrichtigt werden, wenn sich beispielsweise bei abonnierten Themen Änderungen ergeben haben (RQ06, RQ07).
- Ein regelbasiertes System, welches die Daten in das gewünschte Zielformat übersetzt und an die in Abb. 4 dargestellten Schnittstellen verteilt. Die Informationen werden vom Betreiber der kritischen Infrastruktur an die beiden beteiligten Interessenvertreter gesendet. Der Adapter von Stakeholder A übersetzt die unstrukturierten Daten in ein geeignetes Zielformat, das von der Katastrophenmanagement-Software verarbeitet werden kann (RQ14). Der Adapter von Stakeholder B stellt die Informationen in einem Informationspool zur Verfügung, in dem die Daten über den Webbrowser abgerufen werden können.
- Standardisiertes Gateway, das die Daten an die Schnittstellen verteilt; z. B. das Common Alerting Protocol (CAP) bietet eine standardisierte Möglichkeit, Nachrichten im XML-Format zu versenden (RQ12, RQ14).

Dienstleistungs-Partner können hier eigene Schnittstellen und Transformatoren erstellen und im Service bereitstellen, sodass beispielsweise auch leicht Geodaten oder Videostreams übertragen werden können (RQ11, RQ18, RQ19, RQ20, RQ23).

4.2 Update service

Dieser Dienst umfasst Prozesse wie die Überprüfung der Aktualität der ausgehenden Daten und die anschließende Aktivierung des Datentransformationsdienstes. Eingehende Daten werden über einen Prozess an die Katastrophenmanagement-Software gesendet. Der Aktualisierungsdienst prüft im Voraus, ob die Daten bereits verfügbar sind oder ob bereits eine Entscheidung über die Daten getroffen wurde. Der Administrator oder ein vollautomatisierbarer regelbasierter Service (RQ09) entscheidet dann, ob die eingehenden Daten in sein eigenes System aufgenommen werden sollen oder nicht. Wie beim zentralisierten Ansatz erfordert dies eine Anpassung der eigenen Katastrophenmanagement-Software. Wenn dies nicht möglich ist, übernimmt der Dienst lediglich die Aufgabe, doppelte Einträge zu vermeiden.

4.3 Triggering service

Mit dieser Komponente wird registriert, ob eine Krise oder Katastrophe ausgelöst wurde. Je nach der Konfiguration der Stakeholder, mit der die Daten der Stakeholder durchsucht werden können, ist der Dienst für die Bereitstellung der Konnektoren im Verbindungsdienst verantwortlich. Die Verbindungen zwischen den Stakeholdern werden erst nach der Bereitstellung hergestellt. Das bedeutet, dass Verbindungen zwischen den verschiedenen Stakeholdern nur dann bestehen, wenn sie wirklich benötigt werden (RQ05).

4.4 Connection service

Dieser Dienst stellt die Verbindung zu den anderen Nutzern her, über ein Dashboard kann der Nutzer jeder Zeit sehen, wer mit dem System verbunden ist, definieren welche anderen Nutzer sich verbinden dürfen (RQ17) und Ad-hoc-Verbindungen untersagen (RQ13). Dieser Dienst implementiert mehrere Sicherheitsmechanismen, wie z. B. die Verhinderung und Erkennung von Angriffen außerhalb der Konnektoren und schließlich die Auslösung anderer Sicherheitsservices. Außerdem sollte er mehrere Authentifizierungs- (RQ01) und detaillierte Protokollierungsdienste bereitstellen. In einem Priorisierungsservice können die Nutzer priorisiert werden, damit die Informationsverarbeitung hier bevorzugt systemseitig vorgenommen werden könnte (RQ10).

4.5 PKI service

Der Public-Key-Infrastruktur-Dienst (PKI-Dienst) ist eine Komponente, die sich um alle Zertifikate kümmert. Auch die Aktualisierung der eigenen Zertifikate und die Erstausgabe gehören zu seinen Aufgaben. Die Komponente ist eines der zentralen Sicherheitsfeatures, erlaubt einen komfortablen Austausch zwischen den Nutzern und sorgt zusätzlich für ein hohes Sicherheitsniveau. Außerdem wird in diesen Komponenten ein zusätzlicher Service zur Validierung der eingehenden Daten eingebettet (RQ04) (Tab. 4 und 5).

4.6 Externer Service: Krisen- und Kommunikationssysteme

Im besten Fall könnte dies das lokale System des Stakeholders sein. Wenn dies aus verschiedenen Gründen nicht möglich ist, z. B. wenn keine Software verfügbar ist, kann die Web-Schnittstelle des Adapters direkt genutzt werden und Informationen im Informations-Pool direkt analysiert werden.

4.7 Externer Service: Lokaler Registrierungsdienst

Zu den Aufgaben dieses externen Dienstes gehören die Ausstellung von Zertifikaten, die Sperrung von Zertifikaten und die Bereitstellung von Sperrlisten. Dieser Service kann von einem zentralen Dienstleistungspartner übernommen werden, bietet jedoch auch die Möglichkeit die Aufgaben an weitere autorisierte Dienstleistungspartner zu delegieren.

4.8 Ergebnis

Der vorgestellte Ansatz bietet mehrere Vorteile gegenüber den bisherigen Ansätzen. Erstens ist er leicht, langfristig kostengünstig, flexibel und einfach erweiterbar. Durch seinen dezentralen Charakter ist er robust und hat nicht das Problem einer einzigen Fehlerstelle, was besonders in Krisen- und Katastrophensituationen kritisch ist. Das System kann mit verschiedenen Stufen der Digitalisierung und heterogenen Systemen der Nutzer umgehen. Zudem behandelt es die Sicherheit als intrinsischen Teil der Architektur.

5 Anwendungsbeispiel: Brand in einer Recyclinganlage

Dass ein System für den digitalen Austausch von Daten zur Unterstützung in Krisenlagen benötigt wird, zeigt das Anwendungsbeispiel Brand in Recyclinganlagen. Recycling ist eine der Grundlagen für eine nachhaltige Wirtschaft und soll die Umwelt schonen. Auch in diesem Bereich müssen Brände vor der Entstehung, beispielsweise die Erkennung von hoher punktueller Hitzeentwicklung, bereits erkannt und bekämpft werden.

Untersuchungen ergaben, dass sehr viele Recyclingbetriebe bisher von Bränden betroffen waren. Die European Electronics Recyclers Association (EERA) berichtet, dass

Tab. 4 Nicht-funktionale Anforderungen

ID	Anforderung	Beschreibung	Anzahl der Nennungen
RQ25	Zuverlässigkeit	Das System muss zuverlässig und störungsfrei laufen. Außerdem muss es robust und hochverfügbar sein. Es muss in der Lage sein, auch bei einem hohen Informationsaufkommen schnell Daten auszutauschen	11
RQ26	Verfügbarkeit	Es muss ein Ausweichsystem für den Fall eines Netzwerkausfalls für die Datenübertragung vorhanden sein. Die Dienste müssen redundant sein. Das System muss nach einem Ausfall schnell wieder verfügbar sein und einen 24/7-Support bieten	12
RQ27	Benutzerfreundlichkeit	Das System muss einfach zu bedienen sein. Neue Ansätze zur Präsentation und Optimierung sollten einbezogen werden	5
RQ28	Skalierbarkeit	Das System sollte skalierbar sein	3
RQ29	IT-Sicherheit im Allgemeinen	Das System sollte gegen Angriffe und Bedrohungen von außen sicher sein. Die Daten sollten schnell, zuverlässig und sicher bereitgestellt werden können. Alle Informationen sollten von Anfang bis Ende verschlüsselt werden. Das System erfordert eine ISO 27000-Zertifizierung, eine BSI-Grundschutz-Zertifizierung und eine VS-NfD-Zulassung	10
RQ30	Wartung	Das System muss wartungsarm sein	1
RQ31	Innovationsfähigkeit	Das System muss zukunftsorientiert und leicht mit neuen Diensten erweiterbar sein	1
RQ32	Schnittstellen	Die Schnittstellen müssen standardisiert, zertifiziert und offen sein	5
RQ33	Datensicherheit und Datenschutz	Nur autorisierte Personen dürfen Informationen erhalten. Das System muss datenschutzkonform sein	4
RQ34	Rückverfolgbarkeit	Es muss möglich sein, auf einen alten Stand zurückzublicken	2
RQ35	Einfachheit	Die verfügbaren Dienste sollten einfach gehalten werden	2
RQ36	Verständlichkeit	Die Dienstleistungen und Prozesse sollten verständlich und nachvollziehbar sein	1
RQ37	Akzeptanz	Die Lösungen und Dienstleistungen sollten allgemein akzeptiert werden	1
RQ38	Revisionsfähig	Das System sollte überprüfbar sein. Zu diesem Zweck muss ein Logging-Service implementiert werden, der sämtliche Aktivitäten dokumentiert und auswertbar macht	1

Tab. 5 Nicht-funktionale Anforderungen aus Kap. 2

ID	Anforderung	Beschreibung	Resultiert aus
RQ39	Intuitive Bedienung	Das System muss intuitiv bedienbar sein und den Schulungsaufwand gering halten	Vorteil A5
RQ40	Kosten	Das System muss kostengünstig in der Entwicklung bzw. bei Änderungen oder Erweiterungen sein	Nachteil B3

fast 80 % aller führenden Recyclingunternehmen über schwere Brände in den Anlagen berichteten. Grundlage war eine Umfrage zu Bränden von Elektronik-Schrott. Hierbei wurde auf die Gefahr von Lithium-Ionen-Akkus hingewiesen, was Betriebe dazu veranlasst Ihre Anlagen an die Situation anzupassen [23].

Die Brandursachen können zwischen unbekannt/unklar, Selbstentzündung, technische Ursachen, Brandstiftung und Sonstiges unterschieden werden. Lampel stellt in einer Untersuchung fest, dass bei fast der Hälfte aller Brände die Ursache unklar, bei einem Drittel Selbstentzündung, bei einem Achtel technische Ursachen und bei einem Zwanzigstel Brandstiftung die Ursache sei [24].

5.1 Präventionsmaßnahmen

Präventionsmaßnahmen umfassen alle Anstrengungen im Vorfeld, um ein unerwünschtes Ereignis nicht eintreten zu lassen, beispielsweise die Verhinderung von Bränden.

Eine vernetzte Brandmeldeanlage könnte den Zeitraum des Eintreffens der richtigen Einsatzmittel um einige Zeit verringern. Kameratechnologie mit Wärmeerkennung kann den Anlagebetreiber auch bereits vor Eintritt eines Brandes warnen. Automatische Löschanlagen können somit bereits einen Brand vor der Entstehung verhindern. Die Microservice-basierte Referenzarchitektur für eventbasierte Vernetzung kann hierbei direkt beim Anlagebetreiber wenig unterstützen. Der Betreiber sollte sich jedoch mit der zuständigen Leitstelle vernetzen. Somit könnte die Leitstelle bei einem Eintritt schnell auf Services beim Betreiber, wie Kamerabilder etc. verfügen und die Lage schneller einschätzen. Auch können über die Schnittstelle nach außen Daten mit den zuständigen Umweltbehörden ausgetauscht werden. So können beispielsweise bei Recyclinganlagen Umweltgefahren, wie Schadgasrauchwolken oder schadstoffbelastetes Löschwasser, besser und schneller beurteilt und vorbeugende Maßnahmen ergriffen werden.

5.2 Lage bewältigen

Wenn der Notfall eintritt, müssen eine Vielzahl von Maßnahmen getroffen werden. Im ersten Schritt werden die Einsatzkräfte per Notruf angefordert. In vielen Fällen werden Brände jedoch durch Mitarbeiter oder Anwohner bemerkt und entsprechend gemeldet.

Recyclinganlagen haben auch meist eine Videoüberwachung. Wenn diese Bilder mit Eintritt der Feststellung eines Brandes ebenso an die Leitstelle übertragen werden könnten, kann der Disponent in der Leitstelle ggf. anhand der Videoübertragung sich ein Bild vom Einsatzort machen und ggf. Einsatzkräfte nachbeordern. Noch wichtiger ist es, wenn die Einsatzkräfte vor dem Eintreffen vor Ort bereits wissen was, wie viel und wo genau es brennt. Je genauer die Daten, desto genauer können Ressourcen zur Brandbekämpfung bereitgestellt werden.

Sind die Einsatzkräfte vor Ort, muss schnell eine Lageinformation erstellt werden. Die Lagebewältigung funktioniert nur, wenn viele unterschiedliche Einsatzkräfte mit Ihren unterschiedlichen Fähigkeiten unterstützen. So können an einem Brand verschiedene Feuerwehren aus dem lokalen Umkreis sowie THW und anderen (Hilfs-) Organisationen beteiligt sein. Zum einen geht es um eine effektive Brandbekämpfung, in denen verschiedene Ressourcen benötigt werden. Für den Einsatzleiter ist es deswegen wichtig, schnell einen Überblick über sämtliche verfügbare und im Einsatz befindliche Ressourcen zu haben, um ggf. auch weitere Ressourcen anzufordern. Zudem müssen die Einsatzkräfte, gerade bei längeren Einsätzen auch versorgungstechnisch unterstützt werden. Die Microservice-basierte Referenzarchitektur für eventbasierte Vernetzung kann dabei alle Informationen (beispielsweise Standort von Ressourcen, detaillierte Liste der Ausstattung der Ressourcen, weitere freie Kapazitäten, Informationen zu sich in der Nähe befindlichen anderen Ressourcen, die genutzt werden könnten) der beteiligten Akteure dem Einsatzleiter verfügbar machen.

Neben der Brandbekämpfung muss das Umfeld und hier besonders die Umwelt beachtet werden. Beim Einsatz von verschiedenen Löschmitteln kann es zu Belastungen im Grundwasser kommen. Auch wird bei jedem Brand die Luft stark belastet, was aber in den meisten Fällen zu einer Geruchsbelästigung führt. Dazu führen Einsatzfahrzeuge um den Einsatzort Messungen durch, um die Belastungen in der Luft zu messen. Messeinrichtungen von anderen Nutzern könnten dabei auch genutzt werden und schnell wichtige Informationen liefern. Dabei werden auch jetzt schon Wetterdaten genutzt. Die Bevölkerung wird dann über verschiedene Kanäle wie beispielsweise Warn-Apps (KATWARN, NINA) gewarnt, Fenster und Türen geschlossen zu halten. Die Einbeziehung von mehr Informationsquellen, die über die Referenzarchitektur angeschlossen werden können, kann zu schnelleren Informationen für den Schutz der Bevölkerung führen. Die Einbeziehung von Experten, die nicht am Einsatzort sind, kann mit den vollständigen Informationen zu Mehrwerten und zum Schutz der Umwelt beitragen.

5.3 Nachbereitende Ursachenforschung

Vor der Lage ist nach der Lage. Jede Lage ist eine neue Herausforderung für die Einsatzkräfte und aus jeder Lage können wertvolle Informationen für neue Lage entstehen. Eine vollständige Auswertung der Lage funktioniert jedoch nur, wenn viele Informationen, möglichst von allen beteiligten Stakeholdern einbezogen werden und so detailliert sämtliche Aspekte analysiert werden können. Liegen diese digitalisiert vor, können tiefere Analysen mit neuen Ansätzen der künstlichen Intelligenz oder Big Data Analysis vorgenommen werden.

6 Schlussfolgerung und Zusammenfassung

Der nächste Schritt besteht darin, die Dienste genauer zu definieren und sie zu einer Referenzarchitektur zu entwickeln. Auf der technischen Ebene werden nun weitere Faktoren wie Selbstheilungsdienste untersucht. Weiterhin werden Implementierungsaspekte untersucht, indem ein Prototyp unter Verwendung von Microservices innerhalb einer 5G-Kommunikationsinfrastruktur eines 5G-Testbeds aufgebaut wird. Auf der nicht-technischen Ebene werden Szenarien untersucht, die als relevant für dieses System angesehen werden und welche Auswirkungen sie auf die Architektur haben werden. Der Ansatz sollte zum Beispiel auch mit unvorhersehbaren Ereignissen arbeiten, die nicht in eine bestehende Kategorie passen. Darüber hinaus werden die verschiedenen Möglichkeiten der syntaktischen und semantischen Informationstransformation für jeden Stakeholder untersucht.

Literatur

1. Länderübergreifende Krisenmanagementübung: LÜKEX. https://www.bmi.bund.de/DE/themen/bevoelkerungsschutz/krisenmanagement/luekex/luekex-node.html. Zugegriffen: 30. Juli 2019.
2. Aldunate, R., Nussbaum, M., Ochoa, S. F., & Peña-Mora, F. (2006). Robust mobile ad hoc space for collaboration to support disaster relief efforts involving critical physical infrastructure. *Journal of Computing in Civil Engineering, 20*(1), 13–27.
3. Mehendale, H., Paranjpe, A., Vempala, S. (2011). LifeNet: A flexible ad hoc networking solution for transient environments. In: *ACM SIGCOMM 2011 conference on applications, technologies, architectures, and protocols for computer communications, Toronto* (S. 446–447).
4. EUROPA - ECHO – EDRIS. https://webgate.ec.europa.eu/hac/. Zugegriffen: 21. Sept. 2019.
5. INFORM - Global, open-source risk assessment for humanitarian crises and disasters. https://drmkc.jrc.ec.europa.eu/inform-index. Zugegriffen: 21. Sept. 2019.
6. Queck, A., & Gonner, H. (2016). Informationsmanagement im Krisenstab. In G. Hofinger & R. Heimann (Hrsg.), *Handbuch Stabsarbeit* (S. 183–190). Berlin : Springer-Verlag.
7. Pearson, C. M., & Mitroff, I. I. (1993). From crisis prone to crisis prepared: A framework for crisis management. *The Executive, 7*(1), 48–59.
8. Di Ciano, M., Palmitessa, A., Morgese, D., Havlik, D., & Schimak, G. (2017). C2-SENSE – pilot scenario for interoperability testing in command & control systems for crises and disaster management: Apulia example. In J. Hřebíček, R. Denzer, G. Schimak, & T. Pitner (Hrsg.), *Environmental software systems. Computer science for environmental protection* (507. Aufl., S. 263–278). New York: Springer International Publishing.

9. EPISECC D5 . 4 . – Architecture of the common information space. https://episecc.eu/sites/default/files/EPISECC_WP5_D5.4-Deliverable%20Report.pdf. Zugegriffen: 03. März 2020.
10. Kranaster, M. (2016). Praxisbeitrag – Kommunikationsmittel im Verwaltungsstab. In G. Hofinger & R. Heimann (Hrsg.), *Handbuch Stabsarbeit* (S. 199–203). Berlin : Springer-Verlag.
11. Zuba, G., Jasmontaite, L., Delprato, U., Neubauer, G., & Preinerstorfer, A. (2017). EPISECC common information space: Defining data ownership in disaster management. In V. Wohlgemuth, F. Fuchs-Kittowski, & J. Wittmann (Hrsg.), *Advances and new trends in environmental informatics, progress in IS* (S. 103–112). New York: Springer International Publishing.
12. Kapucu, N. (2006). Interagency communication networks during emergencies. *American review of public administration, 36*(2), 207–225.
13. Bahora, A. S., Collins, T. C., Davis, S. C., Goknur, S., Kearns, J. C., Lieu, T. N., et al. (2003). Integrated peer-to-peer applications for advanced emergency response systems. Part I. Concept of operations. *IEEE systems and information engineering design symposium 2003* (S. 255–260). IEEE: Charlottesville.
14. Bunker, D., & Smith, S. (2009). Disaster management and community warning (CW) systems: Inter-organisational collaboration and ICT innovation. In: *PACIS 2009 – 13th pacific asia conference on information systems* (S. 1–12).
15. Palttala, P., Boano, C., Lund, R., & Vos, M. (2012). Communication gaps in disaster management: perceptions by experts from governmental and non-governmental organizations. *Journal of Contingencies and Crisis Management, 20*(1), 2–12.
16. Preinerstorfer, A., Egly, M., Gojmerac, I., Hochwarter, C., Schuster, C., Jandl-Scherf, B., Lernbeiss, H., Radner, S., & Schweighofer, E. (2019). Interoperability between IT systems in austrian national crisis disaster management. In: *5th international conference on information and communication technologies for disaster management 2018* (S. 46–47). Sendai: IEEE.
17. Melchert, T. (2016). Stäbe in der Katastrophenabwehr der Freien und Hansestadt Hamburg. In G. Hofinger & R. Heimann (Hrsg.), *Handbuch Stabsarbeit* (S. 55–59). Berlin : Springer-Verlag.
18. Gross, B., Schanderl, F., Staedt, N., & Elsner, C. (2019). Dispatching first responders via mobile application systems: Status quo of implementation in Germany, evidence and challenges during introduction. *Notfall und Rettungsmedizin, 22*(6), 483–491.
19. Strohbach, U. A., & Behrens, S. (2017). IT-Sicherheit - EDV-gestützte Einsatzbearbeitung. In A. Hackstein & H. Sudowe (Hrsg.), *Handbuch Leitstelle* (S. 505–509). Edewech: Stumpf + Kossendey Verlag.
20. Mommsen, B., & Kahl, T. (2017). Integration in die Leistellenumgebung (Schnittstellen) - EDV-gestützte Einsatzbearbeitung. In A. Hackstein & H. Sudowe (Hrsg.), *Handbuch Leitstelle* (S. 509–515). Edewech: Stumpf + Kossendey Verlag.
21. IT-Sicherheitsgesetz und Datenschutz-Grundverordnung: Handreichung zum Stand der Technik technische und organisatorische Maßnahmen. https://www.teletrust.de/fileadmin/docs/fachgruppen/ag-stand-der-technik/2020-01_TeleTrusT_Handreichung_Stand_der_Technik_in_der_IT-Sicherheit_DEU.pdf. Zugegriffen: 03. März 2020.
22. ISO 25010. https://iso25000.com/index.php/en/iso-25000-standards/iso-25010. Zugegriffen: 03. März 2020.
23. EERA: Time to take fire safety seriously - Recycling international. https://recyclinginternational.com/e-scrap/fire-safety-recycling/19240/. Zugegriffen: 03. März 2020.
24. Steigende Anzahl von Bränden in Recyclinganlagen - Fachportal für Gefahrenabwehr, Innere Sicherheit und Katastrophenhilfe. https://crisis-prevention.de/feuerwehr/steigende-anzahl-von-braenden-in-recyclinganlagen.html. Zugegriffen: 03. März 2020.

5G basierte Anforderungsanalyse und Referenzarchitektur für zukunftsfähige und massentaugliche Microservice-basierte Warnsysteme im Katastrophenschutz

Eridy Lukau und Ulrich Meissen

1 Einleitung

Im Zuge der technologischen und gesellschaftlichen Veränderungen der heutigen Zeit müssen die Systemarchitekturen, welche verschiedenartigen Umweltinformationssystemen zugrunde liegen, immer weiterentwickelt werden. Neue Technologische Methoden, wie die Anwendung künstlicher Intelligenz, Big Data Analysis sowie die Entwicklungen im Bereich IoT, unterstützen die stetige Weiterentwicklung diverser Informationssysteme zu immer ausgereifteren Umweltinformations- und Überwachungssystemen. Diese Innovationen bilden daher die Grundlage für zukünftige, weitläufige, hoch performante und Intelligente Informationssysteme, bestehend aus einer großen Anzahl an Sensoren. Diese entweder statisch verbauten oder mobilen Sensoren können über mehrere Kilometer und Protokollgrenzen hinweg bidirektional in Echtzeit kommunizieren. Es ist demnach davon auszugehen, dass die verbreitete Anwendung dieser technologischen Innovationen als Grundlage solcher Informationssysteme in naher Zukunft zu einer drastischen Zunahme an Datenproduktion, Datenverarbeitung und Datenverkehr führt, dem zukünftige Systemarchitekturen gerecht werden müssen.

Zusätzlich zu den technologischen Veränderungen und Innovationen stellen auch gesellschaftliche Veränderungen der Neuzeit neue Anforderungen an bestehende Informationssysteme. Speziell die Anforderungen der heutigen Gesellschaft bezüglich

E. Lukau (✉)
Fraunhofer-Institut für Offene Kommunikationssysteme, Berlin, Deutschland
E-Mail: eridy.lukau@fokus.fraunhofer.de

U. Meissen
Hochschule für Technik und Wirtschaft Berlin, Berlin, Deutschland
E-Mail: ulrich.meissen@htw-berlin.de

U. Freitag et al. (Hrsg.), *Umweltinformationssysteme – Wie verändert die Digitalisierung unsere Gesellschaft?*, https://doi.org/10.1007/978-3-658-30889-6_13

Informationssicherheit und Authentizität von Informationen und Warnmeldungen unterstreichen die Wichtigkeit behördlich genutzter Informationssysteme als sichere und direkte Kommunikationskanäle mit der Bevölkerung.

Umweltinformationssysteme, wie z. B. wettergestützte (Früh-)Warnsysteme im Katastrophenschutz, wurden in der Vergangenheit ausführlich untersucht und erfolgreich implementiert und eingeführt. Auch die Systemarchitekturen, welche heutigen Alarmierungs- und Warnsystemen zugrunde liegen, wurden in der Vergangenheit ausführlich erforscht und bis hin zur Produktreife implementiert. Die massenhafte Verbreitung von Smartphones in der heutigen Gesellschaft ermöglichen es, App-basierte Warnsysteme der breiten Bevölkerung zugänglich zu machen, welche in der Lage sind, ortsbezogene Warnmeldungen simultan an eine große Menge von Menschen in einem Gefahrenbereich zu senden [28, 30].

Diese auf Push-Notification basierten Warnsysteme ermöglichen die ortsgenaue Auslieferung von Warnmeldungen mit hohem Informationsgehalt. Vorzugsweise profitieren solche Warnmeldungen durch situationsbedingte Zusatzinformationen, Barrierefreiheit, Mehrsprachigkeit, Hyperlinks oder dynamischen Karteninformationen. Speziell für solche App-basierten Warndienste haben sich sogenannte Microservice-basierte Systemarchitekturen aufgrund ihrer Flexibilität als Basis in Kombination mit fähigen mobilen Endgeräten bewährt [19].

Nachteil des Systems der Push-Notification ist die Voraussetzung der Installation der App, da die Funktionalität der Push-Notification eng mit dem Betriebssystem des Smartphones verwoben ist. Dadurch reduziert sich die Anzahl direkt erreichbarer Personen in Gefahr dramatisch auf die Zahl der App-Nutzer. Hier wird eine neue Anforderung an solche Systeme erkennbar, welche dem gesellschaftlichen Wandel Folge leisten muss, indem die Massentauglichkeit des Warnsystems durch Push-Notification unabhängige Systeme erreicht werden muss, sodass auch Smartphone-Nutzer ohne installierte App ortsgebundene Warnungen mit gleichem Informationsgehalt erhalten können.

Während in Deutschland vorzugsweise das Push-Notification basierte Warnen auf Smartphones durchgeführt wird [18], greifen andere Länder auf beispielsweise Evolved Multimedia Broadcast Multicast Service (eMBMS) gestützte Cell Broadcast basierte Warnsysteme zurück [5, 14, 23]. Durch Cell-Broadcasts können geräteunabhängig alle eingeschriebenen Mobilfunkteilnehmer innerhalb eines durch ausgewählte Mobilfunkzellen definierten Bereich mit einer Warnmeldung gewarnt werden. Zwar kann durch diese Technik eine wesentlich größere Masse an gefährdeten Menschen in einem Gefahrenbereich gewarnt werden als durch Push-Notification basierte Konzepte, allerdings auf Kosten des Informationsgehaltes einer Warnmeldung. Der Informationsgehalt wird bei durch Cell-Broadcast übermittelten Warnmeldungen reduziert, da auf die Übermittlung von ausführbaren Hyperlinks mit ausführlichen Informationen verzichtet wird. Dies ist auf den Umstand zurückzuführen, dass simultanes Aufrufen eines Links durch potenziell tausende Empfänger innerhalb einer Mobilfunkzelle zu einem Netzzusammenbruch führen kann [4]. Hier ist erkennbar, dass bereits heutige Netzwerkarchitekturen mit sprunghaft anfallenden Lasten zu kämpfen haben.

Zukünftige Systemarchitekturen für massentaugliche Warnsysteme benötigen demnach ausreichend Flexibilität. Plötzlich auftretende Last und Netzausfälle auf der letzten Meile, durch eine massive Anzahl an Netzwerkteilnehmern sollten vermieden werden, um die Zustellung von uneingeschränkten Warnmeldungen von hohem Informationsgehalt zu gewährleisten.

Im Bereich der Gefahrenabwehr durch Umweltkatastrophen aufgrund von menschlichem Versagen (z. B. Chemieunfälle in der Industrie) oder ohne direkten menschlichen Einfluss z. B. Erdbeben oder schwere Unwetter, Sturmfluten oder Epidemien, sind ebenfalls automatisierte Umweltüberwachungssysteme als Warnsysteme erforscht und implementiert [31]. Fortgeschrittene Erdbebenwarnsysteme sind in der Lage, nach Erkennen eines Bebens Aufzüge stoppen zu lassen oder automatisiert Alarmierungsanlagen zu steuern [11]. Diese Systeme sind zur heutigen Zeit unerlässlich, um im Notfall auch nach einem Beben Schaden an Menschen und Umwelt zu verhindern bzw. zu minimieren.

Auch durch technologische Innovationen im Bereich der Industrie (Industrie 4.0) entstehen neue Anforderungen und Sicherheitskonzepte an besagte Architekturen. Hier kann ebenfalls erwartet werden, dass die Gruppe der Empfänger von Warnungen um eine hohe Anzahl verschiedenartiger Sensoren, Aktuatoren und Maschinen stark anwachsen wird. Demnach ist es für zukünftige Warnsysteme notwendig, auf der letzten Meile verschiedenartige Kommunikationsprotokolle zu unterstützen, um im Notfall die sichere Übertragung von Notfallsignalen und Warnmeldungen zu gewährleisten. Auch außerhalb der Industrie ist durch Smart-Homes mit einer weiteren Zunahme von vernetzten Aktuatoren und Sensoren zu rechnen. Hierbei benötigen Warnsysteme die nötige Interoperabilität, um an solche Geräte dynamisch angekoppelt zu werden. Ein Warnsystem könnte demnach vernetzte Abzugsanlagen und Fenstereinrichtungen signalisieren, um bei einem Chemieunfall in unmittelbarer Nähe das automatische Schließen des Fensters zu veranlassen. Luftsensoren könnten ebenfalls starten und periodisch Luft/Gas-Gemische analysieren und über ein Überwachungssystem Einsatzkräften und Wohnungsbesitzern in Echtzeit wichtige Daten und Informationen übermitteln.

Die Folge dieser Informationsflut jedoch ist der auftretende immense Upload von Daten, welcher plötzlich und kurz nach Empfang der Warnung entsteht. Die enorme Last für das Netzwerk, verursacht durch eine massive Anzahl zyklisch hochladender Sensoren und Aktuatoren, bestätigen ebenfalls die neuen Anforderungen – sowohl an die Systemarchitektur des Warnsystems als auch an die unterstützende Netzwerkarchitektur einer neuartigen Warnsysteminfrastruktur.

Dieser Beitrag präsentiert mit Blick auf die Herausforderungen kommender Netzwerke, den Auftakt eines Forschungsfeldes für neuartige und zukunftsfähige Warnsysteme. Diese Warnsysteme sollen basierend auf einer event-getriebenen Microservice-basierten Architektur und erweitert durch 5G Innovationen es ermöglichen, im Katastrophenfall eine massive Anzahl an Endnutzern, Endgeräten, Maschinen, Sensoren und Aktuatoren zu verwalten und zu warnen, sowie Warnmeldungen in Subnetzwerke weiterzuleiten. Des Weiteren soll durch eine horizontal skalierbare System-

und Netzwerkarchitektur auf der letzten Meile die Verarbeitung einer massiven Anzahl an Rückmeldungen durch Empfänger einer Warnmeldung ohne Systemeinbrüche gewährleistet werden.

Wir glauben, dass sich die Flexibilität und Modularität Microservice-basierter Warnsysteme sehr gut dafür eignet, um Innovationen aus dem Bereich 5G zu integrieren, sodass die erforderlichen Anforderungen zukunftsfähiger und massentauglicher Warnsysteme erfüllt werden können.

Wir erkennen hierbei *Mobile-Edge-Computing* und *Local Content Caching Services* als wichtige 5G Innovationen, welche zur Massentauglichkeit des Systems beitragen und durch die topologische Neuausrichtung der bestehenden Servicearchitektur in einer neuen Referenzarchitektur integriert werden können.

Des Weiteren gehen wir davon aus, dass die hier angewandten Konzepte und Maßnahmen, welche zu einer neuen Referenzarchitektur führen, in angepasster Form auch auf andere Umweltinformations- und Überwachungssysteme mit großem Datenaufwand übertragbar sind.

Der Fokus dieses Beitrages liegt folglich zunächst auf der Begegnung von Netzwerklast durch Massentauglichkeit als Herausforderung für Warnsysteme sowie der topologischen Neuausrichtung einzelner Services einer bestehenden Microservice-basierten Architektur als eine geeignete Gegenmaßnahme.

Hierzu werden auf Grundlage vorliegender Forschungsergebnisse aus dem Bereich Frühwarnsysteme die nicht-funktionalen Anforderungen bestehender Warnsysteme mit Bezug auf Robustheit, Performance und Skalierbarkeit untersucht. Anhand dieser Anforderungen wird eine erste prototypische Referenzarchitektur evaluiert. Diese Referenzarchitektur erweitert die bestehende Architektur eines Warnsystems durch die Integration neuer Funktionen eines 5G Netzwerkes, welches die Aufgabe hat, aufkommende Datenlast effektiv zu verlagern und Systemstabilität zu gewährleisten.

Dieser Beitrag ist wie folgt aufgebaut:

- In Abschn. 2 wird der Stand der Technik und Stand der Forschung im Bereich von Warnsystemen sowie der zugrunde liegenden Systemarchitektur erörtert. Des Weiteren werden Multi-Access Edge Computing (MEC) als 5G Paradigma präsentiert und der Beitrag dieser Arbeit zur aktuellen Forschung skizziert.
- In Abschn. 3 werden in der Forschung definierte nicht-funktionale Anforderungen an Warnsysteme diskutiert und dem Einfluss der neuen 5G Technologie gegenübergestellt.
- Abschn. 4 präsentiert und erklärt den internen Prozessablauf eines bestehenden Microservice-basierten Warnsystems sowie die auftretenden Schwächen. Selbiges Kapitel präsentiert eine durch MEC erweiterte Referenzarchitektur, welche versucht, die Schwächen des vorherigen Systems zu beheben.
- In Abschn. 5 erfolgt anhand der Anforderungen die Evaluation der neuen Referenzarchitektur.
- Abschn. 6 fasst die Arbeit zusammen und gewährt einen Ausblick auf die folgenden Schritte innerhalb dieser Forschung.

2 Stand der Technik

Heutige Frühwarnsysteme sind in der Lage viele Millionen Menschen simultan zu warnen und im Katastrophenfall zu informieren. Frühwarnsysteme sind fester Bestandteil Netzwerke der öffentlichen Sicherheit und unterliegen fest definierten Standardisierungen [3, 4]. In [25] findet sich hierzu eine Übersicht aller relevanten Standards für Warnsysteme für die öffentliche Sicherheit. Ebenso wird in [25] eine Übersicht aller technologischen Mittel untersucht, welche in Netzwerken öffentlicher Sicherheit verwendet werden können, um Warnungen auf technischem Wege an die Bevölkerung zu versenden. Aufgelistet werden hierbei Übertragungsmöglichkeiten mittels Sirenen, SMS, Cell Broadcast, Satellit, TV und Radio. Der aktuelle Stand der Technik in Deutschland jedoch ist die Zustellung von ortsbezogenen Warnungen per mobiler Applikation, wie beispielsweise durch Apps wie KATWARN flächendeckend auf Bundes- und Kommunaler Ebene praktiziert wird [19]. Die zugrunde liegende Architektur eines solchen App-basierten Warnsystems fußt auf fundierten Forschungsergebnissen und Entwicklungen im Teilgebiet der Frühwarnsysteme in den letzten Jahren [10]. In den Abhandlungen [16] und [24] wurden, basierend auf [10, 31] und weiteren, erste Anforderungen und Konzepte gezielten Warnens entwickelt sowie Rahmenwerke für Architekturen von Frühwarnsystemen definiert und verschiedene Systemvarianten evaluiert [24]. Meissen, Faust und Fuchs-Kittowski präsentieren mit dem Warnsystem WIND in [17] erste Systemarchitekturen, welche meteorologische Frühwarnsysteme durch mobile Applikationen ermöglichen, die in [19] als generelle Systemarchitektur für kommunale Krisen- und Notfall-Informationssysteme ausgebaut wird. Diese Lösung erweitert die bis dahin angedachten SMS und Cell Broadcast basierten Warnmethoden, wie in [25] beschrieben, da es nun möglich wurde, durch wesentlich ausführlichere Warnmeldungen, zusätzlichen Hinweisen für die Bevölkerung sowie grafisch dargestellten Karteninformationen den Informationsgehalt von Warnungen im Vergleich zur SMS drastisch zu erhöhen [28, 30].

In [19] und [20] präsentieren die Autoren eine dem Warnsystem zugrunde liegende Systemarchitektur, welche erste flexible Modularität aufzeigt und so Crowdsourcing-Funktionalitäten in das bestehende Warnsystem einfließen lässt. Diese wird später als Microservice-basierte Referenzarchitektur für interoperable, flexible und robuste Warnsysteme präsentiert, welche durch ihre Flexibilität und Wiederverwendbarkeit einzelner Implementierungen technische und wirtschaftliche Vorteile gegenüber vorheriger Systemarchitekturen für Frühwarnsysteme aufweist [21, 22].

Ein großer Vorteil dieser Microservice-basierten Architektur für Warnsysteme ist die horizontale Skalierbarkeit einzelner Microservices, wodurch Resilienz, Verfügbarkeit und Stabilität erhöht und dynamisch angepasst werden kann. Diese applikationsseitigen

Maßnahmen haben jedoch keinen Einfluss auf Systemausfälle, wenn Lastspitzen in der Domäne des mobilen Netzwerkes entstehen. Beispielsweise ist es zum heutigen Zeitpunkt für solche Warnsysteme nicht möglich, einem durch eine zu hohe Anzahl von Mobilfunkteilnehmern ausgelösten Netzausfall innerhalb einer Mobilfunkzelle bzw. einer Region entgegen zu wirken. Dies kann im Katastrophenfall dazu führen, dass Warnungen trotz einwandfreiem Applikationsablauf nicht zugestellt werden können. Es kann davon ausgegangen werden, dass sich durch die immer mehr werdenden internetfähigen Geräte im Bereich IoT sowie die bereits massive Anzahl mobiler Endgeräte innerhalb einer Funkzelle die Gefahr eines Netzausfalles im Katastrophenfall dramatisch erhöht [10]. Es ist daher notwendig, Innovationen im Bereich moderner Mobilfunknetzwerke zu untersuchen, welche es ermöglichen, die dynamischen Eigenschaften und Anforderungen skalierbarer Warnsysteme umzusetzen und auf Netzwerkebene auszuweiten. Daher erkennen wir die Integration ausgewählter 5G Technologien als noch notwendigen Schritt in der Erforschung des Teilbereiches der Microservice-basierten für Warnsysteme an.

Hierfür bietet die aktuelle Forschung bezüglich des Wandels hin zu 5G einen großen Einblick in kommende Technologien [13, 27, 29]. Durch zukunftsweisende Netzwerkparadigmen und Forschungsergebnisse aus diesem Bereich wird es möglich, die Integrierbarkeit und Erreichbarkeit von zu warnenden Maschinen, Personen und Geräten auszuweiten, ohne Funktionalität einbüßen zu müssen. Verwaltungs- und Registrierungsaufgaben könnten dezentral an intelligente und skalierbare Randnetzwerke ausgelagert werden. Durch neue 5G Technologien wie Software-Defined-Networking, Network-Slicing und Multi-Access-Edge Computing erhalten Kern und mobile Randnetzwerke die nötige Flexibilität, um Netzwerkressourcen sicherzustellen, welche im Notfall durch plötzlich massives Aufkommen immenser Mengen an Daten tausender Sender und Empfänger benötigt werden [13, 26, 27]. Diese Neuerungen befinden sich jedoch hauptsächlich in der Systemdomäne der Telekommunikationsanbieter und nicht in der Domäne des Systembetreibers. Die Integration dieser neuen 5G Technologien und deren Konzepte kann demnach nur erfolgen, wenn die Referenzarchitektur des neuen Warnsystems durch die Innovationen innerhalb der Telekommunikationsanbieter ausgeweitet wird und beide Domänen ganzheitlich betrachtet werden.

Nur so können die neuen Schlüsselparadigmen und Funktionen Mobilfunknetzwerke der nächsten Generation als neue Services in bestehende Architekturen integriert werden.

Eine der hier betrachteten und vielversprechenden Schlüsselparadigmen der 5G Technologie ist das sogenannte Mobile Edge Computing, auch Multi-Access-Edge Computing (kurz MEC) genannt [6, 7]. Die Adaption, Standardisierung und Weiterentwicklung dieser neuen 5G Technologie wird von dem European Telecommunications Standards Institute (ETSI) in einer gesonderten Arbeitsgruppe (Industry Specifications Group ISG) vorangetrieben. MEC beschreibt eine neuartige Architektur des mobilen Netzwerkes, welche es ermöglicht, Rechen- und Speicherkapazitäten für Applikationen und Services am Rande des mobilen Netzwerkes zu generieren. Unter dem Rand des Mobilfunk Netzwerkes wird im Allgemeinen das sogenannte Zugangsfunknetzwerk

(Radio Access Network) verstanden. Hier können beispielsweise Rechnerkapazitäten in Form von zusätzlichen Servern oder auch Edge-Nodes bereits innerhalb oder in unmittelbarer Nähe von Basis Stationen eingesetzt werden. Die aktive Nutzung von Basisstationen mit Rechnerkapazitäten ist eines der Architekturmuster von mehreren durch ETSI präsentierten MEC Use-Cases. Hier wird in der allgemeinen 5G Forschung auch als Nutzung von *„intelligent Base Stations“* gesprochen [26]. Diese intelligenten Basisstationen sind in der Lage, Netzwerkanfragen bereits in der Nähe des Netzwerkteilnehmers entgegenzunehmen, mit dem Ziel der Erhöhung der Verfügbarkeit sowie der drastischen Reduzierung von Netzwerklatenz [15].

Das Verlagern von Rechnerkapazitäten wird in der aktuellen Forschung auch als Computation Offloading [1] beschrieben. Hierbei sind intelligente Netzwerk-Architekturmuster vorgesehen, welche es beispielsweise ermöglichen, intensive Rechenaufgaben, wie z. B. Datenanalyse oder Machine Learning, verlagerbar zu machen. So können beispielsweise Sensoren und Maschinen schwere Rechenlast auf Edge-Nodes verlagern, welche aufwendige Datenanalysen übernehmen können, bevor diese an zentrale Cloud Applikationen weitergeleitet werden. Eine zentrale Applikation kann ein breites Netzwerk aus Edge Nodes verwenden, um dezentralisiert Aufgaben mit Ortsbezug ausführen zu können. Hier kann Local Content Caching dafür verwendet werden, um Daten in physischer Nähe von Nutzern abzulegen, welche diese am in hoher Frequenz und Häufigkeit anfordern. Dies wird unter anderem als Location-Context Awareness beschrieben [1]. Diese neuartigen Mechanismen dienen der dynamischen Steuerung von Netzwerklast durch die erhöhten Netzwerkanfragen vieler Nutzer in einer bestimmten Region, dem Entgegenwirken von Verzögerungen durch Spitzenlasten sowie der Erhöhung der Energieeffizienz für Sensoren und Mikroprozessoren [15].

3 Anforderungsanalyse

Zur Entwicklung der neuen Referenzarchitektur des Warnsystems, werden die nichtfunktionalen Anforderungen an die Architektur bzw. die neuen Innovationen, welche durch 5G in bestehenden Warnsystemarchitekturen integriert werden können, untersucht. Es wird hierbei zunächst erörtert, welchen positiven oder negativen Einfluss die Erweiterung der Microservice-basierten Systemarchitektur durch MEC auf bestehende nicht-funktionale Anforderungen hat. Zur Evaluation der durch 5G Technologie erweiterten Systemarchitektur, werden die grundlegenden nicht-funktionalen Anforderungen an das Warnsystem in Betracht gezogen, welche in [16] und [21] präsentiert und diskutiert werden. Die in Tab. 1 präsentierten, nicht-funktionalen Anforderungen werden in drei unterschiedliche Kategorien unterteilt: Funktionsqualitäten, Betriebsqualitäten sowie Entwicklungsqualitäten. Die positiven oder negativen Auswirkungen auf diese Anforderungskategorien durch die Anwendung von MEC zur Erhöhung der Systemflexibilität der Gesamtarchitektur werden im Anschluss diskutiert.

Tab. 1 Definition der nichtfunktionalen Anforderungen nach [16]

Kategorie	Anforderung
Funktionsqualitäten	Compliance
	Fehlertoleranz
	Testbarkeit
	Rückverfolgbarkeit
Betriebsqualitäten	Leistung
	Verfügbarkeit
	Zuverlässigkeit
	Robustheit
	Sicherheit
Entwicklungsqualitäten	Portabilität
	Modifizierbarkeit
	Interoperabilität
	Skalierbarkeit

3.1 Betriebsqualitäten

Die große Herausforderung für mobile Netze und Warnsystemarchitekturen ist die Menge an Endnutzern und Warnungsempfängern in Form von Geräten und Maschinen im Bereich IoT, sowie der unzähligen Smartphones der Nutzer in einem bewarnten Bereich. Hierbei müssen mobile Netzwerke in der Lage sein, bei hoher Belastung Push-Notifications für Smartphone Nutzer zustellen zu können, sowie die darauffolgenden Netzwerkanfragen der Apps verzögerungsfrei abarbeiten zu können. Auch unzählige verschiedenartige Empfangsgeräte müssen parallel zu den Smartphones im selben System für Warnungen erreichbar sein. Demnach ist es notwendig, dass die Netzwerkkapazität mit der Anzahl der Endgeräte skaliert bzw. plötzlich auftretende Lastspitzen abfangen kann und so die Betriebsqualitäten des Warnsystems nicht eingeschränkt werden. Hier kann demnach erwartet werden, dass die Anwendung von MEC dazu beitragen kann, die Verfügbarkeit von Warnungen im Mobilfunknetzwerk zu erhöhen. Durch Computation Offloading und Local Content Caching können dynamisch Ressourcen in der Region der Warnung erstellt werden. Warninformationen können in der räumlichen Nähe der Mobilfunkteilnehmer abgelegt werden. Nach Empfang des Signals über Broadcast sind diese Inhalte für die Endnutzer mit geringer Latenz abrufbar.

3.2 Funktionsqualitäten

Die Funktionsqualitäten beschreiben Anforderungen an die grundsätzliche Funktionalität des Warnsystems. Hierbei stehen Compliance, Fehlertoleranz im Großen für das Vertrauen, welches dem Warnsystem seitens der Bevölkerung entgegengebracht wird.

Beispielsweise wird von der Bevölkerung zur Akzeptanz des Systems erwartet, dass personenbezogene Daten höchst vertraulich verarbeitet werden. Hierbei ist davon auszugehen, dass durch MEC auch Privatsphäre erhöhende Lösungen ermöglicht werden. Da Edge-Applikationen mit Ortsbezug installiert werden können, wächst die Chance, personenbezogene Informationen verteilt regional bearbeitbar zu machen, ohne dass zentrale Services des Warnsystems hinzugezogen werden müssen, welche vertrauliche Daten zentral abspeichern. Es reicht demnach das Aufhalten in einem gefährdeten Bereich, um eine ortsbezogene Warnung zu bekommen. Periodisches Aktualisieren der eigenen Position beziehungsweise der Upload der Position an eine zentrale Stelle würde demnach entfallen, da der Ortsbezug durch die Edge-Fähigkeit der Applikation erstellt wird.

3.3 Entwicklungsqualitäten

Für die Beibehaltung der Entwicklungsqualitäten Microservice-basierter Warnsysteme ist es notwendig, dass die Interoperabilität sowie Modifizierbarkeit der Architektur auch nach Erweiterung der Architektur gewährleistet wird. Die Wiederverwendung und Modularität einzelner Services der bestehenden Architektur machen es erst möglich, neue Funktionen und Subsysteme in ein bestehendes Warnsystem hinzuzufügen. Eine Einschränkung dieser Qualitäten sollte demnach durch die Erweiterung neuer 5G Technologien vermieden werden.

4 Referenzarchitektur für massentaugliche Warnsysteme

Basierend auf der in [21] beschriebenen ereignisbasierten Architektur für Warnsysteme wird nun untersucht, welche Änderungen an bestehender Microservice-basierter Referenzarchitektur mit neuen 5G Technologien verschmelzen und somit neue Funktionalitäten präsentieren.

In Microservice-basierten Architekturen werden funktionale in sich geschlossene Services mit einander verknüpft. Dabei verbergen die einzelnen Komponenten ihre Implementierungsdetails gegenüber anderen Services. Auf Grundlage von Events sowie *publish/subscribe* Beziehungen zwischen den Services werden Nachrichten und Befehle untereinander ausgetauscht. Diese Events werden zur Aktivierung der gesamten Applikation von außerhalb des Systems ausgelöst, z. B. durch Ergebnisse und Schwellwerte aus externen Beobachtungen, durch Sensoren oder Menschen. Des Weiteren werden Events auch innerhalb des Systems ausgelöst, und zwar genau dann, wenn eine vorhergehende Service-Komponente ihre Aufgabe erledigt hat und die Ergebnisse über eine sogenannte *Event-queue* oder *Message-queue* an eine weitere Komponente gesendet wird. Daher wird hier im Allgemeinen von einer ereignisgesteuerten Architektur gesprochen [21, 22].

Die lose Koppelung der einzelnen Komponenten sowie die ereignisgesteuerte Kommunikation über leichtgewichtige Protokolle verleihen der Architektur die benötigte

Flexibilität. Es sind diese Eigenschaften, welche es ermöglichen durch topologische Veränderungen der Services, indem einzelne Services ausgetauscht oder unterschiedliche Domänen verschoben und angepasst werden, neue Anforderungen zu erfüllen, ohne die Applikation neu entwickeln zu müssen.

Da die neuen Netzwerkparadigmen zu 5G hauptsächlich außerhalb der Domäne der Warnsystemapplikation zu finden sind, ist es notwendig, den Betrachtungsrahmen der vorhergehenden Forschung im Bereich der Systemarchitekturen der Warnsysteme zu erweitern. Daher werden in dieser Betrachtung die Architektur sowie einzelne Komponenten der Kern- und Funknetzwerke der Telekommunikationsanbieter mit in Betracht gezogen.

Folglich wird in Abb. 1 eine vereinfachte Version der Referenzarchitektur für App- und Push-Notification basierte Warnsysteme [19, 21] präsentiert. Die Abbildung skizziert die Domänen und Komponenten sowie einzelne Microservices stark vereinfacht, sodass die grundsätzliche Funktionalität des Systems klar bleibt.

Das präsentierte Warnsystem beschreibt die Architektur, welche es ermöglicht, gezielte ortsbezogene Warnungen an mobile Endgeräte zu schicken. Hierbei aktualisieren die Endgeräte in regelmäßigen Abständen ihre Position im Warnsystem, sodass dieses zentral über die Auswahl der Empfänger entscheiden kann. Bei einer Warnung für eine bestimmte Region wird so über Push-Notification eine Nachricht an alle in diesem Bereich befindlichen Geräte geschickt.

Folgend werden die einzelnen Domänen und einzelnen Microservices dieser Architektur beschrieben und erklärt:

- Die Domäne *des Warnsystems* enthält mehrere Komponenten und Services. Der **Data Input Service** beschreibt einen Service, der eingehende Daten und Meldungen entgegennimmt, welche entweder automatisiert oder manuell durch Behörden oder andere berechtigte Einrichtungen über ein Redaktionssystem eingespielt werden. Daten können ebenfalls automatisiert, durch z. B. Wettersensoren oder externe Wetterdienstleister und andere Katastrophenschutzbehörden, eingespielt werden. Nach Aufbereitung der Informationen aus den Daten, darunter die Erfassung des betroffenen Warngebietes, wird die Information an den **Warn Content Service**

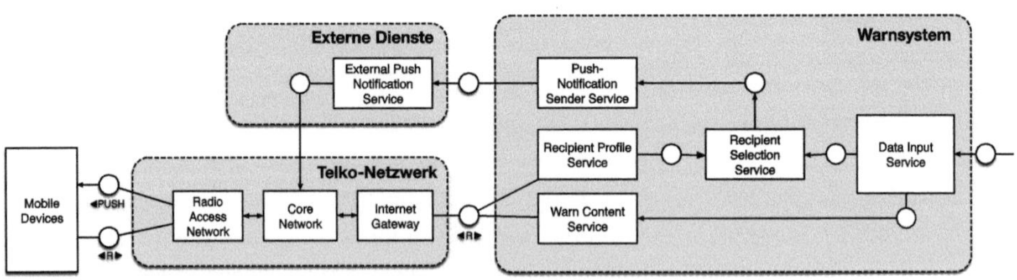

Abb. 1 Vereinfachte Referenzarchitektur eines Microservice-basierten Warnsystems, welches Warnmeldungen per Push-Notification an Smartphones schickt

sowie an den **Recipient Selection Service** weitergeleitet. Die Aufgabe des Alarm Content Services ist es, die Warnungsinformationen per REST-Anfrage an Geräte auszuliefern, nachdem diese eine Push Notification bezüglich einer bestimmten Warnung erhalten haben und eine Content-Anfrage an das System gesendet haben. Der Recipient Selection Service erstellt unter Hinzunahme der Positionsdaten der Endgeräte, welche vom **Recipient Profile Service** verwaltet werden, eine Liste an Geräten, welche sich in dem betroffenen Gebiet befinden. Diese Liste aus Geräte-IDs gepaart mit einer Warnungs-ID wird von dem **Push Notification Sender Service** entgegen genommen, dessen Aufgabe es ist, für die unterschiedlichen Gerätetypen verkürzte Warnungs-Formate zu erstellen, welche an die unterschiedlichen externen Dienste gesendet werden.
- Die *externen Dienste,* die für die Auslieferung der Push-Notification verantwortlich sind, sind nur bedingt durch das Warnsystem beeinflussbar und unterliegen dem Verantwortungsbereich der Gerätehersteller. Sie sind demnach als eigenständige Komponente der Gesamtarchitektur zu betrachten. Hierbei ist zu berücksichtigen, dass Push-Notifications für iOS Geräte durch Services des von Apple vorgegebenen Apple Push Notification Service (APNS) bzw. des von Google vorgegebenen Firebase Cloud Messaging Service (FCM) behandelt werden.
- Über das vom IETF im RFC 8599 definierte SIP-Basierte Push-Notification Protokoll, kommunizieren die externen Dienste direkt mit dem *Kernnetzwerk* ***(Core Network)*** *des Telekommunikationsanbieters* des zu benachrichtigenden Gerätes [8]. Über eine verschlüsselte ID des Gerätes, welche vom **Push-Notification-Sender-Service** mitgeliefert wurde, ist es möglich, das Gerät in der eingewählten Funkzelle über den Funkmast des Mobilfunk-Netzwerkes (**Radio Access Network**) ausfindig zu machen und eine Push Nachricht zu verschicken, welche vom Gerät empfangen wird. Je nach Geräteeinstellung wird durch einen vom Gerät abgespielten Ton der Nutzer auf die Warnung aufmerksam gemacht. Die Datengröße der so zugestellten Push-Nachrichten wird durch das SIP-Protokoll begrenzt. Die Übertragung der ausführlichen Warnung mit wichtigen Informationen – darunter Ortsangaben für Karten, Polygone, Hinweise sowie weitere Anweisungen für den Empfänger – wird durch die App in einem nachgelagerten Prozess als Content-Anfrage nachgeladen. Hierbei wird die App durch die Push Benachrichtigung aufgeweckt. Die in der Push Benachrichtigung hinterlegte Kurzinformation sowie die Warnungs-ID werden dann von der App verwendet, um über das Mobilfunk Netzwerk eine REST-Content-Anfrage zu starten, welche im Frühwarnsystem vom **Warn Content Service** entgegengenommen wird. Dieser liefert die zu der ID gehörenden vollständigen Informationen an die App aus.

4.1 Herausforderungen dieser Architektur

Auch wenn die externen Dienste, welche verantwortlich für die Push-Notifications sind, bisher nachweislich eine sehr hohe Verfügbarkeit aufweisen, wäre ein Ausfall dieser

Dienste ohne Einflussmöglichkeiten offizieller Behörden und Systembetreiber fatal für solche Architekturen, da somit die Kernfunktionalität der ortsbezogenen Warnungszustellung nicht mehr ausführbar wäre. Hierdurch wäre die Betriebsqualität durch die fehlende Verfügbarkeit (und Resilienz) stark beeinträchtigt. Des Weiteren kann es im Falle einer massiven Anzahl an Empfängern zu starken Verzögerungen bis hin zu Netzausfällen kommen, wenn das Nachladen der vollständigen Warnung via Content-Anfrage simultan durch eine massive Anzahl an Geräten innerhalb einer Funkzelle gestartet wird, nachdem eine Push-Nachricht erhalten wurde.

Vor diesem Effekt wird im offiziellen 3GPP Standard TS 22.268 V11.4.0 für Broadcast Warnmeldungen über Mobilfunknetzwerke gewarnt [4]. Hierbei wird beispielsweise bei der Verwendung von Cell Broadcast davon abgeraten, Warnungen mit Hyperlinks zu versehen, da die potenziell sehr große Menge an Empfängern einer Nachricht durch die simultane Ausführung des Links innerhalb einer Funkzelle die Kapazitäten des Netzwerkes an die Grenze bringen können.

Als möglichen Flaschenhals können sich aber auch einzelne Services innerhalb des Frühwarnsystems herausstellen. Hierbei kann beispielsweise der Warn Content Service an Kapazitätsgrenzen stoßen, wenn unter einer bereits hohen Last auf das System zusätzlich sprunghaft massive Content-Anfragen erscheinen. Dies kann beispielsweise der Fall sein, wenn während einer Großschadenslage mit mehreren aktiven Warnungen weitere Warnungen in einem Gebiet zu sprunghaft ansteigenden zusätzlichen Content-Anfragen führen.

4.2 Durch Edge Computing erweiterte Referenzarchitektur

Aufgrund der Anforderungen an die Systemarchitektur unter der Kategorie der Entwicklungsqualitäten ist es möglich, die präsentierte Microservice-basierte Applikation in ihrem Funktionsumfang durch einfache topologische Änderungen und neue Anordnungen der verwendeten Services zu erweitern. Um das präsentierte Warnsystem in seinem Funktionsumfang massentauglich und zukunftsfähig zu gestalten, werden hier Konzepte des MECs sowie skalierbare Netzwerk Ressourcen innerhalb des 5G Kernnetzwerkes verwendet, um die Resilienz des Systems in Bezug auf massenhafte Anfragen zu erhöhen [6, 9, 12].

Folgend wird in Abb. 2 eine durch Edge Computing erweiterte Referenzarchitektur für Microservice-basierte Warnsysteme präsentiert, welche durch die topologische Neuanordnung von Services die ortsbezogene, gezielte Zustellung von Warnungen in einem Gefahrenbereich, ohne externe Push-Notification Dienste, präsentiert.

In dieser neuen Referenzarchitektur wird auf regelmäßige Positions-Updates seitens der Empfänger verzichtet. Stattdessen werden Kurzinformationen in einem definierten Gebiet über eMBMS Cell Broadcast ausgespielt, welche eine ID oder eine URL enthalten, mit dem die vollständige Warnung durch das Gerät nachgeladen werden kann. Da nun potenziell nicht nur Nutzer der App, sondern alle Smartphones ohne App sowie alle anderen eMBMS empfangsfähigen Geräte und Sensoren innerhalb der alarmierten

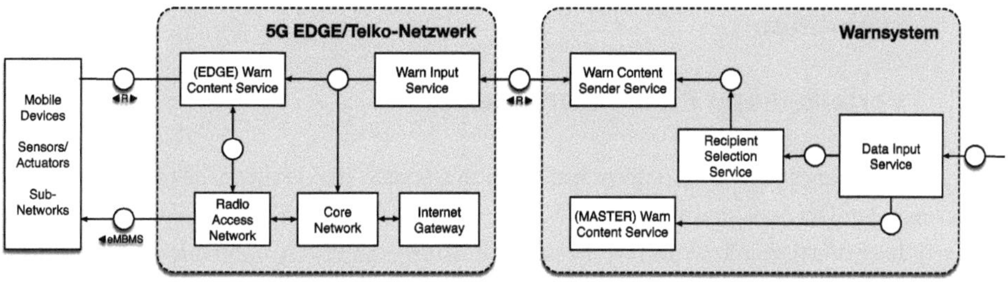

Abb. 2 Neue Referenzarchitektur eines Microservice basierten Warnsystems, welches 5G Technologien (Edge Computing) integriert

Funkzellen die Warnmeldung erhalten, können ein Vielfaches mehr Empfänger durch das Warnsystem erreicht werden. Des Weiteren werden die darauffolgenden Content-Anfragen bezüglich der Kurzinformation nicht wie bisher bis an das zentrale Warnsystem weitergeleitet. Stattdessen werden diese bereits in physischer Nähe des Gefahrengebietes mittels dynamisch erzeugtem Local Content Caching Mechanismus durch das Edge Netzwerk abgehandelt, welches die Warnung vorhält.

Im Folgenden wird die neue durch 5G bzw. durch MEC und eMBMS erweiterte Microservice basierte Referenzarchitektur erklärt:

- Im Gegensatz zur vorherigen System-Architektur des Warnsystems wird der **Push-Notification Sender Service** durch einen **Warn Content Sender Service** ersetzt, welcher die Warnung und dessen Ortsbezug direkt an einen neuen **Warn Input Service** als neue 5G Schnittstelle innerhalb des Netzwerkes des Telekommunikationsanbieters weiterreicht. Mithilfe der in der Warnung hinterlegten Ortsdaten werden in den betroffenen Regionen dynamisch Edge-Node Instanzen gestartet und mittels Network Slicing zusätzliche Netzwerk Ressourcen und Routingmechanismen freigeschaltet. Diese neu geschaffenen Ressourcen erschaffen die Möglichkeit, den **Warn-Content-Service** topologisch an den Rand des Netzwerkes – als EDGE-Service – zu verlagern. Ein **Master Content-Service,** der aktive Warnungen vorhält, verbleibt jedoch in der Domäne des Warnsystems aus Redundanzgründen.
- Des Weiteren wird durch das Radio Access Network in der definierten Region ein eMBMS gestützter Cell Broadcast gestartet, der alle Empfangsgeräte in der betroffenen Region erreicht. Hierbei wird die kurze Warnmeldung an die Empfangsgeräte geschickt, welche weiterführende Informationen enthält, die es erlauben, die vollständige Warnung nachzuladen. Durch die bereits dynamisch erstellten Netzwerk Kapazitäten können die erwarteten sprunghaft ansteigenden Content-Anfragen direkt am Rande des Netzwerkes abgehandelt werden. Entwarnungen oder Änderungen bestehender Warnungen werden durch das Warnsystem mittels (Master)-Warn-Content-Service ebenfalls durch den Warn-Content-Sender-Service behandelt und zudem auch im Edge-Netzwerk abgefertigt.

5 Evaluation

5.1 Vorteile dieser Referenzarchitektur

Durch die Abhandlung der Content-Anfragen am Rande des Netzwerkes kann eine Verbesserung der Betriebsqualitäten des Warnsystems durch niedrigere Latenzen und eine somit höhere Verfügbarkeit und verbesserte Leistungsfähigkeit unter einer großen Last erwartet werden. Des Weiteren kann davon ausgegangen werden, dass die präsentierte MEC-Methodik zur dynamischen Erweiterung der Netzwerkressourcen dazu beiträgt, die Robustheit bzw. Ausfallsicherheit gegenüber sprunghaft ansteigenden und massenhaften Anfragen zu erhöhen.

Die neue Referenzarchitektur ermöglicht es zudem, im Falle eines Ausfalls von externen Push-Benachrichtigungsdiensten, Warnungen auch ohne externe Dienste an Endgeräte zu schicken.

Die Verwendung von Cell Broadcast in 5G ermöglicht es, eine wesentlich größere Anzahl an Empfangsgeräten mit einer Warnung zu erreichen. Hierbei erhalten nicht nur App-Nutzer, sondern alle Empfangsgeräte eine Nachricht, welche in der Lage sind, einen Cell Broadcast Dienst wahrzunehmen. Dies erhöht die maximale Anzahl an potenziellen Empfängern, welche mit einer Warnung erreichbar sind, dramatisch. Es eröffnet ebenfalls die neue Anbindung endlos vieler heterogener Geräte, Sensoren und Aktuatoren.

Empfangsgeräte, welche unterschiedliche Netzwerkprotokolle implementieren, können so Warnungen über Cell Broadcast empfangen, über Edge-Nodes geeignete Warnungen nachladen und in eigene Subnetzwerke, z. B. LPWAN-Netzwerke, lokale Mesh-Netzwerke oder ähnliche, weiterleiten. Durch den Ortsbezug der ausliefernden Edge-Nodes kann demnach durch das zentrale Warnsystem auf die Verarbeitung der Positionsdaten aller potenziellen Empfänger einer Warnung verzichtet werden.

5.2 Nachteile und Herausforderungen dieser Referenzarchitektur

Auch in der neuen Architektur werden die Hauptnachteile von Microservice-basierten Architekturen erkennbar, wie sie bereits in [21, 22] hervorgehoben wurden. Eine neue logische Dimension wird durch dynamische Service-Deployments mit Ortsbezug dargestellt. Dieses führt zu einer weiteren Erhöhung der Komplexität der zusammenhängenden einzelnen Microservices. Dies geht zu Lasten der Rückverfolgbarkeit von Fehlern sowie der Testbarkeit des gesamten Systems. Auch die Weiterleitung von Warnungen in andere Subnetze erhöht die Komplexität und Anforderung an die Sicherheit, um Authentizität von Warnung und Urhebern zu gewährleisten.

Die Zustellung der per Cell Broadcast zugestellten Push Nachricht an Smartphones muss in einem Format erfolgen, welches es dem Nutzer ermöglicht, mit einfachen Mitteln benutzerfreundlich die vollständige Warnung nachzuladen. Hierbei muss daher ein Link beigefügt werden, der entweder als sogenannter Deeplink direkt in die App führt, um dort die vollständige Warnung mit allen zusätzlichen Informationen darzustellen oder, falls eine zugehörige App nicht installiert ist, der eine im Edge Netzwerk gehostete Landing Page lädt, um die zusätzlichen Warninformationen darzustellen. Aktuell unterstützen die Betriebssysteme Android und iOS den Empfang von Cell Broadcasts nur in jenen Ländern, die diese Funktion im eigenen Mobilfunknetzwerk freigeschaltet haben.

6 Zusammenfassung

In dieser Arbeit wurde eine neue Referenzarchitektur für Microservice-basierte Warnsysteme präsentiert, welche Innovationen aus dem Bereich 5G integriert. Hierbei wurde als Kerntechnologie Mobile- (Multi-Access) Edge Computing (MEC) als Methodik erörtert, welche es durch Local Content Caching und Computation Offloading ermöglicht, die Last auf das Netzwerk dynamisch zu verteilen, um so Systemausfälle durch die massive Anzahl an Teilnehmern und Warnungsempfängern zu verhindern sowie die Betriebsqualitäten des Warnsystems zu erhöhen. Hierbei wurden Edge Nodes als zusätzliche Services präsentiert, welche nahezu nahtlos in bestehende System-Architekturen integriert werden können, um so Netzwerkanforderungen der nächsten Generation gerecht zu werden.

Erste Evaluationen der neuen Referenzarchitektur auf Grundlage nicht funktionaler Anforderungen zeigen eine erhöhte Komplexität des Warnsystems auf, wenn Services erweitert und die Systemarchitektur auf Komponenten innerhalb des Mobilfunkanbieters ausgeweitet werden. Das dynamische Verwalten von Edge Nodes, sowie die dynamische Auswahl von Basis-Stationen stellen die Funktionsqualitäten des Systems vor neue Herausforderungen. Daher sollte die Anwendung von Software Defined Networking [2] und Network-Slicing [12] als vielversprechende 5G Ansätze zur Steigerung der Flexibilität innerhalb des Kernnetzwerkes sowie zur Verwaltbarkeit des Randnetzwerkes näher untersucht werden.

Da die aktuellen Forschungsergebnisse auf Basis der präsentierten Referenzarchitektur zu diesem frühen Zeitpunkt noch von theoretischer Natur sind, benötigt es weitere Schritte und Untersuchungen innerhalb dieses Feldes. Hierfür sind weitere Untersuchungen und Simulationen der Referenzarchitekturen mittels 5G-Testbeds, Simulationen und Feldtests notwendig, um genauere Aussagen über die Systemeffizienz sowie die maximal mögliche Menge an „Daten in der Luft“ treffen zu können. Auch die Spezifikation domänenübergreifender Schnittstellen, die Testbarkeit des Gesamtsystems sowie die Verwaltbarkeit der einzelnen Services erfordern weitere Untersuchungen und Betrachtungen.

Es kann jedoch festgestellt werden, dass die Verwendung von Edge Nodes in einer skalierbaren Systemarchitektur sich konzeptionell als geeignete Maßnahme erweist, um zukunfts- und massentaugliche Umweltinformations- und Überwachungssysteme entwickeln zu können. Computation Offloading und Local Content Caching bieten hierbei neue Möglichkeiten für Applikationen und Services den in Zukunft erwarteten Datenaufwand durch Datenproduktion, Datenverarbeitung und Datenverkehr zu skalieren, dezentralisieren und mit Ortsbezug zu verlagern.

Literatur

1. Ahmed, A., & Ahmed, E. (2016). A survey on mobile edge computing. In: *Proceedings of the 10th international conference on intelligent systems and control (ISCO), Coimbatore* (S. 1–8). https://doi.org/10.1109/ISCO.2016.7727082.
2. Casoni, M., Grazia, C. A., & Klapez, M. (2017). A software-defined 5G cellular network with links virtually pooled for public safety operators. *Transactions on Emerging Telecommunications Technologies* 28:e3092. https://doi.org/10.1002/ett.3092.
3. Câmara, D., & Nikaein, N. (Hrsg.), (2017). *Wireless public safety networks 3: A systematic approach.* ISTE Press – Elsevier.
5. 3GPP. (2016). Technical specification group services and system aspects: Multimedia broadcast/multicast service (MBMS); Architecture and functional description, (Release 14), 3GPP TS 23.246 v14.1.0.
4. 3GPP. (2019). Technical specification group services and system aspects: Public warning system (PWS) requirements, (Release 16), 3GPP TS 22.268 v16.3.0.
7. ETSI GS MEC 003 V1.1.1. (2016). Mobile edge computing (MEC): Framework and reference architecture.
6. ETSI GS MEC 005 – V2.1.1. (2019). Multi-access edge computing (MEC): Proof of concept framework 1:1–15.
8. Holmberg, C., & Arnold M. (2019). Push notification with the session initiation protocol (SIP), RFC 8599, DOI https://doi.org/10.17487/RFC8599, https://www.rfc-editor.org/info/rfc8599.
9. Hu, Y. C., Patel, M., Sabella, D., Sprecher, N., & Young, V. (2015). Mobile edge computing a key technology towards 5G. *ETSI White Paper No. 11 Mobile* 11:1–16. https://www.etsi.org/images/files/ETSIWhitePapers/etsi_wp11_mec_a_key_technology_towards_5g.pdf. Zugegriffen: 20. Mai. 2020.
10. Kolios, P., Pitsillides, A., Mokryn O., & Papdaki, K. (2016). Data dissemination in public safety networks. *Wireless public safety networks* 2, S. 199–225. Elsevier.
11. Kubo, T., Yoshiaki, H., Masahiro, M., Fusako, K., & Kohei, H. (2011). Application of an earthquake early warning system and a real-time strong motion monitoring system in emergency response in a high-rise building. *Soil Dynamics and Earthquake Engineering, 31*(2), 231–239.
12. Kuklinski, S., Tomaszewski, L., Osinski, T., Ksentini, A., Frangoudis, P. A., Cau, E., & Corici, M. (2016). A reference architecture for network slicing. In: *4th IEEE conference on network softwarization and workshops, NetSoft* S. 272–276. https://doi.org/10.1109/NETSOFT.2018.8460057.

13. Le, N. T., Hossain, M. A., Islam, A., Kim, D. Y., Choi, Y. J., & Jang, Y. M. (2016). Survey of promising technologies for 5G networks. *Mobile information systems.* https://doi.org/10.1155/2016/2676589.
14. Lecompte, D., & Gabin, F. (2012). Evolved multimedia broadcast/multicast service (eMBMS) in LTE-advanced: Overview and Rel-11 enhancements. *IEEE Communications Magazine, 50*(11), 68–74. https://doi.org/10.1109/MCOM.2012.6353684
15. Mach, P., & Becvar, Z. (2017). Mobile edge computing: A survey on architecture and computation offloading. https://doi.org/10.1109/COMST.2017.2682318.
16. Meissen, U. (2012). Targeted alerting in early warning systems.
17. Meissen, U., Faust, D., & Fuchs-Kittowski, F. (2013). WIND – A meteorological early warning system and its extensions towards mobile services. In: *EnviroInfo 2013: Environmental informatics and renewable energies, 27th international conference on informatics for environmental.*
18. Meissen, U., Hardt, M., & Voisard, A. (2014). Towards a general system design for community-centered crisis and emergency warning systems. In: Hiltz, S.R. (Hrsg.), 11th international conference on information systems for crisis response and management (ISCRAM 2014), ISBN: 978-0-692-21194-6, S. 155–159.
19. Meissen, U., & Fuchs-Kittowski, F. (2014). Towards a reference architecture of crowdsourcing integration in early warning systems. In: 11th international conference on information systems for crisis response and management (ISCRAM 2014), S. 334–338.
20. Meissen, U., Fuchs-Kittowski, F., Jendreck, M., Hardt, M., Pfennigschmidt, S., & Voisard, A. (2017). A general system architecture and design for the coordination of volunteers for agile disaster response. In: 14th international conference on information systems for crisis response and management (ISCRAM 2017), S. 890–900.
21. Meissen, U., Pfennigschmidt, S., Hardt, M., & Faust, D., et al. (2018). KATWARN – A microservice-based architecture for distributed, flexible and robust warning systems. In H.-J. Bungartz (Hrsg.), *Advances and new trends in environmental informatics: managing disruption, big data and open science; international conference on informatics for environmental protection (EnviroInfo2018), September 5–7, 2018, Garching, Munich, Germany* (S. 213–225). Cham: Springer Nature.
22. Meissen, U., Pfennigschmidt, S., Hardt, M., Faust, D., & Fuchs-Kittowski, F. (2018). A microservice based reference architecture for interoperable, flexible and robust warning systems. *CEUR Workshop proceedings, 2197,* 209–224.
23. Mitrofanov, S., Anisimov, A., & Turlikov, A. (2015). EMBMS LTE usage to deliver mobile data. *International congress on ultra modern telecommunications and control systems and workshops, 2015,* 60–65. https://doi.org/10.1109/ICUMT.2014.7002079
24. Moßgraber, J. (2017). *Ein Rahmenwerk für die Architektur von Frühwarnsystemen* (29. Aufl.). Karlsruhe: KIT Scientific Publishing.
25. Niebla, C.P., Chaves, J.M., & Cola, T.D. (2016). Design aspects in multi-channel public warning systems.
26. Tran, T. X., Hajisami, A., Pandey, P., & Pompili, D. (2017). Collaborative mobile edge computing in 5G networks: New paradigms, scenarios, and challenges. *IEEE Communications Magazine.* https://doi.org/10.1109/MCOM.2017.1600863.
27. Usman, M., Gebremariam, A., Raza, U., & Granelli, F. (2015). A software-defined device-to-device communication architecture for public safety applications in 5G networks. *IEEE Access, 3,* 1649–1654. https://doi.org/10.1109/ACCESS.2015.2479855
28. Wei, B., Chen, Y., Huang, H., Jana, R. (2004). A multimedia alerting and notification service for mobile users. In: *Emerging Applications for Wireless and Mobile Access, MobEA II.*
29. Yarali, A. (2019). *Public safety networks from LTE to 5G.* Chichester: Wiley.

30. Zhao, S., Addams-Moring, R., & Kekkonen, M. (2005). Building mobile emergency announcement systems in 3G networks. In: *Proceedings of the third IASTED international conference on communications and computer networks conference* (S. 319–324). ACTA Press.
31. Zschau, J., & Küppers, A. (Hrsg.), (2003). Early warning systems for natural disaster reduction. *IDNDR-conference international*. Springer.

Vom chemischen Stoffdatenpool „GSBL" zum anwendungsorientierten Chemikalieninformationssystem „ChemInfo"

Manja Wachsmuth und Gerlinde Knetsch

1 Über Stoffdatensammlungen und moderne Datenerfassung

Für den Umweltschutz und viele Bereiche des Verwaltungshandelns in Deutschland, wie zum Beispiel den Gesundheits- und Verbraucherschutz, die Umsetzung des Chemikalienrechts und zur Gefahrenabwehr sind behördlich validierte, aktuelle und umfassende Informationen über die Eigenschaften von Chemikalien von großer Bedeutung. Die Bereitstellung und Pflege einer solchen Datenbasis in deutscher Sprache, insbesondere für gefährliche Chemikalien, ist eine wesentliche Aufgabe der öffentlichen Hand zum Schutze der Umwelt und der Allgemeinheit. Die Prüfung und Gewährleistung einer hohen Datenqualität stellen hier einen wichtigen Mehrwert gegenüber klassischen, nicht qualitätsgesicherten Online-Rechercheanwendungen dar. Seit nunmehr 25 Jahren arbeiten Bundes- und Länderbehörden auf unterschiedlichen staatlichen Ebenen des Umwelt-, Bevölkerungs- und Arbeitsschutzes zusammen, um bundesweit verlässliche und gut strukturierte Daten zu Chemikalien zu erarbeiten und zielgruppenorientiert bereitzustellen [1–3]. Grundlage dieser Zusammenarbeit ist ein Bund-Länder-Kooperationsprojekt, kurz VKoopUIS-Projekt, unter dessen Dach aktuell neben dem Bund auch 11 Länderbehörden beteiligt sind [4].

M. Wachsmuth (✉) · G. Knetsch
Umweltbundesamt, Dessau-Roßlau, Deutschland
E-Mail: manja.wachsmuth@uba.de

G. Knetsch
E-Mail: gerlinde.knetsch@uba.de

U. Freitag et al. (Hrsg.), *Umweltinformationssysteme – Wie verändert die Digitalisierung unsere Gesellschaft?*, https://doi.org/10.1007/978-3-658-30889-6_14

1.1 Zielsetzung und Anforderungen

Während der Fokus in den ersten Jahren primär auf das Sammeln von validierten Informationen im Gemeinsamen Stoffdatenpool des Bundes und der Länder (kurz: GSBL) gelegt wurde und die Datenbank ein- bis zweimal jährlich aus zahlreichen Teildatenlieferungen neu aufgebaut wurde, hat die Online Erfassung von Daten einen hohen fachlichen Stellenwert für das Neusystem. Eine zeitnahe Aktualisierung des Datenbestandes, der schnelle Zugriff auf diese Daten sowie die Bereitstellung von nutzerspezifischen Produkten steht dabei im Vordergrund der konzeptionellen Neuentwicklung und der zu entwickelnden Systemarchitektur.

Basierend auf einem Fachkonzept [5] wurde entschieden, dass in einem fünf-stufigen Aufbauplan die technologische Umsetzung stattfindet. Diese modulare und iterative Entwicklung hat den Vorteil, technologisch auf veränderte Prozesse zu reagieren und fachliche Anforderungen auf Basis von Anwendungsfällen (Use Cases) genau zu definieren [6]. Mit dieser Entwicklung finden Anpassungen und Optimierungen auf der Prozessebene statt, die auf die technologischen Umsetzungsschritte zum Teil gravierende Auswirkungen haben. In diesem Kontext erfährt insbesondere die Prozessebene eine fundamentale technologische Veränderung.

Das Ziel der Entwicklung des Neusystems ChemInfo besteht darin, die Trennung von der Datenbankebene, Prozessebene und der Anwendungsebene (Three-Tier Architecture) technologisch so zu gestalten, dass Funktionen im Altsystem schrittweise abgelöst bzw. durch andere technologische Verfahren ersetzt werden können. Insbesondere der Prozessschritt der Indexierung für die schnelle Suche von Daten im Altsystem GSBL ist zukünftig durch Prozesse auf Datenbankebene für das Recherchemodul entscheidend.

Letztendlich stellen die fachlichen Anforderungen an ein flexibles Datenmodell durch den hohen Grad der Spezifikation insbesondere im Bereich der rechtlichen Regelungen eine große Herausforderung auf Datenbankebene dar. Die Flexibilität in der Konfigurierbarkeit und Anpassung des Datenmodells setzte den Anfang der Entwicklung. Des Weiteren ist die Entwicklung einer plattformunabhängigen, skalierbaren web-basierten Anwendung entscheidend, um insbesondere für die online-Erfassung von Daten eine breite Verfügbarkeit zu realisieren. Durch eine Containervirtualisierung mit Docker (open Source) sollte die Bereitstellung von Modulen der ChemInfo-Anwendungen vereinfacht werden. Dies gewährleistet eine Trennung und Verwaltung der auf einem Rechner genutzten Ressourcen. Die geforderte hohe Skalierung des Systems wird dadurch unterstützt, um in Zukunft flexibel auf neue Anforderungen zu reagieren und für neue Zielgruppen erweiterbar und anpassbar zu sein.

1.2 Systemarchitektur und Ausbaustufen

Der derzeitige GSBL wird aktuell in insgesamt 5 Ausbaustufen grundlegend umgestaltet. Insbesondere das Online-Erfassungssystem über eine webbasierende Applikation steht dabei im Fokus der technologischen Entwicklung. So soll die Aktualisierung von Dateninhalten

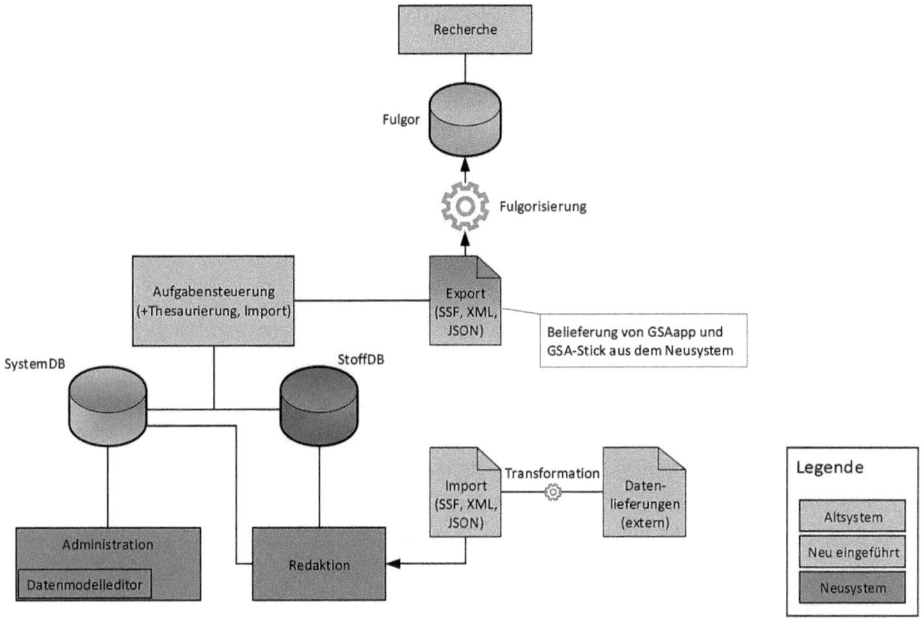

Abb. 1 Systemarchitektur von ChemInfo nach Fertigstellung des Redaktionssystems und der Import- und Export-Schnittstellen (AS 1 bis AS 3)

und die weitere Verbesserung der Datenqualität durch Regeln bei der Erfassung von Daten unterstützt und durch kontextsensitive Eingaben erleichtert werden. Tab. 1 zeigt die 5 Ausbaustufen, die laut Fachkonzept vorgesehen sind. Seit 2017 findet eine Umsetzung statt.

Bis Mitte 2020 sind die Module der Ausbaustufe 1 bis 3 umgesetzt worden. Der Datenmodelleditor zur Anpassung des Datenmodells, die Onlineerfassung inklusive eines Redaktionssystems zur Bearbeitung und Freigabe von Daten im chemischen Bereich und rechtlicher Regelungen sowie die gesamten Tools zur Administration des Systems sind erneuert worden. Abb. 1 gibt einen Überblick zur Systemarchitektur und dem Umsetzungsgrad. Voraussichtlich im Laufe des Jahres 2021 soll die 4. Ausbaustufe die derzeitige Web-Recherche ersetzen. Dann sind die bewährten Daten aus dem GSBL im neuen Design als Informationssystem ChemInfo für die Allgemeinheit verfügbar und das System geht online. In Zukunft ist die Einbindung anderer Informationssysteme über Schnittstellen wie REST und die Entwicklung von Services geplant, sodass ein automatischer Abgleich von Stoffinformationen zwischen verschiedenen Systemen etabliert werden kann.

1.3 Technologische Komponenten der Systemarchitektur

Das gesamte ChemInfo-System wird mit einer Containervirtualisierung des Open-Source-Anbieters Docker bereitgestellt. Damit besitzt ChemInfo einen modularen Aufbau, wodurch die einfache Erweiterung und der schnelle Austausch einzelner Systemkomponenten und damit eine unkomplizierte Skalierung oder einfache Anpassung des Systems an neue Anforderungen gewährleistet werden. Skalierungen können zum Beispiel durch steigende Nutzerzahlen, zusätzliche Module oder ein kurzfristig erhöhtes Rechercheaufkommen aufgrund eines Katastrophenfalls notwendig sein. All dies ist in einer containerisierten Anwendung schnell möglich. Die Containervirtualisierung erleichtert außerdem die Wartung komplexer Systeme und ist damit Grundlage jeder zukunftsfähigen Systemarchitektur.

In der System-Datenbank sind die gesamte Administration des Systems inklusive Nutzerverwaltung, Prüf- und Validierungsregeln sowie das konfigurierbare Berechtigungskonzept hinterlegt. Die Chemikalieninformationen selbst befinden sich in der Stoff-Datenbank. Grundlage dieser Datenbank ist das Datenmodell, das im Datenmodelleditor bearbeitet werden kann. Alle drei Komponenten kommunizieren miteinander, um z. B. zu prüfen, ob ein Nutzer zur Bearbeitung eines Merkmals berechtigt ist oder ob die Daten zum aktuellen Datenmodell passen. Vor der Umsetzung größerer Datenmodelländerungen prüft das System, welche Auswirkungen eine Änderung auf den gesamten Datenbestand hat und macht den Administrator auf die Folgen aufmerksam (Auswirkungsanalyse). Komplexe Änderungen des Systems sind im Backend über die Aufgabensteuerung möglich. Hier werden Wartungen, Updates, komplexe Änderungen des Datenmodells, Freigabeprozesse, Stoffverknüpfungen und die Umsetzung von Auswahlregeln für Teildatenbestände (siehe Abb. 1) koordiniert und durchgeführt. Ein Systemadministrator kann diese Prozesse manuell oder automatisiert planen und starten.

2 Projektpartner, Nutzergruppen und Produkte

Das Informationssystem ChemInfo führt als größte deutsche Chemikaliendatenbank Daten und Informationen von verschiedenen Quellen zusammen. Unter anderem sind Informationen

- der Datenbank GEFAHRGUT der Bundesanstalt für Materialforschung und -prüfung (BAM) [7],
- des Brandweerinformatiecentrum für gefährliche Stoffe in Belgien (BIG) [8] sowie
- vom Rufbereitschafts- und Erstinformationssystem (RESY) enthalten [9].

Die Neuaufnahme und Aktualisierung der Datenbestände orientiert sich an verschiedenen Fachanforderungen der Projektpartner und/oder potentieller Nutzergruppen. Unter Einbindung von Experten finden Datenbearbeitungsprojekte statt. In einem Arbeitsplan setzt eine Projektgruppe Prioritäten für die Datenerfassung und Qualitätssicherung der zu bearbeitenden Datenpakete. Hier stehen insbesondere rechtliche Regelungen mit Bezug zu Chemikalien im Vordergrund.

Das Umweltbundesamt bearbeitet in kontinuierlichen Zyklen die Angaben der Maximalen Arbeitsplatzkonzentrationen (MAK-Werte), die Einstufung von Chemikalien in Wassergefährdungsklassen (WGK-Werte) und die Technischen Regel für Gefahrstoffe (TRGS). Als ein Beispiel für projektbezogene Datenarbeit sei der Themenbereich der Kampf- und Explosivstoffe und deren physikalisch-chemische Eigenschaften zum Verhalten in der Umwelt genannt. Das Brandweerinformatiecentrum für gefährliche Stoffe in Belgien (BIG) stellte für ChemInfo einen Datenpool bereit, der wiederum für Ersteinsatzkräfte bei Bekämpfung eines Vorkommnisses wesentlich ist. Die Fortschreibung und Aktualisierung dieser Informationen erfolgt in enger Kooperation mit den Projektpartnern und in enger Interaktion mit den Nutzern. Informationen zur Gefahrenabwehr für Mensch und Umwelt, Erste-Hilfe-Maßnahmen sowie die Einordnung in den Kontext von rechtlichen Regelungen sind ein kleiner Auszug aus dem Datenproduktportfolio.

2.1 Projektpartner und Nutzergruppen

Einen Überblick zu den verschiedenen Projektpartnern und Nutzergruppen des derzeitigen Informationssystems gibt Abb. 2. Mit Stand März 2020 sind mehr als 4300 aktive Nutzer und Nutzerinnen registriert. Diese Übersicht stellt sehr gut dar, in welchen Bereichen die Daten des ChemInfo genutzt und zielgruppenorientiert aufbereitet werden. Insbesondere die Nutzergruppen der Feuerwehr, der Ersteinsatzkräfte und der Fachberater von Rettungsdiensten sowie des Bundesamtes für Bevölkerungs- und Katastrophenschutzes (BBK) und des technischen Hilfswerks (THW) setzen Produkte aus dem Datenbestand des Chemikalieninformationssystem ChemInfo in ihrer täglichen Arbeit ein.

Abb. 2 Nutzergruppen von ChemInfo

Das durch 11 Länderbehörden getragene Projekt mit anteiliger finanzieller Beteiligung KoopUIS [4] sieht ebenfalls seinen Schwerpunkt in der Unterstützung der Vollzugsbehörden der Bundesländer. Hier stehen im Fokus Überwachungsaufgaben im Vollzug der Chemikalienverbotsverordnung [10].

2.2 Produktkategorien und Produkte

Entsprechend dem konzeptionellen Design der Neuentwicklung bietet das Informationssystem drei verschiedene Produktkategorien an:

- ChemInfo-Experten Recherche
- ChemInfo Public Recherche
- Gefahrstoffschnellauskunft Recherche.

Für diese Kategorien gibt es wiederum spezialisierte Produkte, die für die Anforderungen verschiedener Endanwender in speziellen Situationen optimiert sind:

- Online Recherche als Webanwendung und App
- Offline Datenbestände in Form von Server-Notfallsticks sowie Client-Apps oder komplexeren Desktop-Anwendungen.

Abb. 3 stellt die derzeitigen Kategorien und deren Produkte dar.

2.3 Schnittstellen zur Nutzung für Fachexperten

Die ChemInfo-Online Recherche mit dem gesamten Datenbestand steht Experten und Projektpartnern nach Anmeldung über den Zugangsdienst [11] zur Verfügung. Zugelassen werden Mitarbeiter von Behörden des Bundes und der am Projekt beteiligten Bundesländer. Außerdem erhalten Einsatzkräfte von Behörden und Organisationen mit Sicherheitsaufgaben (=BOS, sogenannte „Blaulichtorganisationen") aus den entsprechenden Bundesländern nach Anmeldung einen Zugang zum Gesamtdatenbestand.

Die vollständige Recherche gibt es auch als Download, sodass **im Notfall offline** in einem simulierten Server, zum Beispiel von einem USB-Stick recherchiert werden kann (**ChemInfo Notfallstick**). Dieser ChemInfo Notfallstick, wie der Name es auch sagt, unterstützt die Nutzer bei Nichtverfügbarkeit (Internet-Abdeckung in der Fläche) und bei Ausfall im Katastrophenfall.

Aushängeschild von ChemInfo ist die **Rechercheanwendung Gefahrstoffschnellauskunft (GSA),** die von Feuerwehren, Rettungsdiensten und Fachberatern in Gefahrensituationen auch vor Ort genutzt werden kann. Ziel der GSA ist, schnell und präzise Informationen zu Gefahrstoffen im Einsatzfall bereitzustellen. Nutzer, die für den

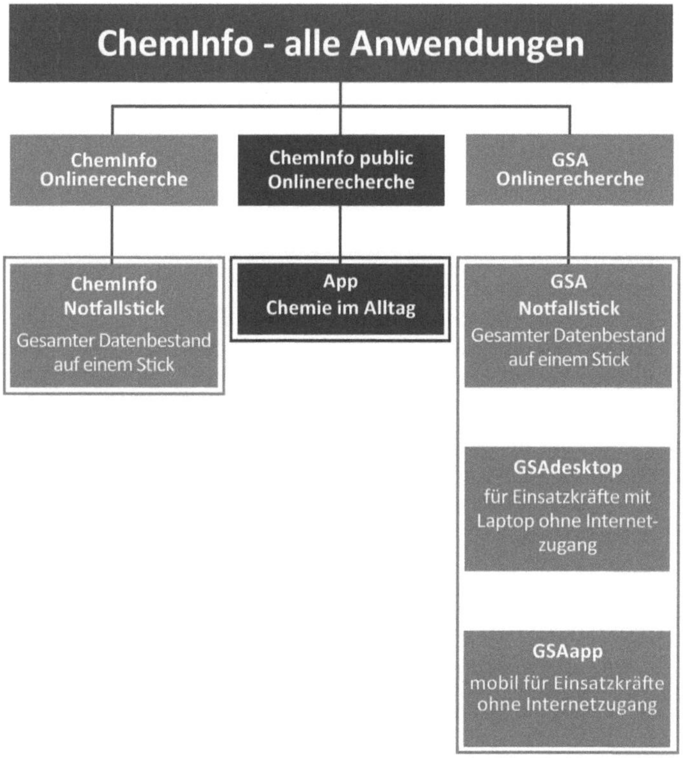

Abb. 3 Produktkategorien und Produkte von ChemInfo

Gesamtdatenbestand registriert sind, können grundsätzlich alle Produkte der Gefahrstoffschnellauskunft nutzen. Alle Produkte können nach Anmeldung im Zugangsdienst heruntergeladen und lokal auf einem Endgerät gespeichert werden. **GSA Notfallstick, GSAdesktop** und **GSAapp** sind vollständig offline verfügbar.

Eine in 2012 entstandene Idee, in Zusammenarbeit mit der Feuerwehr eine Anwendung genau für diese Zielgruppe zu erstellen, setzte eine Projektgruppe in Kooperation mit dem Institut der Feuerwehr Sachsen-Anhalt um. Der Grundgedanke, den Einsatzkräften eine App mit den benötigten Daten zur Verfügung zu stellen, konnte bis Ende 2014 in Form der **GSAapp** realisiert werden [3]. Seit Frühsommer 2020 steht steht die modernisierte App GSA2.0 in den Stores mit einem Testdatensatz zum Download zur Verfügung. Nach Eingabe der persönlichen Zugangsdaten können Nutzer über eine Authentifizierungsschnittstelle mittels JSON Web Token direkt aus der App heraus den kompletten Datensatz der GSA2.0 auf ihr Endgerät laden. Hierfür ist einmalig ein Internetzugang erforderlich. Anschließend läuft die App vollständig offline.

Die App ist derart gestaltet, dass die Einsatzkräfte ohne besondere Voreinstellungen im Datenbestand recherchieren können. Die Anwendung ist in ihrem Suchverhalten auf Schnelligkeit optimiert. Die Recherche läuft auf verschiedenen Endgeräten wie Smart-

Tab. 1 Ausbaustufen und Ziele

Ausbau-stufe	Ziel der Ausbaustufe	Fertigstellung
1. Ausbau-stufe	**Entwicklung eines Datenmodelleditors** für die flexible Anpassung des Datenmodells	2018
2. Ausbau-stufe	**Online – Erfassungstool** mit Redaktions- und Administrationsfunktionalitäten	2019
3. Ausbau-stufe	**Import- und Exporttools** unter anderem zur Datenbereitstellung für verschiedene Produkte, **Entwicklung von Funktionalitäten zur Abbildung von Beziehungen zwischen den chemischen Stoffen und den rechtlichen Regelungen** auch Stoffrelationen genannt	Mitte 2020
4. Ausbau-stufe	**Ausbau der Recherche** anhand von Anwendungsfällen (Use Cases) mit Optimierungen der Recherchemöglichkeiten auf Basis verschiedener Konfigurationen über ein nutzerfreundliche GUI	Entwicklungsbeginn Mitte 2020 mit voraussichtlicher Fertigstellung Mitte2021
5. Ausbau-stufe	**Entwicklung von weiteren Werkzeugen zum Anbinden von Services über eine REST-Schnittstelle,** Bidirektionale Verlinkungsalgorithmen zwischen nationalen und internationalen Chemikaliendatenbanken und Umweltinformationssystemen	

phones oder Tablets unter den Betriebssystemen Android, iOS, UNIX und Windows. Da die Daten offline auf dem Gerät verfügbar sind, wurde die Datenbank SQLite für die Umsetzung favorisiert. Diese relationale Datenbank besteht aus einer einzigen Datei und kann unter verschiedenen Betriebssystemen eingesetzt werden. Da nur ein lesender Zugriff erfolgt, ist die Datenbank außerordentlich performant. Ein zusätzliches Feature ist die kompakte Ausgabe von Suchergebnissen in eine PDF-Datei. Somit hat der Feuerwehrmann die Möglichkeit, in Papierform Informationen weiterzugeben.

2.4 Schnittstellen zur Nutzung für die Öffentlichkeit

Nach dem Open Data-Prinzip bietet ChemInfo einen Teil der Chemikalieninformationen frei zugänglich mit deutsch- und englischsprachiger Nutzeroberfläche für die interessierte Öffentlichkeit an **(ChemInfo public).**

In dieser Datenbank kann ohne vorherige Anmeldung direkt über die URL www.chemikalieninfo.de recherchiert werden [11].

Damit der Datenbestand auch über Online-Suchmaschinen angesprochen werden kann, fand eine Integration in das von der OECD verantwortlich gemanagte eChemPortal statt [12]. Im Data Repository [13] des eChemPortal sind Links zur ChemInfo-Datenbank über die interne stoffspezifische GSBL-Nummer gesetzt. Das eChemPortal vernetzt weltweit mehr als 30 Informationsportale mit spezifischer Ausrichtung zu Chemikalien.

Ein weiteres Produkt zu Chemikalieninformationen für die Öffentlichkeit ist die **App „Chemie im Alltag“**. Mit dieser App soll der interessierte Verbraucher Informationen zu chemischen Stoffen abrufen können, die aus ChemInfo public generiert und in einer einfach gestalteten mobilen Anwendung bereitgestellt werden sollen. Sie gibt Bürgerinnen und Bürgern auch unterwegs Auskunft zu Chemikalien.

Die App ist eine responsive Web-Applikation für mobile Endgeräte unter iOS und Android. Sie befindet sich derzeit in der Entwicklung und steht voraussichtlich bis Ende 2020 zur Verfügung.

3 Chemikalieninformationen im Kontext von Gesetzen und Regelungen

ChemInfo enthält eine breite Palette an chemischen Stoffinformationen. Im Gegensatz zu Meta-Suchmaschinen, die andere Datenbanken durchsuchen und Verlinkungen bereitstellen, sind die Inhalte in ChemInfo gebündelt abgelegt und damit ohne weitere Klicks zu anderen Datenbanken direkt recherchierbar. Zu insgesamt knapp 290.000 chemischen Stoffen sind zum Beispiel:

- allgemeine physikalisch-chemische Eigenschaften,
- ökotoxikologische und toxikologische Eigenschaften,
- Strukturinformationen und CAS-Nummern,
- Einstufung und Kennzeichnung von Chemikalien nach geltenden Verordnungen,
- Hinweise zu Gesundheitsgefahren, gefährlichen Reaktionen und Umweltgefahren enthalten.

Einsatzkräfte erhalten Informationen, welche Maßnahmen beim Umgang mit einer Chemikalie ergriffen werden müssen und wie sie sich selbst und andere schützen können. Des Weiteren sind für die Bewertung von Ereignissen relevante Grenzwerte wie AEGL (Acute Exposure Guideline Values) [14] und die MAK-Werte der DFG (Maximale Arbeitsplatzkonzentration der Deutschen Forschungsgemeinschaft) [15] im Datenbestand enthalten. Dies unterstützt Fachanwender dabei, Chemikalien bewerten und Gefahrenpotenziale abschätzen zu können.

Chemikalien sind auch in zahlreichen Gesetzen, Verordnungen und Richtlinien reglementiert. Die internationale REACH-Verordnung regelt z. B. die Kommunikationspflichten in der Lieferkette von Chemikalien sowie die Registrierungs- und Zulassungspflichten von Chemikalien. ChemInfo bildet diese und weitere nationale und internationale Verordnungen inhaltlich ab. Um eine originalgetreue Wiedergabe von Gesetzesinhalten zu gewährleisten, ist das Datenmodell änderbar und mithilfe eines Datenmodelleditors einfach konfigurierbar. Da viele Verordnungen keine real existierenden Stoffe, sondern

Stoffgruppen zusammengefasst regeln, ist dem Leser mitunter nicht klar, welche Stoffe von einer Regelung tatsächlich betroffen sind.

Durch eine intelligente Verknüpfung wird der inhaltliche Zusammenhang zwischen Eigenschaften der Chemikalie und den Regelungen in Gesetzestexten und Verordnungen hergestellt. So kann der Nutzer z. B. für den toxischen Stoff Arsen den in der Trinkwasserverordnung festgelegten Grenzwert von 0,01 mg/L direkt im Stoffdossier der Chemikalie Arsen im GSBL finden. Für diese Zuordnung von Regelungen zu real existierenden Chemikalien hat sich im GSBL der Begriff Thesaurierung durchgesetzt. Die Realstoffverknüpfung erfolgt zunächst über eine fachliche Zuordnung durch beauftragte und/oder am Projekt beteiligte ChemikerInnen. Diese erfassen bei einem real existierenden Stoff ein Zuordnungsmerkmal, über das eine Verknüpfung mit einem Rechtsmerkmal der gesetzlichen Regelung erfolgen kann. Einfache Zuordnungsregeln, die im System hinterlegt sind, prüfen diese Zuordnungsmerkmale und fügen dem Quellstoff und dem Zielstoff eine Referenz hinzu. Diese Referenz kann verfolgt werden, sodass referenzierte Sachverhalte im Dossier des Realstoffs (=Zielstoff) mit angezeigt werden. In der Recherche werden referenzierte Sachverhalte vollständig in das Stoffdossier integriert und sind somit auch beim Zielstoff recherchierbar.

4 Fazit und Ausblick

Mit dem neuen Chemikalieninformationssystem ChemInfo soll es in Zukunft nicht nur möglich sein, Nutzern definierte Produkte (siehe Abb. 3) zur persönlichen Recherche bereit zu stellen. Aktiv werden über das Umweltbundesamt auch Informationen zu Chemikalien von aktuellem öffentlichem Interesse bereitgestellt. Der erste Schritt hin zu einer **lebendigen Chemikalieninformationskultur** ist durch die Etablierung der Rubrik „GSA informiert“ [11] bereits getan. In weiteren Entwicklungsschritten sollen in den kommenden Jahren neue Zielgruppen, wie der Zoll, die Polizei und Toxikologen angesprochen werden. Die Produktpalette aus dem Datenbestand des ChemInfo ist durch eine flexible technische Architektur erweiterbar und skalierbar. Mit Blick auch auf die Themen des Data Mining und Deep Learning kann das Chemikalieninformationssystem einen Beitrag leisten, heute noch nicht bekannte Fragestellungen zukünftig mit Daten und Informationen zu unterstützen.

Literatur

1. Barthel, S., Zischner, C., & Minx. G. (2014). GSBL: Giving Germany’s most comprehensive chemical substances data pool a convincing face. In: Gómez, J. M., Sonnenschein, M., Vogel, U., Winter, A., Rapp, B. & Giesen, N. (Hrsg.), *Proceedings of the 28th Conference on Environmental Informatics - Informatics for Environmental Protection, Sustainable Development and Risk Management* (S. 789–794). Oldenburg: BIS-Verlag.

2. Barthel, S., Pfofey, T., Rößlery C., & Bozemy, M. (2015). GSBLapp - Tailored chemical substance information for arbitrary on-site usage on mobile devices. In: Johannsen, V. K., Jensen, S., Wohlgemuth, V., Preist, C. & Eriksson, E. (Hrsg.), *Proceedings of the 29th Conference on Environmental Informatics – Informatics for Environmental Protection, Building the knowledge base for environmental action and sustainability. Adjunct Proceedings.* (S. 175–177). Copenhagen: University of Copenhagen.
3. Minx, G., (2017). Ein Chemikalieninformationssystem als App im Einsatz. In: Freitag, U., Fuchs-Kittowski, F., Hosenfeld, F., Abecker, A. & Wikarski, D. (Hrsg.), Umweltinformationssysteme 2017 - Vernetzte Umweltdaten (UIS 2017). Brandenburg a.d. Havel: CEUR-WS.org.
4. VKoopUIS. (2017). Vereinbarung über die Kooperation bei Konzeptionen und Entwicklungen von Software für Umweltinformationssysteme. https://www.sta-uis.de/documents/2020-03-19_vkoopuis_1585315984.pdf. Zugegriffen: 19. Mai. 2020.
5. UBA. (2017). 1. Newsletter zu ChemInfo. https://www.gsbl.de/Newsletter%20ChemInfo%20Juli%202017.pdf. Zugegriffen: 5. Mai 2020.
6. Bügel, U., Chaves, F., Schnebel, B., & Batz, T. (2016). GSBL 2020 - Erfassung und Spezifikation von Anwendungsfällen zur Neukonzeption des GSBL. In Umweltinformationssystem Baden-Württemberg, F+E Vorhaben INOVUM – Innovative Umweltinformationssysteme. Phase 2014–2016. S. 145–158. http://dx.doi.org/10.5445/KSP/1000055516. Zugegriffen: 5. Mai 2020.
7. BAM: Datenbank GEFAHRGUT, Bundesanstalt für Materialforschung und -prüfung (BAM). https://tes.bam.de/TES/Navigation/DE/DGG/dgg.html. Zugegriffen: 23. März 2020.
8. Brandweerinformatiecentrum voor gevaarlijke stoffen. https://www.big.be/de-de/%C3%9Cber-uns. Zugegriffen: 23. März 2020.
9. BUE: Resy, Behörde für Umwelt und Energie Hamburg (BUE). https://www.hamburg.de/betriebe-umwelt/resy/. Zugegriffen: 23. März 2020.
10. BMJV: Chemikalien-Verbotsverordnung (ChemVerbotsV), Bundesministerium der Justiz und Verbraucherschutz (BMJV). https://www.gesetze-im-internet.de/chemverbotsv_2017/ChemVerbotsV.pdf. Zugegriffen: 19. Mai 2020.
11. UBA: Chemikalieninfo, Umweltbundesamt (UBA). https://www.chemikalieninfo.de. Zugegriffen: 19. März 2020.
12. OECD: eChemPortal, Organisation for Economic Co-operation and Development (OECD). https://www.echemportal.org/echemportal/. Zugegriffen: 19. Mai 2020.
13. OECD: eChemPortal data sources, Organisation for Economic Co-operation and Development (OECD). https://www.echemportal.org/echemportal/content/participants. Zugegriffen: 24. März 2020.
14. USEPA: Compiled Acute Exposure Guideline Values (AEGLs), United States Environmental Protection Agency (USEPA). https://www.epa.gov/aegl/compiled-acute-exposure-guideline-values-aegls. Zugegriffen: 19. März 2020.
15. DFG. (2018). MAK- und BAT-Werte-Liste 2018. Deutsche Forschungsgemeinschaft (DFG), Ständige Senatskommission zur Prüfung gesundheitsschädlicher Arbeitsstoffe, Weinheim: Wiley-VCH. https://www.dfg.de/dfg_profil/gremien/senat/arbeitsstoffe/aufbau_kommission/arbeitsgruppen/aufstellung_mak_werte/index.html. Zugegriffen: 19. März 2020.

Augmented Reality für und in Umweltanwendungen

Grundbegriffe, Anwendungen und Nutzungspotenziale von geodatenbasierter mobiler Augmented Reality im Umweltbereich

Simon Burkard, Frank Fuchs-Kittowski, Andreas Abecker, Erik Haß, Fabienne Heise, Roman Miller, Kai Runte und Friedhelm Hosenfeld

1 Motivation und Überblick

Wir gehen davon aus, dass Anwendungen der *mobilen erweiterten Realität (engl.: Mobile Augmented Reality, mAR)* mittelfristig ein enormes Nutzenpotenzial in allen Lebensbereichen besitzen. Im Bereich der industriellen Anwendungen (Anlagenwartung, Logistik, Automobil, ...) und in verschiedenen Sparten des privaten Konsums (Spiele,

S. Burkard (✉) · F. Fuchs-Kittowski
Umwelt-Informatik, HTW Berlin, Berlin, Deutschland
E-Mail: s.burkard@htw-berlin.de

F. Fuchs-Kittowski
E-Mail: frank.fuchs-kittowski@htw-berlin.de

A. Abecker · E. Haß · F. Heise · R. Miller · K. Runte
Disy Informationssysteme GmbH, Karlsruhe, Deutschland
E-Mail: abecker@disy.net

E. Hass
E-Mail: hass@disy.net

F. Heise
E-Mail: heise@disy.net

R. Miller
E-Mail: miller@disy.net

K. Runte
E-Mail: runte@disy.net

F. Hosenfeld
Institut für Digitale Systemanalyse & Landschaftsdiagnose (DigSyLand), Husby, Deutschland
E-Mail: hosenfeld@digsyland.de

U. Freitag et al. (Hrsg.), *Umweltinformationssysteme – Wie verändert die Digitalisierung unsere Gesellschaft?*, https://doi.org/10.1007/978-3-658-30889-6_15

Tourismus, Sport, …) gibt es für diese Technologie auch ein zunehmendes Bewusstsein mit vielfältigen Forschungsaktivitäten und ersten kommerziellen Angeboten. Im Gegensatz dazu sind im Bereich der öffentlichen Verwaltung und/oder im Umweltbereich, gemessen an den Möglichkeiten, erst sehr wenige entsprechende Lösungen in der Praxis angekommen. Gerade hier bietet sich jedoch nach Ansicht der Autoren eine spezifische Ausprägung von mAR an, nämlich die *geodatenbasierte mobile Augmented Reality (GeomAR)*. Diese könnte man als eine logische technische Fortführung existierender GIS- und GDI-Lösungen verstehen. Im vorliegenden Beitrag möchten wir für diesen Ansatz werben und zum Nachdenken über vielversprechende Anwendungen im Bereich Verwaltung und Umwelt anregen. Dazu gehen wir kurz auf die verwendeten Grundbegriffe ein, sammeln dann eine Reihe von Beispielen potenziell relevanter GeomAR-Anwendungsgebiete und schlagen Ideen für einen Ordnungsrahmen zur Strukturierung von AR/mAR/GeomAR-Szenarien vor, der beim Verstehen und Einordnen existierenden Anwendungen hilft und der das Nachdenken über weitere denkbare Lösungen erleichtern soll. Der vorliegende Beitrag ist bewusst „technologiefrei" geschrieben, um sich auf die Anwendungsgebiete zu konzentrieren. Näheres zur technischen Umsetzung ergibt sich aus der zitierten Literatur bzw. findet sich in [1, 2].

2 Grundbegriffe und erste Anwendungsbeispiele

Ortsbasierte Anwendungen und Dienste (Location-Based Services) haben in den letzten Jahren durch leistungsfähige und intuitiv benutzbare mobile Endgeräte (Smartphones, Tablets etc.) eine enorme Verbreitung erfahren. Zurzeit werden ortsbasierte bzw. raumbezogene Daten (Geodaten) in der Regel auf Karten dargestellt, bei der mobilen Nutzung typischerweise mithilfe mobiler GIS-Anwendungen [3–6] bzw. mobiler Fachkataster [7] oder mithilfe aufgabenspezifischer mobiler Fachanwendungen, z. B. in der Land- und Forstwirtschaft oder im Bauwesen.

Darüber hinaus ermöglichen mobile Endgeräte aber auch eine neuartige, innovative Nutzerschnittstelle, die im Ortskontext eine unmittelbare neue mediale Erfahrung schafft, nämlich die Verschmelzung der realen Welt des Anwenders mit digitalen, ortsbezogenen Informationen zu einer *„mobilen Erweiterten Realität" (engl.: Mobile Augmented Reality, mAR)*.

Augmented Reality (AR) bedeutet dabei die Echtzeit-Überlagerung der menschlichen Wahrnehmung der Realität mit digitalen (kontextabhängigen) Informationen [8–11]. Hier wird die Wahrnehmung der realen Welt in Echtzeitdarstellungen (wie Fernsehbilder, Smartphone-Bilder) durch künstliche (virtuelle, digitale) Objekte bzw. Informationen ergänzt, überlagert, verändert oder erweitert. Dies kann, je nach Anwendung, einen Informationsgewinn liefern, Aufgaben erleichtern oder sogar ganz neue Anwendungen ermöglichen.

Die viel diskutierte „kalibrierte Linie" in Fernsehbildern von Fußballspielen zum besseren Bewerten möglicher Abseitsstellungen von Spielern stellt hier ein prominentes

Beispiel dar – die virtuelle Linie auf dem Spielfeld kann die räumliche Situationsbewertung erheblich erleichtern.

Bei der *mobilen AR* (Mobile Augmented Reality, mAR) werden mobile Endgeräte zur Verschmelzung von realer und digitaler Welt genutzt [12]. Dabei kann sich der Anwender im Raum bewegen und erhält die Zusatzinformationen beispielsweise mithilfe einer Augmented-Reality-Brille live in sein Sichtfeld eingeblendet oder sieht mithilfe der Kamera eines Mobiltelefons oder eines Tablets in Echtzeit manipulierte Bilder seiner Umgebung (Abb. 1).

Eine der allerersten, einer breiten Öffentlichkeit bekannt gewordenen und enorm erfolgreichen Anwendungen dieser Idee ist das ortsbasierte Computerspiel Pokémon GO. Hier können die Spieler im Freien virtuelle Fantasiewesen (Pokémon) fangen, entwickeln und in virtuellen Kämpfen gegeneinander antreten lassen, welche ihnen in Echtzeit ortsbasiert in das Umgebungsbild eines Handheld-Mobilgeräts eingeblendet werden.

Es gibt aber durchaus auch vielfältige Ideen für kommerzielle Anwendungen der mobilen AR. Erste prominent gewordene Ideen betreffen zum Beispiel die Wartung und Reparatur von Maschinen und Anlagen. Ein Servicetechniker kann hier mit beiden Händen arbeiten, während über eine AR-Brille detaillierte Arbeitsanweisungen, Fehlerbilder oder Sicherheitshinweise kontextspezifisch eingeblendet werden, die sich direkt und punktgenau auf das beziehen, was gerade vor ihm liegt.

Die beiden oben beschriebenen Anwendungsbeispiele profitieren allerdings von spezifischen Anwendungscharakteristika, welche die Entwicklung von mAR-Apps jeweils deutlich vereinfachen:

- Bei Pokémon GO spielt es keinerlei Rolle, dass die Pokémons möglichst „lebensecht" in ihrer Umgebung wirken, dass Verdeckungen oder Schatteneffekte korrekt dargestellt sind, dass eine ganz genaue Positionierung erfolgt usw. – sie überlagern einfach grob das Live-Bild. Dafür reichen eine grobe Erkennung von Ebenen

Abb. 1 AR-Beispielanwendungen – links: geobasiertes AR zur Orientierung und Navigation. (Quelle: HTW Berlin); rechts: bildbasiertes AR (Quelle: IKEA-App; https://www.youtube.com/watch?v=vDNzTasuYEw, Letzter Zugriff: 26.05.2020)

(z. B. Boden oder Scheibtischoberfläche), eine gute Karte und eine ordentliche GPS-Lokalisierung aus.
- Bei der Maschinenwartung dagegen sind all diese, bei Pokémon GO vernachlässigbaren Aspekte zwar u. U. sehr wichtig, aber dafür ist das Szenario inhaltlich sehr begrenzt – alle Situationen, die bei einer Wartungsaufgabe auftauchen können, sind im Prinzip vorhersehbar, sodass man vorab vorbereiten kann, wie sich die Software zur Laufzeit auf den betrachteten Bildern orientieren kann.

Grundsätzlich ist die zentrale Fragestellung dabei immer, wie sich die AR-Software im Kamerabild der realen Welt orientiert, um den Ort und ggf. weitere relevante Informationen für die Einblendungen zu bestimmen. Im Fall von Pokémon GO wählt man einen *ortsgebundenen* Ansatz, aber nur grob, weil Details nicht interessieren. Im Fall der Maschinenwartung kann man entweder einen *markerbasierten* Ansatz (in der realen Welt werden Orientierungspunkte verteilt, z. B. Aufkleber mit QR-Codes, an denen sich die Software orientieren kann) oder einen *modellbasierten Bilderkennungsansatz* verwenden (bei dem für die Aufgabenstellung relevante Objekte der Welt vorab aufwendig als 3D-Modell aufgenommen und rekonstruiert wurden, sodass die Software diese zur Laufzeit automatisch erkennen und identifizieren kann).

Ein noch spezielleres Beispiel für eine praktisch sehr nützliche, aber technisch eher einfache Anwendung ist eine App, die Texte auf Schildern übersetzt: Hier ist die Aufgabe extrem eingeschränkt, weil nur Schrift als solche erkannt werden muss und die Umgebung komplett ignoriert werden kann. Wieder andere AR-Anwendungen können die Orientierungsaufgabe deshalb stark vereinfachen, weil man sich in Innenräumen, im sehr kleinräumigen Bereich oder in Räumen mit speziellen Eigenschaften bewegt; dies betrifft zum Beispiel Apps zum Vermessen von Längen und von Flächen in Zimmern, die sich auf das Identifizieren von Flächen, Kanten und Ecken fokussieren können.

3 Literaturrecherche: mAR-Anwendungsgebiete

In den vergangenen Jahren sind mAR-Anwendungen für eine Vielzahl unterschiedlicher Einsatzgebiete entstanden [13, 14, 39] bzw. vorgeschlagen worden bzw. wurden als operative oder als Prototyp-Lösungen realisiert, wie zum Beispiel:

- Tourismus [15]: zur Darstellung nahegelegener Hotels, Erläuterung von Sehenswürdigkeiten etc. bei der Navigation;
- Medizin [16]: medizinische 3D-Visualisierungen auf dem Patienten für OP-Planung, Ausbildung u. a.;
- Bildung [17, 18]: digital angereicherter Lageplan zur Navigation auf dem Hochschul-Campus, multimedia eLearning Apps zum in-situ Lernen vor Ort;
- Kulturerbe/Museen [19, 20, 40]: zum Beispiel Darstellung historischer Fotos von Straßenzügen vor Ort, Visualisierung früherer Zustände von Fundstätten oder Ruinen, Zusatzinformationen zu historischen Orten, Gebäuden/etc.;

- Werbung/Marketing/Handel [21]: zum Beispiel zur 3D-Visualisierung von Möbelstücken in der eigenen Wohnung, zum Liefern von Produktinformationen am Point-of-Sale;
- Unterhaltung: Pokémon GO als bekanntestes Beispiel wurde bereits erwähnt;
- Logistik: Einblenden von Arbeitsanweisungen beim Kommissionieren oder Verladen von Artikeln (siehe z. B. [22]);
- Handwerk: Vermessen von Strecken oder Flächen (z. B. beim Anstreichen, Tapezieren oder Verlegen von Bodenbelägen) mithilfe des Mobilgeräts;
- Archäologie: Präsentation von Auffindesituationen von Fundstücken vor Ort, Einblenden von aus Luftbildern oder Radar-Scans erst ersichtlichen Bodenstrukturen u. a.;
- Architektur [23]: Präsentation von Konstruktionsplänen für Laien als 3D-Modell im räumlichen Kontext, z. B. zum Bewerten von Alternativen;
- Bauwesen: zum Beispiel zur Unterstützung von Einbautätigkeiten oder zur Baufortschrittskontrolle (vgl. [24]);
- Bibliotheken [25]: unter anderem Liefern von Zusatzinformationen (Zusammenfassungen, Reviews, Multimediadaten, ...) zu Büchern oder Textinhalten; ...

4 Literaturrecherche: mAR-Anwendungen in der Verwaltung

Die allermeisten den Autoren bekannten bisherigen Entwicklungen für die öffentliche Verwaltung im weiteren Sinn, insbesondere im deutschsprachigen Raum, sind in den Bereichen Flurneuordnung und Hochwasserschutz angesiedelt. Hier existieren bereits einige Prototypen und erste innovative Lösungen:

- Im Bereich der *Flurneuordnung* [26–29] geht es zum Beispiel um die Vor-Ort-Visualisierung von aktuellen oder geplanten Flurstücksgrenzen oder geplanten Baumaßnahmen, die Lokalisierung von Grenzsteinen und die Darstellung von Bodenqualität.
- Im Bereich des *Hochwasserschutzes* [20, 30] werden folgende Funktionalitäten vorgeschlagen: Darstellung von Überflutungsflächen bei bestimmten Pegelständen, Darstellung historischer Hochwasserstände, Visualisierung von Auswirkungen von Deichversagen oder auch von Maßnahmeneffekten bei Umsetzung von Schutzmaßnahmen wie Überflutungsflächen oder Deicherhöhung. An der HTW Berlin gibt es einige Vorarbeiten zur Krisenkommunikation im Katastrophenfall, speziell im Bereich Hochwasser [31–34]. Eine etwas ungewöhnlichere Idee in diesem Kontext ist die, auch die *Erfassung* von hochwasser-relevanten Daten durch die Bürger mit ihren eigenen mobilen Endgeräten mithilfe von AR-Methoden zu unterstützen (Einblendungen in das Kamerabild erleichtern die Pegelbestimmung) [35, 41].

Allgemein kann man sich auch im Anwendungsbereich *Katastrophenschutz* und *Katastrophenrettung* vielfältige nützliche Anwendungen denken, wie z. B. Einblenden von Orientierungshilfen und Warnhinweisen in das Sichtfeld von Feuerwehrleuten unter Atemschutz, Ergänzung von Lagebildern durch Ergebnisse von Drohnenbefliegungen, Unterstützung der Navigation von Rettungskräften bei versperrten Straßen oder Fluchtwegen, Hinweise auf bestimmte technische Anlagen und Umweltgefährdungen bei Lösch-, Rettungs-, Sicherungs-, Reparatur oder Aufräumarbeiten bei Großschadenslagen wie Chemieunfällen, Großbränden, Erdbeben, Explosionen u. ä., „Blick durch die Wand oder durch die Tür" in ähnlichen Situationen usw.

Im privatwirtschaftlichen Bereich, aber mit Bezug auf allgemein relevante Infrastrukturen, zum Beispiel von Versorgungsunternehmen, bieten mehrere Unternehmen bereits mehr oder weniger ausgereifte AR-Produkte zur Darstellung insbesondere *unterirdischer Infrastrukturen* (Gas-, Wasser, Elektrizitätsleitungen, Abwasserkanäle, …) zur Unterstützung von Bau- und Wartungsarbeiten an, wie z. B. die Firma GRINTEC GmbH mit dem Produkt Augview oder die Firma vGIS auf Esri-Basis (Abb. 2). Auch die Firma Trimble bietet unter der Marke SiteVision bereits eine Kombination von hochgenauer GNSS-Positionierung mit der Visualisierung von 3D-Modellen im Landschaftsbild an (vgl. [36]). Hier bewegt man sich jedoch im Bereich unhandlicher und vergleichsweise teurer Speziallösungen. Idealerweise wäre eine GeomAR-Lösung mithilfe von weitverbreiteten und kostengünstigen Standard-Mobilgeräten umsetzbar.

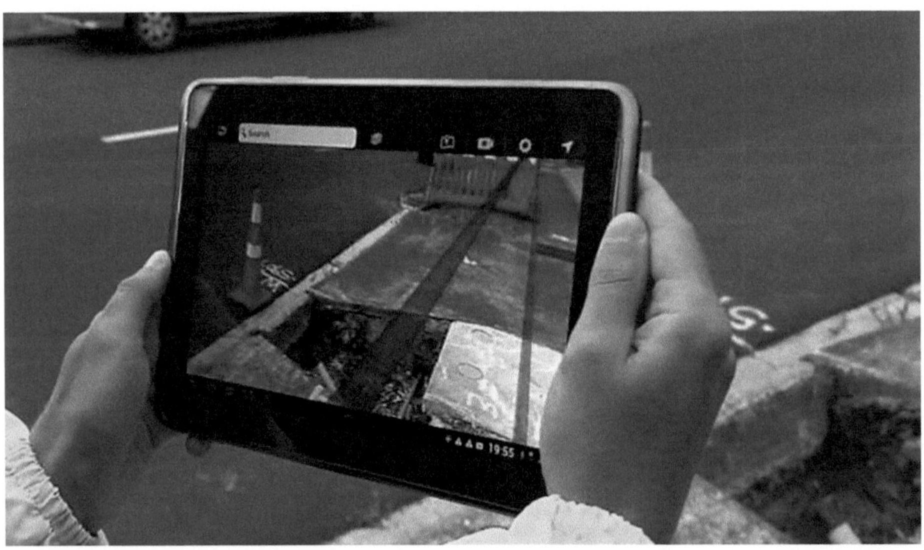

Abb. 2 Anwendungsbeispiel von AugView im Infrastrukturbereich. (Quelle: https://www.gim-international.com/content/news/augmented-reality-adds-extra-dimension-intergeo; letzter Zugriff: 26.05.2020)

5 Von mAR zu GeomAR

Bei der *geodatenbasierten mobilen Augmented Reality* (GeomAR) sollen die obigen, für die Beispiele Pokémon und Maschinenwartung skizzierten, Einschränkungen teilweise aufgehoben werden: Es sollen *ohne die Verwendung von Referenzmarkern* oder die aufwendige Vorab-Aufnahme von bildbasierten 3D-Modellen möglichst wirklichkeitsnahe und im räumlichen Kontext stimmige Darstellungen von digitalen Informationen/ Objekten in ein *großräumiges Bild einer Freilandumgebung* (Naturraum, urbane Umgebung, größere Infrastrukturen oder Anlagen) eingeblendet werden. Dazu sollen die GPS-Positionierung des Mobilgeräts, die Bewegungssensorik des Mobilgeräts sowie existierende Geodaten genutzt werden. Die GeomAR ist Gegenstand des aktuell laufenden Forschungsprojekts mARGo. Die entstehenden technischen Umsetzungsprobleme sind noch nicht abschließend gelöst. In [1] werden diese eingehender diskutiert.

Bei der GeomAR sollen digitale ortsbezogene Informationen im Ortskontext des Nutzers (abhängig von Position und Orientierung des Nutzers in der realen Welt) in Echtzeit im Kamerabild des mobilen Geräts dargestellt werden. Die digitalen Geodaten werden damit in ihren realen räumlichen Kontext gesetzt, sodass die Sicht des Nutzers auf die reale Welt durch digitale Informationen angereichert wird. Diese Erweiterung der Wahrnehmung des Ortes durch die Anreichung mit Informationen aus Vergangenheit, Gegenwart oder Zukunft (Informationen, die heute nicht mehr – z. B. die Berliner Mauer – oder noch nicht – z. B. Bauvorhaben – sichtbar sind) schafft im Ortskontext eine unmittelbare neue mediale Erfahrung. Durch die neuartige Wahrnehmung und Erfahrung der Wirklichkeit wird die Orientierung in der Realität verbessert und es ergeben sich ganz neue Anwendungen im privaten und im Geschäftskundenumfeld.

Neben konsumenten- und industrieorientierten Anwendungen sehen wir gerade für GeomAR aber auch ganz neue Möglichkeiten für Produktivitätssteigerungen und Qualitätsverbesserungen bei Außenterminen im Bereich der Fachanwendungen für die öffentliche Verwaltung (Planungs-, Dokumentations- und Kontrollmaßnahmen, Bürgerbeteiligung) und bei privatwirtschaftlichen Geschäftsprozessen mit großem Außendienstanteil, daher insbesondere auch im Umweltbereich und in umweltrelevanten Themen.

Aus technologischer Sicht muss es eine langfristige Zielsetzung sein, GeomAR als neue Interaktionsmöglichkeit mit Geodaten möglichst organisch an existierende Werkzeuge und Methoden aus dem Bereich der Geodateninfrastrukturen (GDI) zu koppeln. Für existierende Geodaten in GDIen soll es möglich werden, i) einerseits möglichst einfach zusätzliche Anwendungsfälle zu erschließen und ii) andererseits neue GeomAR-Anwendungen effizient durch „Zweitverwertung" existierender GDI-Inhalte aufzubauen.

6 Anwendungsmöglichkeiten im Umweltbereich

Da die oben dargestellten Recherchen nur sehr wenige Anwendungsideen im Umweltbereich erbrachten und es insgesamt sehr wenige Lösungsangebote für die öffentliche Verwaltung gibt, wurden bei der Antragstellung zum mARGo-Projekt verschiedene *hypothetische* GeomAR-Anwendungsbereiche aus dem Erfahrungsumfeld der Projektpartner diskutiert, um ein Gefühl für das Nutzenpotenzial und die Systemanforderungen zu entwickeln. Dies waren:

- *Biotopkartierung, Artenmonitoring, Naturschutz:* Hier werden periodisch durch Mitarbeiter der Verwaltung oder ihrer Dienstleister vor Ort Biotopgrenzen und andere naturräumliche Phänomene erfasst, dokumentiert, bewertet und insbesondere auch in ihrer zeitlichen Entwicklung untersucht.
- *Hochwasser-/Küstenschutz, Wassermanagement, Gewässerunterhaltung:* Für Verwaltungsaufgaben verschiedenster Behörden müssen häufig stehende und fließende Gewässer jeder Art und Größe in ihrer Funktion als Lebensraum, Verkehrsweg, Trinkwasserlieferant usw., inklusive der mit ihnen in Beziehung stehenden Bauwerke, technischen Anlagen und anderer Umgebungsfaktoren (angrenzende Landwirtschaft, Abwassereinleiter, …) inspiziert und dokumentiert sowie in komplexen Planungsprozessen beachtet werden.
- *Flurneuordnung:* Jedes Jahr finden in Deutschland viele Hunderte Verfahren zur Neuordnung des land- und forstwirtschaftlichen Grundbesitzes statt. Diese dienen der Verbesserung der Produktionsbedingungen in Land-/Forstwirtschaft und Weinbau, sind aber auch im Zuge von Maßnahmen der Regionalentwicklung, bei Infrastrukturprojekten (Straßenbau, Stromtrassen, …) und für Umweltschutzmaßnahmen erforderlich.

All diese Anwendungsfelder erfordern Vor-Ort-Termine und Begehungen, bei denen gewisse Phänomene in der Natur gefunden und inspiziert werden müssen, mit Aktenlagen und Informationen anderer/früherer Jahre verglichen, bewertet und dokumentiert werden. Häufig sind die entsprechenden Aktivitäten auch Teilschritte komplexerer Planungsverfahren, in denen Einzelmaßnahmen bewertet oder Alternativen abgewogen werden müssen. Die entsprechenden Fachverfahren sind im Back-Office i. d. R. bereits alle umfassend elektronisch umgesetzt; dagegen erfolgen Vor-Ort Aktivitäten häufig noch auf der Basis redundanter Papierdokumente oder im besten Fall mithilfe von Tablet-GIS-Lösungen. In den obengenannten Anwendungsbereichen könnten nützliche AR-Funktionen sein:

- *Zeitliche Dynamik darstellen und verstehen:* Bei der Begehung eines Naturschutzgebiets kann man einen aktuellen Bachverlauf oder eine versandende See-Uferzone mit der Entwicklung in den vergangenen Jahren überblenden lassen. Man könnte auch im Unterholz versteckte Brutgebiete geschützter Vögel durch Einblenden früherer

Brutstätten aufsuchen. Dann werden die aktuellen Daten erfasst bzw. die Katastereinträge aktualisiert, wobei auffällige oder bedenkliche Änderungen automatisch erkannt werden könnten. Man könnte sich auch vor Ort grafisch darstellen lassen, wie sich bestimmte Phänomene über einen gewissen Zeitraum entwickelt haben, um ein Gefühl für die Dynamik der Entwicklung zu erhalten. Ganz pragmatisch könnte auch schon eine Navigationshilfe im Feld sehr nützlich sein.

- *Einfache Entscheidungsunterstützung kontext-basiert anbinden:* Bei der Dokumentation des Bewuchses einer Biotopfläche können GIS-Werkzeuge die Flächengröße bestimmen; einfache Bildanalysen oder auch Vergleichsbilder können bei der Schätzung von Bewuchsdichten bzw. Bedeckungsgraden helfen. Bei bestimmten Schutzgebieten könnten Mindestabstände (z. B. zu Gewässern oder schützenswerten Lebensraumtypen) überprüft werden. Auch das Einblenden der jeweiligen Schutzgebietsgrenzen und des Abstandskorridors oder das automatische Warnen bei der Verletzung von Abstandsregelungen sind hier möglich.
- *Kollaboration im Feld unterstützen:* Begutachten zwei Personen zusammen eine größere Biotopfläche aus verschiedenen Blickwinkeln, können sie elektronisch ihre Beobachtungen/Einschätzungen austauschen bzw. zusammen bearbeiten oder sich gegenseitig auf interessante Phänomene hinweisen. Bei „Kartierertreffen" stimmt sich ein größeres Mitarbeiterteam ab und „kalibriert" die gemeinschaftliche Vorgehensweise. Der direkte Austausch verschiedener Einschätzungen bzw. der Austausch der verschiedenen Perspektiven kann hier hilfreich sein.
- *Dokumentieren und Planen:* Beim Inspizieren eines Flussverlaufs nach einem Starkregenereignis kann man die Ist-Situation der Uferböschung mit der Plan-Situation vergleichen und auffällige Veränderungen sofort mit Fotos und Notizen dokumentieren. Beim Planverfahren zur Erhöhung eines Deichs oder zum Einrichten neuer geplanter Überflutungsflächen in Auenlandschaften kann man sich vor Ort in das Bild der Landschaft die Effekte verschieden wahrscheinlicher Hochwasserereignisse einblenden lassen.
- *Kooperation organisieren:* Bei der Gewässerunterhaltung planen Verbandsingenieure Arbeitsschritte (z. B. zur Uferbewirtschaftung oder Gewässerbettpflege), die dann mit Naturschutz- und Wasserbehörden abzustimmen sind und (typischerweise) von einem Lohnunternehmer durchgeführt werden. In einem solchen Workflow könnten alle Beteiligten medienbruchfrei (und damit i. A. auch schneller, einfacher und mit weniger Fehlern) kommunizieren, wenn direkt Geodatenobjekte zur Auftragsdefinition, -genehmigung und Arbeitsdokumentation erzeugt und ausgetauscht würden (z. B. zur Abgrenzung einer zu entkrautenden Uferböschung, zur Definition einer aufzufüllenden Auskolkung etc.).
- *Bewerten und Planen:* Flurneuordner können beim Ortstermin zusammen mit Grundstückseignern in die Landschaft eingeblendet aktuelle und denkbare Grenzverläufe von Grundstücken oder Baumaßnahmen sehen, einzeichnen oder monetäre Effekte alternativer Änderungsszenarien direkt berechnen lassen und diskutieren.

7 Ergebnisse aus Anwenderworkshops

Im Rahmen der Anforderungserhebung des mARGo-Projekts wurden mehrere Workshops mit Mitarbeitern der Verwaltung mehrerer Bundesländer durchgeführt, um weitere Ideen aus der deutschen Verwaltungspraxis zu kreieren und zu entscheiden, welche davon prototypisch im Projekt umgesetzt werden sollten. Die Workshops nutzten eine von der HTW Berlin speziell auf die Ideenerzeugung und Anforderungsanalyse von AR-Projekten zugeschnittene Vorgehensweise auf Basis bekannter Kreativitätstechniken [37]. Es wurde eine Reihe denkbarer GeomAR-Anwendungen skizziert, wie zum Beispiel:

- Im Bereich der *Umweltbildung und -erziehung* gibt es naheliegende Szenarien, um bspw. zu sichtbaren (oder hörbaren) Tieren, Pflanzen oder naturräumlichen Gegebenheiten (Schlucht, Wasserlauf, Fels, ...) Zusatzinformationen, Ratespiele, Orientierungshilfen oder beliebige pädagogische Inhalte zu vermitteln. Bereits existierende Naturlehrpfade u. ä. sind hier offensichtliche Ansatzpunkte. Dies könnte auch mit historischen Erläuterungen oder sogar mit Fitness-Apps verbunden werden.
- Im großen Kontext der *Smart City* geht es ja darum, durch intelligenten IT-Einsatz effizientere, nachhaltigere und menschenfreundlichere Formen des urbanen Lebens zu realisieren. Außer innerstädtischen Anwendungen bereits erwähnter AR-Ideen wie z. B. zur zielgruppenspezifischen Navigation, zum vertieften Verständnis touristischer Orte und Routen, zur orts- und kontextspezifischen Werbung und Verbraucherinformation oder für neue Arten der Kunst und Kommunikation (wie „virtuelle Verzierungen" oder „digitale Hinterlassenschaften" an öffentlichen Plätzen und Bauwerken), kann man sich auch viele einfache, konkrete Arbeitserleichterungen von Außenarbeiten vorstellen. Wenn beispielsweise ein Baumkataster direkt beim Anvisieren eines Baums mit der Handykamera sagen kann, wann die letzten Verrichtungen stattgefunden haben, ob irgendwelche Sicherheitsbedenken vorliegen, Arbeitsaufträge allokiert wurden, Krankheiten oder Faulstellen untersucht werden müssen usw. Gleiches gilt sinngemäß für alle Prüfungs- und Wartungsarbeiten an Bauwerken, Infrastruktur usw. Auch wenn im Rahmen einer Mängelmelder-App zu einem Ort, Bauwerk usw. Meldungen verschickt wurden, können diese direkt vor Ort zum Beheben des Mangels eingeblendet werden. Auch für die Nachkontrolle verrichteter Arbeiten („Vorher-Nachher-Bilder") könnten überblendete georeferenzierte Bilder verwendet werden.

Unabhängig von konkreten Anwendungsthemen und -kontexten gibt es auch die technologisch getriebene Idee, im räumlichen Kontext *normalerweise nicht sichtbare Perspektiven oder nicht sichtbare Aspekte der Wirklichkeit sichtbar* zu machen. So könnte man beispielsweise zusätzlich zur Frontalansicht eines Hauses auch die Ansicht aus einem Drohnenüberflug anzeigen, um Dachzustand, Bauzustand oder allgemeine

Umgebungsfaktoren besser sichtbar zu machen [2]. Man könnte auf die Fassadenansicht eines Hauses bzw. einer Häuserreihe auch Aufnahmen einer Wärmebildkamera legen, um Sanierungsbedarfe besser zu identifizieren. Auch Simulationsergebnisse könnte man vor Ort im Kontext visualisieren, bspw. die dreidimensionale Lärmausbreitung in einem Dorf, vor und nach dem Bau einer Lärmschutzwand für Auto- oder Eisenbahn oder für verschiedene Alternativen von Anflugkorridoren eines Flugplatzes.

Dies führt ganz allgemein zum sehr großen Anwendungsbereich der *Planungs- und Beteiligungsverfahren.* Sehr viele Bau- und Infrastrukturmaßnahmen, gerade dann, wenn sie sehr großräumig sind und viele Aspekte umfassen (Großbaustellen, Eisenbahnstrecken, Straßenneubauten, Stromtrassen, …) erfordern ja die Mitarbeit sehr vieler Beteiligter mit teilweise sehr spezifischen Aufgaben, bei denen nicht immer alle Beteiligten Experten im Lesen von Bauplänen sind und kaum jemand alle relevanten Aspekte gleichzeitig überblicken kann. In solchen Fällen kann die Visualisierung von Maßnahmenplänen, Stufen der Maßnahmenumsetzung, alternativen Plänen usw. für die Diskussion und Entscheidungsfindung mit Akteuren zu verschiedenen Themen, aber auch mit Laien und Betroffenen, z. B. im Rahmen der Bürgerbeteiligung, nützlich sein. Zusatzinformationen können bei Bedarf nachgeliefert werden, alternative Szenarien können vor Ort verglichen werden, Randbedingungen (Grenzen, genehmigungsrelevante Aspekte wie Abstände, Schutzgebiete etc.) u. ä. können ein- und ausgeblendet werden.

Ein Beispiel hierfür, das aus Sicht der IT-Umsetzung noch verhältnismäßig wenig anspruchsvoll ist, aber eine große Bedeutung für viele Betroffene hat, ist *der Bau oder die Veränderung von Windkraftanlagen.* Die Visualisierung von optischer Anmutung, Schattenwurf, Lärmausbreitung als realitätsnahe 3D-Darstellung im Landschaftsbild, mit der Möglichkeit, diese zu verschieben und zu modifizieren (Modell, Größe usw.), wurde als eine der im Projekt mARGo zu realisierenden Prototyp-Anwendungen ausgewählt. Weitere Anwendungsideen im Umfeld der *erneuerbaren Energien* waren:

- die realitätsnahe AR-Visualisierung von geplanten *Freiflächen-PV-Anlagen* sowohl im Landschaftsbild als auch aus nächster Nähe,
- die AR-Darstellung von etwaigen neu geplanten *Dach-PV-Anlagen* oder *gebäudeintegrierten Fassaden-PV-Anlagen* auf/an einem Gebäude/Haus in der unmittelbaren Umgebung mit der Möglichkeit, die Größe und Art (Farbe, Aussehen, Typ) der PV-Module individuell zu bestimmen und zu ändern, oder
- die AR-basierte Darstellung diverser GIS-Daten, welche zur Einschätzung des *Potenzials für EE-Anlagen* genutzt werden können (z. B. Windgeschwindigkeiten, Katasterdaten usw., wie sie heute schon als Layer der Energieatlanten der Bundesländer vorliegen) als Alternative zur klassischen kartenbasierten Darstellung.

Wie bereits weiter oben angesprochen, ergibt sich der maximale Nutzen solcher Anwendungen in der Regel dann, wenn man es schafft, sie eng in existierende Geodateninfrastrukturen zu integrieren, sodass die in der öffentlichen Verwaltung bereits vorliegenden (Geo-)Datenbestände mit geringem Aufwand für die mobile Nutzung in GeomAR-Anwendungen aufbereitet werden können. Die Umsetzung dieses Ziels ist jedoch Gegenstand laufender FuE-Arbeiten.

8 Zusammenfassung

In diesem Beitrag wurde eine Vielzahl kommerzieller, experimenteller und auch hypothetischer Anwendungsideen für mobile Augmented Reality und geodatenbasierte mobile Augmented Reality gesammelt und skizziert. Entsprechend bewegen sich die Lösungen auch auf sehr unterschiedlichem Umsetzungsniveau, von bereits existierenden kommerziellen Angeboten bis hin zu technisch noch gar nicht lösbaren Fragestellungen. Die zugrunde liegenden technischen Lösungsansätze werden in [1] und [2] etwas eingehender diskutiert. Laufende Arbeiten im mARGo-Projekt sollen insbesondere i) die Frage der effektiven Bestimmung von Gerätelokation und Gerätepose mit kostengünstigen Mobilgeräten und ii) die effiziente Anbindung von GeomAR-Lösungen an existierende Geodateninfrastrukturen beleuchten.

Auch wenn im vorliegenden Beitrag die technische Umsetzung der Anwendungen nicht diskutiert wurde, kann man doch schon aus den Beispielen erahnen, dass sich konkrete AR-/mAR-/GeomAR-Anwendungen hinsichtlich verschiedenster Dimensionen beträchtlich unterscheiden können. In [38] wurden solche Dimensionen gesammelt, erläutert und im „morphologischen Kasten" Abb. 3 zur Klassifikation von mAR-Lösungen zusammengeführt.

In zukünftigen Arbeiten wollen wir diesen Ordnungsrahmen für GeomAR-Anwendungen, gerade auch im Bereich der Verwaltungs- und der Umweltanwendungen konkretisieren, ergänzen und bei Bedarf weiterentwickeln. Der oben gezeigte morphologische Kasten weist in seinen Dimensionen bereits stark auf spätere Aspekte der technischen Realisierung hin. Hier sind noch weitere Beschreibungsdimensionen denkbar. Zum Nachdenken über innovative Anwendungen können aber auch Dimensionen relevant sein, die sich noch mehr auf die AR-Inhalte oder das Anwendungsszenario beziehen. Aus den weiter oben diskutierten denkbaren Anwendungen sind zum Beispiel folgende weiteren Beschreibungsdimensionen vorstellbar:

- *Ausmaß der Entscheidungsunterstützung:* eine Anwendung kann Information wie Grenzen oder Abstände nur *anzeigen* und die Nutzung und Interpretation der Information dem Menschen überlassen; sie kann automatisch *auf Probleme hinweisen;* oder es könnten im Hintergrund *komplexe Algorithmen* ablaufen, um Darstellungen zu berechnen, z. B. erwartete Hochwasserhöhe in Abhängigkeit von Baumaßnahmen; auch *einfache Algorithmen* zur Arbeitsunterstützung sind vorstellbar, z. B. zum Abmessen von Abständen oder zum Ausmessen von Flächen.

Merkmal	Ausprägungen			
Visualisierungsform	1D (POI)	2D (z.B. Polylinie)	3D (3D-Modell)	
Tracking-Technologie	nicht-bildbasiert	bildbasiert/markerbasiert (bekannte Referenzbilder)	bild- und modellbasiert (unbekannte Umgebung)	
Bezug der AR-Inhalte auf Umgebung	AR-Objektinformationen	AR-Umgebungsinformationen		
Virtualitätsgrad der AR-Inhalte	Reale Inhalte (Unsichtbare Objekte werden sichtbar)	Virtuelle Inhalte (Erweiterung von sichtbaren Objekten)		
Zeitbezug der AR-Inhalte	AR-Inhalte mit Zeitbezug (z.B. historische Daten)	AR-Inhalte ohne Zeitbezug		
Maßstab / Skalierung	relative Skalierung	absolute Skalierung (z.B. cm/m)		
GIS-Integration	keine Verwendung von GIS-Daten	mit GIS-Daten-Integration		
Art der Kollaboration	keine Kollaboration	Kollaboration zur gleichen Zeit	Kollaboration zu verschiedener Zeit	
Interaktion mit AR-Inhalten	Ansehen	Erstellen	Verändern	Löschen
AR-Hardware	Handheld	AR-Brille	AR-Drohne	
AR-Sensorik	integrierte AR-Sensoren	externe AR-Sensoren		

Abb. 3 Ausprägungen von mobiler Augmented Reality. (Quelle: HTW [38])

- *Ausmaß an Kollaboration:* es sind Einbenutzeranwendungen vorstellbar, aber auch Anwendungen zur Unterstützung der Zusammenarbeit, wenn ein Anwender bspw. die Perspektive anderer Anwender aus ihrer jeweiligen Position sehen kann oder wenn verschiedene Nutzer dasselbe virtuelle Objekt verschieben oder verändern können.
- *Umgebungseinbettung virtueller Objekte:* je nach Anwendung kann die notwendige Genauigkeit zur Positionierung eines virtuellen Objekts im Bild variieren. Je nach Inhalt sind die Objekte auch unterschiedlich zu positionieren – eine historische Erläuterung zu einem Kleindenkmal sollte dieses z. B. nicht im Bild verdecken, während die Simulation einer neuen Gebäudefassade mit Begrünung oder PV-Modulen die existierende Fassade gerade exakt überdecken muss.
- *Art des virtuellen Inhalts:* wir haben sehr viele unterschiedliche virtuelle Inhalte in den Beispielen angesprochen. Es kann sich um frühere Zustände eines Objekts (alter Bachverlauf), um mögliche zukünftige Zustände (nach Baumaßnahme), um unsichtbare Objekte (unterirdische Infrastruktur), um verdeckte Perspektiven (Gebäude von oben, Blick hinter die Tür) oder um reine Zusatzinformationen handeln. Dies erfordert natürlich jeweils deutlich unterschiedliche Darstellungen: eine halbtransparente Überblendung, ein möglichst lebensecht manipuliertes Kamerabild, ein Bild mit klar als virtuell erkennbaren Zusatzobjekten, eine Darstellung, die schnell zwischen realem und erweitertem Bild hin- und herschalten kann usw. usf.
- *Art und Ausmaß der Interaktion mit Fachanwendungen:* im einfachsten Fall muss die Anwendung nur vordefinierte AR-Objekte an klar erkennbaren Orten anzeigen,

agiert also rein passiv. Auch tiefer gehende Front-End/Back-End Integrationsformen sind vorstellbar. Zum Beispiel, dass die GeomAR-Anwendung auch Daten erfasst und ins Back-End zurückspielt. Oder dass zum Anzeigezeitpunkt ortsbasiert in einer Datenbank abgeklärt wird, ob Objekte angezeigt werden müssen (siehe das obige Beispiel „Baumkataster") bzw. direkt mit einem Vorgangsbearbeitungssystem zu kommunizieren ist (Arbeitsauftrag wird abgerufen, Dokumentation der verrichteten Tätigkeit wird zurückgespielt).

Die Beispiele zeigen, dass der Raum potenzieller Umwelt-/Verwaltungsanwendungen für GeomAR sehr groß sein kann. Der vorliegende Beitrag regt hoffentlich zum Nachdenken über nützliche konkrete Anwendungsbeispiele an, die dann in zukünftigen Entwicklungsphasen realisiert werden können.

Danksagung Die beschriebenen Arbeiten wurden mit Unterstützung des Bundesministeriums für Bildung und Forschung (BMBF) im Rahmen des KMU-innovativ Projekts „Mobile Augmented Reality für Geoobjekte: Neue Technologien und Nutzungsparadigmen für die mobile Geodatenverarbeitung (mARGo)" durchgeführt (Förderkennzeichen 01IS17090).

Literatur

1. Burkard, S., Fuchs-Kittowski, F., Runte, K., Miller, R., Heise, F., Abecker, A., & Hosenfeld, F. (2020). Anforderungen und Konzeption einer Plattform zur Visualisierung von Geoobjekten mit Mobiler Augmented Reality. Ressel, M., Burkard, S., Fuchs-Kittowski, F.: Mobile Erweiterte Realität mit unbemannten Luftfahrzeugen (Drohnen) – Architekturen und Anwendungsfälle im Umweltbereich. In U. Freitag, F. Fuchs-Kittowski, A. Abecker, & F. Hosenfeld (Hrsg.), *Umweltinformationssysteme – Wie verändert die Digitalisierung unsere Gesellschaft? Tagungsband des 27. Workshops des Arbeitskreises „Umweltinformationssysteme" der Fachgruppe „Informatik im Umweltschutz" der Gesellschaft für Informatik (GI) 2020*. Wiesbaden: Springer (In diesem Band).
2. Ressel, M., Burkard, S., & Fuchs-Kittowski, F. (2020). Mobile Erweiterte Realität (mAR) mit unbemannten Luftfahrzeugen (UAVs) – Architekturen und Anwendungsfälle im Umweltbereich. In U. Freitag, F. Fuchs-Kittowski, A. Abecker, & F. Hosenfeld (Hrsg.), *Umweltinformationssysteme – Wie verändert die Digitalisierung unsere Gesellschaft? Tagungsband des 27. Workshops des Arbeitskreises „Umweltinformationssysteme" der Fachgruppe „Informatik im Umweltschutz" der Gesellschaft für Informatik (GI) 2020*. Wiesbaden: Springer (In diesem Band).
3. Runder Tisch GIS e. V. (Hrsg.). Mobiles GIS und standortbezogene Dienste. https://rundertischgis.de/images/9_documents/downloads/Leitfaden_Mobiles_GIS_V_1_1.pdf. Zugegriffen: 26. Mai 2020.
4. Otterstätter, A., Lübke, J., Hofmann, C., Spandl, H., Scherrer, M., & Schillinger, W. (2019). WIBAS mobil – Mobiles Arbeiten mit Cadenza. In K. Weissenbach, W. Schillinger, G. Barnikel, & R. Weidemann (Hrsg.), *Gesamtbericht INOVUM Phase II – Innovative Umweltinformations-systeme. KIT SCIENTIFIC REPORTS No. 7751*. Karlsruhe: Karlsruher Institut für Technologie.

5. Kuper, P. V., Butwilowski, E., Breunig, M., Wild, P., Hoch, T., Wiedemann, S., & Klauser, B. (2014). Mobile Geodaten-Erfassung mit GeoTab. In E. Seyfert, E. Gülch, C. Heipke, J. Schiewe, & M. Sester (Hrsg.), Geoinformationen Öffnen das Tor zur Welt. Gemeinsame Tagung. Tagungsband zur gemeinsamen Jahrestagung 2014 der DGfK, DGPF, GfGI und GiN, 26.–28. März 2014 in Hamburg, Deutsche Gesellschaft für Photogrammetrie, Fernerkundung und Geoinformation (DGPF) e. V., München. https://www.dgpf.de/src/tagung/jt2014/proceedings/proceedings/papers/Beitrag113.pdf. Zugegriffen: 26. Mai 2020.
6. Lübke, J., Terzic, B., Abecker, A., Hofmann, C., & Kazakos, W. (2016). Aktuelle Weiterentwicklungen von Cadenza Mobile für das mobile Arbeiten mit Geodaten in der öffentlichen Verwaltung. In V. Wohlgemuth, F. Fuchs-Kittowski, & J. Wittmann (Hrsg.), *Environmental infomatics – Stability, continuity, innovation: Current trends and future perspectives based on 30 years of history* (S. 413–418). Aachen: Shaker Verlag.
7. Abecker, A., Briesen, M., Hofmann, C., Kazakos, W., Schmidt, K., & Terzic, B. (2013). Realisierung mobiler Fachkataster auf Tablets. In J. Strobl, T. Blaschke, G. Griesebner, & B. Zagel (Hrsg.), *Angewandte Geoinformatik 2013 – Beiträge zum 25. AGIT-Symposium Salzburg* (S. 536–541). Heidelberg: Wichmann Verlag.
8. Azuma, R. T. A. (1997). A survey of augmented reality. *Presence – Teleoperators and Virtual Environments, 6*(4), 355–385.
9. Peddie, J. (2017). *Augmented Reality: Where we will all live*. Cham: Springer. https://doi.org/10.1007/978-3-319-54502-8.
10. Schmalstieg, D., & Höllerer, T. (2016). *Augmented reality – Principles and practice*. Boston: Addison-Wesley.
11. Schmalstieg, D. (2016). Trends and challenges of augmented reality. Keynote address, VISIGRAPP 2016, Rome, Italy.
12. Höllerer, T., Feiner, S., Terauchi, T., Rashid, G., & Hallaway, D. (1999). Exploring MARS: Developing in-door and outdoor user interfaces to a Mobile Augmented Reality System. *Computers and Graphics, 23*(6), 779–785.
13. Adhani, N. I., & Awang Rambli, D. R. (2012). A survey of mobile augmented reality applications. In *Proc. 1st Int. Conf. on future trends in computing and communication technologies* (S. 89–95).
14. Mehler-Bicher, A., Reiß, M., & Steiger, L. (2011). *Augmented Reality – Theorie und Praxis*. München: De Gruyter.
15. Linaza, M. T., & Marimon, D. (2012). Evaluation of mobile augmented reality applications for tourism. In: M. Fuchs, F. Ricci, & L. Cantoni (Hrsg.), *Information and communication technologies in tourism* (S. 260–271). Wien: Springer. https://doi.org/10.1007/978-3-7091-1142-0_23.
16. Maier-Hein, L., Franz, A. M., Fangerau, M., Schmidt, M., Seitel, A., Mersmann, S., Kilgus, T., Groch, A., Yung, K., Santos, T. R., dos Meinzer, H. P. (2011). *Towards Mobile Augmented Reality for On-Patient Visualization of Medical Images. In: Bildverarbeitung für die Medizin – Algorithmen – Systeme – Anwendungen* (S. 389–393). Berlin: Springer.
17. Bischoff, A. (2011). Dienste für Smartphones an Universitäten – Ein plattform-unabhängiges Augmented Reality Campus-Informationssystem für iPhone und Android-Smartphones. In J. Roth & M. Werner (Hrsg.), *Ortsbezogene Anwendungen und Dienste. 8. GI/KuVS-Fachgespräch* (S. 127–135). Berlin: Logos Verlag.
18. Söbke, H., Montag, M., & Zander, S. (2017). Von der AR-App zur Lernerfahrung – Entwurf eines formalen Rahmens zum Einsatz von Augmented Reality als Lehrwerkzeug. DelFI 2017 – Workshop VR/AR Learning, Chemnitz 05.09.2017. https://www.cs.uni-potsdam.de/vrarl/vrarl2017/download/02_Soebke.pdf. Zugegriffen: 12. Jan. 2020.

19. Haugstvedt, A.C., & Krogstie, J. (2012). Mobile augmented reality for cultural Heritage. In *IEEE Int. Symp. on Mixed and Augmented Reality (ISMAR 2012)* (S. 247–255).
20. Haynes, P., Hehl-Lange, S., & Lange, E. (2018). Mobile augmented reality for flood visualisation. *Environmental Modelling & Software 109,* 380–389. https://doi.org/10.1016/j.envsoft.2018.05.012. Zugegriffen: 12. Jan. 2020.
21. Scott, G. D. (2016). Enabling smart retail settings via mobile augmented reality shopping Apps. *Technological Forecasting and Social Change, 124,* 243–256 https://doi.org/10.1016/j.techfore.2016.09.032.
22. Zühlke, K. (2017). Augmented Reality im Lager. Markt&Technik, Ausgabe vom 17.11.2017. https://www.elektroniknet.de/markt-technik/industrie-40-iot/augmented-reality-im-lager-147741.html. Zugegriffen: 26. Mai 2020.
23. Höhl, W., & Broschart, D. (2015). *Augmented Reality in Architektur und Stadtplanung. gisSCIENCE 1/2015* (S. 20–29). Heidelberg: Wichmann-Verlag.
24. Redshift: Bauwesen: Mit Augmented Reality können Sie durch Wände sehen. https://www.autodesk.de/redshift/augmented-reality-im-bauwesen/. Zugegriffen: 8. März 2020.
25. Frick, C., & Lange-Mauriège, S. (2017). Augmented Reality – Anwendungsmöglichkeiten in Bibliotheken. *B.i.t.online, 20*(1), 7–14.
26. Kreuziger, U., & Hehl, K. (2012). Entwicklung einer AR-Applikation für die Planung und Bodenordnung. *Zeitschrift für Geodäsie, Geoinformation und Landmanagement, 1*(137), 37–45.
27. Kreuziger, U. (2017). Entwicklung georeferenzierender Augmented Reality Systeme auf Mobilgeräten mit Mikrosensoren. Dissertation, Universität Bamberg. https://fis.uni-bamberg.de/handle/uniba/41803. Zugegriffen: 12. Jan. 2020.
28. Kreuziger, U. (2018). Augmented Reality in der Bodenordnung. In: 39. Bundestagung Deutsche Landeskulturgesellschaft DLKG – „Landentwicklung 4.0". https://dlkg.de/media/files/archiv-bundestagung/dlkg_bt2018_kreuziger.pdf. Zugegriffen: 12. Jan. 2020.
29. Kreuziger, U. (2019). Sensorik mobiler georeferenzierender AR-Systeme – Aktuelle Herausforderungen. *Zeitschrift für Geodäsie, Geoinformation und Landmanagement 6*(144), 369–378. https://geodaesie.info/zfv/heftbeitrag/8508. Zugegriffen: 12. Jan. 2020.
30. Haynes, P., & Lange, E. (2016). Mobile augmented reality for flood visualisation in urban riverside landscapes. *Journal of Digital Landscape Architecture, 1,* 254–262.
31. Fuchs-Kittowski, F., Pfützner, B., & Simroth, S. (2012). Mobile Augmented Reality – Neue Möglichkeiten für die Hydrologie. In M. Weiler (Hrsg.), *Konferenz für Hydrologie und Wasserwirtschaft* (S. 254–259). Freiburg: Hydrologische Wissenschaften (Fachgem).
32. Fuchs-Kittowski, F., Simroth, S., Himberger, S., & Fischer, F. (2012). A content platform for smartphone-based mobile augmented reality. In H. K. Arndt, G. Knetsch, & W. Pillmann (Hrsg.), *Proc. 26th Int. Conference on Informatics for Environmental Protection (EnviroInfo2012) – Part 1: Core application areas.* Aachen: Shaker Verlag.
33. Fuchs-Kittowski, F., Simroth, S., Pfützner, B., & Trosien, F. (2012). Mobile Augmented Maps und Augmented Reality für den präventiven Hochwasserschutz. In G. Knetsch (Hrsg.), *Umweltinformationssysteme – Frühwarn- und Informationssysteme für den Hochwasserschutz. UBA-Texte Nr. 41/2012* (S. 19–32). Umweltbundesamt: Dessau.
34. Fuchs-Kittowski, F. (2017). Mobile augmented reality for risk and crisis communication in disaster management. In M. Klafft (Hrsg.), *Proc. workshop „Risk and crisis communication in disaster prevention and management"* (S. 13–30). Berlin: epubli Verlag.
35. Burkard, S., Fuchs-Kittowski, F., & O'Faolain de Bhroithe, A. (2017). Mobile crowd sensing of water level to improve flood forecasting in small drainage areas. In R. Denzer, R. M. Argent, G. Schimak, & J. Hrebícek (Hrsg.), *Environmental software systems – 12th IFIP WG*

5.11 Int. Symposium, ISESS 2017, Zadar, Croatia. Proc. IFIP advances in information and communication technology (S. 124–138). Berlin: Springer.
36. AllTerra Deutschland GmbH: Augmented Reality|SiteVision. https://allterra-dno.de/augmented-reality-site-vision/. Zugegriffen: 8. März 2020.
37. Fuchs-Kittowski, F., & Burkard, S. (2019a). Potential analysis for the identification of application scenarios for mobile augmented reality technologies – With an example from water management. In R. Schaldach, K. Simon, J. Weismüller, & V. Wohlgemuth (Hrsg.), *Environmental informatics: Computational sustainability: ICT methods to achieve the UN sustainable development goals. Adjunct proc. 33rd EnviroInfo*. Aachen: Shaker Verlag.
38. Fuchs-Kittowski, F., & Burkard, S. (2019b). Mobile Erweiterte Realität. *WISU – Das Wirtschaftsstudium – Zeitschrift für Ausbildung, Prüfung, Berufseinstieg und Fortbildung, 48*(7), 811–818.
39. Chatzopoulos, D., Bermejo, C., Huang, Z., & Hui, P. (2017). Mobile augmented reality survey: From where we are to where we go. *IEEE Access, 5*, 6917–6950. https://ieeexplore.ieee.org/document/7912316. Zugegriffen: 26. Mai. 2020.
40. Boboc, R. G., Duguleana, M., Voinea, G. D., Postelnicu, C. C., Popovici, D. M., & Carrozzino, M. (2019). Mobile augmented reality for cultural heritage: Following the footsteps of ovid among different locations in Europe. *Sustainability 11*(4), 1167. https://doi.org/10.3390/su11041167. Zugegriffen: 26. Mai. 2020.
41. Burkard, S., & Fuchs-Kittowski, F. (2018). Erfassung von Wasserständen mittels Mobile Augmented Reality. *gis.Business – Das Magazin für Geoinformation und GeoIT, 6*, 40–41.

Anforderungen und Konzeption einer Plattform zur Visualisierung von Geoobjekten mit Mobiler Augmented Reality

Simon Burkard, Frank Fuchs-Kittowski, Andreas Abecker, Fabienne Heise, Roman Miller, Kai Runte und Friedhelm Hosenfeld

1 Einleitung

Geodaten in Geographischen Informationssystemen (GIS) sind eine wichtige Basis für planerische, überwachende und steuernde Arbeitsprozesse in Wirtschaft und öffentlicher Verwaltung. Solche Geschäftsprozesse sind jedoch typischerweise charakterisiert durch schwerfällige und fehleranfällige Formatumwandlungen, lange Verarbeitungszeiten oder der fehlenden Möglichkeit, vor Ort auf nicht im Vorhinein antizipierte Informationen zuzugreifen. Mobile digitale GIS-Werkzeuge können diese Schwächen teilweise

S. Burkard (✉) · F. Fuchs-Kittowski
Hochschule für Technik und Wirtschaft (HTW) Berlin, Berlin, Deutschland
E-Mail: s.burkard@htw-berlin.de

F. Fuchs-Kittowski
E-Mail: frank.fuchs-kittowski@htw-berlin.de

A. Abecker · F. Heise · R. Miller · K. Runte
Disy Informationssysteme GmbH, Karlsruhe, Deutschland
E-Mail: andreas.abecker@disy.net

F. Heise
E-Mail: fabienne.heise@disy.net

R. Miller
E-Mail: roman.miller@disy.net

K. Runte
E-Mail: kai.runte@disy.net

F. Hosenfeld
Institut für Digitale Systemanalyse & Landschaftsdiagnose (DigSyLand), Husby, Deutschland
E-Mail: hosenfeld@digsyland.de

U. Freitag et al. (Hrsg.), *Umweltinformationssysteme – Wie verändert die Digitalisierung unsere Gesellschaft?*, https://doi.org/10.1007/978-3-658-30889-6_16

beseitigen und helfen dabei, Geodaten bei Ortsterminen medienbruchfrei, effektiv und qualitätsgesichert zu erfassen und zu nutzen [1]. Trotz des technischen Fortschritts werden dabei in digitalen Anwendungen allerdings zur Darstellung von Geodaten in der Regel herkömmliche Visualisierungsformen, z. B. basierend auf zweidimensionalen digitalen Karten, eingesetzt. Geodatenbasierte mobile Augmented Reality (GeomAR) ist ein neues GUI-Paradigma (GUI, engl. Graphical User Interface, dt. Grafische Benutzeroberfläche) für die noch intuitivere und vielfältiger anwendbare Geodaten-Anzeige und -Manipulation im unmittelbaren Anwendungskontext: Geoobjekte werden direkt in das Kamerabild eines mobilen Endgeräts eingeblendet, um z. B. bei Planungs- und Erfassungsaufgaben frühere Sachstände, Soll-Größen oder geplante Maßnahmen im Live-Bild darzustellen. So können Planungen im realen Kontext besser verstanden und diskutiert werden, Dokumentationen von Sachverhalten besser in ihrer zeitlichen Entwicklung erfasst und planerische Maßnahmen besser in die naturräumlichen Gegebenheiten eingepasst werden [2, 3]. Durch diese realitätsgetreue Abbildung von Geodaten unmittelbar in der Kameraansicht der realen Umgebung besteht ein enormes Potenzial, Arbeitsprozesse mit Geodaten vor Ort einfacher, effizienter und effektiver zu machen [4].

GeomAR-Visualisierungen werden jedoch zurzeit kaum mit generischen und praxistauglichen Werkzeugen unterstützt. Aktuelle Entwicklungen im Bereich der mobilen Augmented Reality konzentrieren sich meist auf Einsatzgebiete in der unmittelbaren Umgebung („indoor“) oder auf Anwendungen im Außenbereich ohne Geo-Bezug, d. h. ohne Bezug der darzustellenden Inhalte auf ein globales Geo-Referenzsystem [5]. Gründe für die noch schwierige Umsetzbarkeit realitätsgetreuer GeomAR-Anwendungen im Außenbereich liegen dabei insbesondere in ungenauen Lokalisierungs- und Orientierungssensoren in handelsüblichen mobilen Endgeräten [6]. Diese Herausforderungen können jedoch durch zusätzliche Geo-Kalibrierungsverfahren gelöst werden.

In diesem Beitrag sollen daher generische Anforderungen vorgestellt werden, die an eine Plattform gestellt werden müssen, um eine effiziente und flexible Entwicklung mobiler geodatenbasierter mAR-Anwendungen mit unterschiedlichen Anforderungen zu ermöglichen. Zur Identifikation dieser Anforderungen wurden im Rahmen einer Anforderungs- und Potenzialanalyse zunächst geeignete GeomAR-Anwendungsszenarien ausgewählt und genauer untersucht. Infolgedessen konnten allgemeingültige Anforderungen an eine generische GeomAR-Plattform abgeleitet sowie die Grobkonzeption einer solchen Plattform entworfen werden.

Dieser Beitrag ist wie folgt gegliedert: In Abschn. 2 werden zunächst der aktuelle Stand der Technik und Forschung sowie wichtige Herausforderungen im Bereich der geodatenbasierten mAR-Technologie vorgestellt. Danach werden in Abschn. 3 allgemeine Anforderungen an eine GeomAR-Plattform gesammelt und beschrieben. Diese ergeben sich primär aus der Betrachtung von zwei GeomAR-Anwendungsszenarien, die im Rahmen einer Potenzialanalyse als geeignete Umsetzungsbeispiele herausgearbeitet wurden. In Abschn. 4 wird anschließend die technische Grobkonzeption einer geeigneten generischen Plattformarchitektur vorgestellt. Der Beitrag endet mit einer Zusammenfassung und einem Ausblick auf zukünftige Forschungs- und Entwicklungsarbeiten (Abschn. 5).

2 Stand der Technik

Die Forschung auf dem Gebiet der mobilen Erweiterten Realität (mobile Augmented Reality, mAR) fokussierte sich in den vergangenen Jahren vor allem auf die Entwicklung und Verbesserung von bildbasierten mAR-Tracking-Verfahren zur Umsetzung von möglichst realitätsgetreuen mAR-Visualisierungen in der unmittelbaren Umgebung des Nutzers („indoor"). Die aktuellsten Entwicklungen der mAR-Technologie liegen dementsprechend in der Bereitstellung von mAR-SDKs mit bildbasierten Tracking-Methoden bei Verwendung handelsüblicher Smartphones (z. B. Apple ARKit, Google ARCore) [7]. Entwicklern wird auf diese Weise die Möglichkeit gegeben, massenmarktgerechte mAR-Anwendungen zu realisieren, die sich primär auf Anwendungsfälle in der unmittelbaren Umgebung des Nutzers (Boden, Tisch) konzentrieren, idealerweise innerhalb von gut ausgeleuchteten Räumen. Dabei liegt bei diesen mAR-Tools kein Fokus auf der Verwendung von Geo- oder Umweltdaten bzw. auf der mAR-Visualisierung von weiter entfernten Objekten im Freien. Für diese Einsatzzwecke sind andere geeignete Visualisierungs- und Tracking-Technologien sowie geeignete Lösungen zum Datenmanagement der geodatenbasierten mAR-Inhalte notwendig.

mAR-Anwendungen im Außenbereich („outdoor") sind zwar durchaus ebenfalls etabliert (z. B. das mAR-Spiel Pokemon GO), die dort dargestellten virtuellen Inhalte besitzen jedoch keine tatsächliche Referenz zu einem globalen Geo-Koordinatensystem. Korrekte geodatenbasierte mAR-Darstellungen sind jedoch nur dann möglich, wenn Position und globale Ausrichtung (Gerätepose) des mobilen Endgeräts innerhalb eines Geo-Referenzsystems bekannt sind. Eine präzise Lokalisierung des mobilen Endgeräts in Bezug auf ein globales Referenzkoordinatensystem (Geo-Lokalisierung) ist dafür also zwingend notwendig. Zur Bestimmung dieser globalen Gerätepose können zwar Lokalisierungs- und Orientierungssensoren (GPS-Empfänger und digitaler Kompass) in mobilen Endgeräten genutzt werden, jedoch sind diese zu ungenau, um eine präzise Positionierung virtueller mAR-Inhalte auf dem Kamerabild und somit eine realistische mAR-Visualisierung von Geoobjekten zu ermöglichen [6]. Eine initiale Kalibrierung der globalen Gerätepose ist daher vor jedem Gebrauch notwendig.

Eine weitere Herausforderung bei mAR-Anwendungen im Außenbereich besteht darin, Verdeckungen von virtuellen mAR-Inhalten (z. B. 3D-Modell eines geplanten Gebäudes) korrekt zu simulieren (siehe Abb. 1). Solche Verdeckungen der virtuellen Modelle können z. B. durch Vegetation, Gelände oder andere Gebäude verursacht werden. Werden virtuelle mAR-Inhalte als einfache mAR-Marker (Points of Interest)

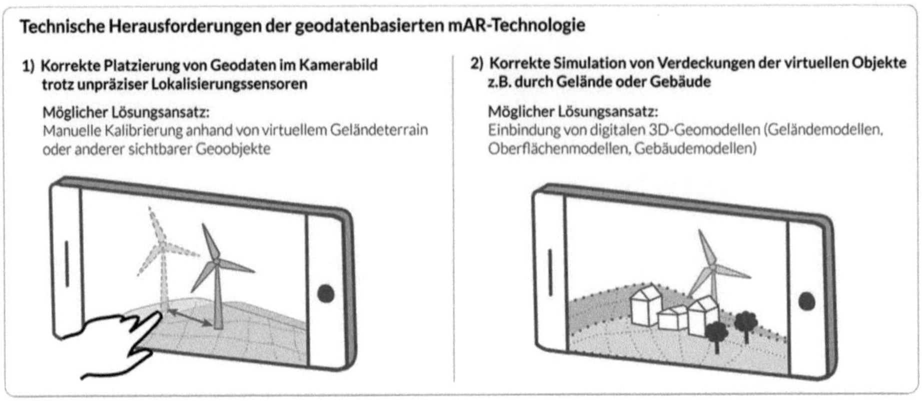

Abb. 1 Technische Herausforderungen der GeomAR-Technologie

dargestellt, können mögliche Verdeckungen in der Regel vernachlässigt werden. Bei der möglichst realitätsgetreuen Abbildung von Objekten mittels 3D-Modellen ist jedoch eine Simulation dieser Verdeckungen zwingend notwendig, um eine korrekte Wahrnehmung der Ansicht zu gewährleisten.

Für die Lokalisierungs- und Verdeckungsproblematik bei geodatenbasierten mAR-Anwendungen existieren Lösungsansätze, die meist auf Bilderkennungsverfahren zuvor registrierter, großflächiger 3D-Umgebungen basieren [8, 9]. Sie sind jedoch zeitaufwendig, fehleranfällig und auf beliebige Orte schwer anwendbar. Ein naheliegender flexibler Lösungsansatz besteht daher darin, eine manuelle Kalibrierung der Gerätepose durch Nutzerinteraktion, z. B. mit Hilfe von virtuellen 3D-Geomodellen, zu nutzen.

Plattformen oder mAR-SDKs (Software Development Kit), die solche Methoden zur Kalibrierung sowie zur Einbindung und mAR-basierten Visualisierung von Geoobjekten anbieten, sind allerdings nicht auf dem Markt verfügbar. Konkrete Anforderungen und grobe Lösungsansätze zur Realisierung einer solchen Plattform sollen daher im Folgenden genauer analysiert und vorgestellt werden.

3 Anforderungsanalyse

Die wesentlichen Anforderungen an die zu entwickelnde Plattform zur Realisierung von geodatenbasierten mAR-Anwendungen ergeben sich durch eine systematische Anforderungsanalyse, die unter anderem im Rahmen von Analyse-Workshops mit Pilotanwendern durchgeführt wurde. Auf diese Weise konnten geeignete mAR-Anwendungsszenarien identifiziert und schließlich generische Anforderungen an eine GeomAR-Plattform zur Umsetzung dieser Anwendungsszenarien abgeleitet werden.

3.1 Vorgehensweise der Anforderungserhebung

Die Vorgehensweise der Anforderungsermittlung fokussiert sich dabei nicht nur auf die technischen Aspekte von geodatenbasierten mAR-Systemen, sondern basiert auf einer **bedarfs- bzw. prozessorientierten** Methode zur Identifizierung und Analyse von geeigneten mAR-Anwendungen sowie deren Anforderungen im Geschäftsumfeld. Diese Methode orientiert sich nicht vorrangig an den verfügbaren mAR-Technologien, sondern primär an dem Bedarf der potenziellen Nutzer sowie an den Arbeits- und Geschäftsprozessen der Organisation. Die Vorgehensweise wird bereits detailliert in [4] beschrieben. Sie besteht im Kern aus einer **Potenzialanalyse** zur Identifikation geeigneter mAR-Anwendungsszenarien und einer anschließenden umfassenden **Anforderungsanalyse** dieser identifizierten Fallbespiele zur Ermittlung von zentralen Anforderungen zur Realisierung dieser Anwendungsbeispiele.

Im Rahmen der Potenzialanalyse wurden in mehreren Workshops aus einer Reihe von identifizierten und bewerteten Fallbeispielen zwei besonders geeignete Anwendungsszenarien ausgewählt und in weiteren Analyseschritten genauer untersucht (siehe Abb. 2):

- **mAR für Bodenproben-Messungen:** Bodenproben-Messungen werden in der Regel analog und papierbasiert durchgeführt. Eine digitale, visuelle Unterstützung – beispielsweise durch mAR-Technologie – ist daher bei der Planung und Dokumentation von Bodenproben-Messungen, z. B. im Rahmen einer Flurneuordnung, erstrebenswert. Dazu sollen die Geo-Positionen von zuvor geplanten Bodenprobenentnahmestellen sowie relevante Meta-Daten (Ergebnis der Bodenprobe, Bearbeiter, Zeitpunkt der Entnahme etc.) mithilfe von mAR-Visualisierungen in der realen Landschaftsansicht vor Ort dargestellt werden.

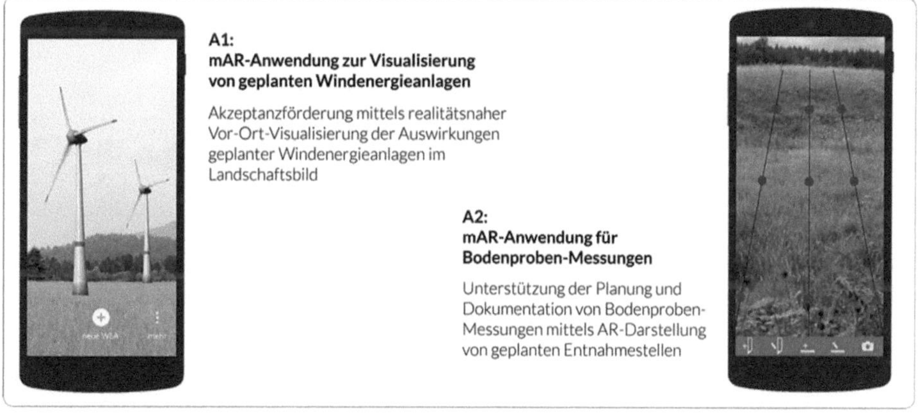

Abb. 2 Im Rahmen einer Potenzialanalyse ausgewählte GeomAR-Anwendungsszenarien

- **mAR zur Visualisierung von Windenergieanlagen:** Bei der Planung und dem Bau von Windenergieanlagen ist eine frühzeitige Beteiligung der lokalen Bevölkerung zur Akzeptanzförderung notwendig. Für eine transparente und objektivierte Kommunikation sind dabei praxisnahe Visualisierungswerkzeuge, z. B. basierend auf mAR-Technologie, notwendig, um Auswirkungen geplanter Bauvorhaben realitätsnah im realen Landschaftsbild in Echtzeit erfahrbar zu machen. Virtuelle Windenergieanlagen sowie relevante Zusatz-Informationen (Leistung, Anlagenmodell etc.) sollen dazu als 3D-Modell möglichst realitätsnah an variabler Geo-Position platziert und von beliebigen Orten aus betrachtet werden können.

Aus der Untersuchung dieser mAR-Anwendungsszenarien lassen sich allgemeine, gemeinsame Anforderungen an eine GeomAR-Plattform zur Realisierung dieser und ähnlicher Anwendungen ableiten.

3.2 Anforderungen an eine GeomAR-Plattform

Zentrale Anforderungen an die Plattform ergeben sich insbesondere aus dem Ziel, eine möglichst präzise und somit nutzergerechte Visualisierung entfernter Geoobjekte zu ermöglichen. Eine Vorab-Kalibrierung der Geräteposition und -ausrichtung (Gerätepose) in einem Georeferenzsystem mit entsprechenden Hilfsmitteln ist daher erforderlich. Zur Realisierung der untersuchten Anwendungen sollen Geodaten nicht nur statisch dargestellt werden, sondern ggf. auch bearbeitet (Position und Aussehen) sowie erweitert werden können. Ein serverseitiges System zur Speicherung und Administration der darzustellenden Geodaten erscheint daher ebenfalls notwendig. Die zentralen Anforderungen an eine GeomAR-Plattform, die im Rahmen der Anforderungsanalyse ermittelt werden konnten, sind in folgender Tabelle aufgelistet (Tab. 1).

4 Technische Konzeption einer GeomAR-Plattform

Zur Umsetzung der genannten Anforderungen können mehrere technische Komponenten entworfen und in Form einer vollständigen GeomAR-Plattform zusammengefasst werden. Die grobe System-Architektur einer solchen Plattform, welche die genannten Anforderungen umsetzen kann, soll im Folgenden kurz vorgestellt werden.

4.1 Grobarchitektur der GeomAR-Plattform

Die technische Architektur der entworfenen GeomAR-Plattform ist in Abb. 3 skizziert. Die entworfene Plattform besteht aus den folgenden Haupt-Komponenten:

Tab. 1 Zentrale Anforderungen an eine GeomAR-Plattform

/F1/	**mAR-Visualisierung von Geoobjekten in verschiedenen Darstellungsformen:** Virtuelle georeferenzierte Objekte sollen in 1D-Form, als 2D-Objekt und als 3D-Modell dargestellt werden können. Dies ermöglicht die Darstellung von punktförmigen Daten (Point of Interest) bzw. mAR-Markern mit textuellen Zusatz-Informationen, von Linien oder Flächen (2D), aber auch von komplexen 3D-Modellen
/F2/	**Einbindung von Geoobjekten in verschiedenen Datenformaten:** Geodaten sollen in unterschiedlichen Quellformaten eingebunden werden können. Die Plattform soll dazu Vorverarbeitungstools zur Verfügung stellen, um Eingangsdaten so aufzubereiten, dass sie in alle Ziel-mAR-Anwendungen eingebunden werden können (Konvertierung von Dateiformaten und Koordinatensystemen)
/F3/	**Ändern, Löschen, Hinzufügen von Geoobjekten:** Die benötigten Datenobjekte sollen nicht nur statisch dargestellt werden, sondern auch in Echtzeit änderbar und erweiterbar sein (Position und Aussehen)
/F4/	**Präzise und realistische Platzierung der mAR-Inhalte (Geräte-Kalibrierung):** Die mAR-Inhalte sollen an möglichst genauer Position und möglichst realitätsnah dargestellt werden. Dazu soll eine möglichst präzise Kalibrierung (Erfassung) der globalen Gerätepose sowie eine Berücksichtigung von Verdeckungen der mAR-Inhalte durch Gelände, Vegetation (Bäume, Wald) und Gebäude erfolgen
/F5/	**Nutzerfreundliche Bedienung und anwendungsspezifische Gestaltung:** Die grafische Benutzeroberfläche der mAR-Anwendungen soll einfach, intuitiv und möglichst nutzerfreundlich gestaltet werden können. Dabei soll die Möglichkeit bestehen, die Oberflächen anwendungsspezifisch zu gestalten und an die individuellen Funktionen einzelner Anwendungen anzupassen
/F6/	**Serverbasierte Datenbereitstellung und Online-Fähigkeit:** Für die mAR-Anwendungen benötigte Datenobjekte (3D-Modelle, Meta-Daten o. ä.) sollen möglichst serverbasiert über ein Content Management System bzw. einen Geoserver zur Verfügung gestellt werden. Eine ständige Online-Fähigkeit der mobilen Anwendung wird daher zum Betrieb vorausgesetzt
/F7/	**Kollaboration und Teilen von mAR-Ansichten:** mAR-Ansichten mit platzierten Geoobjekten (GeomAR-Projekte) sollen gespeichert werden können, sodass sie zu späteren Zeitpunkten oder von anderen Nutzern wieder geladen und betrachtet werden können. Ein Teilen der mAR-Ansichten in Form von Videoaufnahmen soll ebenfalls möglich sein
/F8/	**Mobile mAR-Hardware ohne Spezial-Sensorik (handelsübliche Smartphones):** Die Anwendungen sollen auf modernen, handelsüblichen Smartphones ohne Spezial-Sensorik ausführbar sein

- **GeoCMS:** Hauptaufgabe dieser serverbasierten Komponente ist die Speicherung und Administration von Geodaten, die beim Einsatz der mAR-Anwendungen benötigt werden. Zu diesem Zweck werden Schnittstellen bereitgestellt, um anwendungsspezifische Geodaten sowie Geodaten, die zur Geräte-Kalibrierung benötigt werden, hinzu-

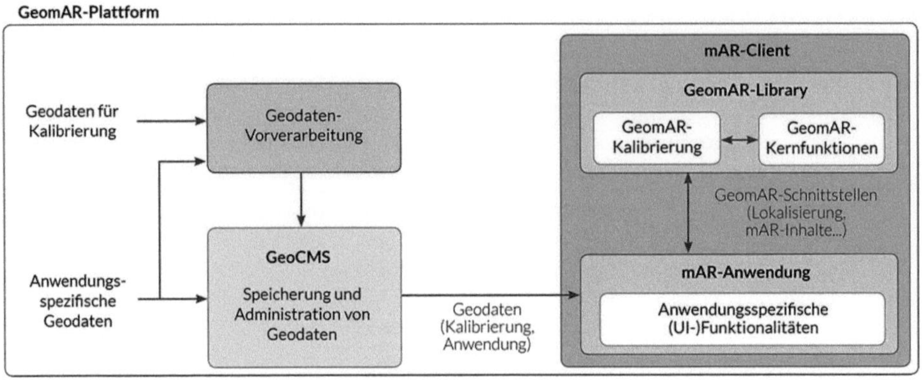

Abb. 3 Grobarchitektur der GeomAR-Plattform

zufügen, zu ändern und abzurufen. Außerdem wird eine Datenbank zur persistenten Speicherung dieser Geodaten zur Verfügung gestellt.

- **Geodaten-Vorverarbeitung:** Unter Umständen liegen Geodaten zunächst in Formaten vor, die nicht zur unmittelbaren serverbasierten Speicherung bzw. Bereitstellung innerhalb der mAR-Anwendung geeignet sind. Die Plattform stellt daher entspreche Preprocessing-Tools zur Verfügung, um Geodaten so umzuwandeln, dass sie für die entworfene Plattform-Architektur eingesetzt werden können.
- **GeomAR-Library:** Clientseitig stellt eine Bibliothek alle GeomAR-spezifischen Funktionalitäten zur Realisierung der zu entwickelnden mAR-Anwendungen bereit. Hierzu zählen eine Komponente zur **GeomAR-Kalibrierung** mit Funktionen zur initialen präzisen Erfassung der globalen Gerätepose, sodass mAR-Inhalte möglichst realitätsnah auf dem Bildschirm platziert werden können, sowie eine Komponente mit sonstigen **GeomAR-Kernfunktionen.** Dazu zählen Funktionalitäten, um mAR-Inhalte innerhalb der mobilen Anwendung zu platzieren und mit diesen zu interagieren (lokales Tracking der Gerätepose, Laden von mAR-Inhalten, Berücksichtigung von Verdeckungen, Interagieren mit mAR-Inhalten etc.)
- **mAR-Anwendung:** Diese Komponente realisiert alle benötigten Funktionalitäten zur Bedienung und Steuerung der mAR-Anwendung (User Interface, Laden und Speichern der mAR-Ansicht, Laden von Geodaten vom Geoserver, Kartenbasierte Interaktionen etc.). Die genaue Umsetzung richtet sich nach dem konkreten mAR-Anwendungsszenario.

Die Eigenschaften und Funktionalitäten der serverbasierten CMS-Komponente sowie der GeomAR-Library sollen im Folgenden noch genauer beschrieben werden.

4.2 GeoCMS

Ein speziell für den GeomAR-Einsatz entworfenes Content Management System ist für die Datenverwaltung und Datenhaltung der mAR-Geodaten verantwortlich. Es stellt primär Funktionalitäten eines **Geoservers** zur Verfügung. Die Verwendung des Geoservers ermöglicht einen Zugriff sowie eine effiziente Datenverwaltung (Einfügen, Löschen, Aktualisieren) verschiedener Geodaten, die innerhalb der mAR-Anwendungen benötigt werden. Dazu zählen anwendungsspezifische Geodaten (z. B. darzustellende mAR-Inhalte mit Georeferenz, wie 3D-Modelle von Windenergieanlagen), aber auch mAR-Kalibrierungsdaten, wie 3D-Oberflächenmodelle. Derartige Kalibrierungsdaten werden durch binäre 3D-Modelle repräsentiert, die mitunter große Dateigrößen aufweisen. Diese Binärdateien werden daher auf einem separaten Dateiserver zur Verfügung gestellt, auf die mittels georeferenzierter Meta-Daten im Geoserver verwiesen wird.

Weiterhin erfolgen innerhalb der serverbasierten GeoCMS-Komponente eine Speicherung und Administration von **mAR-Projekten.** Diese anwendungsspezifischen Projektdateien fassen mAR-Konfigurationen (mAR-Ansichten), die innerhalb der mAR-Anwendungen erstellt wurden, zusammen, d. h. sie kapseln alle dort platzierten mAR-Inhalte (3D-Modelle, 2D-Linien etc.) mit Geobezug. Mittels Funktionalitäten zum **User Management** (Authentifizierung und Autorisierung) können außerdem Zugriffsrechte auf bestimmte Daten eingeschränkt werden. Auf diese Weise können beispielsweise mAR-Projekte mit anderen Nutzern geteilt werden.

4.3 GeomAR-Library

Die GeomAR-Library stellt der mobilen Anwendung alle GeomAR-spezifischen Funktionalitäten zur Verfügung. Dazu zählen Methoden zur GeomAR-Kalibrierung sowie sonstige mAR-spezifischen Kernfunktionalitäten.

GeomAR-Kalibrierung: In der Regel kann das Smartphone die Blickrichtung (globale Orientierung) der Kamera nur recht unpräzise bestimmen. Außerdem ist das Smartphone nicht ohne Weiteres in der Lage, Gegenstände im Sichtfeld (insbesondere Gebäude, Bäume, Hügel etc.) zu erkennen, welche virtuell platzierte 3D-Modelle potenziell verdecken können. Digitale Geodaten können dabei helfen, mögliche Verdeckungen im Blickfeld zu berücksichtigen sowie die Blickrichtung der Kamera zu kalibrieren.

Dem mAR-Client sollen zu diesem Zweck verschiedene Arten von Geodaten zur Verfügung gestellt werden (siehe Abb. 4). Dazu zählen digitale 3D-Geländemodelle, welche die Erdoberfläche ohne Vegetation und Bebauung beschreiben, digitale 3D-Oberflächenmodelle zur Beschreibung der Erdoberfläche inklusive der darauf befindlichen Objekte (Vegetation, Bebauung) sowie 3D-Gebäudemodelle zur dreidimensionalen Beschreibung von Gebäudeumrissen.

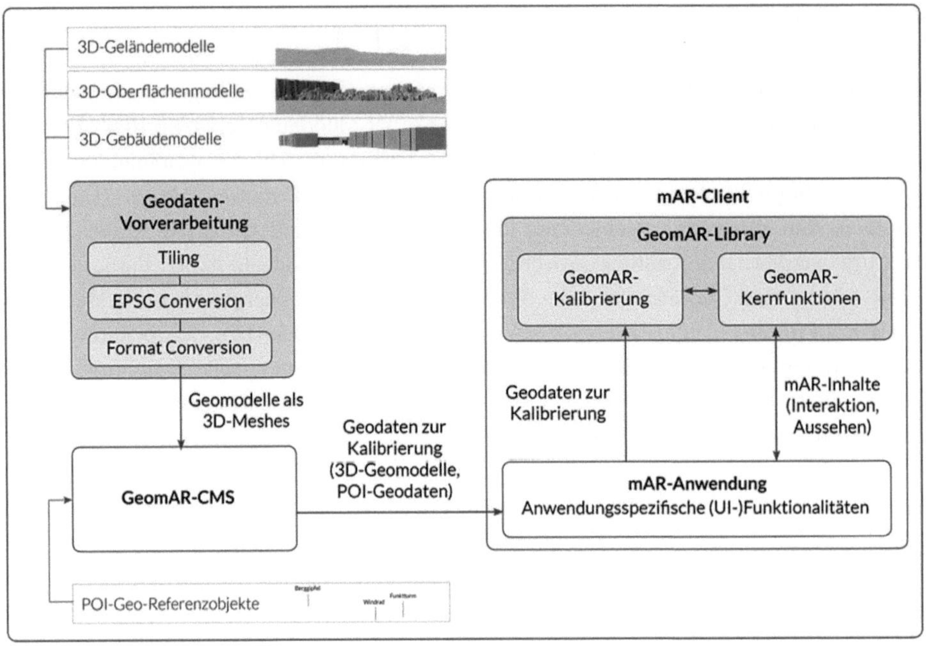

Abb. 4 Technische Konzeption der GeomAR-Library mit Funktionalität zur GeomAR-Kalibrierung mittels Geomodellen

Außerdem können 1D-Geodaten (Points of Interest) zu markanten und gut sichtbaren Objekten (Berggipfel, Türme, Windräder etc.) zur manuellen Kalibrierung der Gerätausrichtung genutzt werden. Hierzu werden die Kalibrierungs-Geodaten auf dem Kamerabild eingeblendet und können durch manuelle Nutzer-Interaktion so verschoben werden, dass sie mit der tatsächlichen Position im Kamerabild übereinstimmen.

Diese Geodaten werden durch unterschiedliche externe Datenquellen (z. B. Vermessungsämter) zur Verfügung gestellt. Um die 3D-Geodatenmodelle in ein einheitliches Datenformat zu bringen, welches eine geeignete und effiziente Verarbeitung innerhalb der mAR-Anwendung ermöglicht, ist eine einmalige **Geodaten-Vorverarbeitung** notwendig. Diese Komponente übernimmt dabei Aufgaben zum Splitting (Tiling) sowie zur Format- und Koordinatensystemumwandlung. Im Ergebnis entstehen 3D-Meshes, die innerhalb der mAR-Anwendung eingebunden und dargestellt werden können. Großflächig bereitgestellte Geodatenmodelle werden dabei in ein einheitliches Geo-Koordinatensystem transformiert und schließlich in kleinflächige Bereiche (Tiles) gestückelt. Die Zerlegung der Modelle in kleine Flächenbereiche (ca. 100–500 m Länge) ist für eine effiziente Datenbereitstellung notwendig, sodass nur derjenigen Modellbereiche clientseitig geladen werden müssen, die auch das direkte Umfeld des Nutzers vor Ort abdecken. Die final erstellten Geodatenmodelle können schließlich serverseitig in der GeoCMS-Komponente gespeichert werden, von der sie dann durch die mAR-Anwendung bei Bedarf abgerufen werden können.

GeomAR-Kernfunktionen: Neben den Funktionalitäten zur Kalibrierung stellt die GeomAR-Library alle mAR-spezifischen Kernfunktionalitäten zur Realisierung der mAR-Anwendungen zur Verfügung. Dazu zählt insbesondere ein **lokales bildbasiertes Tracking der Gerätepose** (3D Motion Tracking) in der unmittelbaren Umgebung, basierend auf etablierten mAR-Tracking-Frameworks (z. B. Google ARCore). Nach der initialen globalen Gerätekalibrierung ermöglicht diese Funktionalität bei lokalen Bewegungen und Rotationen des mobilen Endgeräts eine stabile Platzierung der virtuellen Inhalte auf dem Bildschirm. Weiterhin müssen Funktionalitäten zum **Laden, Platzieren und Manipulieren der mAR-Inhalte** bereitgestellt werden. Das heißt, georeferenzierte mAR-Daten sollen in verschiedenen Darstellungsformen (1D, 2D, 3D) geladen, in der Landschaft platziert und positionsgetreu unter Einbeziehung des Geländeterrains und der Simulation von Verdeckungen dargestellt werden können. Auch eine anschließende Interaktion zum Auswählen und Manipulieren der platzierten Objekte soll möglich sein, um Geo-Position und Erscheinungsbild (z. B. Größe oder Textur) der Inhalte zu verändern.

5 Zusammenfassung und Ausblick

Dieser Beitrag präsentierte allgemeine Anforderungen an eine generische Plattform zur effizienten Entwicklung mobiler geodatenbasierter mAR-Anwendungen mit unterschiedlichen Anforderungen.

Zentrale technische Herausforderungen zur Entwicklung derartiger GeomAR-Anwendungen liegen dabei vor allem in einer präzisen Geo-Lokalisierung mobiler Geräte sowie in der korrekten Simulation möglicher Verdeckungen von dargestellten virtuellen 3D-Inhalten durch Gelände, Vegetation oder Gebäude. Zur Lösung dieser technischen Herausforderungen wurde ein manuelles Geo-Kalibrierungsverfahren mittels Geodaten entworfen, welches mittels 3D-Geodatenmodellen (z. B. 3D-Oberflächenmodellen) die Geländeumgebung simulieren kann. Weitere allgemeine Anforderungen an eine generische Plattform für die Umsetzung von GeomAR-Anwendungen konnten durch eine systematische bedarfsorientierte Potenzial- und Anforderungsanalyse abgeleitet werden, bei der insbesondere zwei Anwendungsszenarien zur mAR-Visualisierung von Windenergieanlage im Landschaftsbild sowie zur Unterstützung von Bodenproben-Messungen untersucht wurden.

Es konnte gezeigt werden, dass eine GeomAR-Plattform zur Erfüllung dieser Anforderungen konzipiert werden kann, die primär aus einer serverbasierten Komponente zur Speicherung und Administration benötigter Geodaten (GeoCMS), einer Komponente zur Geodaten-Vorverarbeitung sowie einem mAR-Client mit einer GeomAR-Library besteht, welche u. a. die notwendigen Kalibrierungsfunktionalitäten zur präzisen Geo-Lokalisierung mit Hilfe von 3D-Geomodellen zur Verfügung stellen kann.

In weiteren Schritten ist nun eine prototypische Implementierung der untersuchten Anwendungsszenarien mit Hilfe der entworfenen Plattform geplant. Dazu ist auch noch eine detailliertere Eignungsprüfung der entworfenen Kalibrierungsverfahren mit unterschiedlichen 3D-Geodatenmodellvarianten in verschiedenen Testumgebungen mit unterschiedlicher Geländecharakteristik notwendig. Auch eine Eignung der entworfenen Plattform bei der Handhabung von großflächigen Einsatzgebieten mit großen Datenmengen muss in den nächsten Schritten intensiv geprüft werden.

Danksagung Die beschriebenen Arbeiten wurden mit Unterstützung des Bundesministeriums für Bildung und Forschung (BMBF) im Rahmen des KMU-innovativ Projekts „Mobile Augmented Reality für Geoobjekte: Neue Technologien und Nutzungsparadigmen für die mobile Geodatenverarbeitung (mARGo)“ durchgeführt (Förderkennzeichen 01IS17090).

Literatur

1. Hofmann, C., Vogt, G., Lohaus, G., Kleinbub, J., Gerstner, H., Höll, N., Krüger,H., Bädjer, N., Henning, U., Pickert, E. (2012). Cadenza – Raumbezogene Berichtssysteme und Fachanwendungen auf der Basis von Cadenza. In K. Weissenbach, R. Ebel, & R. Weidemann (Hrsg.), *Gesamtbericht MAF-UIS Phase I – Moderne anwendungsorientierte Forschung und Entwicklung für Umweltinformationssysteme. KIT SCIENTIFIC REPORTS No. 7616* (S. 81–92). Karlsruhe: Karlsruher Institut für Technologie.
2. Langlotz, T., Mooslechner, S., Zollmann, S., Degendorfer, C., Reitmayr, G., & Schmalstieg, D. (2012). Sketching up the world: In situ authoring for mobile augmented reality. *Personal and Ubiquitous Computing, 16,* 623–630.
3. Schall, G., Mendez, E., Kruijff, E., Veas, E., Junghanns, S., Reitinger, B., & Schmalstieg, D. (2009). Handheld augmented reality for underground infrastructure visualization. *Personal and Ubiquitous Computing, 13,* 281–291.
4. Fuchs-Kittowski, F., & Burkard, S. (2020). Methode zur Identifikation und Analyse von mAR-Anwendungsszenarien – Fallstudie in kommunalen und Landesumweltämtern. In U. Freitag, F. Fuchs-Kittowski, F. Hosenfeld, & A. Abecker (Hrsg.), *Umweltinformationssysteme 2019 (UIS2019) – 30 Jahre AK UIS – UIS im Aufbruch zur KI? 26. Workshop des Arbeitskreises Umweltinformationssysteme (AK-UIS) am 23./24. Mai 2019 in Münster,* (S. 158–173), UBA-Dokumentationen 2020, Umweltbundesamt, Dessau-Rosslau (im Erscheinen).
5. Kim, K., Billinghurst, M., Bruder, G., Duh, H., & Welch, G. (2018). Revisiting trends in augmented reality research: A review of the 2nd decade of ISMAR (2008–2017). *IEEE Transactions on Visualization and Computer Graphics, 24*(11), 2947–2962.
6. Stranner, M., Arth, C., Fleck, P., & Schmalstieg, D. (2019). A high-precision localization device for outdoor augmented Reality. *IEEE International Symposium on Mixed and Augmented Reality Adjunct (ISMAR-Adjunct)* (S. 37–41), Bejing.
7. Linowes, J., & Babilinski, K. (2017). *Augmented reality for developers: Build practical augmented reality applications with unity, ARCore, ARKit, and Vuforia.* Birmingham: Packt Publishing.

8. Ventura, J., Arth, C., Reitmayr, G., & Schmalstieg, D. (2014). Global localization from monocular SLAM on a mobile phone. *IEEE Transactions on Visualization and Computer Graphics, 20*(4), 531–539.
9. Zamir, A., Hakeem, A., Van Gool, L., Shah, M., & Szeliski, R. (2018). *Large-scale visual geo-localization*. Cham: Springer.

Mobile Erweiterte Realität (mAR) mit unbemannten Luftfahrzeugen (UAVs)

Architekturen und Anwendungsfälle im Umweltbereich

Maria Ressel, Simon Burkard und Frank Fuchs-Kittowski

1 Einleitung

1.1 Motivation

Mobile Erweiterte Realität (mobile Augmented Reality, mAR) und unbemannte Luftfahrzeuge (Unmanned Aerial Vehicle, UAV, umgangssprachlich: Drohne) sind innovative Technologien mit hoher Relevanz und zahlreichen Einsatzmöglichkeiten, insbesondere auch im Umweltbereich. mAR kann dabei auf verschiedenen mobilen Endgeräten realisiert werden. Primär werden für die Umsetzung von mAR als Hardware-Plattform handelsübliche Handhelds (wie Smartphones und Tablets) sowie spezielle AR-Brillen zur Darstellung der virtuellen Inhalte eingesetzt. Ein neuartiger Ansatz wäre die Realisierung von mAR mittels unbemannter Luftfahrzeuge (UAVs).

UAVs werden umgangssprachlich oft als Drohne bezeichnet und sind in letzter Zeit nicht nur im privaten Sektor immer beliebter geworden, sondern auch in der Industrie im professionellen Einsatz, insbesondere da durch integrierte Kameras innovative Anwendungen möglich sind [27]. Der wesentliche Vorteil von UAVs besteht darin, dass es mit ihnen möglich ist, an Orte zu fliegen, die für den Menschen eigentlich

M. Ressel · S. Burkard · F. Fuchs-Kittowski (✉)
HTW Berlin, Umweltinformatik, Berlin, Deutschland
E-Mail: frank.fuchs-kittowski@htw-berlin.de

M. Ressel
E-Mail: s0548486@htw-berlin.de

S. Burkard
E-Mail: s.burkard@htw-berlin.de

U. Freitag et al. (Hrsg.), *Umweltinformationssysteme – Wie verändert die Digitalisierung unsere Gesellschaft?*, https://doi.org/10.1007/978-3-658-30889-6_17

unzugänglich oder sogar gefährlich sind. Die Erkundung solcher Gebiete kann mit UAVs aus sicherer Entfernung erfolgen und dabei liefert das UAV wichtige Daten für vielfältige Anwendungen, wie z. B. für Rettungseinsätze, Infrastrukturinspektionen, Naturkatastrophen wie Hochwasser oder auch einfach Fotos von für den Menschen verborgenen Orten [13]. Ein UAV mit Kamera ersetzt demzufolge den Einsatz von teuren Helikopter-Rundflügen und stellt eine günstige und einfache Alternative dar, um qualitativ hochwertige Luftaufnahmen zu erstellen [32].

Während mAR und UAV bisher isoliert betrachtet wurden, könnte sich aus der Kombination dieser beiden innovativen Technologien eine Vielzahl an neuen und innovativen Anwendungsbereichen ergeben. Dabei wird das Bild, das die integrierte Kamera des UAV liefert, auf einem separaten Bildschirm, wie z. B. dem eines Smartphones, angezeigt und durch AR-Informationen in Echtzeit überlagert. Mit Hilfe eines AR-UAV ist es möglich, jede Szene aus mehreren, verschiedenen Perspektiven zu betrachten. Verdeckte Bereiche können somit räumlich mit der für den Benutzer sichtbaren Welt in Beziehung gesetzt werden. Z.B. kann bei einem Katastrophenfall ein Rettungsteam mithilfe des AR-UAV schnell eine unmittelbare Gefahr, wie zum Beispiel einen Brand oder eine Explosion hinter einem verdeckten Bereich, lokalisieren und sein Vorgehen anhand der Informationen planen [13].

1.2 Problemstellung

Obwohl UAVs aufgrund des Vorhandenseins einer Kamera und eingebauter inertialer Sensoren als Hardware von mAR kategorisiert werden können, hat sich die Entwicklung von mAR primär auf Smartphones und AR-Brillen fokussiert. Ein Grund dafür ist, dass Smartphones stärker verbreitet sind als UAVs. Während in Deutschland circa 500.000 UAVs im privaten und kommerziellen Einsatz sind [25], besaßen im Jahr 2019 80 % der Einwohner Deutschlands ein Smartphone [9]. Des Weiteren haben UAVs aufgrund des Einsatzes in großen Höhen eine andere Sichtweise als ein Smartphone oder eine AR-Brille, die in unmittelbarer Nähe des Benutzers eingesetzt werden. Damit haben UAVs andere Voraussetzungen als die bisher für mAR verwendeten Endgeräte.

Derzeit existiert nur eine kleine Zahl von Anwendungen, in denen UAVs mit AR erfolgreich genutzt werden. Es gibt Ansätze, UAVs bei Katastrophen wie Hochwasser (https://www.suasnews.com/2016/10/drones-augmented-reality-powerful-tools-disaster-strikes/) oder Großbränden (https://www.airspacemag.com/articles/drones-augment-reality-180961874/) einzusetzen. Dabei liefern UAVs in Kombination mit AR in Gefahrensituationen schnell relevante Informationen, die dem Rettungsteam helfen, die Gefahrensituation unter Kontrolle zu bringen. Demzufolge birgt die Kombination aus UAV und mAR ein großes Potenzial für innovative Anwendungen, das jedoch aufgrund der Fokussierung auf andere mAR-Endgeräte noch nicht ausgeschöpft wurde. Folglich wurden Anwendungsgebiete und die technische Umsetzbarkeit von AR-UAV-Anwendungen noch nicht untersucht. Während sowohl für UAVs als auch für Smartphones Anwendungsbereiche und technische Umsetzungen definiert wurden, sind für AR-UAVs noch keine spezifischen Anwendungsbiete und Architekturen untersucht und festgelegt worden, sodass bisher kaum gesichertes Wissen darüber existiert, in welchen spezifischen Anwendungsbereichen AR-UAVs sinnvoll eingesetzt werden können sowie wie AR-Anwendungen auf UAVs technisch realisierbar sind.

1.3 Zielsetzung

Das Ziel dieses Beitrages ist es, das Potenzial der Kombination von mAR und UAVs aufzuzeigen und weiter auszuschöpfen. Hierbei wird der Fokus auf die Anwendungsbereiche von AR-UAVs und deren technische Umsetzung gelegt:

- Zum einen sollen durch die Identifizierung von potenziellen Anwendungsbereichen die Einsatzmöglichkeiten und der Mehrwert, der durch den Einsatz von AR-UAVs entsteht, dargelegt werden. Potenzielle Anwender von AR-UAVs bekommen somit Hinweise für den Einsatz von AR-UAVs in ihrem Bereich, sodass der Transfer einfacher fällt.
- Zum anderen soll durch den Entwurf von Architekturen für AR-UAV-Anwendungen die technische Umsetzbarkeit von solchen Anwendungen aufgezeigt und unterstützt werden. Diese Architekturen können dann als Blaupause für neue AR-UAV-Anwendungen verwendet werden, sodass die Entwicklung schneller und effizienter durchgeführt werden kann.

1.4 Aufbau

Dieser Beitrag ist wie folgt strukturiert: Nach diesem einführenden Kapitel, wird in Abschn. 2 in die fachlichen und technischen Grundlagen von mAR, UAVs und insbesondere AR-UAVs eingeführt. Zur Identifikation von Einsatzmöglichkeiten und Anwendungsbereichen von AR-UAVs werden in Abschn. 3 die Ergebnisse einer systematischen Literaturanalyse präsentiert und Beispiele für AR-UAV-Anwendungen aus dem Umweltbereich skizziert. In Abschn. 4 werden mögliche Architekturen von AR-UAV-Anwendungen auf Basis verschiedener Trackingverfahren, mit denen die verschiedenen AR-UAV-Anwendungen technisch umgesetzt werden können, vorgestellt und miteinander anhand zuvor festgelegter Kriterien verglichen. Der Beitrag endet mit einer Zusammenfassung der Ergebnisse und einem Ausblick auf zukünftige Forschung und Entwicklung in Abschn. 5.

2 Fachlicher Hintergrund zu AR-UAVs

In diesem Abschnitt wird in die für diesen Beitrag relevanten fachlichen und technischen Grundlagen von mAR, UAVs und insbesondere AR-UAVs eingeführt. Dabei werden für mAR und UAV die Begriffe definiert, technische Grundlagen erörtert sowie Anwendungen aus dem Umweltbereich skizziert. Darauf-aufbauend wird der Begriff und die Idee eines AR-UAV definiert sowie existierende Ansätze aus Forschung und Praxis diskutiert.

2.1 Unbemanntes Luftfahrzeug (UAV)

Begriff UAV: Es existieren unterschiedliche Begriffe für zivile Fluggeräte ohne menschlichen Piloten an Bord. Der umgangssprachliche Begriff „Drohne" entstammt ursprünglich aus der unbemannten Militärluftfahrt, ist daher negativ belegt und bedeutet unbemanntes Fluggerät. Im angelsächsischen Sprachgebrauch wird oft der Begriff unbemanntes Luftfahrzeug (Unmanned Aerial Vehicle, UAV) verwendet. In Deutschland wäre gemäß § 1 Abs. 2 des Luftverkehrsgesetzes die Verwendung des Begriffs „Unbemanntes Luftfahrzeugsystem" (Unmanned Aerial System, UAS) fachlich korrekt. Das UAS bezeichnet dabei die Kombination aus unbemanntem Fluggerät bzw. Luftfahrzeug (UAV), Bodenkontrollstation und Datenverbindung [24]. Demzufolge ist das eigentliche Fluggerät (UAV) nur ein Teil des Gesamtsystems (UAS).

Da in vorliegendem Beitrag der Fokus auf unbemannten Luftfahrzeugen liegt, die nicht autonom fliegen, sondern ferngesteuert werden, wäre die gebräuchliche Bezeichnung „Remotely Piloted Aircraft System (RPAS)" (deutsch: Ferngesteuertes Flugzeugsystem) ebenfalls passend. In diesem Beitrag wird aber der in der wissenschaftlichen Literatur etablierte Begriff „UAV" verwendet.

Kernkomponenten: Ein unbemanntes Luftfahrzeug (UAV) besteht üblicher Weise aus mehreren Komponenten. Dies sind das Flugwerk (aerodynamische Konstruktion für Form und Stabilität), der Antrieb (mit ausdauernder Energieversorgung), die Sensorik (zum Sammeln von Daten über die Umwelt sowie den Betriebszustand), die Steuereinheit (Software für Berechnung der Navigation, Antriebssteuerung, Stabilitätssteuerung sowie weitere Funktionen wie Greifarm, Messinstrumente, etc.) und das Kommunikationssystem (zum Aufbau von Datenverbindungen, z. B. mit der Bodenstation).

Technisch betrachtet handelt es sich bei den meisten zivilen UAVs um Multicopter. Mit Multicopter wird ein unbemanntes Fluggerät (UAV) bezeichnet, bei dem mehrere fest montierte Rotoren für Auftrieb sorgen. Anhand der Anzahl der Rotoren können Multicopter unterschieden werden (Tricopter: 3 Rotoren, Quadrocopter: 4 Rotoren, Hexacopter: 6 Rotoren, Octocopter: 8 Rotoren).

Anwendungen im Umweltbereich: Inzwischen existieren umfangreiche kommerzielle Einsatzmöglichkeiten für zivile UAVs, z. B. im Bereich von Überwachung

[31] und Inspektionen [6], Katastrophenhilfe [33], humanitärer Hilfe [38], Bau- und Ingenieurwesen, Medien sowie Logistik [4]. Auch im Bereich Umweltschutz, Landwirtschaft und Katastrophenschutz existieren bereits einige Einsatzbeispiele für zivile UAVs:

- **Umwelt- und Naturschutz:** Einsatzmöglichkeiten bestehen für Natur- und Landschafts-Monitoring (Dokumentation des Ausgangszustands, Extensivierungen, Blühstreifen usw.), Suche nach Rehkitzen vor dem Mähen einer Wiese, Naturfotografie, Ermittlung von Boden- und Gewässerparametern, Monitoringprogramme in Naturschutzgebieten oder die Beobachtung von invasiven Arten wie dem Riesenbärenklau oder dem Drüsigen Springkraut [41].
- **Katastrophenschutz:** UAVs können schnell in Gebieten eingesetzt werden, die als zu unsicher für den Menschen gelten, z. B. zur Führung von Rettungskräften, zur Datenerfassung, zur Lieferung wichtiger Versorgungsgüter oder zur Bereitstellung von Kommunikationsdiensten [45], insbesondere zur schnellen Informationsgewinnung/-lieferung, Beobachtung und Lageeinschätzung während und nach einer (Natur-) Katastrophe (wie Erdbeben, Überflutungen, Stürmen und Waldbränden [30, 39]) oder menschengemachten Katastrophen (wie ABC-Unfälle oder Öltankerschäden) oder zur Unterstützung von Such- und Rettungsdiensten bei der Suche nach Überlebenden von Schiffsunglücken, Flugzeugabstürzen oder Lawinen (insb. auch in der Nacht mit Hilfe von Wärme- und Infrarotkameras [42]).
- **Landwirtschaft:** Einsatzmöglichkeiten bestehen im Precision Farming [43], z. B. um mit Predictive Analytics auf UAV-Daten den Ernteertrag zu maximieren [2], Düngemittel und Pestizide präzise zu verteilen [12], oder zur Überwachung der Gesundheit der Nutzpflanzen in der Zwischensaison, Überwachung der Bewässerungsanlagen, Identifizierung von Unkräutern im mittleren Feld und Überwachung der Rinderherden [44].

2.2 Mobile Augmented Reality (mAR)

Begriff AR: Der Begriff „Erweiterte Realität“ (engl.: Augmented Reality, oder kurz: AR) bezeichnet die Anreicherung der menschlichen Wahrnehmung der Realität mit zusätzlichen, kontext-abhängigen, digitalen Informationen in Echtzeit [3]. Diese erfolgt primär durch sichtbare digitale Inhalte wie Texte, Bilder oder auch Animationen, aber kann auch im nicht-sichtbaren Bereich der Wahrnehmung durch Geräusche oder Gerüche erfolgen ([36], S. 20).

Begriff mAR: In den letzten Jahren wurde die AR-Technologie auch zunehmend im mobilen Kontext bzw. auf mobilen Endgeräten eingesetzt und ermöglicht somit, AR immer und überall zu erleben ([18], S. 221). Bei der „mobilen Augmented Reality“ (engl.: Mobile Augmented Reality, oder kurz: mAR) werden mobile Endgeräte (handelsübliche Smartphones/Tablets oder spezielle AR-Brillen) genutzt, um die reale örtliche Umgebung des Benutzers durch die Anzeige zusätzlicher digitaler Informationen in Echtzeit zu erweitern [17]. Dies ermöglicht einerseits eine neuartige Wahrnehmung des Ortes durch die Anreichung mit Informationen aus Vergangenheit, Gegenwart oder Zukunft, z. B. die Darstellung eines Bauwerks, das heute nicht mehr oder noch nicht sichtbar ist. Anderseits ermöglicht dies auch ein besseres Verständnis und Analyse von digitalen Daten vor Ort und somit eine bessere Entscheidungsfindung [16].

Hardware-Plattform: Moderne mobile Endgeräte bilden aufgrund ihrer hohen Leistungsfähigkeit eine geeignete Hardware-Plattform für mAR. Neben leistungsfähigen Recheneinheiten und Displays sind insbesondere auch wichtige Sensoren zur Realisierung von mAR in Smartphones bereits integriert. Dazu zählen neben der Kamera zur Bildaufnahme selbst auch die Sensoren der inertialen Messeinheit (Inertial Measurement Unit, IMU) zur Bestimmung von Orientierung (Rotation) des Geräts sowie GNSS-Empfänger (englisch: Global Navigation Satellite System, deutsch: globales Navigationssatellitensystem) zur groben Positionsbestimmung, z. B. GPS (englisch: Global Positioning System, deutsch: Globales Positionsbestimmungssystem).

Tracking: Die Bestimmung der Lage des mobilen Geräts (Geräteposition) innerhalb der realen (dreidimensionalen) Umgebung ist eine essenzielle Voraussetzung zur Umsetzung von AR, da nur mit der Kenntnis der Kameralage und der Kameraprojektion entsprechende Objektinformationen auf der Bildschirmansicht der realen Welt an korrekter Stelle positioniert werden können. Die Lage der Kamera im dreidimensionalen Raum umfasst deren Position sowie Orientierung (Pose genannt) und ist dabei durch sechs Freiheitsgrade bestimmt: drei Freiheitsgrade der Orientierung (Rotation) und drei Freiheitsgrade der Position (Translation). Es existieren unterschiedliche Tracking-Methoden, um die eigene Geräteposition innerhalb der realen dreidimensionalen Welt zu bestimmen. Die Art der eingesetzten Tracking-Methode hängt insb. von der Umgebung ab, in der das AR-System eingesetzt werden soll. Im Folgenden werden relevante Tracking-Methoden kurz vorgestellt, die für mobiles AR im Außenbereich – also für Umwelt- und UAV-Szenarien – einsetzbar sind:

- Beim **ortsbasierten Tracking** wird die Rotation allein basierend auf den IMU-Sensoren des Geräts bestimmt, also aus der Kombination aus Werten von Gyroscope, Accelerometer und Magnetometer. Zur Bestimmung der groben Position dient das GNSS-Signal. Diese AR-Technologie basiert somit auf etablierten, recht robusten, einfachen und wenig rechenintensiven Technologien, ist aber primär für Einsatzgebiete unter freiem Himmel geeignet und problematisch innerhalb von Gebäuden, wenn kein GPS-Signal verfügbar ist. Außerdem neigt die IMU-Sensorik zur Erzeugung eines „Drifts“ bei der Rotationsbestimmung und kann auch die absolute Blickrichtung aufgrund lokaler Störungen des globalen Magnetfeldes oft nur ungenau erfassen [7].
- Beim **bildbasierten Tracking** wird die Lage der Kamera allein auf Basis einer Analyse des Kamerabildes bestimmt. Durch Erkennen von markanten Bildpunkten in speziellen Markern (Marker-basiertes Tracking) oder in der natürlichen Umgebung (Marker-loses oder Natural Feature Tracking) im fortlaufenden Kamerabild kann

somit sowohl Rotation als auch Translation der Kamera relativ zur Umgebung bestimmt werden [29]. Die Methode unter Verwendung von künstlichen Markern (marker-based Tracking) wird hier bewusst ausgelassen, die diese in großräumigen (Umwelt-) Szenarien kaum Relevanz besitzt. Bei der Methode des Marker-losen Tracking sind zur Interpretation und Analyse der Kamerabilder sehr komplexe und rechenintensive Algorithmen notwendig. Allerdings können auf diese Weise unter idealen Bedingungen sehr genaue und realistische AR-Überlagerungen ermöglicht werden. Eine große Herausforderung besteht darin, externe Einflussfaktoren zu bewältigen und auch bei schlechten Lichtverhältnissen (z. B. Dunkelheit), bei sich bewegenden Objekten oder bei texturloser Umgebung brauchbare Ergebnisse zu erzeugen. Diese AR-Technologie ist dadurch eher für Anwendungen in näherer Umgebung geeignet, z. B. zur Darstellung virtueller Informationen zu Gegenständen in der unmittelbaren Umgebung.

- Beim **modellbasierten Tracking** (Model-based AR) – einer Unterform des bildbasierten Tracking – kann durch das Erstellen von dreidimensionalen Modellen der Umgebung die Robustheit der bildbasierten Technologie weiter verbessert werden. Das AR-System kann sich dann innerhalb dieser virtuellen Modelle zur Laufzeit lokalisieren und die Modelle weiter ausbauen (**SLAM,** englisch: Simultaneous Localization and Mapping; deutsch: Simultane Positionsbestimmung und Modell-/Kartenerstellung) [26]. Bei diesem **modellbasierten Tracking** sind je nachdem ob dieses Modell der Umgebung bereits vor dem AR-Einsatz erzeugt wurde oder erst instantan während der AR-Nutzung erstellt und erweitert wird, zwei Fälle der modellbasierten AR zu unterscheiden:
  - Beim modellbasierten Tracking mit vorher, offline erstelltem Modell **(offline SLAM),** muss das Modell der zu trackenden Szene vor dem Einsatz der AR-Anwendung erstellt und in die Anwendung geladen werden. Die AR-Anwendung kann sich dann zur Laufzeit innerhalb dieses virtuellen Modells lokalisieren. Das Modell wird aber nicht während des Einsatzes erweitert oder verbessert, z. B. weil sich inzwischen die Vegetation verändert hat oder neue Objekte wie Häuser in der Umgebung entstanden sind. Dieser Ansatz kann also die Veränderung der Umwelt nicht in Echtzeit nachvollziehen. Zudem ist die Offline-Erstellung des Modells zeitaufwendig und nicht gut skalierbar.
  - Beim modellbasierten Tracking mit instantan, online erstelltem Modell **(instant SLAM),** erfolgt sowohl die Erstellung des Modells der zu trackenden Szene als auch die Lokalisierung instantan, während des Einsatzes der AR-Anwendung. Zudem wird das Modell auch während des Einsatzes stetig erweitert oder verbessert. Dieser Ansatz kann sämtliche Veränderungen der Umwelt in Echtzeit nachvollziehen und ist gut skalierbar. Allerdings ist dieser Ansatz (rechen-) aufwendiger und fehleranfälliger, da das Modell erst noch im Einsatz erstellt werden muss, sodass dessen Qualität nicht vergleichbar ist mit dem eines aufwendig vorprozessierten Modells.

Anwendungen im Umweltbereich: Innerhalb der vergangenen Jahre sind vielfältige mAR-Anwendungen für unterschiedliche Einsatzgebiete entstanden [1], z. B. in Tourismus (z. B. zur Darstellung nahegelegener Hotels oder Sehenswürdigkeiten), Medizin, Bildung, Kulturerbe/Museen, Werbung/Marketing (z. B. zur Visualisierung von 3D-Möbelstücken in der eigenen Wohnung) oder Unterhaltung (z. B. Pokemon Go). Auch in den Bereichen Umwelt-, Natur- und Katastrophenschutz sowie Landwirtschaft existieren bereits einige mAR-Anwendungen, z. B.:

- **Hochwassermanagement:** z. B. Hochwasserrisikokarten, aktuelle Wasserstände und Hochwasserwarnungen, historische Hochwassermarker und Hochwasserlehrpfad [14] (siehe Abb. 1)
- **Katastrophenmanagement:** z. B. Berichterstattung über Vorfälle, Navigation in Katastrophenfällen [15]
- **Naturschutz:** z. B. Naturlehrpfade [5], seltene Arten [47], Flussuferpflege [37],
- **Landwirtschaft:** z. B. zur Identifizierung von Pflanzen und Wachstumsunterstützung mit FarmAR [20], Identifizierung von Insekten und Schädlingsbekämpfung [35], Visualisierung von Umweltbedingungen des Mikroklimas im Gewächshaus bzgl. Wachstum des Botrytis cinerea-Pilzes [34].

Einen aktuellen Überblick über mAR-Anwendungen im Umweltbereich gibt der Beitrag von [11] in diesem Buch.

Abb. 1 mAR-Apps im Hochwasserschutz [14]

2.3 AR-UAV

In den vorherigen Abschnitten wurden die Grundlagen zu den Themen AR und UAV vermittelt und darüber hinaus Einsatzgebiete und Anwendungsbeispiele vorgestellt. Aufbauend auf diesen Erkenntnissen wird im folgenden Abschnitt das Konzept des AR-UAV – die Kombination von mobile Augmented Reality und UAV – beschrieben.

Begriff AR-UAV: Das Grundkonzept eines AR-UAV ist, dass der UAV-Nutzer nicht nur das Live-Bild der UAV-Kamera auf dem Display seines mobilen Endgeräts (Steuereinheit) sieht, sondern dass dieses Bild mit zusätzlichen digitalen Informationen überlagert wird. Es erfolgt also eine Verknüpfung des durch die Drohne Gesehenen mit dazugehörigen Informationen. Dies können vorhandene digitale Daten aus einem Informationssystem oder in Echtzeit von dem UAV prozessierte Daten sein. Zum Beispiel kann der UAV-Nutzer bei einem Flug über einen Wald auf seinem Display nicht nur eine Echtzeit-Aufnahme von Bäumen sehen, sondern diese Ansicht überlagernd bspw. auch von oben nicht sichtbare Waldwege oder (Strom- und Wasser-) Leitungen aus einem GIS oder in Echtzeit prozessierte Informationen über die identifizierte Baumart der gerade sichtbaren Bäume.

Einsatzmöglichkeiten für solche AR-UAVs bestehen insbesondere, wenn keine oder nur eine begrenzte Zugänglichkeit möglich ist (wie bei Waldbrand, Hochwasser oder einer hohen Windenergieanlage), andere Blickwinkel auf das zu betrachtende Objekt oder Gebiet gewünscht oder erforderlich sind sowie falls ein größerer Abstand zur Betrachtung erforderlich ist (bei einem größeren Haus, längerem Deich oder einem größeren Waldgebiet). Dabei werden Dinge sichtbar gemacht, die nicht-mehr sichtbar sind (Vergangenheit), z. B. durch ein Erdbeben zerstörte Gebäude, gerade-nicht sichtbar sind (Gegenwart), z. B. durch ein Hochwasser oder Wald verdeckte Straßen, oder noch-nicht sichtbar sind (Zukunft), z. B. geplante Deiche, Gebäude oder Infrastrukturen.

Technisch unterscheiden sich AR-Anwendungen für mobile Endgeräte (mAR) kaum von AR-UAV-Anwendungen. Während bei mAR das mobile Endgerät selbst alle Aufgaben (vom Tracking biszur Anzeige des überlagerten Kamerabildes auf dem Display) durchführt, erfolgt das Tracking und die Aufnahme des Videos bei einem AR-UAV durch das UAV selbst, aber die Verarbeitung und die Anzeige des Live-Kamerabildes mit den überlagernden digitalen Objekten führt das verbundene Endgerät des UAV-Nutzers durch.

Anwendungen: Aus der Kombination von mAR und UAV entsteht somit ein AR-UAV. Daraus ergeben sich eine Vielzahl innovativer Möglichkeiten in den unterschiedlichsten Branchen. Auch wenn in der populärwissenschaftlichen Literatur bereits viele potenzielle Anwendungsgebiete – teilweise euphorisch – skizziert werden [28], gibt es aber bisher nur sehr wenige Beispiele für AR-UAV-Anwendungen:

- Zum einen gibt es bisher kaum Forschung, die AR und UAV wirklich kombiniert [48]. Es existieren nur einige wenige Forschungsprototypen, die die prinzipielle Mach-

Abb. 2 AR-UAV-Anwendung „First Response Air“ von Edgybees (Quelle: https://edgybees.com/)

barkeit von AR-UAVs zeigen, aber nur in sehr eingeschränkten Labor-Umgebungen, z. B. indoor mit Flachmarkern [23], nicht in Echtzeit [19] oder mit geringer Praxistauglichkeit [46, 48].

- Zum anderen existieren einige wenige kommerzielle Anwendungsbeispiele (z. B. Abb. 2), die aber den Charakter von Marketing-Ankündigungen und Beta-Versionen haben, sodass deren Praxistauglichkeit angezweifelt werden muss, z. B. ARGUS-Plattform von Edgybees (https://edgybees.com/platform/), AirCraft-Plattform von DroneBase (https://dronelife.com/2018/02/15/dronebase-series-b-aircraft-pro/), RespondAR von RapidImaging (https://www.rapidimagingtech.com/respondar/).

3 AR-UAV-Anwendungsbereiche

Wie schon im vorherigen Kapitel erläutert wurde, existieren bisher kaum Anwendungsbeispiele für AR-UAVs und es wurden bisher in der Literatur noch keine spezifischen AR-UAV-Anwendungsbereiche definiert. Daher werden in diesem Kapitel AR-UAV-Anwendungsbereiche auf Basis einer systematischen Literaturanalyse identifiziert. Im Folgenden wird zunächst das Vorgehen der systematischen Literaturanalyse beschrieben. Danach werden deren Ergebnisse dargestellt. Abschließend werden konkrete Anwendungsbeispiele für AR-UAVs aus dem Umweltbereich beschrieben.

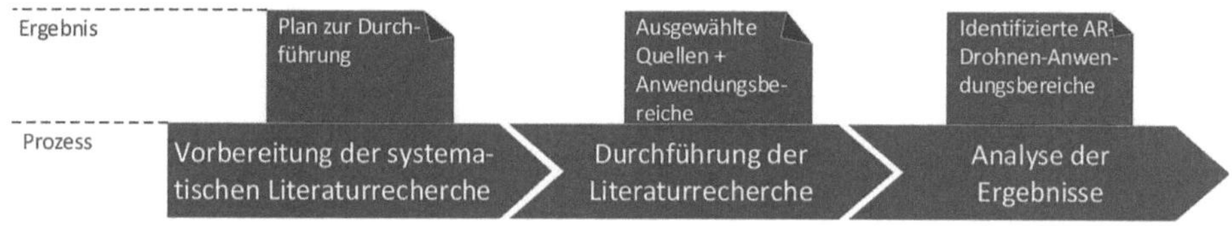

Abb. 3 Vorgehen bei der systematischen Literaturanalyse

3.1 Vorgehen der systematischen Literaturanalyse

Zur Identifizierung von potenziellen AR-UAV-Anwendungsbereichen wurde eine systematische Literaturanalyse nach dem Ansatz von [22] durchgeführt. Diese unterteilt sich in die in folgender Abbildung dargestellten Schritte (siehe Abb. 3).

Der grundsätzliche Ansatz (Plan) dieser systematischen Literaturanalyse ist es, Überschneidungen von AR- und UAV-Anwendungsbereichen zu identifizieren, um daraus ein Potenzial für AR-UAV-Anwendungen abzuleiten. Auf Basis dieses Plans wurde anschließend die systematische Literaturrecherche vollzogen, in der anhand von zuvor festgelegten Schlüsselwörtern 40 Quellen ausgewählt wurden. Aus diesen gingen 322 verschiedene Anwendungsfälle hervor, die anschließend zu 85 Anwendungsklassen zusammengefasst wurden. Auf dieser Grundlage wurden sieben AR-UAV-Anwendungsbereiche identifiziert.

3.2 Ergebnisse der systematischen Literaturanalyse – Anwendungsbereiche

Im Folgenden werden die gebildeten (und in Abb. 4 abgebildeten) AR-UAV-Anwendungsbereiche kurz skizziert:

Der erste Anwendungsbereich „Inspektion, Wartung und Konstruktion“ befasst sich mit industriellen Einsatzszenarien, wie der Inspektion und Wartung von Windenergie-Anlagen sowie der Visualisierung von geplanten Häusern oder anderen Infrastrukturen.

Der zweite Anwendungsbereich „Kartierung und Vermessung“ setzt im Gegensatz zu den anderen Anwendungsbereichen kein AR in Echtzeit, sondern AR-Techniken wie SLAM ein, um große Flächen oder Gebäude zu vermessen und zu kartieren.

Der dritte Anwendungsbereich „Entertainment“ umfasst alle Entertainment-Anwendungen wie Spiele (z. B. Wettflüge um virtuelle Hindernisse herum oder Shooter-Spiele gegen virtuelle Gegner), Anwendungen für die Sportindustrie oder auch Tourismus.

Der AR-UAV-Anwendungsbereich „Militär“ deckt alle Anwendungen ab, die mit dem Militär in Zusammenhang stehen. Dazu gehören z. B. militärische Missionen im Ausland oder der Schutz der Grenze.

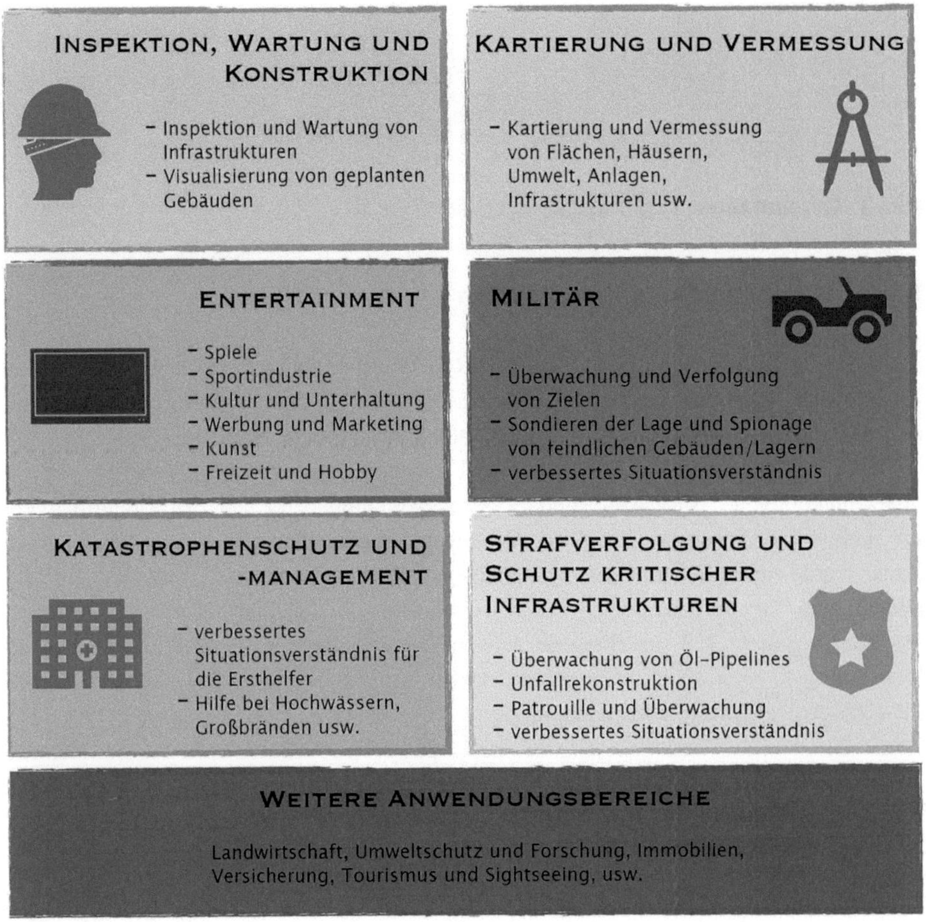

Abb. 4 Identifizierte AR-UAV-Anwendungsbereiche

Anwendungen aus dem vorletzten identifizierten AR-UAV-Anwendungsbereich „Katastrophenschutz und -management“ können bei jeder Katastrophe, wie z. B. einem Brand, einem Hochwasser oder sogar einem ABC-Unfall, eingesetzt werden und liefern dabei ein besseres Situationsverständnis.

Der Bereich „Strafverfolgung und Schutz kritischer Infrastrukturen“ umfasst Anwendungen, die die Polizei bei ihren Einsätzen und der täglichen Patrouille unterstützen sowie Anwendungen, die bei der Inspektion und Wartung von sicherheitskritischen Strukturen wie Gas- oder Öl-Pipelines ein verbessertes Situationsverständnis bewirken.

Zudem wurden weitere AR-UAV-Anwendungen in den Bereichen Landwirtschaft, Umweltschutz und Forschung, Immobilien sowie Versicherungen identifiziert. Aufgrund von geringen Erwähnungen in den gefundenen Quellen wurden für diese aber keine eigenständigen Bereiche gebildet. Stattdessen wurde diese zu einem gemeinsamen Bereich zusammengefasst.

3.3 Potenzielle Anwendungen im Umweltbereich

Katastrophenmanagement: AR-UAVs können zur Unterstützung der Einsatzkräfte bei verschiedenen (Natur-) Katastrophen eingesetzt werden, insb. um Leben zu retten [8] und das Ausmaß der Schäden zu beurteilen [45]. AR-UAVs führen zu einem verbesserten Situationsverständnis und bewirken somit schnellere und wirksamere Entscheidungen. Ist die Landschaft durch eingestürzte Gebäude und Trümmer begraben, durch Hochwasser überschwemmt oder durch Rauchentwicklung nicht mehr sichtbar, kann die AR-Überlagerung mit Straßennamen und Orientierungspunkten bei der Orientierung helfen und eine schnellere Entscheidungsfindung unterstützen. Mittels AR-UAVs können aus der Luft wichtige Orte und Stellen virtuell markiert werden, z. B. Notizen an Häusern angebracht werden, die auf Überlebende überprüft wurden oder noch werden müssen, und andere für die Einsatzleitung nützliche Informationen hinzufügt werden. Beim nächsten Überfliegen oder beim Eintreffen anderer Einsatzkräfte werden diese Informationen dann sichtbar und nutzbar. Mittels dieser Positionsinformationen können Einsatzleiter notwendige Hilfe und Ressourcen auf dem direktesten Weg zu den Bedürftigen senden oder vermisste Personen schnell gefunden werden. Wenn ein AR-UAV über ein Gebiet fliegt, das zerstört ist, ist das Ausmaß des Schadens mit AR offensichtlich. Bei einer präventiven Gefahrenanalyse könnte mit Hilfe von AR-UAVs eine Lokalisierung und Markierung der für die Analyse relevanten Stellen erfolgen, indem z. B. bei einer Steinschlaganalyse das AR-UAV die Gesteinsmasse mittels AR-Modell direkt erkennt und die entsprechenden Gesteinsdiskontinuitäten und die Steinschlaganfälligkeit auf die realen Hänge überlagert.

Landwirtschaft: In der Landwirtschaft werden UAVs bereits für diverse Aufgaben eingesetzt. Fliegt ein AR-UAV über Felder könnte es Gebäude oder Landmaschinen mit seinen jeweiligen Fahrwegen in Echtzeit anmerken oder Ist-Daten zur Bewässerung und Düngung anzeigen. Ebenso können Soll-Daten aus dem Vorjahr in AR dargestellt werden, damit der Landwirt einen Vergleich ziehen kann. Auch für die Präzisionslandwirtschaft kann ein AR-UAV ein Hilfsmittel für einen effektiven Pflanzenanbau, Schädlingsbekämpfung oder Ackerplanung sein. Somit können landwirtschaftliche Prozesse optimiert und potenzielle Gefährdungen frühzeitig erkannt werden.

Umweltschutz: Einsatzszenarien aus dem Umweltbereich lassen sich teilweise auch anderen Kategorien zuordnen, insb. der Kategorie „Inspektion und Konstruktion". Ein Beispiel ist die Inspektion von Windenergieanlagen mit einem AR-UAV, bei der mittels AR zu reparierende und reparierte Stellen zur besseren Orientierung und Prüfung überlagert werden. Ein weiteres Beispiel ist die Visualisierung von geplanten Bauwerken, wie z. B. einem Hochwasserschutzdeich. Bei einem solchen größeren Bauvorhaben lassen sich verschiedene Planungsvarianten in der Landschaft visualisieren und aus verschiedensten Perspektiven betrachten. Mögliche Einsatzszenarien bestehen auch im Umwelt-Monitoring, z. B. bei der Beobachtung von illegalen Fischereien, Ölfeldern, Naturschutzgebieten, gefährdeten Tier- und Pflanzenarten oder zur Unterstützung der Renaturierung, wobei mit vorhandenen Daten die Realität überlagert wird, sodass untypische Veränderungen sichtbar werden. Somit können Tiere, Menschen oder potenzielle Gefahrenquellen effektiv erkannt und mit AR in Echtzeit eingeblendet werden.

4 Architektur von AR-UAV-Anwendungen

In diesem Abschnitt werden verschiedene Architekturen von Echtzeit-AR-UAV-Anwendungen vorgestellt und miteinander anhand definierter Kriterien verglichen.

Die unterschiedlichen Architekturen ergeben sich aus dem jeweiligen Trackingverfahren, mit denen eine AR-UAV-Anwendung umgesetzt werden kann. Sowohl ortsbasierte als auch bild- bzw. modellbasierte Tracking-Technologien ermöglichen die Umsetzung einer Echtzeit-AR-UAV-Anwendung. Je nach verwendetem Tracking-Verfahren muss zur Umsetzung von AR-UAV-Anwendungen die Architektur entsprechend aufgebaut sein.

Auch wenn sich die entsprechenden Architekturen je nach Tracking-Technologie unterscheiden (siehe unten), sind die **Grundbausteine,** die eine AR-UAV-Architektur ausmachen, immer dieselben (Abb. 5): ein *AR-Client,* der mithilfe eines Kamerabilds und einer Pose eine korrekte Registrierung der *AR-Inhalte* vornimmt und diese in einer *AR-Ansicht* darstellt, sowie eine Datenbank, in der die AR-Inhalte gespeichert sind.

- Der im Zentrum stehende **AR-Client** ist für das Erstellen der **AR-Ansicht** zuständig. Zu deren Erstellung benötigt der AR-Client eine aktuelle *Pose* und ein *Kamerabild* sowie die darzustellenden *AR-Inhalte.* Mithilfe der *Pose* wird eine korrekte Registrierung der *AR-Inhalte* vorgenommen, die anschließend in dem *Kamerabild* des UAV überlagert und auf dem Display des mobilen Geräts dargestellt werden.
  - Die *Pose* wird mit der jeweils eingesetzten Tracking-Technologie (d. h. ortsbasierten Tracking auf Basis in das UAV eingebauter Sensorik oder bild- bzw. modellbasierten Verfahren) bestimmt.

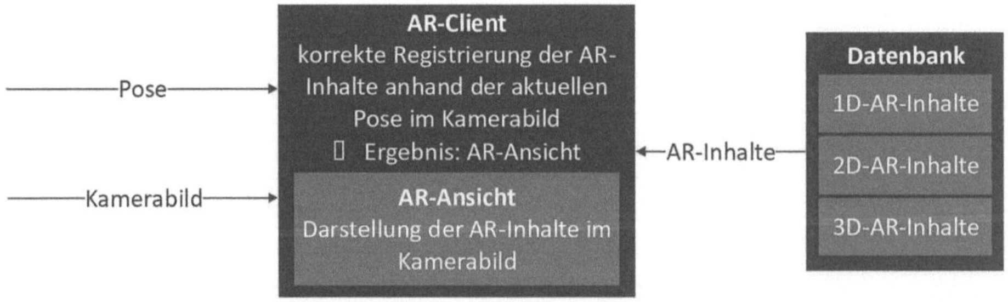

Abb. 5 Grundbausteine einer AR-UAV-Architektur

- Das *Kamerabild* stammt von dem UAV. Es kann zum einen für die Erstellung der AR-Ansicht (auf einem Display des Nutzers) oder auch für bild- bzw. modellbasierte Trackingverfahren (direkt auf dem UAV oder einem anderen UAV oder einem mobilen Endgerät mit Display des Nutzers) verwendet werden.

- Die AR-**Datenbank** stellt dem AR-Client die in der AR-Ansicht darzustellenden *AR-Inhalte* bereit. Dies können 1D-Daten (georeferenzierte Punkt-Daten, Points of Interest/POIs etc.), 2D-Daten (Polygone, Polylines etc.) oder 3D-Daten sein.

Je nach eingesetzter Tracking-Technologie kommen Pose und Kamerabild von dem UAV selbst oder von einem anderen mobilen Gerät. Genauso gut kann die Pose durch ein internes Modul berechnet werden.

Im folgenden Abschnitt werden nun die unterschiedlichen Arten der Umsetzung einer AR-UAV-Anwendung diskutiert und die jeweilige Architektur skizziert. Dabei werden Architekturen für AR-UAV-Anwendungen mit ortsbasiertem Tracking (Abschn. 4.2) sowie bild- bzw. modellbasierten Tracking vorgestellt. Dabei ist zwischen Offline-SLAM und Instant-SLAM zu unterscheiden. Beim Offline-SLAM ist das 3D-Modell der zu trackenden Szene bereits vorhanden. Es wurde im Vorhinein erstellt und kann zum Zeitpunkt des AR-UAV-Einsatzes zum Tracken verwendet werden, d. h. die Umgebung ist bereits „bekannt" (Abschn. 4.3). Beim Instant-SLAM ist das für das Tracken erforderliche 3D-Modell der Umgebung noch nicht vorhanden, sondern muss erst noch instantan, während des Einsatzes erstellt werden, d. h. die Umgebung ist noch „nicht bekannt" (Abschn. 4.4).

4.1 Architektur bei ortsbasiertem Tracking

Wird für die Umsetzung einer AR-UAV-Anwendung das ortsbasierte Tracking (auf Basis von GNSS und der inertialen Messeinheit IMU) eingesetzt, ist es möglich, AR in Echtzeit auf einem UAV zu realisieren (siehe Abb. 6). Das UAV agiert somit als

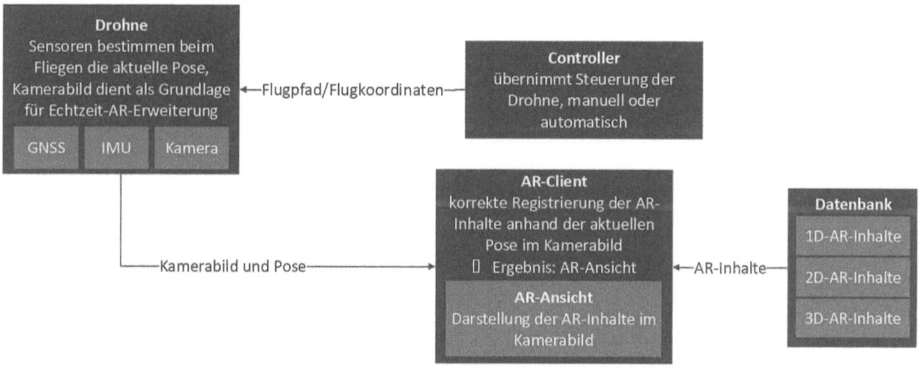

Abb. 6 Architektur bei ortsbasiertem Tracking

Echtzeit-AR-Hardware, deren Kamerabild auf einem separaten Bildschirm, wie z. B. einem Smartphone, in Echtzeit mit AR-Inhalten überlagert wird.

Ein UAV ist mit einer Vielzahl von Sensoren ausgestattet, mit denen eine Bestimmung der Pose möglich ist. Dazu gehören inertiale Sensoren, GNSS sowie eine Kamera. Da sich das UAV nicht auf nahegelegene technische Infrastrukturen verlassen kann, die bei der Bestimmung der Pose helfen, müssen die Berechnungen lokal auf dem UAV erfolgen. Die sechs Freiheitsgrade werden somit zum einen durch GNSS und zum anderen durch die inertialen Sensoren bestimmt. Damit stellt das UAV mit seinen eingebauten Sensoren eine wichtige Komponente des Gesamtsystems dar.

Eine weitere Komponente ist der Controller. Das UAV reagiert auf Kommandos des Controllers und aktualisiert beim Fliegen seine aktuelle Pose. Die Steuerung erfolgt entweder manuell oder ist durch Koordinaten vorgegeben. Mithilfe der aktuellen Pose und einem Echtzeit-Kamerabild, das durch das UAV geliefert wird, kann der AR-Client die Registrierung der AR-Inhalte, wie POIs oder 3D-Modelle, vornehmen. Als Ergebnis entsteht dann eine AR-Ansicht, z. B. auf dem verbundenen Smartphone oder Tablet, in der die AR-Inhalte korrekt registriert sind und somit die Illusion zweier koexistierender Welten besteht.

4.2 Architektur bei modellbasiertem Tracking mittels Offline-SLAM

Neben dem ortsbasierten Tracking besteht eine weitere Möglichkeit zur Umsetzung einer Echtzeit-AR-UAV-Anwendung auf Grundlage des bild- bzw. modellbasierten Trackings. Dabei ist zu unterscheiden, ob bereits erstellte 3D-Modelle der Umgebung für das modellbasierte Tracking verwendet werden oder nicht.

In diesem Abschnitt wird der Fall des Offline-SLAM behandelt, indem bereits ein 3D-Modell der zu trackenden Szene vorhanden ist, d. h. Tracking in bereits bekannten Umgebungen eingesetzt wird. Dabei handelt es sich um einen 2-stufigen Ansatz, bei dem zunächst mit bildbasierten Verfahren ein 3D-Modell erzeugt wird, das zu einem späteren Zeitpunkt mit einem anderen mobilen Gerät, wie z. B. einem (anderen) UAV (oder einem Smartphone) für modellbasiertes Tracking (SLAM) genutzt werden kann.

Im ersten Schritt wird hierbei das 3D-Modell durch ein UAV erstellt (Abb. 7). Damit die Bilder immer von derselben Position aus aufgenommen werden, nimmt das UAV automatisch in regelmäßigen Abständen Bilder des Interessenbereichs auf. Ein Set aus Bildern besteht aus (i. d. R. 200–300) hochauflösenden und überlappenden Bildern, die anschließend an das Rekonstruktions-Modul übertragen werden. Auf Basis der Bilder kann dieses ein 3D-Modell bzw. eine 3D-Punktwolke, z. B. basierend auf der Structure-from-Motion-Methode, erstellen. Anhand der GNSS-Informationen des UAV wird jeder Punkt in der 3D-Punktwolke georeferenziert. Da das 3D-Modell nicht

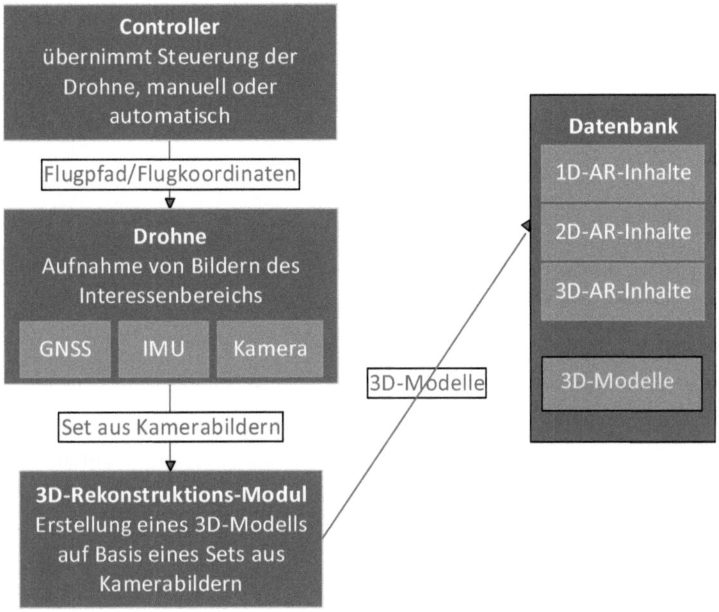

Abb. 7 Erstellung eines 3D-Modells durch ein UAV

in Echtzeit, sondern erst zu einem späteren Zeitpunkt benötigt wird, kann die Verarbeitung der Bilder durchaus einige Stunden oder Tage beanspruchen. Der Output des Rekonstruktions-Moduls wird an die Datenbank übermittelt.

Im zweiten Schritt wird das 3D-Modell für modellbasiertes Tracking des UAV verwendet (Abb. 8). Die Nutzung erfolgt nicht zwingend durch das UAV, das das Set aus Kamerabildern aufgenommen hat. Es kann auch ein anderes UAV (oder auch ein anderes AR-fähiges Mobil-Gerät) eingesetzt werden. Dazu versucht das SLAM-Modul auf Basis des erstellten 3D-Modells in den Echtzeit-Kamerabildern des mobilen Geräts die Szene wiederzuerkennen. Bei einer Übereinstimmung kann das SLAM-Modul die Position des mobilen Geräts im Raum bestimmen und die Pose an den AR-Client übermitteln. Auf Basis der Pose kann der AR-Client eine korrekte Registrierung der AR-Inhalte in den Kamerabildern des mobilen Geräts vornehmen. Als Ergebnis sieht der Benutzer eine AR-Ansicht.

4.3 Architektur bei modellbasiertem Tracking mittels Instant-SLAM

Im zweiten Fall des modellbasierten Trackings (Instant-SLAM) erfolgt das Tracking in unbekannten Umgebungen. D. h. es existiert noch kein 3D-Modell der Umgebung.

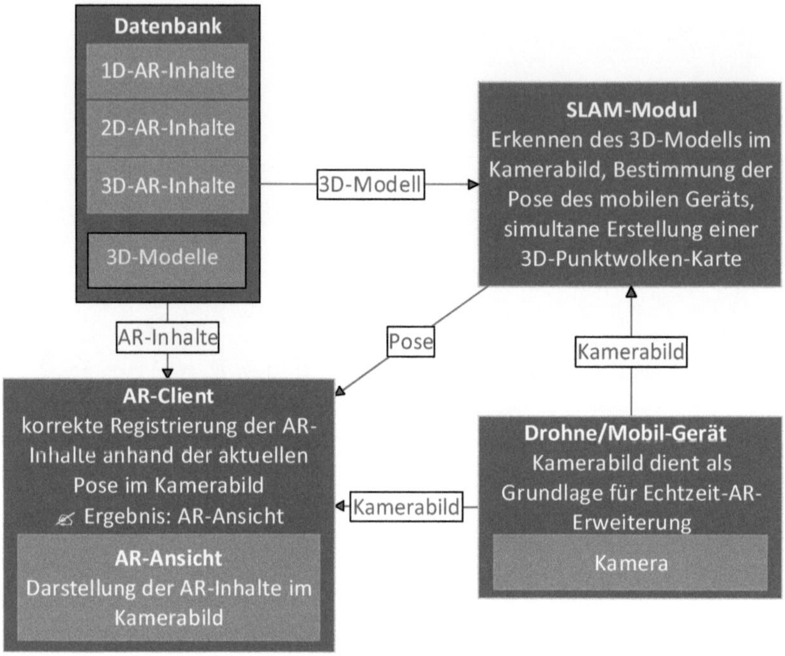

Abb. 8 Architektur bei modellbasiertem Tracking in bekannten Umgebungen

In diesem Fall muss also ein 3D-Modell bzw. eine Punktwolke einer unbekannten Umgebung auf Basis erkannter markanter Bildpunkte in den Kamerabildern des UAV durch ein SLAM-Modul in Echtzeit generiert werden. Die virtuelle Karte wird mit jedem weiteren Bild kontinuierlich erweitert. Innerhalb der Punktwolke kann das UAV sich orientieren und seine relative Pose bestimmen. Da dieser Prozess sowohl lokal auf dem UAV als auch auf dem anzeigenden Gerät, z. B. einem Smartphone, durchgeführt werden kann, wird es als eigenständige Komponente dargestellt. Aus dem Kamerabild des UAV und der ermittelten Pose kann der AR-Client wie beim ortsbasierten Tracking eine korrekte Registrierung der AR-Inhalte vornehmen und eine AR-Ansicht erzeugen.

Wird die Umgebung zum ersten Mal erfasst und ist demzufolge noch unbekannt, beinhaltet die Datenbank keine spezifischen Informationen zum aktuellen Ort. Daher können Anwendungen, die sich anhand der erfassten Bildpunkte orientieren, umgesetzt werden. Wird zusätzlich ein GNSS eingesetzt, können Informationen auf Basis dessen eingeblendet werden. Um die Robustheit dieses Systems zu verbessern, können bereits vorhandene Punktwolken und 3D-Modelle zur instantanen Lokalisierung verwendet werden. Dazu muss – wie im Fall „Offline-SLAM (Bekannte Umgebung)" - im Vornherein ein 3D-Modell der zu trackenden Szene aufgenommen werden (siehe Abb. 9).

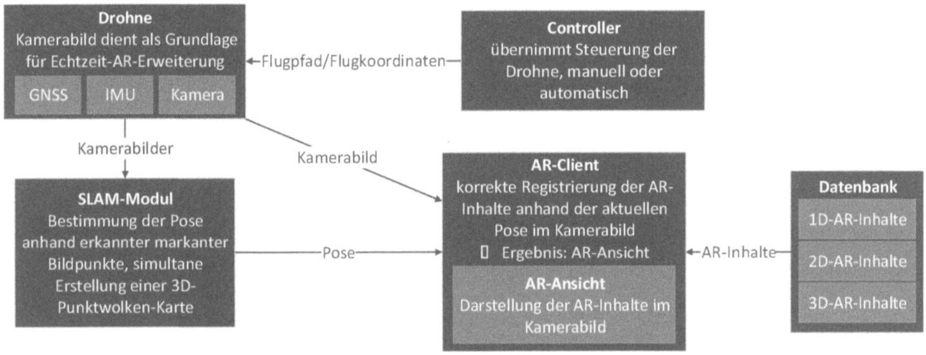

Abb. 9 Architektur bei modellbasiertem Tracking in unbekannten Umgebungen

4.4 Vergleich der Architekturen

In diesem Abschnitt wird eine Bewertung der Architekturen nach den Kriterien Genauigkeit, User-Experience, Robustheit und Umsetzbarkeit vorgenommen (siehe Tab. 1). Die **Genauigkeit** der angezeigten AR-Inhalte ist abhängig von der korrekten Registrierung von AR-Inhalten und somit von der genauen Bestimmung der aktuellen Pose. **User-Experience** meint den Grad der Benutzerfreundlichkeit der AR-UAV-Anwendung, der mit der jeweiligen Architektur umgesetzt wurde. Die **Robustheit** hingegen sagt aus, wie zuverlässig die Tracking-Technologie bei ungünstigen Bedingungen, wie z. B. bei GNSS-störenden Strukturen oder dunklen Lichtverhältnissen, funktioniert. Die **Umsetzbarkeit** bewertet den zeitlichen Aufwand zur Umsetzung einer solchen AR-UAV-Anwendungs-Architektur. Die Bewertung erfolgt auf Basis der Erkenntnisse, die in den vorherigen Abschnitten zur Definition der Architekturen erlangt wurden.

Genauigkeit: Beim ortsbasierten *Tracking* ist die Genauigkeit der in UAVs nutzbaren Sensoren (GNSS, inertiale Sensoren) für AR-Anwendungen nicht ausreichend genau. So kann ein GNSS selbst bei fehlender Beeinträchtigung durch hohe Gebäude einen Fehler von bis zu zehn Metern aufweisen und auch die inertialen Sensoren sind bei zu langsamen Bewegungen ungenau. Beim *modellbasierten Tracking mit Offline-SLAM* kann anhand von qualitativ hochwertigen 3D-Modellen die Pose bei idealen Lichtverhältnissen akkurat bestimmt werden. Bei schlechten Lichtverhältnissen können diese jedoch nur schwer erkannt werden. Beim *modellbasierten Tracking mit Instant-SLAM* ist ebenfalls bei idealen Lichtverhältnissen eine akkurate Bestimmung der UAV-Pose möglich. Bei zu wenig vorhandenen markanten Bildpunkten oder schlechten Lichtverhältnissen sind jedoch nicht genug Informationen vorhanden, um eine genaue Bestimmung der Pose durchzuführen.

User-Experience: Das *ortsbasierte Tracking* stellt für den Benutzer i.A. eine ausreichende Benutzerfreundlichkeit dar. Jedoch kann es aufgrund von Ungenauigkeiten

Tab. 1 Bewertung der Architekturen

	Ortsbasiertes Tracking	Modellbasiertes Tracking – Offline-SLAM	Modellbasiertes Tracking – Instant-SLAM
Genauigkeit	Nicht ausreichend genau	Sehr genau bei idealen Lichtverhältnissen	Sehr genau bei idealen Lichtverhältnissen und markanten Bildpunkten
User-Experience	Ausreichend, aber ggf. driftende und „wackelnde“ Inhalte	Hoch, aber unzureichend, wenn das Modell von einem falschen Winkel aus betrachtet wird	Sehr hoch, aber Benutzer darf keine schnellen Bewegungen vollziehen
Robustheit	Sehr robust, aber Probleme bei Sensor-Störungen	Robust, aber Probleme bei schlechten Lichtverhältnissen oder veralteten 3D-Modellen	Robust, aber Probleme bei schlechten Lichtverhältnissen und sich schnell bewegenden Objekten; nicht robust bei schnellen Bewegungen der Kamera und homogenen Flächen; nicht robustes 3D-Modell
Umsetzbarkeit	Geringer Aufwand	Aufwendig; bereits vorhandene SLAM-Module müssten angepasst werden	Aufwendig; bereits vorhandene SLAM-Module müssten angepasst werden

der verwendeten Sensorik zu negativen Darstellungs-Effekten, wie wackelnden und driftenden Objekten, kommen. Bei der Verwendung von 3D-Modellen zum *modellbasierten Tracken mit Offline-SLAM* ist die Benutzerfreundlichkeit i. d. R. hoch, aber es könnte eine negative Benutzererfahrung entstehen, wenn das Modell von einem ungünstigen Winkel aus betrachtet und es somit nicht erkannt wird. Das *modellbasierte Tracking mit Instant-SLAM* ist für den Benutzer einfach zu handhaben und führt somit zu einer sehr guten Benutzerfreundlichkeit. Nur auf schnelle Bewegungen muss der Benutzer verzichten, da sich der Tracker sonst nicht mehr in der vorhandenen Karte lokalisieren kann.

Robustheit: Keine der vorgestellten Architekturen liefert bei Störungen gute Ergebnisse. Jedoch weist das *ortsbasierte Tracking* gegenüber den anderen Tracking-Verfahren eine höhere Robustheit auf, da es nur auf die internen inertialen Sensoren und GNSS angewiesen und aufgrund des fehlenden Kameraeinsatzes nicht anfällig gegenüber schlechten Lichtverhältnissen oder sich schnell bewegenden Objekten ist. Es ist jedoch gegenüber GNSS-Störungen durch Gebäude oder elektrische Felder anfällig. Das *modellbasierte Tracking mit Offline-SLAM* ist bei der Erkennung der 3D-Modelle auf aktuelle, hochwertige 3D-Modelle sowie ideale Verhältnisse angewiesen. Bei zu schlechten Lichtverhältnissen kann es nicht robust erkannt werden, und veraltete Modelle führen zu keinem Ergebnis. Auch das *modellbasierte Tracking mit Instant-SLAM* ist nicht robust gegenüber schlechten Lichtverhältnissen oder sich schnell bewegenden Objekten. Besonders bei schnellen Bewegungen der Kamera können im Kamerabild keine markanten Referenzpunkte erkannt werden. Dies führt dazu, dass der Tracker seine Referenz verliert und sich nicht mehr in der bereits erstellten Karte zurechtfinden kann. Infolge dessen muss er mit der Erstellung der Karte von Neuem beginnen. Homogene Flächen wie weiße Wände oder grüne Wiesen führen ebenso dazu, dass der Tracker keine markanten Bildpunkte extrahieren kann. Da das Tracking in Echtzeit auf Geschwindigkeit optimiert ist und demzufolge schnell Ergebnisse erbringen muss, ist das in Echtzeit erstellte und erweiterte 3D-Modell nicht so robust wie das 3D-Modell, das auf einem Set aus Bildern basiert und in einem aufwendigen Rekonstruktions-Prozess entwickelt wird.

Umsetzbarkeit: *Ortbasiertes Tracking* ist generell gut verstanden und leicht umsetzbar [10]. Die Übertragung dieser Technologie oder existierender SDKs (Software Development Kit) auf die Hardwareplattform eines UAV sollte im Vergleich mit relativ geringem Aufwand möglich sein. Soll das UAV mit Hilfe eines *modellbasierten Tracking mit Offline-SLAM* ein 3D-Modell erkennen und darauf basierend AR-Inhalte anzeigen, dann muss ein SLAM-Modul selbst konzipiert oder ein bereits vorhandenes genutzt werden. Dazu müssen vorhandene SLAM- oder AR-SDKs mit einer SLAM-Funktion dahin gehend überprüft werden, ob sie die vorhandenen 3D-Modelle verarbeiten können. Die Schwierigkeit besteht darin, dass das SLAM-Modul in einer bereits bekannten Umgebung eingesetzt werden soll und sich anhand einer vorhandenen Karte lokalisieren muss. Bei einer erfolgreichen Lokalisierung soll diese in Echtzeit um weitere Punkte erweitert werden. Wurde ein geeignetes SDK oder Modul gefunden, dann ist dies

i. d. R. nicht für ein UAV konzipiert, sondern nutzt die Sensordaten und Kamerabilder des anzeigenden Geräts. Bei einem AR-UAV müssen diese jedoch von dem UAV und nicht vom anzeigenden Gerät verwendet werden. Demzufolge muss es möglich sein, dem SDK anstelle des Kamera-Streams und den Sensor-Daten des Smartphones die des UAV zu übermitteln. Ein ähnliches Problem besteht beim *modellbasierten Tracking mit Instant-SLAM.* Hier besteht jedoch nicht das Problem, dass ein bereits vorhandenes 3D-Modell erkannt werden muss, da die Umgebung unbekannt ist.

Zusammenfassend lässt sich festhalten, dass Echtzeit-AR-UAV-Anwendungen sowohl mit orts- als auch bild- bzw. modellbasierten Tracking umgesetzt werden können, aber zu verschiedenen Architekturen führen. Jede Tracking-Technologie hat ihre Vor- und Nachteile und funktioniert unter bestimmten Voraussetzungen robuster als ein anderes Verfahren. Im Folgenden werden die Besonderheiten der einzelnen Architekturen kurz zusammengefasst. Der Unterschied zwischen den beiden Tracking-Technologien besteht darin, dass das ortsbasierte Tracking lediglich auf innere Sensoren wie das GNSS und die inertialen Sensoren angewiesen ist, während das bild- bzw. modellbasierte Tracking die Kamera verwendet, um die aktuelle UAV-Pose zu bestimmen. Somit ist das ortsbasierte Tracking zwar robust gegenüber schlechten Lichtverhältnissen oder sich schnell bewegenden Objekten, aber anfällig gegenüber Ungenauigkeiten des GNSS und störenden magnetischen Feldern. Das ortsbasierte Tracking kann sowohl in bekannten als auch unbekannten Umgebungen eingesetzt werden. Das bildbasierte Tracking wird in zwei verschiedene Unterformen des modellbasierten Trackings (und damit Architekturen) unterteilt: Das modellbasierte Tracking mit Offline-SLAM kann nur in bekannten Umgebungen eingesetzt werden. Hier wird vor dem Tracken ein qualitativ hochwertiges 3D-Modell der zu trackenden Szene (z. B. mit Hilfe eines UAV) erstellt. Dieses kann dann nach einer zeitintensiven Konstruktion zu einem späteren Zeitpunkt mit einem anderen mobilen Gerät für Echtzeit-AR genutzt und um weitere Punkte erweitert werden. Jedoch kann ein veraltetes 3D-Modell nicht erkannt werden und auch schlechte Lichtverhältnisse schränken das Tracking zusätzlich ein. Das modellbasierte Tracking mit Instant-SLAM kann auch in unbekannten Umgebungen eingesetzt werden. Hier erfolgt das Erstellen eines 3D-Modells bzw. einer Punktwolke der Szene in Echtzeit durch SLAM und resultiert somit in einem weniger auflösenden Modell. Darüber hinaus wird auch diese Tracking-Technologie durch schlechte Lichtverhältnisse eingeschränkt und kann bei schnellen Bewegungen der Kamera seine Referenz verlieren. Die Umsetzung einer AR-UAV-Anwendung mit ortsbasiertem Tracking erscheint als einfacher als die Umsetzung mit modellbasiertem Tracking. Beim modellbasierten Tracking müssten bereits vorhandene SLAM-SDKs auf Eignung überprüft und anschließend an die technischen Gegebenheiten eines UAV angepasst werden.

Einsatzmöglichkeiten: Aufgrund der o. g. Eigenschaften ist das ortsbasierte Tracking eher für Anwendungen geeignet, in denen die Genauigkeit und Robustheit des Trackings eine untergeordnete Bedeutung hat, wie z. B. bei der Darstellung von entfernten POIs oder Spielen, in denen virtuelle Hindernisse überwunden oder virtuelle Gegner bekämpft werden müssen, d. h. die dargestellten virtuellen Objekte haben keinen echten Bezug zur realen Welt. Offline-SLAM kann für Anwendungen eingesetzt werden, bei denen die für das Tracking zu nutzenden Modelle der Welt im Vorhinein erstellt werden können, wie z. B. bei der Planung von Bauvorhaben wie dem Bau von Deichen. Dagegen bieten sich für das Instant-SLAM Anwendungen an, bei denen im Vorhinein der Einsatzort nicht bekannt ist, sodass das Modell nicht im Vorhinein erstellt werden kann, sondern ad-hoc beim ersten Einsatz erstellt werden muss, wie bei einem Katastrophenfall.

5 Zusammenfassung und Ausblick

Die Kombination aus AR-Technologie und UAV besitzt ein sehr großes Potenzial, das jedoch noch nicht ausgeschöpft wurde. Bis auf einige wenige Forschungs-Prototypen und experimentelle Anwendungen, die die beiden Technologien ansatzweise kombinieren, werden die Technologien und ihre Anwendungen bisher weitgehend getrennt voneinander betrachtet. Dabei bietet ein AR-UAV nicht zwingend nur eine Erweiterung bereits bestehender (mAR- oder UAV-) Anwendungen, sondern vielmehr die Möglichkeit, neue Anwendungen umzusetzen.

Prinzipiell kann ein Benutzer mit UAVs überall fliegen, wo die gesetzlichen Bestimmungen dies erlauben. Vor allem Orte, die schwer zugänglich oder sogar gefährlich sind, stellen ein geeignetes Ziel für einen UAV-Flug dar. Ohne den Einsatz von mAR ist das UAV lediglich ein Beobachter aus der Luft. Die Zusammenhänge zwischen den durch die UAV-Kamera sichtbaren oder unsichtbaren Dingen und den vorliegenden Informationen muss dabei der Benutzer selbst herstellen. Mit Hilfe von mAR ist es jedoch möglich, diese Dinge mit den Informationen zu verknüpfen, sodass Dinge sichtbar werden, die nicht mehr sichtbar (Vergangenheit), im Moment nicht sichtbar (Gegenwart) oder noch nicht sichtbar (Zukunft) sind. Daraus ergeben sich die zentralen Vorteile eines AR-UAV. Zudem unterstützt mAR den Benutzer bei der Orientierung während des Flugs, ermöglicht im Gegensatz zur Kartendarstellung realitätsnähere und intuitivere Szenarien und reduziert durch die Visualisierung der Verknüpfung von Information und dem Sichtbaren die kognitive Last des Benutzers, sodass Entscheidungen schneller und effektiver getroffen werden können. Darüber hinaus verbessert es das Situationsverständnis ungemein, vor allem wenn das AR-UAV in unbekannten Gegenden oder kritischen Situationen wie einer Katastrophe eingesetzt wird.

Technisch gibt es unterschiedliche Möglichkeiten AR-UAV-Anwendungen zu realisieren. AR-UAV-Anwendungen können sowohl mit orts- als auch bild- bzw. modellbasierten Tracking umgesetzt werden. Die jeweils eingesetzte Trackingtechnologie führt dann aber zu verschiedenen Architekturen. Jede Tracking-Technologie hat ihre Vor- und Nachteile und funktioniert unter bestimmten Voraussetzungen robuster als ein anderes Verfahren. Während das ortsbasierte Tracking am einfachsten umzusetzen und am robustesten ist, weist es aber aufgrund der eingesetzten Sensorik Defizite bezüglich Genauigkeit und User-Experience auf, weswegen diese Technologie derzeit kaum tauglich für den Einsatz in der Praxis ist. Die genauesten Ergebnisse bei hoher User-Experience können mit modellbasiertem Tracking erreicht werden. Nachteilig ist aber hier zu nennen, dass entweder ein qualitativ hochwertiges Modell der Umgebung im Vorfeld erstellt worden sein muss oder bei einer instantanen Erstellung des Modells die Robustheit eingeschränkt ist.

Zur Erreichung eines stabileren Tracking-Ergebnisses könnten hybride Tracking-Technologien entwickelt und eingesetzt werden. Dabei könnten die Vorteile des ortsbasierten Trackings mit denen des modellbasierten Trackings verbunden werden und die Nachteile der Verfahren abgeschwächt werden. Hier könnten Ansätze hybrider Tracking-Verfahren für mobile Endgeräte (z. B. komplementäre, kompetitive oder kooperative Sensor-Fusion [40]) auf UAVs übertragen werden, da der prinzipielle Unterschied zwischen beiden Hardwareplattformen eigentlich nur darin besteht, dass bei Echtzeit-AR-UAV-Anwendungen das Kamerabild von dem UAV und nicht von dem anzeigenden mobilen Gerät kommt.

Eine weitere technische Voraussetzung, damit modellbasiertes Tracking robuster und genauer realisiert werden kann, ist die Schaffung einer sog. AR-Cloud [21], in der bereits erstellte 3D-Modelle der Umwelt abgespeichert und ggf. sogar miteinander vernetzt sind sowie ggf. weitere Geodaten bzw. georeferenzierte AR-Inhalte enthält. Mit einer solchen AR-Cloud müsste nicht jede einzelne AR-Anwendung eine eigene kleine Basis an 3D-Modellen und Geodaten aufbauen, um zu funktionieren. Stattdessen wird ein gemeinsamer Datenbestand genutzt und dieser mit jeder Nutzung immer weiter vergrößert. Zudem wären damit synchrone kollaborative Szenarien in verschiedenen mAR-Anwendungen effizient realisierbar.

Des Weiteren besteht eine weitere Herausforderung in der Realisierung der Echtzeit-Fähigkeit beim Prozessieren der Daten. Bislang werden in UAV-Anwendungen die von der Sensorik und Kamera erfassten Daten offline, nach der Befliegung verarbeitet, was je nach Anwendung Stunden oder Tage in Anspruch nehmen kann. Neue, innovative AR-UAV-Anwendungen wären möglich, wenn die entstehenden großen Datenströme und Massendaten, z. B. mittels Cloud-Computing, in Echtzeit (just-in-time) bearbeitet werden. Dann könnten die Ergebnisse bereits während der Befliegung im Kamerabild des UAV dargestellt werden.

Damit das Potenzial der AR-UAV-Anwendungen ausgeschöpft werden kann, müssen aber nicht nur technische, sondern auch soziale Herausforderungen gemeistert werden sowie auch gesetzliche Bestimmungen, die momentan die Benutzung von UAVs einschränken, geändert werden. Eine der größten Herausforderungen ist dabei die Akzeptanz der Bevölkerung, welche stark von der Art des Anwendungsbereiches abhängig ist. Weiterhin müssen die bestehenden Gesetze zu der Verwendung von UAVs flexibler gestaltet werden, sodass zum Beispiel im Falle einer Katastrophe das AR-UAV ohne ein aufwendiges Anmelde-Verfahren eingesetzt werden kann. Es sind also noch Herausforderungen aus ganz unterschiedlichen Bereichen zu überwinden, um der Idee eines AR-UAV zum Erfolg in der Praxis zu verhelfen und somit die Potenziale dieser Technologie auszuschöpfen.

Literatur

1. Adhani, N.I., & Awang Rambli, D.R. (2012). *A survey of mobile augmented reality applications.* International Conference Future Trends in Computing and Communication Technologies (S. 89–95).
2. Anderson, B., & Sessums, A. (2018). *Drones.* Encyclopedia of Big Data (S. 1–3).
3. Azuma, R. T. (1997). A survey of augmented reality. *Presence - Teleoperators and Virtual Environments., 6*(4), 355–385.
4. Bestaoui Sebbane, Y. (2016). *Smart autonomous aircraft - Flight control and planning for UAV.* New York: CRC Press.
5. Becker, J., & Schillinger, W. (2020). Umweltinformationen digital 4.0. In U. Freitag, F. Fuchs-Kittowski, F. Hosenfeld, & A. Abecker (Hrsg.), Umweltinformationssysteme 2019 (UIS 2019) - 30 Jahre AK UIS - UIS im Aufbruch zur KI?. 26. Workshop des Arbeitskreises Umweltinformationssysteme (AK-UIS) am 23./24. Mai 2019 in Münster, UBA-Dokumentationen 2020. Dessau-Roßlau: Umweltbundesamt (im Erscheinen).
6. Biermann, K., & Wiegold, T. (2015). *UAVs - Chancen und Gefahren einer neuen Technik.* Berlin: Ch. Links Verlag.
7. Blum, J.R., Greencorn, D.G., & Cooperstock, J.R. (2012). Smartphone sensor reliability for augmented reality applications. In K. Zheng, M. Li, & H. Jiang (Hrsg.), *Mobile and ubiquitous systems: Computing, networking, and services (MobiQuitous2012). LNICST,* Bd. 120, (S. 127–138). Berlin: Springer. https://doi.org/10.1007/978-3-642-40238-8_11.
8. Bonasio, A. (2019). AR Drone technology that can help save lives. https://vrscout.com/news/ar-drone-can-help-save-lives/. Zugegriffen: 5. März 2020.
9. Brandt, M (2019). Statistik der Woche - Smartphones in Deutschland (26. Februar 2019). https://www.heise.de/tr/artikel/Statistik-der-Woche-Smartphones-in-Deutschland-4318411.html. Zugegriffen:10. Jan. 2020.
10. Burkard, S., Fuchs-Kittowski, F., Himberger, S., Fischer, F., & Pfennigschmidt, S. (2017). Mobile location-based augmented reality framework. In J. Hrebícek, R. Denzer, G. Schimak, & T. Pitner (Hrsg.), *Environmental software systems - Computer science for environmental protection* (S. 470–483). Cham: Springer.
11. Burkard, S., Fuchs-Kittowski, F., Abecker, A., Heise, F., Miller, R., Runte, K., & Hosenfeld, F. (2020). Grundbegriffe, Anwendungen und Nutzungspotenziale von geodatenbasierter mobiler Augmented Reality im Umweltbereich. In U. Freitag, F. Fuchs-Kittowski, A. Abecker, F. Hosenfeld (Hrsg.), *Umweltinformationssysteme - Wie verändert die Digitalisierung unsere Gesellschaft? Tagungsband des 27. Workshops „Umweltinformationssysteme (UIS 2020)" des Arbeitskreises „Umweltinformationssysteme" der GI,* Wiesbaden: Springer. (in diesem Buch).
12. Dirks, W. (2017). *Zivile unbemannte Luftfahrtsysteme in der Akutphase internationaler humanitärer Hilfseinsätze.* Köln: Bachelorarbeit, Technische Hochschule Köln.
13. Erat, O., Isop, W. A., Kalkofen, D., & Schmalstieg, D. (2018). Drone-Augmented human vision: Exocentric control for drones exploring hidden areas. *IEEE Transactions on Visualization and Computer Graphics, 24*(4), 1437–1446. https://doi.org/10.1109/TVCG.2018.2794058
14. Fuchs-Kittowski, F., Simroth, S., Himberger, S., & Fischer, F. (2012). *A content platform for smartphone-based mobile augmented reality.* International Conference Informatics for Environmental Protection (EnviroInfo2012) (S. 403–412). Aachen: Shaker.
15. Fuchs-Kittowski, F., & Burkard, S. (2017). Mobile Erweiterte Realität im Katastrophenschutz. In U. Freitag, F. Fuchs-Kittowski, F. Hosenfeld, A. Abecker, & D. Wikarski (Hrsg.), *Umweltinformationssysteme 2017 – Vernetzte Umweltdaten (UIS 2017), Tagungsband des 24.*

Workshops UIS2017, CEUR Workshop Proceedings 1919, CEUR-WS.org (S. 13–38). Aachen: RWTH Aachen. http://ceur-ws.org/Vol-1919/paper2.pdf.

16. Fuchs-Kittowski, F., & Burkard, S. (2019). Mobile Erweiterte Realität – Die verschwindende Grenze zwischen realer und digitaler Welt. In S. Molthagen-Schnöring (Hrsg.), *Grenzen in Zeiten technologischer und sozialer Disruption Beiträge und Positionen der HTW Berlin* (Bd. 9, S. 194–199). Berlin: BWV Berliner Wissenschafts-Verlag BWV.
17. Höllerer, T., Feiner, S., Terauchi, T., Rashid, G., & Hallaway, D. (1999). Exploring MARS: Developing indoor and outdoor user interfaces to a mobile augmented reality system. *Computers and Graphics, 23*(6), 779–785.
18. Höllerer, T., & Feiner, S. (2004). Mobile augmented reality. In H. A. Karimi & A. Hammad (Hrsg.), *Telegeoinformatics: Location-Based computing and services* (S. 221–260). Boca Raton: CRC Press.
19. Huusknoen, J., & Oksanen, T. (2018). Soil sampling with drones and augmented reality. *Computers and Electronics in Agriculture, 154,* 25–35.
20. Katsaros, A., & Keramopoulos, E. (2017). *FarmAR - A Farmer's Augmented Reality Application based on Semantic Web.* In ACM/IEEE SEEDA-CECNSM International Conference (S. 1–6). https://doi.org/10.23919/SEEDA-CECNSM.2017.8088230.
21. Inbar, O. (2017). AR-Cloud. https://medium.com/super-ventures-blog/arkit-and-arcore-will-not-usher-massive-adoption-of-mobile-ar-da3d8. Zugegriffen: 21. März 2020.
22. Kitchenham, B., & Charters, S. (2007). Guidelines for performing Systematic Literature Reviews in Software Engineering. Technical report, EBSE Technical Report EBSE-2007-01.
23. Koch, V., Ritterbusch, S. Kopmann, A., Müller, M., Habel, & T. Both, P.v. (2011). Flying Augmented Reality - Supporting planning and simulation analysis by combining mixed reality methods using multicopter and pattern recognition. In T. Zupancic-Strojan (Hrsg.), *Respecting fragile places. Proceedings of the 29th Conference on Education in Computer Aided Architectural Design in Europe 2011 (eCAADe 2011)* (S. 843–849).
24. Kortas, M. (2016). Zivile Drohnen – Chance oder Grund zur Sorge? Bundesverband der Deutschen Luftverkehrswirtschaft. Positionspapier 3/2016. https://www.bdl.aero/de/publikation/zivile-drohnen-chance-oder-grund-zur-sorge/. Zugegriffen: 2. März 2020.
25. Kortas, M., Friede, R., Rzegotta, I., & von Ammon, C. (2019) Analyse des deutschen Drohnenmarktes (12. Februar 2019). https://www.bdl.aero/de/publikation/analyse-des-deutschen-drohnenmarktes/. Zugegriffen: 10. Jan. 2020.
26. Lahdenoja, O., Suominen, R., Säntti, T., & Lehtonen, T. (2015). Recent advances in monocular model-based tracking: A systematic literature review. Technical Report, Nr. 8 (August 2015), University of Turku.
27. Landrock, H., & Baumgärtel, A. (2018). *Die Industriedrohne – der fliegende Roboter - Professionelle UAVs und ihre Anwendung in der Industrie 4.0* (1. Aufl.). New York: Springer.
28. Levski, Y. (2017). Augmented reality takes the pilot seat on AR Drones. https://appreal-vr.com/blog/augmented-realityand-drones/.Zugegriffen: 5. März 2020.
29. Marchand, E., Uchiyama, H., & Spindler, F. (2016). Pose estimation for augmented reality: A hands-on survey. *IEEE Transactions on Visualization and Computer Graphics, 22*(12), 2633–2651. https://doi.org/10.1109/TVCG.2015.2513408
30. Merlin, P. W. (2009). *Ikhana - Unmanned Aircraft System - Western States fire missions. NASA SP-2009-4544.* Washington D.C.: NASA.
31. Melita, C. D., Longo, D., Muscato, G., & Guidice, G. (2015). Measurement and exploration in volcanic environments. In K. P. Valavanis & G. J. Vachtsevanos (Hrsg.), *Handbook of Unmanned Aerial Vehicles* (Bd. 5, S. 2667–2692). Dordrecht: Springer.

32. Meinecke, C., & Tropf, T.M. (2017). Großes Interesse an Drohnen-Fotografie. https://www.bitkom.org/Presse/Presseinformation/Grosses-Interesse-an-Drohnen-Fotografie.html. Zugegriffen: 10. Jan. 2020.
33. Murphy, R. R. (2014). *Disaster robotics*. Cambridge: MIT Press.
34. Neto, M.C., & Cardoso, P. (2013). Augmented reality greenhouse. EFITA-WCCA-CIGR Conference "Sustainable Agriculture through ICT Innovation".
35. Nigam, A., Kabra, P., & Doke, P. (2011). Augmented Reality in agriculture. In IEEE 7th International Conference on Wireless and Mobile Computing, Networking and Communications (WiMob).
36. Peddie, J. (2017). *Augmented Reality*. Cham: Springer.
37. Pierdicca, R., Frontoni, E., Zingaretti, P., Mancini, A., Malinverni, E., Tassetti, A., et al. (2016). Smart maintenance of riverbanks using a standard data layer and Augmented Reality. *Computers and Geosciences, 95,* 67–74. https://doi.org/10.1016/j.cageo.2016.06.018
38. Potter, L. (2016). How can we use drones in the humanitarian and health sector? https://robohub.org/how-can-we-use-drones-in-the-humanitarian-and-health-sector/. Zugegriffen: 2. März 2020.
39. Restas, A. (2015). Drone applications for supporting disaster management. *World Journal of Engineering and Technology, 03,* 316–321. https://doi.org/10.4236/wjet.2015.33C047
40. Schmalstieg, D., & Höllerer, T. (2016). *Augmented Reality*. Boston: Addison-Wesley Professional.
41. Schrader, C. (2017). Drohnen und Naturschutz(recht). *Natur und Recht, 39,* 378–385. https://doi.org/10.1007/s10357-017-3189-x
42. Skrzypietz, T. (2011). Die Nutzung von UAS für zivile Aufgaben. In BIGS Standpunkt zivile Sicherheit, Nr. 2, August 2011.
43. Tsouros, D. C., Bibi, S., & Sarigiannidis, P. G. (2019). *A review on UAV-Based applications for precision agriculture*. In Informazion, Bd. 10, Nr. 11, 349, MDPI. https://doi.org/10.3390/info10110349.
44. Veroustraete, F. (2015). The rise of the drones in agriculture. *EC Agriculture, 2,* 325–327.
45. Velev, D., Zlateva, P., Steshina, L., & Petukhov, I. (2019). Challenges of using drones an virtual/augmented reality for disaster risk management. International Archives of the Photogrammetry, Remote Sensing and Spatial Information Science, XLII-3/W8, (S. 437–440). https://doi.org/10.5194/isprs-archives-XLII-3-W8-437-2019.
46. Wang, Y., Huang, W., & Duh, H.B.L. (2016). UAVAR: An augmented reality supported unmanned aerial vehicle application. In 1st International Workshop on Mixed and Augmented Reality (MARI2016), Tasmania, (S. 1–2).
47. Weil, L., Kolb, D., Weismüller, J., Imm, E., & Kranzlmüller, D. (2019). Raising awareness for endangered species using augmented reality. In R. Schaldach, K.-H. Simon, J. Weismüller, & V. Wohlgemuth (Hrsg.), *Environmental Informatics - Computational Sustainability: ICT methods to achieve the UN Sustainable Development Goals (EnviroInfo 2019)* (S. 372–380). Aachen: Shaker.
48. Yan, L., Fukuda, T., & Yabuki, N. (2019). Integrating UAV development technology with augmented reality toward landscape tele-simulation. In *Proceedings of the 24th International Conference on Computer-Aided Architectural Design Research in Asia (CAADRIA 2019)*,Bd. 1, (S. 423–432).

MIX
Papier aus verantwortungsvollen Quellen
Paper from responsible sources
FSC® C105338

If you have any concerns about our products,
you can contact us on
ProductSafety@springernature.com

In case Publisher is established outside the EU,
the EU authorized representative is:
Springer Nature Customer Service Center GmbH
Europaplatz 3, 69115 Heidelberg, Germany

Printed by Libri Plureos GmbH
in Hamburg, Germany